CAD/CAM/CAE 工程应用丛书

有限元分析常用材料参数手册

辛春亮　薛再清　涂　建　王新泉　孙富韬　时党勇　编著

机 械 工 业 出 版 社

本书介绍了有限元分析常用的材料本构模型、状态方程、材料动态力学参数的标定方法，给出了上千种常用材料的数值计算材料模型参数，涉及各类金属、陶瓷、玻璃、生物材料、空气、水、冰、地质材料、含能材料、有机聚合物和复合材料等，同时列出了数据来源。

本书适合理工科院校的教师、本科高年级学生和研究生作为有限元分析学习辅助教材，也可以作为国防军工、航空航天、汽车碰撞、材料加工、生物医学、电子产品、结构工程、采矿、船舶等行业工程技术人员的工程设计和数值计算参考手册，还可应用于有限元计算软件材料库的开发。

图书在版编目（CIP）数据

有限元分析常用材料参数手册 / 辛春亮等编著. —北京：机械工业出版社，2019.12（2022.6 重印）

（CAD/CAM/CAE 工程应用丛书）

ISBN 978-7-111-64294-7

Ⅰ. ①有⋯ Ⅱ. ①辛⋯ Ⅲ. ①材料科学-有限元分析-应用软件-手册 Ⅳ. ①TB3-39

中国版本图书馆 CIP 数据核字（2019）第 275721 号

机械工业出版社（北京市百万庄大街 22 号　邮政编码 100037）

策划编辑：车　忱　　责任编辑：车　忱

责任校对：张艳霞　　责任印制：刘　媛

涿州市般润文化传播有限公司印刷

2022 年 6 月第 1 版·第 6 次印刷

184mm×260mm·22 印张·540 千字

标准书号：ISBN 978-7-111-64294-7

定价：109.00 元

电话服务

客服电话：010-88361066

　　　　　010-88379833

　　　　　010-68326294

封底无防伪标均为盗版

网络服务

机　工　官　网：www.cmpbook.com

机　工　官　博：weibo.com/cmp1952

金　书　网：www.golden-book.com

机工教育服务网：www.cmpedu.com

前　言

准确的材料模型及其参数是仿真计算的关键，这在很大程度上决定了仿真计算的准确程度。数值计算人员经常为找不到仿真所用材料的参数而苦恼。欧美等发达国家已经建立了多个常用材料参数数据库，如 Los Alamos 国家实验室自 1971 年起开始发展的 SESAME 材料数据库，该数据库包括至少 150 种关键材料高温高压下的状态方程参数，对推动武器的研制具有重要的意义。SESAME 材料数据库的扩散和使用都严格受控，目前只有美国本土及其重要盟友的研究机构才能获得该数据库的使用权。

为了获取数值计算所需的材料数据，许多研究单位对常用材料进行材料动态力学性能实验来拟合材料的本构模型，如采用准静态试验机、泰勒杆、膨胀环、分离式霍普金森压杆（SHPB）和拉杆技术（SHTB）等。仿真计算涉及的材料种类很多，单纯依靠实验来标定材料模型参数需要花费大量人力、物力、财力和时间。可能会有多家单位对同一材料的本构参数感兴趣，如果这些单位都对该材料做力学性能实验，势必造成很大的浪费。

基于上述原因，本书作者参考多方文献资料编写了本书，希望借此建立起中国自己的材料参数数据库，用于指导国内的数值计算从业人员，提高计算结果准确度。由于材料种类很多，资料浩瀚繁杂，时间有限，在查阅资料提取数据时，只是对原文献进行了浏览，没有时间对材料参数的准确性、适用范围逐个进行甄别和确认，也难以追溯材料参数原始的文献出处，提取到的材料参数可能会与其他文献数据存在较大差异，这也许是实验方法、实验条件、实验测试所取试样的性能、尺寸或是材料受力状态与其他文献差异很大的缘故。如果读者希望采用该数据，请仔细阅读原文献，根据上下文对材料状态（成分、工艺、尺寸、加工过程等）、受力环境、所用材料模型及其具体参数进行仔细确认。俗话说得好，磨刀不误砍柴工，为了获得更为准确的计算结果，在材料模型和材料参数上多花些时间是非常值得的。

也许读者在本书中找不到所需材料的参数，但如果找到了性能相近材料的参数，也可以据此大致确定所需材料的参数，这样不至于偏差很大。

AUTODYN、DEFORM、VPG、MSC.MVISION 等国外商业软件自带材料库，软件用户可以从中查询计算需要的材料参数。但即使是同种材料，国内材料与国外材料在成分、组织、制备工艺上均有差异，进而导致力学性能的不同。在搜集资料编写本书的过程中，本书作者发现，有些文献作者使用国内材料进行数值计算时，往往不做分析、不加修改地盲目套用国外材料参数，计算结果的可信度令人怀疑。

本书材料参数主要来源于：①国内外各类学术期刊；②国内会议论文，主要参考全国战斗部会议论文；③LS-DYNA 国际和欧洲年会；④国际弹道会议；⑤国际爆轰会议；⑥Los Alamos 国家实验室的冲击 Hugoniot 实验数据；⑦Lawrence Livermore 国家实验室的炸药手册；⑧Varmint Al 的材料参数数据库；⑨LSTC 公司的计算输入文件等，并尽量引用原文表述。

为了便于查找，书中的材料按字符顺序排列，首先是阿拉伯数字，然后是英文字母及汉语拼音。材料参数大都以表格的形式列出，具体参数多以 LS-DYNA 材料关键字命名。由于数值计算软件大都采用相同的材料模型和状态方程，本书中的材料参数同样适用于 ABAQUS、AUTODYN、DYTRAN、ANSYS、NASTRAN 等商业软件。

本书第 1 章介绍了有限元分析常用材料本构模型、状态方程、材料动态力学参数标定方法，并给出了几个数值计算算例。

第 2~13 章分别给出了钢铁、铝合金、铜合金、钨合金、钛合金、其他金属及合金材料、陶瓷、玻璃、生物材料、空气、水、冰、地质材料、含能材料、有机聚合物和复合材料等上千种材料的参数。

构建材料数据库是一项浩大的工程，需要耐心细致，更需要编撰者对材料本构模型和状态方程有深入研究。由于作者水平有限，本书难免存在不足之处，欢迎广大读者和同行专家提出批评和指正。

分享是一种美德，赠人玫瑰，手有余香，向诸位文献作者对材料参数的无私分享精神致敬。如果读者通过材料力学性能实验测试获得了一些材料的材料参数，或者发现了本书尚未收录的其他有价值的材料参数，或者对其中的一些参数提出质疑，方便的话请将数据、文献或批评建议发送给作者（邮箱：ls-dyna@qq.com 或 329867314@qq.com），在此表示感谢。

作者谨识
2019 年 3 月于北京东高地

目 录

第1章 常用材料本构模型和状态方程介绍

有限元法（Finite Element Method，FEM）是一种求解偏微分方程边值问题近似解的数值技术。这种数值分析方法采用数学近似的方法对真实物理系统进行模拟，利用简单而又相互作用的单元，就可以用有限的未知量逼近无限未知量的真实系统。有限元分析作为一种提升产品质量、缩短设计周期、提高产品竞争力的手段，得到了越来越广泛的应用，已经成为解决复杂工程分析计算问题的有效途径，使机械制造、材料加工、航空航天、汽车、土木建筑、电子电器、国防军工、船舶、铁道、石化、能源等诸多领域的设计水平发生了质的飞跃。

有限元分析过程包括定义问题的几何区域、定义单元、获取并定义材料模型参数、网格划分、定义边界条件、定义载荷、总装求解和后处理等，其中材料参数的获取是有限元分析的一个重要环节，材料表征不准确带来的误差远大于计算方法产生的误差。然而没有一种材料本构模型和状态方程能够完全真实地描述材料在各种应力（或压力）工况下的力学特性，为此发展了多种材料本构模型和状态方程。例如，国际上著名的有限元软件 LS-DYNA 提供了包括金属、非金属模型在内的近 300 种材料模型和 16 种状态方程，几乎囊括了描述所有种类材料力学性能的数学理论表达。鉴于材料模型及其参数对计算结果的准确性影响很大，数值计算人员应该选用与实际材料所处应力（或压力）、应变率、温度状态一致的材料模型，并定义合适的材料参数。

1.1 有限元分析常用力学单位换算关系

有限元软件本身并不认识单位，它只会根据用户的输入进行计算，因此用户在建立有限元分析模型时，必须保证使用的是统一的单位制，否则计算出来的结果没有实际意义。表 1-1 提供了一些常用单位。

表 1-1 数值计算常用单位

质量	长度	时间	力	应力	能量
kg	m	s	N	Pa	J
kg	cm	s	1.E−2N		
kg	cm	ms	1.E4N		
kg	cm	μs	1.E10N		
kg	mm	ms	kN	GPa	kN·mm
g	cm	s	dyne	dy/cm^2	erg
g	cm	μs	1.E7N	Mbar	1.E7N·cm

（续）

质量	长度	时间	力	应力	能量
g	mm	s	1.E-6N	Pa	
g	mm	ms	N	MPa	N·mm
ton	mm	s	N	MPa	N·mm
lbfs^2/in	in	s	lbf	psi	lbf·in
slug	ft	s	lbf	psf	lbf·ft
kgfs^2/mm	mm	s	kgf	kgf/mm^2	kgf·mm
kg	mm	s	mN	1000Pa	
g	cm	ms		100000Pa	

1.2　LS-DYNA 软件中常用材料本构模型介绍

固体材料受到外力后首先发生弹性形变，超过弹性极限或屈服强度后，进入屈服阶段发生塑性变形，卸载后弹性变形完全恢复，塑性变形则被保留下来。

材料的本构模型用来描述材料状态变量（如应力、应变、温度）及时间之间的相互关系，主要是应力与应变之间的关系，应用于材料强度效应（即其对剪切力的抵抗力）不能被忽略、特别是占主导地位的场合。

数值计算软件中通常都包含多种材料本构模型，以 LS-DYNA 软件为例，包含了近 300 种材料模型，如弹性、正交各向异性弹性、随动/各向同性塑性、热塑性、可压缩泡沫、线粘弹性、Blatz-Ko 橡胶、Mooney-Rivlin 橡胶、流体弹塑性、温度相关弹塑性、各向同性弹塑性、Johnson-Cook 塑性模型、伪张量地质模型以及用户自定义材料模型等，适用于金属、塑料、玻璃、泡沫、编织物、橡胶、蜂窝材料、复合材料、混凝土、土壤、陶瓷、炸药、推进剂、生物体等材料。下面介绍其中几种常用的材料本构模型。

1.2.1　*MAT_ELASTIC

*MAT_ELASTIC 模型即线弹性模型。当材料在外载下产生的应力低于材料的屈服极限时，应力波的传播不会造成材料不可逆的变形，材料表现为弹性行为，遵循胡克定律，可用线弹性模型描述。

$$E = 3K(1 - 2\nu)$$

$$G = \frac{3(1 - 2\nu)}{2(1 + \nu)} \cdot K$$

$$= \frac{E}{2(1 + \nu)}$$

式中，E、G、K、ν 分别为材料的弹性模量、剪切模量、体积模量和泊松比。

*MAT_ELASTIC 线弹性模型仅限于小应变（最大可能到 30%～40%的应变），对于大弹性应变可采用超弹性材料模型（*MAT_HYPERELASTIC_RUBBER）或正交异性弹性材料模型（*MAT_ORTHOTROPIC_ELASTIC）。

1.2.2 *MAT_PLASTIC_KINEMATIC

这是一种与应变率相关和带有失效的弹塑性材料模型。应力-应变关系近似地用两条直线来表示，第一段直线的斜率等于材料的弹性模量，第二段直线的斜率是切线模量。该模型可采用各向同性硬化（$\beta = 1$）、随动硬化（$\beta = 0$）或混合硬化方式（$0 < \beta < 1$）。应变率效应用 Cowper-Symonds 模型来描述，推荐考虑黏塑性应变率效应（$VP = 1$）。

*MAT_PLASTIC_KINEMATIC 模型的屈服应力与塑性应变（图 1-1）、应变率的关系如下：

$$\sigma_Y = (\sigma_0 + \beta E_p \varepsilon_p^{\text{eff}})\left[1 + \left(\frac{\dot{\varepsilon}}{C}\right)^{\frac{1}{P}}\right]$$

式中，σ_0 是初始屈服应力，$\dot{\varepsilon}$ 是应变率，$\varepsilon_p^{\text{eff}}$ 为有效塑性应变，β 为硬化参数，E_p 是塑性硬化模量，C 和 P 是应变率参数。塑性硬化模量 E_p 与弹性模量 E、切线模量 E_t（切线模量 E_t 不能小于零或大于弹性模量）的关系如下：

$$E_p = \frac{EE_t}{E - E_t}$$

C、P 参数对仿真计算结果有重要的影响，对于应用广泛的低碳钢，文献[1]认为，Cowper-Symonds 模型与实验数据符合较好，并提出了 C、P 参数推荐值：$C = 40.4 \text{s}^{-1}$，$P = 5$。在低碳钢动态问题的仿真分析中，该材料参数值作为各种材料的应变率影响系数被广泛使用。而陈志坚[2]、陈斌[3]研究了 Cowper-Symonds 模型参数对仿真结果的影响，指出，材料的动态特性规律很复杂，每种材料具有自己独特的 C、P 值和静态屈服应力强化规律，文献[1]的参数值过高估计了钢材的应变率强化效应。应对所用仿真对象材料取样，进行冲击试验，求取该材料的 C、P 值和 σ_Y 曲线。简单地引用文献[1]的参数值，极易导致错误的结论。

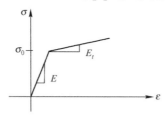

图 1-1 *MAT_PLASTIC_KINEMATIC 双线性应变随动强化模型

1.2.3 *MAT_JOHNSON_COOK

*MAT_JOHNSON_COOK 模型[4]适用于较宽的应变率范围和由塑性生热引起绝热温升导致材料软化的场合，该模型可以同时考虑材料的应变硬化、应变率硬化和热软化，应用非常广泛。当用于体单元时，需要额外定义状态方程。如果热软化和损伤不重要，推荐采用更为简单、计算效率更高的*MAT_SIMPLIFIED_JOHNSON_COOK。与*MAT_JOHNSON_COOK 模型不同，简化模型可用于梁单元，用于体单元时不需要状态方程。

Johnson-Cook 模型实质上将应变、应变率和温度这三个变量进行了分离，用乘积关系来处理三者对动态屈服应力的影响，具有形式简单、各项物理意义明确的优点。其屈服应力可表示为：

$$\sigma_{\mathrm{Y}} = \left(A + B \bar{\varepsilon}_{\mathrm{p}}^{n} \right) \left(1 + C \ln \dot{\varepsilon}^* \right) \left(1 - T_{\mathrm{H}}^{m} \right)$$

式中，A 为参考应变率 $\dot{\varepsilon}_0$ 和参考温度 T_{room} 下的材料初始屈服应力，B、n 分别为参考应变率 $\dot{\varepsilon}_0$ 和参考温度 T_{room} 下的材料应变硬化模量和硬化指数，C 为材料应变率强化参数，$\bar{\varepsilon}_{\mathrm{p}}$ 为有效塑性应变，m 为材料热软化参数。

当 $VP = 1$ 时，$\dot{\varepsilon}^* = \dot{\bar{\varepsilon}}^{\mathrm{p}} / \dot{\varepsilon}_0$，为归一化的有效塑性应变率，这是 LS-DYNA 和 AUTODYN 软件均采用的形式。

当 $VP = 0$ 时，$\dot{\varepsilon}^* = \dot{\bar{\varepsilon}} / \dot{\varepsilon}_0$，为归一化的有效总应变率，LS-DYNA 软件也可采用这种形式。

若室温为 T_{room}，熔点为 T_{melt}，则相对温度 T_{H} 的定义为：

$$T_{\mathrm{H}} = (T - T_{\mathrm{room}}) / (T_{\mathrm{melt}} - T_{\mathrm{room}})$$

在 LS-DYNA 中，$T - T_{\mathrm{room}}$ 为时间历程变量 5，必须通过 *DATABASE_EXTENT_BINARY 定义其输出，可在 LS-DYNA 后处理软件 LS-PrePost 中查看。

Johnson-Cook 失效模型利用累积损伤来考虑材料的破坏，不考虑损伤对材料强度的影响。应力和压力在损伤度达到临界值时取为零值。单元的损伤度 D 定义为：

$$D = \sum \frac{\Delta \varepsilon_{\mathrm{p}}}{\varepsilon^{\mathrm{f}}}$$

D 的取值在 $0 \sim 1$ 之间，初始未损伤时 $D = 0$，当 $D = 1$ 时材料发生失效。对于壳单元和体单元，D 分别对应时间历程变量 4 和 6。$\Delta \varepsilon_{\mathrm{p}}$ 为一个时间步长的等效塑性应变增量；ε^{f} 为当前时刻的破坏应变，其表达式为：

$$\varepsilon^{\mathrm{f}} = [D_1 + D_2 \exp(D_3 \sigma^*)][1 + D_4 \ln \dot{\varepsilon}^*][1 + D_5 T^*]$$

式中，$\sigma^* = p / \sigma_{\mathrm{eff}}$，为应力三轴度，其中 p 为压力，σ_{eff} 为有效应力；$D_1 \sim D_5$ 为材料失效参数。

在冲击载荷作用下，材料变形可近似看作绝热过程，塑性变形能大部分转化为热能，导致温度升高。假设转化为热能的部分为 90%，因此温度增量可通过应力和应变增量求得：

$$\mathrm{d}T = \frac{0.9}{\rho C_{\mathrm{p}}} \sigma \mathrm{d} \varepsilon_{\mathrm{p}}$$

式中，ρ 为材料密度；C_{p} 为材料比热容；ε_{p} 为塑性应变。

标准形式的 Johnson-Cook 应变率项采用较为简单的线性对数关系：$1 + C \ln \dot{\varepsilon}^*$。

为了增加应变率效应的敏感性，许多研究者提出了多种形式的修正 Johnson-Cook 模型。Huh 和 Kang（2002 年）提出了二次项形式：$1 + C \ln \dot{\varepsilon}^* + C_2 \ln(\ln \dot{\varepsilon}^*)^2$。此外，还有其他三种指数形式，如 Allen、Rule 和 Jones（1997 年）提出的：$(\dot{\varepsilon}^*)^c$；Cowper-Symonds（1958 年）

形式：$1+\left(\dot{\varepsilon}_{\mathrm{eff}}^{\mathrm{p}}/C\right)^{1/P}$；非线性率指数形式：$1+C(\varepsilon_{\mathrm{eff}}^{\mathrm{p}})^{n'}\ln\dot{\varepsilon}^*$。

在 LS-DYNA 软件中，目前以上四种应变率附加形式（RATEOP=1、2、3 或 4）在 $VP=1$ 时均可用于壳单元和体单元。当 $VP=0$ 时，忽略 RATEOP 应变率附加形式。

STOCHASTIC 选项将允许屈服和失效在结构中随机分布，可采用 *DEFINE_STOCHASTIC_VARIATION 定义其他附加信息。

Johnson-Cook 本构模型未涉及材料变形的物理基础，其中的应变、应变率、温度对应力的影响应该是相互耦合的，该模型主要适用于应变率小于 $10^4\mathrm{s}^{-1}$ 的阶段，此阶段控制塑性变形的是热激活机制和由扩散控制的蠕变机制。在该阶段随变形速度的提高，需更多的位错源同时开动，结果抑制了单晶体中位错易滑移阶段的产生和发展，使材料晶格中位错密度和滑移系数增大，从而使材料的临界屈服应力增大。而当应变率大于 $10^4\mathrm{s}^{-1}$ 时，应力高到足以驱使位错越过所有的障碍而不需要任何热的帮助，位错来不及进行堆积和滑移，晶格原子沿滑移面同时翻越点阵阻力，材料的应力-应变率对数关系发生剧烈变化，屈服强度猛增。这表明材料的塑性流动发生了本质性的变化，通常认为控制塑性流动的物理机制已由位错运动的热激活机制让位于黏性机制。但 Johnson-Cook 模型描述的材料动态本构关系在数值模拟时往往没有应变率范围的限制，这就使得 Johnson-Cook 模型在高应变率情况下，过低地估计了屈服应力。

1.2.4 *MAT_PIECEWISE_LINEAR_PLASTICITY

这是应用最广泛的弹塑性材料模型，该模型支持双线性弹塑性模型或使用多至 8 对有效应力-有效塑性应变曲线，应变率采用 Cowper-Symonds 模型缩放屈服应力，或定义屈服应力缩放因子-应变率曲线，或采用一族应力-应变曲线定义应变率的影响。如果超出所定义的塑性应变范围，LS-DYNA 会自动提供向外插值的功能。但需要注意的是，需要保证材料在高应变下的屈服应力插值不能为负值，同时，不同应变率曲线的外插不能出现相交的情况，否则都会引起数值计算的不稳定。如图 1-2 所示。

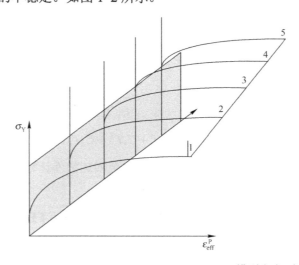

图 1-2 *MAT_PIECEWISE_LINEAR_PLASTICITY 模型应力-应变关系

*MAT_PIECEWISE_LINEAR_PLASTICITY 模型的失效准则采用有效塑性应变或最小时

间步长（仅适用于壳单元）。该模型也支持 STOCHASTIC 选项。

1.2.5 *MAT_STEINBERG

*MAT_STEINBERG 模型[5]可用于模拟极高应变率（$>10^5 \mathrm{s}^{-1}$）下材料的变形，可用于体单元。该模型中的屈服应力是温度和压力的函数，同时需要额外定义状态方程来描述压力。*MAT_STEINBERG 可考虑层裂，能够模拟拉伸载荷下材料的失效、断裂和崩落。

该模型形式上是"率无关"的，但它的应用对应变率的范围是有限制的，要求 $\dot{\varepsilon} > 10^5 \mathrm{s}^{-1}$。这是因为高速冲击下，温度升高引起的软化效应抵消了应变率的硬化效应。为了克服该模型"率无关"的缺点，后来又提出了 Steinberg-Lund 模型[6]（*MAT_STEINBERG_LUND）。Steinberg-Lund 模型可用于应变率为 $10^{-4} \sim 10^5 \mathrm{s}^{-1}$ 金属的变形。

1.2.6 *MAT_MODIFIED_ZERILLI_ARMSTRONG

Zerilli 和 Armstrong 基于位错动力学和固体力学理论提出了 Zerilli-Armstrong 本构模型。他们发现 BCC（体心立方）金属材料对温度和应变率效应的敏感程度明显高于 FCC（面心立方）金属，进而提出了描述 FCC 和 BCC 两类金属材料的位错型本构模型。这是第一个具有物理理论基础、在热激活位错运动的理论框架下提出而非通过实验曲线拟合的半唯象模型。它考虑了应变硬化效应、应变率敏感性与热软化效应。该模型认为不同的材料晶体结构形式（面心立方结构 FCC、体心立方结构 BCC 及六方紧密堆积结构 HCP）应该具有不同的本构关系，因此该模型针对 FCC 与 BCC 材料分别给出了两种不同的本构关系形式。

对于 FCC(n=0)金属：

$$\sigma = C_1 + \left\{ C_2 (\varepsilon^{\mathrm{p}})^{\frac{1}{2}} [\mathrm{e}^{[-C_3 + C_4 \ln(\dot{\varepsilon}^*)]^T}] + C_5 \right\} \left[\frac{u(T)}{u(293)} \right]$$

式中，ε^{p} 是有效塑性应变，$\dot{\varepsilon}^* = \dot{\varepsilon} / \dot{\varepsilon}_0$ 是有效塑性应变率。当时间单位为秒、毫秒、微秒时，$\dot{\varepsilon}_0$ 分别等于 1、10^{-3}、10^{-6}。

对于 BCC(n>0)金属：

$$\sigma = C_1 + C_2 \mathrm{e}^{[-C_3 + C_4 \ln(\dot{\varepsilon}^*)]^T} + [C_5 (\varepsilon^{\mathrm{p}})^n + C_6] \left[\frac{u(T)}{u(293)} \right]$$

式中，$u(T) / u(293) = B_1 + B_2 T + B_3 T^2$。

比热容和温度之间的关系可用三次曲线来描述：

$$C_{\mathrm{p}} = G_1 + G_2 T + G_3 T^2 + G_4 T^3$$

当该模型考虑黏塑性应变率效应（$VP = 1$）时会增加额外计算成本，但可能会获得意想不到的改进效果。

1.2.7 *MAT_JOHNSON_HOLMQUIST_CONCRETE

1993 年，在第 14 届国际弹道会议上，T. J. Holmquist 和 G. R. Johnson 针对混凝土动态冲击过程中的大变形问题，对 Johnson-Cook 模型做了改进，提出了一个新的 Johnson-Holmquist-Cook（简称 HJC 模型）计算模型[7-9]用以描述混凝土的本构及其参数，将混凝土的等效强度表示为压力、应变率和损伤的函数，其中压力表示为体应变的函数，且考虑了永久粉碎的影响。HJC 模型考虑了应变率、静水压、损伤累积对强度的影响，被广泛应用于数值计算。损伤模型综合考虑了大应变、高应变率、高压效应，其等效屈服强度是压力、应变率及损伤的函数，而压力是体积应变（包括永久压垮状态）的函数，损伤累积是塑性体积应变、等效塑性应变及压力的函数。但是由于 HJC 本构模型不考虑材料的拉伸损伤，用于混凝土的侵彻计算时，无法计算出裂纹扩展和背弹面混凝土的崩落。

HJC 本构模型包括三部分，图 1-3a 所示为强度模型，混凝土归一化的等效强度具体表达式为：

$$\sigma^* = [A(1-D) + BP^{*N}][1 + C \ln \dot{\varepsilon}^*]$$

$$\sigma^* = \sigma / f_c'$$

$$P^* = P / f_c'$$

$$\dot{\varepsilon}^* = \dot{\varepsilon} / \dot{\varepsilon}_0$$

$$T^* = T / f_c'$$

式中，σ^* 是无量纲等效应力，$\sigma^* \leqslant \text{SMAX}$，SMAX 为最大归一化无量纲强度极限。$\sigma$ 为实际等效应力，f_c' 为静态单轴压缩强度，D 为损伤度$(0 \leqslant D \leqslant 1)$，$P$ 为压强，$\dot{\varepsilon}^*$ 为无量纲应变率，$\dot{\varepsilon}$ 为应变率，$\dot{\varepsilon}_0 = 1.0\text{s}^{-1}$ 为参考应变率，T 为抗拉强度，A 为材料归一化内聚强度，B 为归一化压力硬化系数，N 为压力硬化指数，C 为应变率硬化系数。

图 1-3b 所示为损伤模型，损伤度 D 是塑性体积应变、等效体积应变和压力 P 的函数，其表达式为：

$$D = \sum \frac{\Delta\varepsilon_p + \Delta u_p}{D_1(P^* + T^*)^{D_2}}$$

式中，$\Delta\varepsilon_p$ 和 Δu_p 代表在一个循环积分计算中的等效塑性应变增量和塑性体积应变增量，下式代表了在持续压力下由塑性应变到断裂的过程。

$$f(P) = \Delta\varepsilon_p + \Delta u_p = D_1(P^* + T^*)^{D_2}$$

式中，D_1 和 D_2 为材料损伤常数，定义 EFMIN 为最小断裂应变，且 $D_1(P^* + T^*)^{D_2} \geqslant \text{EFMIN}$。$P$ 是体积应变 u 的函数。$u_{\text{lock}} = \rho / \rho_0 - 1$，$\rho$ 为混凝土瞬时密度，ρ_0 为混凝土试件原始密度。

图 1-3c 所示为状态方程。状态方程分为三部分，第一部分为线弹性段，当 $P \leqslant P_{\text{crush}}$ 时，材料处于弹性状态。弹性体积模量 $K = P_{\text{crush}} / u_{\text{crush}}$，$P_{\text{crush}}$ 和 u_{crush} 分别代表单轴压缩试验中的压溃临界压力和临界体应变。在弹性区内，加卸载状态方程式为：

$$P = K / u$$

第二部分为破碎段。当 $P_{\text{crush}} < P < P_{\text{lock}}$ 时，材料处于塑性状态，在这个区间内随着压力及塑性体积应变的增加，空气被压出，孔洞被压缩完全闭合，混凝土内部的气孔逐渐变小，材料变成密实介质：

$$P = P_{\text{crush}} + K_{\text{crush}}(u - u_{\text{crush}})$$

$$K_{\text{crush}} = \frac{P_{\text{lock}} - P_{\text{crush}}}{u_{\text{lock}} - u_{\text{crush}}}$$

第三部分为压实段。当 $P \geqslant P_{lock}$ 时，材料处于高压状态，此时材料可以看作连续密实介质，在这个区间内压力与体积的关系是：

$$P = K_1 \bar{u} + K_2 \bar{u}^2 + K_3 \bar{u}^3$$

式中，$\bar{u} = (u - u_{lock})/(1 + u_{lock})$，$K_1$、$K_2$、$K_3$ 是常量。

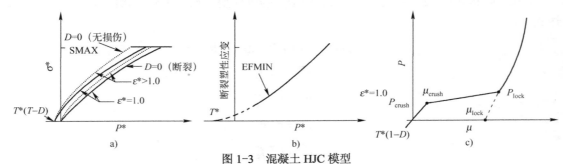

图 1-3 混凝土 HJC 模型

a) 强度模型 b) 损伤模型 c) 状态方程

对于卸载和拉伸情况，其压力应变关系为：

$$P = \begin{cases} K_e u & \text{弹性段} \\ [(1-F) \cdot K_e + F \cdot K_1] \cdot \mu & \text{破碎段} \\ K_1 u & \text{压实段} \end{cases}$$

内插系数 $F = (\mu_{max} - \mu_{crush})/(\mu_{Plock} - \mu_{crush})$，$\mu_{max}$ 为卸载前最大体应变，μ_{Plock} 是在压力 P_{lock} 下的体应变。

1.2.8 *MAT_PSEUDO_TENSOR

*MAT_PSEUDO_TENSOR 可用于模拟冲击载荷下钢筋混凝土结构的响应，该模型当前破坏面函数描述为最大强度面 σ_{max} 和残余强度面 σ_{failed} 的线性组合：

$$Y(I_1, J_2, J_3) = \Delta\sigma_{failed} + \eta(\Delta\sigma_{max} - \Delta\sigma_{failed})$$

$$\Delta\sigma_{max} = a_0 + \frac{p}{a_1 + a_2 p}$$

$$\Delta\sigma_{failed} = a_{0f} + \frac{p}{a_{1f} + a_2 p}$$

式中，$p = -I_1/3$ 为静水压；参数 η（$0 \leqslant \eta \leqslant 1$）代表剪切损伤，为损伤变量的函数。

该模型的破坏面不考虑 J_3 的影响，在偏平面上为圆形，在应力空间中为旋转面。而应变率效应则表现为破坏面向外扩展，其扩展的应变率增强因子可以自定义曲线输入。

1.2.9 MAT_CONCRETE_DAMAGE_REL3

K&C 模型[9]，即 LS-DYNA 中的*MAT_CONCRETE_DAMAGE_REL3 模型，是*MAT_PSEUDO_TENSOR 伪张量混凝土材料模型的扩展，它是由 Schwer 等在损伤混凝土材料模型

的基础上通过大量总结得到的。该材料模型包括初始屈服面、极限强度面和残余强度面，可以模拟强化面在初始屈服面和极限强度面之间以及软化面在极限强度面和残余强度面之间的变化。可以考虑钢筋作用、应变率效应、损伤效应、应变强化和软化作用。该模型可以自动生成参数，用户在使用时只需要输入数据卡中的密度、泊松比、单轴抗压强度和压力-应变率提高系数关系曲线，就可以得到材料模型所需要的其他参数和状态方程*EOS_TABULATED_COMPACTION 的参数。自动生成的参数将在 LS-DYNA 的 messag 文件中以标准的输入格式给出。其破坏面函数为：

$$Y(I_1, J_2, J_3) = \begin{cases} r(J_3)[\Delta\sigma_Y + \eta(\Delta\sigma_{\max} - \Delta\sigma_Y)] & \lambda \leqslant \lambda_m \\ r(J_3)[\Delta\sigma_{\text{failed}} + \eta(\Delta\sigma_{\max} - \Delta\sigma_{\text{failed}})] & \lambda > \lambda_m \end{cases}$$

$$\Delta\sigma_{\max} = a_0 + \frac{p}{a_1 + a_2 p}$$

$$\Delta\sigma_{\text{failed}} = a_{0f} + \frac{p}{a_{1f} + a_2 p}$$

初始屈服面：

$$\Delta\sigma_Y = a_{0Y} + \frac{p}{a_{1Y} + a_{2Y} p}$$

式中，$r(J_3)$ 为偏平面形状函数，采用著名的 William-Warnke 形式，为光滑外凸的椭圆；λ 表示损伤参数，$\eta(\lambda)$ 为其函数，$\eta(0) = 0$，$\eta(\lambda_m) = 1$，$\eta(\lambda_m \geqslant \lambda_{\max}) = 0$。破坏面函数表示当 λ 从 0 增加到 λ_m 时，破坏面由初始屈服面逐渐增长到最大强度面，然后随着 λ 进一步增加到 $\lambda_{\max}$ 时，破坏面逐渐降低到残余强度面。

该材料模型用于侵彻或爆炸数值模拟时，在 LS-DYNA 专用后处理软件 LS-PrePost 中通过查看塑性变形显示混凝土的损伤破坏情况，还可通过*MAT_ADD_EROSRION 命令定义混凝土的材料失效准则。例如，采用最大主应变和剪应变作为侵蚀准则，当其中的任意一个准则满足时，即删除相应的单元。

1.2.10 *MAT_RHT

RHT 强度模型是由德国 Ernst Mach 研究所的 Riedel、Hiermaier 和 Thoma 发展起来的，用于模拟岩石、混凝土等脆性材料在动态加载下的力学行为，考虑了以下效应：压力硬化、应变硬化、应变率硬化、压缩、拉伸子午线的第三不变量、损伤效应（应变软化）、体积压缩、裂纹软化，可模拟弹体混凝土靶裂纹损伤分布和靶后崩落等破坏现象。使用时用户只需输入密度、剪切模量、单轴抗压强度，就可以自动生成材料模型所需要的其他参数。

RHT 强度模型可分成以下五个基本部分：失效面、弹性极限面、应变硬化、残余失效面、损伤模型。

（1）失效面 定义为压力 P、Lode 角 θ 和应变率 $\dot{\varepsilon}$ 的函数：

$$Y_{\text{fail}} = Y_{\text{TXC(P)}} \cdot R_{3(\theta)} \cdot F_{\text{RATE}(\dot{\varepsilon})}$$

式中，$Y_{\text{TXC}} = f_c \left| A(P^* - P^*_{\text{spall}} F_{\text{RATE}})^N \right|$，$f_c$ 是单轴压缩强度，A 是失效面常数，N 是失效面指数，P^* 是根据 f_c 归一化后的压力，P^*_{spall} 定义为 $P^*(f_t / f_c)$，

$$F_{\text{RATE}} = \begin{cases} \left(\dfrac{\dot{\varepsilon}}{\dot{\varepsilon}_0}\right)^D & P > \dfrac{f_{\text{c}}}{3} \\[3mm] \left(\dfrac{\dot{\varepsilon}}{\dot{\varepsilon}_0}\right)^\alpha & P < \dfrac{f_{\text{t}}}{3} \end{cases}$$

式中，D 为压缩应变率指数，α 为拉伸应变率指数。

$R_{3(\theta)}$ 定义为模型的第三不变量：

$$R_3 = \frac{2(1-Q_2^2)\cos\theta + (2Q_2-1)\sqrt{4(1-Q_2^2)\cos^2\theta - 4Q_2 + 5Q_2^2}}{4(1-Q_2^2)\cos^2\theta + (1-2Q_2)^2}$$

$$\cos(3\theta) = \frac{3\sqrt{3}J_3}{2^{3/2}\sqrt{J_2}}$$

$$Q_2 = Q_{2,0} + BQ \cdot P^*, \qquad 0.5 \leqslant Q_2 \leqslant 1, \qquad BQ = 0.0105$$

式中，$Q_{2,0}$ 为拉伸与压缩子午线之比。

（2）弹性极限面　弹性极限面由失效面确定：

$$Y_{\text{elastic}} = Y_{\text{fail}} \cdot F_{\text{elastic}} \cdot F_{\text{CAP}(P)}$$

式中，F_{elastic} 为弹性强度与失效面强度之比，可根据拉伸弹性强度 f_{t} 和压缩弹性强度 f_{c} 这两个输入参数确定；$F_{\text{CAP}(P)}$ 为弹性极限面帽子函数，用于限制静水压下弹性偏应力：

$$F_{\text{CAP}(P)} = \begin{cases} 1 & p \leqslant p_{\text{u}} \\[3mm] \sqrt{1 - \left(\dfrac{p - p_{\text{u}}}{p_0 - p_{\text{u}}}\right)^2} & p_{\text{u}} < p < p_0 \\[3mm] 0 & p \geqslant p_0 \end{cases}$$

（3）应变硬化　峰值载荷前采用线性硬化，硬化期间当前屈服面（Y^*）根据弹性极限面和失效面确定：

$$Y^* = Y_{\text{elastic}} + \frac{\varepsilon_{\text{pl}}}{\varepsilon_{\text{pl(pre-softening)}}}(Y_{\text{fail}} - Y_{\text{elastic}})$$

式中，$\varepsilon_{\text{pl(pre-softening)}} = (Y_{\text{fail}} - Y_{\text{elastic}})/3G \cdot \left[G_{\text{elastic}}/(G_{\text{elastic}} - G_{\text{plastic}})\right]$

（4）残余失效面　残余失效面定义成：

$$Y_{\text{resid}}^* = B \cdot P^{*M}$$

式中，B 是残余失效面常数，M 是残余失效面指数。

（5）损伤　从硬化阶段开始，材料额外塑性应变导致了损伤和强度的降低。损伤通过下式进行累积：

$$D = \sum \frac{\Delta\varepsilon_{\text{pl}}}{\varepsilon_{\text{p}}^{\text{failure}}}$$

$$\varepsilon_p^{\text{failure}} = D_1 \left(P^* - P_{\text{spall}}^* \right)^{D_2} \geqslant \varepsilon_f^{\text{min}}$$

式中，D_1 和 D_2 都是损伤常数，$\varepsilon_f^{\text{min}}$ 是最小失效应变，损伤后的失效面为：

$$Y_{\text{fractured}}^* = (1 - D) Y_{\text{failure}}^* + D Y_{\text{residual}}^*$$

损伤后的剪切模量为：

$$G_{\text{fractured}} = (1 - D) G + D G_{\text{residual}}$$

其中，G_{residual} 为残余剪切模量。

1.2.11 *MAT_HIGH_EXPLOSIVE_BURN

*MAT_HIGH_EXPLOSIVE_BURN 模型用于模拟高能炸药的爆轰，必须同时定义状态方程*EOS_JWL。常用的 TNT 炸药参数见表 1-2。

表 1-2　TNT 炸药*MAT_HIGH_EXPLOSIVE_BURN 模型参数

Type	MID	$\rho_0 / \text{g} \cdot \text{cm}^{-3}$	$D/\text{cm} \cdot \mu\text{s}^{-1}$	P_{CJ}/Mbar	BETA	K/Mbar	G/Mbar	SIGY/Mbar
TNT	1	1.63	0.693	0.21	0	0	0	0

表中，MID 为材料编号 ID，ID 号唯一；ρ_0 表示材料密度；D 为爆轰速度；P_{CJ} 为 CJ 压力；BETA 为燃烧标识，取值可以是 0、1、2。当 BETA=0 时，表示有体积压缩或满足程序控制起爆条件将起爆，当 BETA=1 时，表示根据计算结果，凡是有体积压缩的情况将起爆，当 BETA=2 时，表示由程序输入参数来控制起爆条件。只有当 BETA 取值为 2 时，K、G、SIGY 的取值才有意义，表示未反应炸药呈现弹塑性。其中 K 为体积模量，G 为剪切模量，SIGY 表示屈服应力。

1.2.12 *MAT_NULL

*MAT_NULL 空材料模型没有屈服强度，力学行为与流体类似。该模型用于体单元或厚壳单元时，必须同时定义状态方程。

空材料模型也没有剪切刚度（黏性除外），需要特别注意沙漏控制。在一些应用中，默认的沙漏系数可能导致较大的能量损失。一般来说，对于流体，沙漏系数 QM 应该取小的值（在 1.0E-6～1.0E-4 范围之间），沙漏类型 IHQ 设为默认值 1。

*MAT_NULL 模型还可用来防止数值计算中出现的接触渗透，做法如下：采用在体单元外附一层*MAT_NULL 壳单元，或在壳单元外附一层*MAT_NULL 梁单元的方式，只需很薄的一层（如 0.1mm）。弹性模量和泊松比仅用于设置接触刚度，建议输入合理数值。

1.2.13 *MAT_RIGID

如果材料声明为刚体，那么任何属于这种材料的单元必须属于同一刚体。刚体只有六个自由度，在单元处理过程中刚体单元被忽略，不用为其时间历程变量分配内存，因此采用刚体材料模型的效费比非常高。

刚体材料的材料参数需要采用真实值，LS-DYNA 用弹性模量和泊松比计算接触罚刚度，而接触罚刚度决定了接触渗透。

1.2.14 *MAT_HONEYCOMB

*MAT_HONEYCOMB 模型用于模拟蜂窝材料和具有真实各向异性的可压扁泡沫材料。材料中六个应力分量都有非线性弹塑性行为，且六个应力是非耦合的，直到完全压实，此后呈现各向同性弹塑性。

这个模型可选择基于剪切应变的失效或拉伸应变的失效。

1.2.15 *MAT_MODIFIED_HONEYCOMB

*MAT_MODIFIED_HONEYCOMB 主要用于模拟泡沫铝材料的各向异性行为。该模型能够承受非常大的变形而不失稳定性，像非线性弹簧，单元能够翻转并保持稳定。

1.2.16 *MAT_JOHNSON_HOLMQUIST_CERAMICS

Johnson-Holmquist 模型（即 LS-DYNA 软件中的*MAT_JOHNSON_HOLMQUIST_JH1，简称 JH1 模型）用于描述脆性材料强度随损伤、压力、应变率等变化规律，在 JH1 模型中脆性材料不发生软化效应，除非材料完全损伤，其软化并不连续累积，但在飞板撞击试验中研究人员发现了脆性材料的累积软化现象。*MAT_JOHNSON_HOLMQUIST_CERAMICS（简称 JH2 模型）模型在 JH1 模型基础上进行了改进，考虑了损伤演化过程，用于获得不同损伤状态下脆性材料的冲击响应特征，在陶瓷复合装甲仿真计算领域该模型得到广泛应用[13]。JH2 模型包含材料连续强度模型、破碎模型、状态方程三部分，如图 1-4 所示。

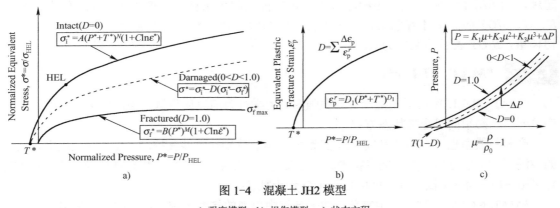

图 1-4 混凝土 JH2 模型

a) 强度模型 b) 损伤模型 c) 状态方程

1. 材料连续强度模型

基于 Drucker 损伤累积演化屈服面理论，JH2 模型将任意损伤下脆性材料强度与脆性材料未损伤时的强度、脆性材料完全损伤时的强度、脆性材料损伤值进行了耦合，表达式如下：

$$\sigma^* = \sigma_i^* - D(\sigma_i^* - \sigma_f^*)$$

式中，σ_i^* 为完全无损伤状态下材料的无量纲等效强度，σ_f^* 为完全损伤状态下材料的无量纲等效强度，D 为材料的损伤参数，大小在 0~1 之间，σ^* 为损伤参数为 D 时材料的无量纲等效强度。

利用 Hugoniot 弹性极限下的材料强度将损伤参数为 D 时的材料强度进行无量纲化。完全无损伤状态下材料的无量纲等效强度可表示为：

$$\begin{cases} \sigma_i^* = A_r(P^* + T^*)^N(1 + C_r \ln \dot{\varepsilon}^*) \\ P^* = P / P_{HEL} \\ T^* = T / P_{HEL} \\ \dot{\varepsilon}^* = \dot{\varepsilon} / \dot{\varepsilon}_0 \end{cases}$$

完全损伤状态下材料的无量纲等效强度可表示为：

$$\begin{cases} \sigma_f^* = B_r(P^*)^M(1 + C_r \ln \dot{\varepsilon}^*) \\ \sigma_f^* \leqslant \sigma_{f\,max}^* \end{cases}$$

式中，A_r、B_r、C_r、M、N、T 表示拟合参数；P 表示静水压力，T 表示最大静水拉伸强度，P_{HEL} 表示 Hugoniot 弹性极限下材料静水压缩强度；$\dot{\varepsilon}$ 表示动载荷下材料真应变率；$\dot{\varepsilon}_0$ 表示参考应变率；P^* 表示无量纲化的材料等效静水压力；T^* 表示无量纲化的材料最大等效静水拉力；$\dot{\varepsilon}^*$ 表示无量纲化的材料等效应变率；$\sigma_{f\,max}^*$ 表示无量纲化的材料最大破碎等效强度。

2. 材料破碎模型

与金属材料 Johnson-Cook 失效模型类似，材料损伤参数 D 可表示为：

$$D = \sum \Delta \varepsilon_p / \varepsilon_p^f$$

式中，$\Delta \varepsilon_p$ 表示材料有效塑性应变在一次循环内的累积积分；ε_p^f 表示静水压力为 P 时材料的极限塑性应变；当材料在所有循环内累积的有效塑性应变超过材料的极限塑性应变时，材料完全粉碎。

在 JH2 模型中，材料因损伤累积发生破碎的极限塑性应变可表示为：

$$\varepsilon_p^f = D_1(P^* + T^*)^{D_2}$$

式中，D_1、D_2 为材料损伤系数。当材料等效静水压力与等效静水拉力之和为零时，材料不发生塑性变形；当等效静水压力增大时，材料完全破碎的极限塑性应变随之增大。

3. 材料的状态方程

采用三次多项式表征完全无损伤状态下材料的状态方程：

$$P = K_1\mu + K_2\mu^2 + K_3\mu^3$$

式中，P 为材料所受静水压力；K_1 为材料体积模量；K_2、K_3 为状态方程参数；μ 为材料比容，与材料密度相关，可表示为：

$$\mu = \rho / \rho_0 - 1$$

式中，ρ 为某一静水压力下材料的瞬时密度，ρ_0 为材料的原始密度。

随着材料损伤累积，材料体积出现膨胀，进而导致静水压力增加，引入增量 ΔP。从能量角度，增量 ΔP 随损伤增大而增加，则：

$$\begin{cases} \Delta P = 0 & D = 0 \\ \Delta P = \Delta P_{max} & D = 1.0 \end{cases}$$

假定材料能量损失转化为材料静水压势能，则能量转化方程可近似表示为：

$$(\Delta P_{t+\Delta t} - \Delta P_t)\mu_{t+\Delta t} + (\Delta P_{t+\Delta t}^2 - \Delta P_t^2)/2K_i = \beta\Delta U$$

式中，β 为能量转化系数，大小介于 0～1 之间，且 ΔP =0 时 $\beta = 0$；ΔU 为能量损失量。

1.2.17 *MAT_ADD_EROSION

准确地说，*MAT_ADD_EROSION 不是一种单独的材料模型，而是一种附加失效方式。材料失效表示在达到某一准则后，结构不再具有承受载荷的功能。LS-DYNA 中的单元在受力过程中，当某一物理量（压力、应力、应变、应变能量、时间或时间步长等）达到临界值时就会失效，程序随之将单元删除。

LS-DYNA 材料库有近 300 种材料模型，其中有些材料模型自带失效方式，如*MAT_PLASTIC_KINEMATIC、*MAT_JOHNSON_HOLMQUIST_CONCRETE、*MAT_JOHNSON_COOK 等。自带失效方式往往比较单一，或是应力失效，或是应变失效，或是基于最小时间步长。

LS-DYNA 中还可通过在*CONTROL_TIMESTEP 中设定 ERODE=1，来删除时间步长小于 TSMIN 的壳或体单元。TSMIN=DTSTART×DTMIN，DTSTART 是 LS-DYNA 决定的初始时间步长，DTMIN 是初始时间步长的缩放因子，在*CONTROL_TERMINATION 中定义。通过该方法也可以自动删除负体积单元避免程序崩溃。需要注意的是，计算时间步长依赖于单元尺寸，因此，时间步长失效是与网格相关的。

如果材料模型没有失效方式，或者材料本身较为复杂，在破坏过程中可能涉及多种失效方式，可以通过*MAT_ADD_EROSION 为该材料同时定义一种或多种失效方式。例如，最大/最小压力、主应力、等效应力、主应变、剪切应变、临界应力、应力冲量（应变能）以及失效时间等多种失效准则。

*MAT_ADD_EROSION 关键字有两个必选卡片，见表 1-3 和表 1-4。

表 1-3 *MAT_ADD_EROSION 关键字卡片 1

Card 1	1	2	3	4	5	6	7	8
Variable	MID	EXCL	MXPRES	MNEPS	EFFEPS	VOLEPS	NUMFIP	NCS
Type	A	F	F	F	F	F	F	F
Default	none	none	0.0	0.0	0.0	0.0	1.0	1.0/0.0

表 1-4 *MAT_ADD_EROSION 关键字卡片 2

Card 2	1	2	3	4	5	6	7	8
Variable	MNPRES	SIGP1	SIGVM	MXEPS	EPSSH	SIGTH	IMPULSE	FAILTM
Type	F	F	F	F	F	F	F	F
Default	none	none	none	none	none	none	none	none

- MID 是要施加附加失效方式的材料 ID。MID 必须唯一。
- EXCL 是任意假设的排除数字。当卡片上的某个失效值设置为该排除数字时，就不会

激活相关的失效准则。换句话说，当卡片上的某个失效值不设置为排除数字时，就激活该失效准则。EXCL 的默认值是 0.0，EXCL 留空或置为 0.0 时，会忽略该失效准则。

- MXPRES 是最大失效压力 P_{max}。若设为 0，则不激活该失效准则（为了与旧的输入文件兼容）。失效准则：$P \geqslant P_{max}$，这里 P 是压力，压为正，拉为负。
- MNEPS 是最小失效主应变 ε_{min}。若设为 0，则不激活该失效准则（为了与旧的输入文件兼容）。失效准则：$\varepsilon_3 \leqslant \varepsilon_{min}$，这里，$\varepsilon_3$ 是最小主应变。

- EFFEPS 是失效时的最大有效应变：

$$\varepsilon_{eff} = \sum_{ij} \sqrt{\frac{2}{3} \varepsilon_{ij}^{dev} \varepsilon_{ij}^{dev}}$$

若 EFFEPS 设为 0，则不激活该失效准则（为了与旧的输入文件兼容）。如果 EFFEPS 为负，则|EFFEPS|为失效时的有效应变。

- VOLEPS 是失效时的体积应变。

$$\varepsilon_{vol} = \varepsilon_{11} + \varepsilon_{22} + \varepsilon_{33}$$

或

$$\varepsilon_{vol} = \ln(相对体积)$$

受拉时 VOLEPS 为正，受压时 VOLEPS 为负。若设为 0，则不激活该失效准则（为了与旧的输入文件兼容）。

- NUMFIP 是单元删除时失效的积分点数量。默认值为 1。

 ➢ NUMFIP<0(IDAM=0)：仅用于壳单元。|NUMFIP|是单元删除前需要达到失效准则的积分点百分数。如果 NUMFIP<-100，那么|NUMFIP|-100 是单元删除前失效的积分点数量。

 ➢ NUMFIP<0(IDAM≠0)：|NUMFIP|是单元删除前需要达到失效准则的层数百分数。对于每层带有 4 个积分点的壳单元，如果层内的任意积分点失效，就意味着该层失效。

- NCS 的含义与是否使用损伤选项 DIEM 有关：

 ➢ IDAM≥0：失效发生前需要满足的失效条件数量。例如，若 NCS=2，且定义了 SIGP1 和 SIGVM，则单元删除前必须同时满足这两种失效条件。默认值为 1。

 ➢ IDAM<0：损伤失稳评估与演化准则之间的塑性应变增量。默认值为 0。

- MNPRES 是最小失效压力，P_{min}。失效准则：$P \leqslant P_{min}$，这里 P 是压力，压为正，拉为负。

- SIGP1 是失效时的主应力，σ_{max}。失效准则：$\sigma_1 \geqslant \sigma_{max}$，这里 σ_1 是最大主应力。

- SIGVM 是失效时的等效应力，$\bar{\sigma}_{max}$。SIGVM<0 时，|SIGVM|是失效时的等效应力 VS 有效应变率加载曲线 ID。失效准则：$\sqrt{3/2\sigma'_{ij}\sigma'_{ij}} \geqslant \bar{\sigma}_{max}$，这里 σ'_{ij} 是偏应力分量。

- MXEPS 是失效时的最大主应变，ε_{max}。MXEPS <0 时，|MXEPS|是失效时的最大主应变 VS 有效应变率加载曲线 ID。失效准则：$\varepsilon_1 \geqslant \varepsilon_{max}$，这里，$\varepsilon_1$ 是最大主应变。

- EPSSH 是失效时的张量剪应变，$\gamma_{max}/2$。失效准则：$\gamma_1 \geqslant \gamma_{max}/2$，这里，$\gamma_1 = (\varepsilon_1 - \varepsilon_2)/2$ 是最大张量剪应变。γ_{max} 是失效时的工程剪应变。

- SIGTH 是临界应力，σ_0。

- IMPULSE 是失效时的应力冲量，K_f。Tuler-Butcher 失效准则：

$$\int_0^t \left[\max(0, \sigma_1 - \sigma_0) \right]^2 \mathrm{d}t \geq K_f$$

式中，σ_1 是最大主应力，$\sigma_1 \geq \sigma_0 \geq 0$，$\sigma_0$ 是指定的应力阈值，K_f 是失效时的应力冲量。如果应力幅值很低，即使加载时间很长，也不会发生失效。

- FAILTM 是失效时间。当达到失效时间时，就删除该材料。这种失效准则还可以用于在特定时间删除引用该材料的 Part 的所有单元来替代重启动分析，更加方便快捷。

*MAT_ADD_EROSION 既可用于不带失效的材料模型，也可用于带有失效的材料模型。需要注意的是，可通过*CONTROL_MAT 禁用计算模型中所有的*MAT_ADD_EROSION。

对于壳单元，沿厚度方向的积分点能够渐进地失效，当某一个积分点满足失效准则时，该积分点相应的应力降为 0。除非在材料模型的描述中另有说明，否则只有在所有沿厚度方向的积分点都满足失效准则后壳单元才能被删除。

实际上，由于数值算法以及材料本构模型的缺陷，目前数值计算中的材料失效大多是非物理的"数值失效"，数值计算人员需要提前预知失效方式和失效位置，并针对性地划分网格，添加相应的材料失效准则。通常很难确定一个可靠的普遍适用的失效阈值。失效阈值与网格尺寸及网格形状相关，不同的网格尺寸对应不同的失效阈值，网格尺寸越大，失效阈值越低。失效阈值还与受力状态相关，例如，对于弹体侵彻装甲钢板的模拟，通常采用塑性应变作为失效临界值。当撞击速度较低（低应变率）时，钢板呈现明显的塑性花瓣状变形，可取较大的失效塑性应变作为临界值，而撞击速度逐渐提高（高应变率）时，钢板的破坏逐渐由塑性向脆性转变，失效塑性应变应该相应降低，并可适当添加其他类型失效方式，例如最大主应力或主应变失效。

1.3 LS-DYNA 软件中常用状态方程介绍

状态方程是表征流体内压力、密度、温度等热力学参量的关系式，主要用来描述气体和液体的热力学性质。固体介质在强冲击作用下内部应力超过材料屈服强度数倍或几个数量级时，固体会呈现出流体弹塑性特性，即介质既具有固体的弹塑性，又具有流体的可压缩性和流动性，为了能描述介质的这种特性，可将应力分解为控制体积变形的流体静压和控制塑性变形的应力偏量，即：

$$\sigma_{ij} = -p\delta_{ij} + s_{ij}$$

式中，σ_{ij} 为应力张量，s_{ij} 为应力偏量，s_{ij} 由材料的本构模型计算，而 $p = -\sigma_{ii}/3$，为流体静压，由状态方程计算。

迄今为止还没有一种状态方程能满意地应用于所有工程分析，因此不断有新的状态方程被提出。LS-DYNA 有 16 种状态方程，如*EOS_LINEAR_POLYNOMIAL、*EOS_GRUNEISEN、*EOS_MURNAGHAN、*EOS_IGNITION_AND_GROWTH_OF_REACTION_IN_HE、*EOS_JWL、*EOS_IDEAL_GAS、*EOS_TABULATED 等，此外，用户还可以自定义状态方程。

1.3.1 *EOS_IDEAL_GAS

*EOS_IDEAL_GAS 理想气体状态方程是最简单的状态方程之一，其压力定义为：

$$P = \rho(C_p - C_v)T$$

$$C_p = C_{p0} + C_L T + C_Q T^2$$

$$C_v = C_{v0} + C_L T + C_Q T^2$$

式中，C_p 和 C_v 分别为比定压热容和比定容热容。

理想气体状态方程非常适用于低密度气体，特别是压力很低、温度较高的情况。当 $Z = Pv / RT$ 严重偏离 1 时，就偏离理想气体状态，理想气体状态方程也就不再适用。

1.3.2 *EOS_LINEAR_POLYNOMIAL

*EOS_LINEAR_POLYNOMIAL 线性多项式状态方程，介质中的压力为：

$$P = C_0 + C_1 u + C_2 u^2 + C_3 u^3 + (C_4 + C_5 u + C_6 u^2)E$$

式中，E 为单位体积内能，u 为相对体积，C_0、C_1、C_2、C_3、C_4、C_5、C_6 为常数，C_0 用于定义初始压力，C_1 是体积黏性，材料密度变化不大时 $C_1 = \rho C^2$，$u = \rho / \rho_0 - 1$。

线性多项式状态方程可用于模拟理想气体，此时：

$$C_0 = C_1 = C_2 = C_3 = C_6 = 0$$

$$C_4 = C_5 = \gamma - 1 = \frac{C_p}{C_v} - 1$$

$$P = (\gamma - 1)(1 + u)E = (\gamma - 1)\frac{\rho}{\rho_0}E$$

对于单原子理想气体，仅有平移能，比热容比 $\gamma = 5/3$ 是理论上限。对于双原子理想气体，有平移能和旋转能，$\gamma = 1.4$。分子越复杂，有越多的能量存储为振动能和旋转能。

标准状况下不同气体的比热容比见表 1-5。

表 1-5 STP 条件下不同气体的比热容比

气体	二氧化碳	氦气	氢气	甲烷或天然气	氮气	氧气	标准大气
比热容比	1.3	1.66	1.41	1.31	1.4	1.4	1.4

1.3.3 *EOS_GRUNEISEN

LS-DYNA 中的*EOS_GRUNEISEN 状态方程定义压缩状态下材料的压力为：

$$P = \frac{\rho_0 C^2 u \left[1 + \left(1 - \frac{\gamma_0}{2}\right)u - \frac{a}{2}u^2 \right]}{\left[1 - (S_1 - 1)u - S_2 \frac{u^2}{u+1} - S_3 \frac{u^3}{(u+1)^2} \right]^2} + (\gamma_0 + au)E$$

定义材料膨胀时的压力为：

$$P = \rho_0 C^2 u + (\gamma_0 + au)E$$

式中，C 为 $u_s - u_p$ 曲线的截距（声速）；S_1、S_2、S_3 为 $u_s - u_p$ 曲线斜率的系数；γ_0 为 GRUNEISEN 系数；a 为对 γ_0 的一阶体积修正；$u = \rho / \rho_0 - 1$。

其中的参数 C、S_1、S_2、S_3 可以通过材料冲击波速度 D 与质点速度 μ_p 的关系曲线（$D - \mu_p$ 曲线）得到。大量实验表明，大多数金属材料，冲击波速度 $D - \mu_p$ 关系可描述为直线关系 $D = C + S_1\mu_p$，即 S_2、S_3 等于零。通过不同速度飞片的高速碰撞实验，得到材料的 $D - \mu_p$ 数据集合，拟合可得材料的冲击特性参数 C 和 S_1。

1.3.4 *EOS_JWL

JWL 状态方程通常用来描述炸药爆炸产物压力：

$$P = A\left(1 - \frac{\omega}{R_1 V}\right)e^{-R_1 V} + B\left(1 - \frac{\omega}{R_2 V}\right)e^{-R_2 V} + \frac{\omega E}{V}$$

式中，P 是爆轰产物的压力；E 为单位体积内能；V 为相对体积；A、B、R_1、R_2、ω 为常数，其值通常通过炸药圆筒实验确定。其中，方程式右端第一项在高压段起主要作用，第二项在中压段起主要作用，第三项代表低压段，如图 1-5 所示。

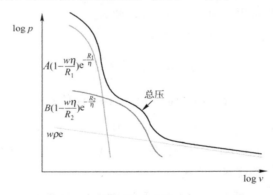

图 1-5　JWL 状态方程中的压力随体积变化曲线

在 LS-DYNA 和 AUTODYN 软件中，标准 JWL 状态方程还可以添加能量释放扩展选项，在用户定义的时间间隔内释放额外的能量。温压炸药就具有这种后燃烧特性，爆炸后金属添加物（如铝粉）与大气中的氧气接触燃烧，产生比传统高能炸药更高的爆炸能量。

1.3.5 *EOS_IGNITION_AND_GROWTH_OF_REACTION_IN_HE

该模型为 Lee-Tarver 点火增长模型，未反应炸药中的压力用下面的公式表示：

$$P_e = r_1 e^{-r_5 V_e} + r_2 e^{-r_6 V_e} + r_3 \frac{T_e}{V_e} \qquad (r_3 = \omega_e Cvr)$$

爆炸产物中的压力用下面的公式表示：

$$P_p = ae^{-x_{p1}V_p} + be^{-x_{p2}V_p} + \frac{gT_p}{V_p} \qquad (g = \omega_p Cvp)$$

以上两式中，P_e、P_p 是压力，V_e、V_p 和 T_e、T_p 是相对体积和温度，r_2 为负值表示未反应炸药可以承受拉力。假定压力平衡：$P_e = P_p$，温度平衡：$T_e = T_p$，未反应炸药和爆炸产物的体积可加：$V = (1-F)V_e + V_p$。

反应速率方程为：

$$\frac{\partial F}{\partial t} = freq(1-F)^{frer}(V_e^{-1} - 1 - ccrit)^{eetal} \qquad （点火项）$$

$$+grow1(1-F)^{es1}F^{ar1}P^{em} \qquad （快反应项）$$

$$+grow2(1-F)^{es2}F^{ar2}P^{en} \qquad （慢反应项）$$

式中，F 为炸药反应度，t 为时间，$freq$、$grow1$、$grow2$、$ccrit$、$frer$、$eetal$、$es1$、$ar1$、em、$es2$、$ar2$ 和 en 为常数。其中 $ccrit$ 是临界压缩度，用来界定点火界限。压缩度小于 $ccrit$ 时炸药不点火，不发生爆轰。或者说，当冲击波足够强使炸药达到一定压缩度时才能点火，从而为炸药起爆规定了一个必要条件。大多数条件下，快反应项压力指数 $em=1$，点火和快反应项的燃耗阶数 $frer=es1=2/3$，表示向内的球形颗粒燃烧。参数 $freq$ 和 $eetal$ 控制了点火热点的数量，点火项是冲击强度和压力持续时间的函数。$grow1$ 和 $ar1$ 控制了热点早期的反应生长，$grow2$ 和 en 确定了高压下的反应速率。对于 ZND 结构假设的爆轰波，公式的第一项代表部分炸药在冲击压缩下被点火；第二项代表炸药中的高能炸药成分 RDX 快速反应产生 CO_2、H_2O 和 N_2 等气体产物；第三项代表在主要反应后相对缓慢的扩散控制反应，对于含铝炸药它代表铝粉与爆炸产物间的氧化反应。此种反应率方程计算过程中，需设定反应度 F 的几个极值 F_{mxig}、F_{mxGr} 和 F_{mnGr}，以便使三项中的每一项在合适的 F 值时开始截断：当 $F>F_{mxig}$ 时，点火项取为零；当 $F>F_{mxGr}$ 时，快反应项取为零；当 $F<F_{mnGr}$ 时，慢反应（燃烧项）取为零。

1.4 材料动态力学参数标定方法

在不同温度及不同应变率加载条件下材料的动态响应都是不一样的，因此研究材料在不同加载条件下的力学行为对于材料在复杂载荷下的应用（如高速撞击、金属加工及成形、穿甲及爆炸作用等）具有十分重要的意义。

在进行材料力学性能测试时，材料在加载过程中的应变率是一个十分重要的测试参数。应变率，即应变变化速率，指单位时间内材料内部产生的应变，量纲为 s^{-1}。按其范围可以分为如下五类：当应变率 $<10^{-5}s^{-1}$ 时，属于静态/蠕变范围；当应变率介于 $10^{-4}\sim10^{-2}s^{-1}$ 时，属于准静态范围；当应变率介于 $10^{-1}\sim10^{1}s^{-1}$ 时，属于中应变率范围；当应变率介于 $10^{2}\sim10^{4}s^{-1}$ 时，属于高应变率范围；而当应变率达到 $10^{5}s^{-1}$ 时，则属于极高应变率范围。为评估不同应变率下材料的力学特性，工程人员开发了一系列测试手段对材料力学性能进行分析，目前常用的应变率实验技术主要包括落锤、分离式 Hopkinson 杆、Taylor 撞击实验、膨胀环实验及平板撞击实验等。不同应变率范围对应的加载特征时间与典型加载方式见表 1-6。

表1-6 不同应变率范围的加载方式

应变率范围	特征时间	变形状态	通用加载方法
$< 10^{-5}\text{s}^{-1}$	小时级	蠕变和应力松弛	恒定载荷或者蠕变试验机
$10^{-4} \sim 10^{-2}\text{s}^{-1}$	分钟级	准静态	液压、伺服液压或螺旋驱动试验机
$10^{-1} \sim 10^{1}\text{s}^{-1}$	秒级	低动态	高速液压或气压及凸轮机构、落锤装置
$10^{2} \sim 10^{4}\text{s}^{-1}$	毫秒级	高动态	霍普金森杆、膨胀环、Taylor 实验
$> 10^{5}\text{s}^{-1}$	微秒级	高速碰撞	炸药、脉冲激光等直接加载，气炮或其他方法驱动平板撞击

由于材料本构关系的建立多利用并依赖大量应力-应变实验数据拟合，而非从材料变形的物理、化学实质的角度来获得，因此材料成分或热处理状态发生变化时，需重新进行实验确立其本构方程。

1.4.1 落锤

落锤试验机主要基于物体的自由落体能量对试件进行加载，通过调整重物的高度，获得预期撞击速度或撞击能量。落锤撞击速度一般在 $1 \sim 10\text{m/s}$，试件应变率范围为 $10^{0} \sim 10^{2}\text{s}^{-1}$。通过落锤头部的载荷传感器可获取锤头速度随时间的变化曲线，进而利用积分法获取待测材料所承受的冲击强度。落锤实验中，因冲击强度持续衰减，无法进行恒应变率加载。

1.4.2 Taylor 杆

Taylor 杆[12]是一种非常简单的用于测试金属以及高聚物材料在高速冲击条件下动态屈服应力的方法。该实验方法由 Taylor 于 1948 年首次提出而得名。

Taylor 杆技术是将待测试材料制成长圆柱体，沿轴线垂直撞击刚性平面靶板形成蘑菇状，对圆柱体撞击变形后的几何尺寸进行测量，根据变形前后的几何变化来求出材料的屈服强度。实验假设材料是刚-理想塑性，运用一维波传播的概念，将塑性波波阵面的动量平衡方程作为变形分布的基础，通过金属的动态屈服强度、密度以及撞击速度，就能预测出蘑菇端的最终外形轮廓尺寸。据此反推，由弹体最终变形的测量值以及已知的材料密度 ρ 和撞击速度 v_0，可得到弹体金属材料的动态屈服应力值。

由于 Taylor 实验只能近似地获得材料的动态屈服应力，无法获得完整的动态应力-应变曲线，因此近年来多用于动态本构关系的验证。

1.4.3 Hopkinson 杆

Hopkinson 早在 1914 年就创立了用于研究材料动态特性的压杆技术（HPB），1949 年 Kolsky 发明了分离式霍普金森压杆（Split Hopkinson Pressure Bar, SHPB）技术，从此以后 SHPB 成为测量材料动态力学性能的主要技术手段之一。

在动态条件下，一般需要考虑最基本的两类动态力学效应：结构惯性效应（应力波效应）和材料应变率效应。而表征材料动态力学性能的本构关系只包括材料的应变率效应，然而在动态问题中这两类效应是互相耦合的，从而使问题变得十分复杂。事实上，研究应力波传播必须先获得材料的动态本构关系，而在进行材料高应变率下动态本构关系的实验研究时，又必须考虑实验材料中的应力波传播。SHPB巧妙地解决了这一问题。SHPB通过弹性压杆记录应力波信号来对试样进行动态测量，从而可以忽略压杆的应变率效应而只考虑应力波传播；而试样由于长度足够短，使得应力波通过试样的时间远低于入射波加载时间，足以将试样视为均匀变形状态，从而可以忽略试样中的应力波效应而只考虑应变率效应。这样，压杆和试样中的应力波效应与应变率效应都分别解耦了。目前，SHPB及其改进装置（拉杆、扭杆）是研究材料在 $10^2 \sim 10^4 \mathrm{s}^{-1}$ 应变率范围内动态力学性能应用最广泛的实验装置。

典型的SHPB装置和系统安装布置示意图如图1-6所示。实验系统主要包括以下几个方面：动力系统、输入杆、输出杆、撞击杆、量测系统。

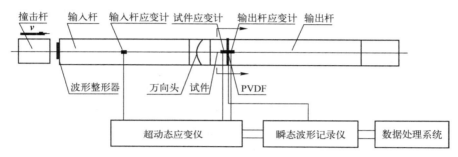

图 1-6　典型的 SHPB 实验装置

当打击杆以一定的速度撞击弹性输入杆时，在输入杆中产生一个入射脉冲 ε_i，应力波通过弹性输入杆到达试件，试件在应力脉冲的作用下产生高速变形，应力波通过较短的试件同时产生反射脉冲 ε_r 进入弹性输入杆和透射脉冲 ε_t 进入输出杆。利用粘贴在弹性杆上的应变片记下应变脉冲，计算材料的动态应力、应变参数。

SHPB实验的基本原理是细长杆中弹性应力波传播理论，是建立在两个基本假定的基础上的，即一维假定和应力均匀性假定。一维假定就是认为应力波在细长杆中传播过程中，弹性杆中的每个横截面始终为平面状态；应力均匀假定认为应力波在实验中反复2~3个来回，试件中的应力处处相等。由此可利用一维应力波理论确定试件材料的应变率 $\dot{\varepsilon}(t)$、应变 $\varepsilon(t)$ 和应力 $\sigma(t)$：

$$\dot{\varepsilon}(t) = \frac{C_0}{L}(\varepsilon_i - \varepsilon_r - \varepsilon_t)$$

$$\varepsilon(t) = \frac{C_0}{L}\int_0^t (\varepsilon_i - \varepsilon_r - \varepsilon_t)\,\mathrm{d}t$$

$$\sigma(t) = \frac{A}{2A_0}E_0(\varepsilon_i + \varepsilon_r + \varepsilon_t)$$

式中，C_0、A_0、E_0、L 分别为弹性压杆的波速、横截面积、弹性模量及试件的原始长度。由此得到试件的动态应力、应变、应变率随时间变化趋势，进而在时间尺度上得出三者之间的对应关系。

1.4.4　膨胀环

膨胀环实验最早由 Johnson 于 1963 年提出。该实验利用爆炸或电磁脉冲驱动薄壁圆环均匀高速膨胀，通过测试记录圆环膨胀过程中的运动数据（位移-时间关系、速度-时间关系）来计算环材料的应力-应变-应变率关系。

实验系统主要包括两部分：环的驱动系统，用来驱动圆环高速膨胀；速度干涉仪，用来测试记录圆环的膨胀速度。该实验方法的相关推导过程也有两个假设前提：

1）薄壁环在未脱离驱动器之前，受到均匀的内压力作用，处于平面应力状态，轴向应力为 0；脱离驱动器后，径向应力为 0，在自由膨胀过程中只受到周向内应力的作用而做减速运动。

2）忽略驱动器与薄壁环间接触时的冲击效应。

膨胀环实验具有简单的应力状态和较小的波动效应，动力加载结构简单，因此受到了很多研究者的关注。但是其测试系统比较复杂，而且薄壁环对于很多工程材料而言加工困难，这限制了它的应用范围。

1.4.5 平板撞击

自从 20 世纪 70 年代 Baker 和 Clifton 等人发明以来，平板撞击实验获得了广泛的关注与应用。平板撞击实验包括平板正撞击实验与平板斜撞击实验，可采用炸药驱动，目前多采用一级轻气炮驱动。其中平板斜撞击又称压剪炮，能够获得材料的动态剪切特性，对于各向同性材料原则上可以获得完整的本构关系。平板正撞击实验一般用于研究材料的 Hugoniot 关系、层裂强度、动态损伤与断裂等动态特性以及获取材料的状态方程数据。

1.5 材料模型和状态方程参数应用计算算例

本节介绍三个常见的数值计算算例，这三个算例的材料参数引自本书。

1.5.1 空中爆炸冲击波计算

本算例中，TNT 炸药参数取自第 12 章，空气材料参数取自第 10 章。

炸药在空气中爆炸后瞬间形成高温高压的爆炸产物，强烈压缩周围静止的空气，形成冲击波向四周传播，对结构造成破坏。

由于炸药爆炸初期产生的冲击波是高频波，在数值计算模型中炸药及其附近区域需要划分细密网格才能反映出足够频宽的冲击波特性，否则计算出的压力峰值会被抹平。无限空间 TNT 空中爆炸问题具有球对称性质，一维计算模型是最佳选择，可显著降低计算规模，减少计算时间，提高计算准确度。

采用 LS-DYNA 软件中的一维梁单元球对称计算模型，如图 1-7 所示。建模软件选用 TrueGrid，计算空气域为 10m，网格划分总数为 10000，网格尺寸为 1mm。

图 1-7　LS-DYNA 一维梁单元球对称计算模型

空气密度为 1.225kg/m³，采用*EOS_LINEAR_POLYNOMIAL 状态方程，γ=1.4。空气中

初始压力为 1 个标准大气压。

计算模型中的炸药为 1kg TNT，TNT 炸药爆炸产物压力用*EOS_JWL 状态方程来描述。

图 1-8 所示是距离爆心不同距离处冲击波压力计算曲线。图中 LS-DYNA 数值计算曲线上均存在多个峰值，第二个峰值是由 TNT 炸药的爆心汇聚反射追赶造成的。由于空气密度和压强远小于爆轰产物的密度和压强，在冲击波形成的同时由界面向炸药中心反射回一个稀疏波，使爆轰产物发生膨胀，降低内部压力，此稀疏波在炸药中心汇聚后又向外传播一压缩波，由于前导冲击波已经将空气绝热压缩，此压缩波的传播速度将大于前导冲击波，并逐渐向前追赶前导冲击波。如果测点离炸药不远，此二次压力波峰值足够高，就有可能将负压区强行打断，并再次衰减到负压。

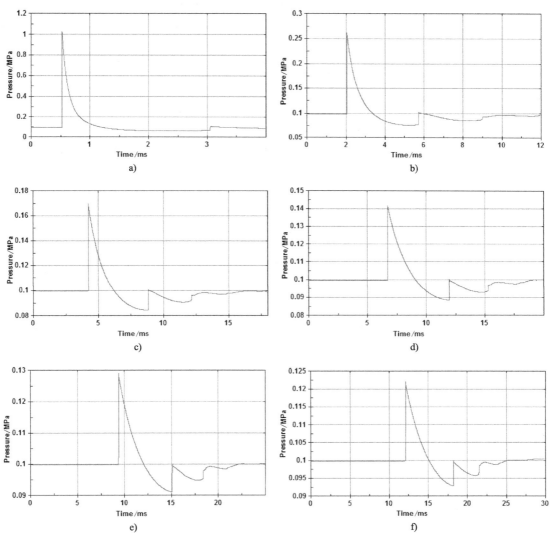

图 1-8 不同距离处冲击波压力-时间计算曲线

a) 距离爆心 1m b) 距离爆心 2m c) 距离爆心 3m d) 距离爆心 4m e) 距离爆心 5m f) 距离爆心 6m

Henrych（1979 年）提出的空气中冲击波峰值超压（MPa）表达式为：

$$P_{so} = \begin{cases} 1.40717Z^{-1} + 0.55397Z^{-2} - 0.03572Z^{-3} + 0.000625Z^{-4}, & 0.05 \leqslant Z \leqslant 0.3 \\ 0.61938Z^{-1} - 0.03262Z^{-2} + 0.21324Z^{-3}, & 0.3 \leqslant Z \leqslant 1 \\ 0.0662Z^{-1} + 0.405Z^{-2} + 0.3288Z^{-3}, & 1 \leqslant Z \leqslant 10 \end{cases}$$

式中，比例距离 $Z = R/W^{1/3}$；R 为测点与爆心之间的距离（m）；W 为等效 TNT 药量（kg）。

LS-DYNA 一维 ALE 模型与 Henrych 超压公式计算峰值对比见表 1-7。可以看出，二者吻合较好。

表 1-7　LS-DYNA 一维 ALE 模型与 Henrych 超压公式计算峰值对比　　（单位：MPa）

距爆心距离	1m	2m	3m	4m	5m	6m
LS-DYNA	0.9406	0.1668	0.07176	0.04293	0.02796	0.02255
Henrych	0.8	0.17545	0.079244	0.047	0.03207	0.023806

1.5.2　钢球垂直入水计算

本算例中，45 钢参数取自第 2 章，空气材料与水材料参数取自第 10 章。

采用 LS-DYNA 软件作为计算软件，建模软件选用 TrueGrid。钢球以初速 100m/s 垂直入水，二维轴对称模型是最佳选择。

钢球材料为 45 钢，采用*MAT_PLASTIC_KINEMATIC 材料模型。水的材料模型和状态方程分别采用*MAT_NULL 和*EOS_GRUNEISEN 描述，而空气则采用*MAT_NULL 和 *EOS_LINEAR_POLYNOMIAL。有限元计算模型如图 1-9 所示。

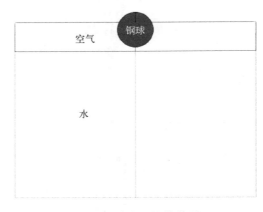

图 1-9　有限元计算模型

不同时刻流场变化计算结果如图 1-10 所示。

1.5.3　弹体侵彻随机块石层计算

采用 LS-DYNA 软件作为计算软件，建模软件选用 TrueGrid。计算模型中实心钢弹直径 0.32m，长度为 1.0m，质量 544kg，垂直侵彻，初速为 300m/s。方形靶标由石块和灰泥制成，长、宽、高均为 3.2m。块石网格随机生成，单个块石尺寸大致为 0.4m，块石之间灰泥厚度大致为 0.03m。计算模型如图 1-11 所示。

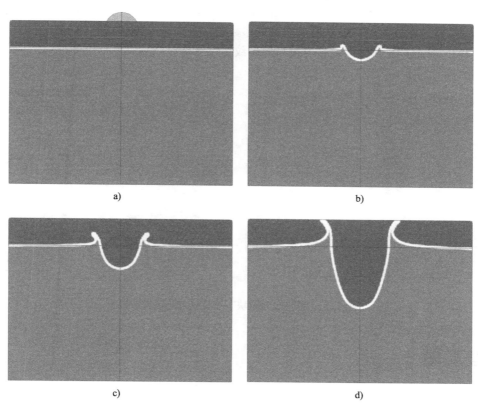

图 1-10　钢球入水计算结果

a) T=0ms　b) T=1ms　c) T=2ms　d) T=5ms

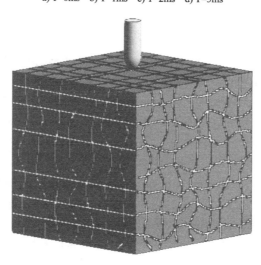

图 1-11　有限元计算模型

实心钢弹粗短，初速低，侵彻过程中不会发生变形，可以看作刚体。块石和灰泥采用 *MAT_RHT 材料模型，并通过*MAT_ADD_EROSION 添加失效方式。块石和灰泥单轴抗压强度分别为 120MPa 和 2MPa。只需输入*MAT_RHT 卡片中的密度、剪切模量和单轴抗压、强度，就可以自动生成该材料模型所需的其他参数。

图 1-12 所示是弹体侵彻过程中块石层裂纹扩展计算结果。

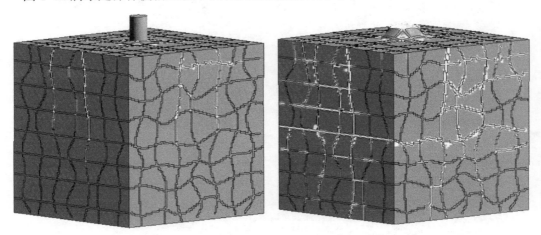

图 1-12   侵彻过程中块石层裂纹扩展计算结果

参考文献

[1] JONES N.Structure Impact [M]. Cambridge: Cambridge University Press, 1989.

[2] 陈志坚, 袁建红, 赵耀, 等. C-S 模型参数及对非接触爆炸仿真分析的影响研究 [J]. 振动与冲击, 2008, 27(6): 60-63.

[3] 陈斌, 罗夕容, 曾首义. 穿甲子弹侵彻陶瓷/钢靶板的数值模拟研究 [J]. 弹道学报, 2009, 21(1): 14-18.

[4] JOHNSON G R, COOK W H. A constitutive model and data for metals subjected to large strains, high strain-rates and high temperatures [C]. Seventh International Symposium on Ballistics. The Hague, The Netherlands: 1983: 541-547.

[5] STEINBERG D J, GUINAN M W. Constitutive relations for the KOSPALL code [R]. LLNLRePort, 1973.

[6] STEINBERG D J, LUND C M. A constitutive model for strain rates from10-4 to 106 s-1 [J].Journal of Applied Physics, 1989,65(4): 1528-1533.

[7] HOLMQUIST T J, JOHNSON G R,COOK W H. A computational constitutive model for concrete subjected to large strains, high strain rates and high pressures,14th international symposium on ballistics [C]. 1993.

[8] 张凤国, 李恩征. 混凝土撞击损伤模型参数的确定方法 [J]. 弹道学报, 2001, 13(4): 12-16.

[9] 熊益波. LS-DYNA 中简单输入混凝土模型适用性分析 [C]. 第十一届全国冲击动力学学术会议论文集, 陕西: 西安, 2013.

[10] TAYLOR G I. The Use of Flat-ended Projectiles for Determining Dynamic Yield Stress [J]. Proceedings of the Royal Society of London, 1948, 194: 280-300.

[11] LS-DYNA KEYWORD USER'S MANUAL[Z]. LSTC, 2017.

[12] 吕剑, 等. 泰勒杆实验对材料动态本构参数的确认和优化确定 [J]. 爆炸与冲击, 2006, 26(4): 339-344.

[13] 郑伟. 含泡沫铝吸波层陶瓷复合装甲设计及其抗侵彻特性研究 [D]. 哈尔滨: 哈尔滨工业大学, 2015.

[14] 辛春亮, 等. 由浅入深精通 LS-DYNA [M]. 北京: 中国水利水电出版社, 2019.

[15] 辛春亮, 等. TrueGrid 和 LS-DYNA 动力学数值计算详解 [M]. 北京: 机械工业出版社, 2019.

[16] 彭建祥. Johnson-Cook 本构模型和 Steinberg 本构模型的比较研究 [D]. 绵阳: 中国工程物理研究院, 2006.

第2章 钢 铁

在 LS-DYNA 中可用于金属的材料模型非常多，常用的有：

*MAT_001：*MAT_ELASTIC

*MAT_003：*MAT_PLASTIC_KINEMATIC

*MAT_011：*MAT_STEINBERG

*MAT_011_LUND：*MAT_STEINBERG_LUND

*MAT_015：*MAT_JOHNSON_COOK

*MAT_019：*MAT_STRAIN_RATE_DEPENDENT_PLASTICITY

*MAT_024：*MAT_PIECEWISE_LINEAR_PLASTICITY

*MAT_065：*MAT_MODIFIED_ZERILLI_ARMSTRONG

*MAT_081~082：*MAT_PLASTICITY_WITH_DAMAGE

*MAT_098：*MAT_SIMPLIFIED_JOHNSON_COOK

*MAT_099：*MAT_SIMPLIFIED_JOHNSON_COOK_ORTHOTROPIC_DAMAGE

*MAT_133：*MAT_BARLAT_YLD2000

*MAT_224：*MAT_TABULATED_JOHNSON_COOK

*MAT_244：*MAT_TABULATED_JOHNSON_COOK_GYS

*MAT_264：*MAT_TABULATED_JOHNSON_COOK_ORTHO_PLASTICITY 等。

01 工具钢

表 2-1 Johnson-Cook 模型参数

A/MPa	B/MPa	n	C	m
391.3	723.9	0.3067	0.1144	0.9276

刘战强，吴继华，史振宇，等. 金属切削变形本构方程的研究 [J]. 工具技术，2008,42(3): 3-9.

022Cr17Ni12Mo2(316L)不锈钢

表 2-2 Johnson-Cook 模型参数

E/Pa	υ	A/MPa	B/MPa	n
2.1E11	0.33	280	1250	0.76
C	m	T_{m}/K	T_{r}/K	
0.070	0.82	1800	298	

吴先前，等. 高温高应变率下激光焊接件力学性能研究 [C]. 第十届全国冲击动力学学术会议论文集，2011.

05Cr17Ni4Cu4Nb 不锈钢

表 2-3 通过 Hopkinson 压杆测试到的 *MAT_PLASTIC_KINEMATIC 模型参数

σ_0/MPa	E/GPa	E_p/MPa	C/s^{-1}	P
1076	186.8	1705	21999	1.632

何著，等. 05Cr17Ni4Cu4Nb 不锈钢动态力学性能研究 [J]. 材料科学与工程学报，2007, 25(3): 418-421.

06Cr18Ni10Ti 钢

表 2-4 *MAT_PLASTIC_KINEMATIC 模型参数

σ_0/MPa	E/GPa	E_t/MPa	E_p/MPa	C/s^{-1}	P
253	205	4332	4426	4332	0.85056

杨俊良. 06Cr18Ni10Ti 钢的抗冲击性能实验研究 [J]. 舰船科学技术，2007, 29(4): 82-85.

表 2-5 *MAT_POWER_LAW_PLASTICITY 模型参数

ρ/(kg/m^3)	E/GPa	ν	σ_0/MPa	强度系数 K/GPa	硬化指数 N
7830	205	0.29	340	1.34	0.34

王江. 线性分离装置分离性能仿真 [C]. 中国航天第八专业信息网 2010 年度技术信息交流会，2010, 358-362.

表 2-6 06Cr18Ni10Ti 随温度变化的材料参数

材料	T/℃	E/GPa	ν	α/10^{-6}℃$^{-1}$	σ_s/MPa
AL2O3-TiC	25	375	0.33	8.5	—
06Cr18Ni10Ti	25	198	0.3	—	235
06Cr18Ni10Ti	100	194	0.3	16.6	—
06Cr18Ni10Ti	600	157	0.3	18.2	176
06Cr18Ni10Ti	700	147	0.3	18.6	127
Cu	25	128.7	0.3	17.1	71
Ti	25	109.2	0.27	8.2	40

沈孝芹，等. AL$_2$O$_3$-TiC/06Cr18Ni10Ti 扩散焊接头应力分布 [J]. 焊接学报，2008, 29(10): 41-45.

06Crl8Ni10Ti 奥氏体不锈钢室温下的屈服强度约为 300MPa，塑性硬化切向模量为 270MPa。

宗家富，等. 双金属复合板带可逆冷轧有限元模拟 [J]. 塑性工程学报，2004, 11(4), 34-39.

06Cr18Ni11Ti 钢

利用带有加热装置和同步组装系统的压杆系统对反应堆工程管道材料 06Cr18Ni11Ti 焊接头的母材和焊缝进行了高温、高应变率下的动态力学性能测试，实验的应变率范围为 200～

$3800s^{-1}$，温度范围为 $25\sim699℃$，得到了材料在不同温度和应变率耦合作用下的应力-应变曲线，着重考察了两种材料塑性流变应力的温度和应变率敏感性，并得到了它们的 J-C 模型参数。

06Cr18Ni11Ti 母材 J-C 模型参数为：

$$\sigma = (540 + 1100\varepsilon^{0.5})(1 + 0.015\ln\dot{\varepsilon}^{*})(1 - T^{*0.7})$$

06Cr18Ni11Ti 焊缝 J-C 模型参数为：

$$\sigma = (280 + 1100\varepsilon^{0.5})(1 + 0.015\ln\dot{\varepsilon}^{*})(1 - T^{*0.7})$$

式中，室温 $T_r = 298K$，熔化温度为 $T_m = 1800K$。

许泽建，等. 不锈钢 06Cr18Ni11Ti 焊接头高温、高应变率下的动态力学性能 [J]. 金属学报, 2008, 44(1): 98-103.

06Cr19Ni10(304)不锈钢

表 2-7　Johnson-Cook 模型参数

E/Pa	υ	A/MPa	B/MPa	n	C	m	T_m/K	T_r/K
2.1E11	0.33	278	1300	0.80	0.072	0.81	1800	298

吴先前，等. 高温高应变率下激光焊接件力学性能研究 [C]. 第十届全国冲击动力学学术会议论文集, 2011.

0Cr17Mn5Ni4Mo3Al 不锈钢

利用带有温度调控系统的 SHPB 实验装置测定了 0Cr17Mn5Ni4Mo3Al 不锈钢在三种应变率（$300s^{-1}$、$1000s^{-1}$、$2700s^{-1}$）、四种环境温度（25℃、300℃、500℃和700℃）下的应力-应变关系；在液压伺服材料试验机（MTS）上进行了三种温度下的准静态（$0.0005s^{-1}$）压缩实验。实验结果表明：该不锈钢有明显的应变率强化效应和温度软化效应，并且随着环境温度的升高，应变率强化效应减弱。对 Johnson-Cook 模型进行了修正，考虑了冲击过程中绝热升温引起的软化效应。

表 2-8　Johnson-Cook 模型参数

J-C 模型	A/MPa	B/MPa	n	C	D	m	k/℃	$\dot{\varepsilon}_0$/s^{-1}	T_m/℃
修正的 J-C 模型	700	3314	0.75	-0.0571	0.0055	0.9	2640	0.0005	1450
传统的 J-C 模型	700	3314	0.75	0.0212	0	0.9	0	0.0005	1450

$$\sigma = (A + B\varepsilon^n)\left(1 + C\ln\frac{\dot{\varepsilon}}{\dot{\varepsilon}_0} + D\ln^2\frac{\dot{\varepsilon}}{\dot{\varepsilon}_0}\right)\left[1 - \left(\frac{T + <\frac{\dot{\varepsilon}-1}{|\dot{\varepsilon}-1|}>k\varepsilon - T_r}{T_m - T_r}\right)^m\right]$$

$$<\frac{\dot{\varepsilon}-1}{|\dot{\varepsilon}-1|}> = \begin{cases} 1 & \dot{\varepsilon} > 1 \\ 0 & \dot{\varepsilon} < 1 \end{cases}$$

尚兵，等. 不锈钢材料的动态力学性能及本构模型 [J]. 爆炸与冲击, 2008, 28(6): 527-531.

10 钢

表 2-9 Johnson-Cook 模型参数

$\rho/(kg/m^3)$	G/GPa	A/MPa	B/MPa	n	C	D_1
7830	81	205	230	0.21	0.12	0.8

刘晓蕾，等. 离散杆对 LY-12 铝合金靶板侵彻效应的数值模拟分析 [C]. 2011 年中国兵工学会学术年会论文集, 2011, 197-203.

1006 钢

文献作者在文章中首次提出了著名的 Johnson-Cook 模型，并根据霍普金森杆拉杆和扭曲实验获得了 Johnson-Cook 本构模型参数。

表 2-10 Johnson-Cook 模型参数

$\rho/(kg/m^3)$	洛氏硬度	$C_p/J \cdot kg^{-1} \cdot K^{-1}$	T_m/K	A/MPa
7890	F-94	452	1811	350
B/MPa	n	C	m	
275	0.36	0.022	1.0	

JOHNSON G R, COOK W H. A constitutive model and data for metals subjected to large strains, high strain-rates and high temperatures [C]. Proceedings of Seventh International Symposium on Ballistics, The Hague, The Netherlands: 1983: 541-547.

100C6 钢

表 2-11 Johnson-Cook 模型参数

$\rho/(kg/m^3)$	K/GPa	$C_p/J \cdot kg^{-1} \cdot K^{-1}$	G/GPa	T_m/K	T_r/K
7830	169	477	80	1793	300
A/MPa	B/MPa	n	C	m	$\dot{\varepsilon}_0/s^{-1}$
2033	895	0.3	0.0095	1.03	1

TANSEL DENÌZ. Ballistic Penetration of Hardened Steel Plates [D]. Ankara: Middle East Technical University, 2010.

1010 钢

表 2-12 Johnson-Cook 模型参数

A/MPa	B/MPa	n	C	m
367	700	0.935	0.045	0.643

N S BRAR, V S JOSHI, B W Harris. CONSTITUTIVE MODEL CONSTANTS FOR LOW CARBON STEELS FROM TENSION AND TORSION DATA [C]. Shock Compression of Condensed Matter, 2007.

表 2-13　*MAT_TRANSVERSELY_ANISOTROPIC_ELASTIC_PLASTIC 模型参数

$\rho/(kg/m^3)$	E/GPa	PR	SIGY/MPa	ETAN/MPa	R	HLCID
7845	207	0.29	128.5	20.2	1.41	1

HLCID 定义的有效屈服应力 VS 有效塑性应变曲线 1

有效塑性应变	0	0.05	0.1	0.15	0.2
有效屈服应力/MPa	207	210	214	218	220

ANSYS LS-DYNA User's Guide [R]. ANSYS, 2008.

1018 钢

表 2-14　Johnson-Cook 模型参数（一）

A/MPa	B/MPa	n	C	$\dot{\varepsilon}_0/s^{-1}$
350.52	275.31	0.36	0.022	1

HUGH E, GARDENIER I V. An Experimental Technique for Developing Intermediate Strain Rates in Ductile Metals [D]. Wright-Patterson, USA: AIR FORCE INSTITUTE OF TECHNOLOGY, 2008.

表 2-15　Johnson-Cook 模型参数（二）

A/MPa	B/MPa	n	C	m	v
525	3590	0.668	0.029	0.753	0.27

ZACHARY A, KENNAN. Determination of the Constitutive Equations for 1080 Steel and VascoMax 300 [D]. Wright-Patterson, USA: AIR FORCE INSTITUTE OF TECHNOLOGY, 2005.

表 2-16　Johnson-Cook 模型参数（三）

A/MPa	B/MPa	C	n	m
520	269	0.0476	0.282	0.053

LIST G, SUTTER G, BOUTHICHE A. Cutting Temperature Prediction in High Speed Machining by Numerical Modelling of Chip Formation and its Dependence with Crater Wear [J]. International Journal of Machine Tools & Manufacture, 2011, 1-9.

表 2-17　*MAT_PLASTIC_KINEMATIC 模型参数

$\rho/(kg/m^3)$	E/GPa	v	σ_0/MPa	E_t/MPa	C/s^{-1}	P
7860	200	0.27	310	763	40.0	5.0

ANSYS LS-DYNA User's Guide [R]. ANSYS, 2008.

1020 钢

表 2-18 Johnson-Cook 模型参数

$\rho/(kg/m^3)$	E/GPa	ν	A/MPa	B/MPa	n
7800	210	0.3	333	731.7	0.1867
C	m	$\dot{\varepsilon}_0/s^{-1}$	T_m/K	$C_P/J\cdot kg^{-1}\cdot K^{-1}$	
0.05	1.0	1	1798	450	

SACHIN S GAUTAMA, RAVINDRA K SAXENA. A numerical study on effect of strain rate and temperature in the Taylor rod impact problem [J]. INTERNATIONAL JOURNAL OF STRUCTURAL CHANGES IN SOLIDS, 2012,4: 1–11.

1035 钢

表 2-19 Johnson-Cook 模型参数

A/MPa	B/MPa	n	C	m
490	600	0.21	0.015	0.6

ÖPÖZ T T, CHEN X. Finite Element Simulation of Chip Formation [C], School of Computing and Engineering Researchers' Conference, University of Huddersfield, 2010: 166–171.

1045 钢

表 2-20 Johnson-Cook 模型参数（一）

A/MPa	B/MPa	n	C	m
553.1	600.8	0.23	0.0134	1

ÖZEL T, ZEREN E. Finite Element Modeling of Stresses Induced by High Speed Machining with Round Edge Cutting Tools [C], ASME International Mechanical Engineering Congress and Exposition, 2005: 1–9.

表 2-21 Johnson-Cook 模型参数（二）

A/MPa	B/MPa	n	C	m
451.6	819.5	0.1736	9E–7	1.0955

ÖZEL T, ZEREN E. Finite Element Method Simulation of Machining of AISI 1045 Steel With A Round Edge Cutting Tool [C].Proceedings of 8th CIRP International Workshop on Modeling of Machining Operations, Chemnitz, Germany, May 10–11, 2005: 533–542.

1080 钢

表 2-22 Zerilli-Armstrong 模型参数

A/GPa	C_1/GPa	C_2/GPa	C_3/eV^{-1}	C_4/eV^{-1}	C_5/GPa	n
0.825	4.0	0	160.0	12.0	0.266	0.289

JOHN D CINNAMON, ANTHONY N PALAZOTTO. Analysis and simulation of hypervelocity gouging impacts for a high speed sled test [J]. International Journal of Impact Engineering, 2009,36: 254-262.

10CrNi3MoCu 钢

文献作者采用分离式 Hopkinson 压杆动态加载实验,对加载应变率 0.002～2341s^{-1} 和温度 293～853K 条件下开展 10CrNi3MoCu 高韧钢材料冲击研究,并结合准静态实验确定出 Johnson-Cook 本构模型参数。

表 2-23 Johnson-Cook 模型参数

A/MPa	B/MPa	n	C	m	T_r/K
660	539	0.44	0.009	1.06	293

董永香,等. 高韧钢 10CrNi3MoCu 的动态力学性能研究 [C]. 第十二届全国战斗部与毁伤技术学术交流会论文集, 广州: 2011, 948-951.

10CrNi3MoV 钢

表 2-24 *MAT_PLASTIC_KINEMATIC 模型参数

ρ/(kg/m^3)	σ_0/MPa	E/GPa	ν	E_p/MPa	C/s^{-1}	P	F_S
7800	685	210	0.3	1218	8000	0.8	0.28

吴林杰, 朱锡, 侯海量, 等. 空中近距爆炸下加筋板架的毁伤模式仿真研究 [J]. 振动与冲击, 2013, 32(14): 77-81.

1215 钢

通过热模拟实验,研究分析了不同的应变速率和应变温度条件下 1215 钢的应力-应变曲线,以实验数据为基础,拟合了 Johnson-Cook 本构模型参数。

$$\sigma = (106.6 + 1129.7\varepsilon - 4108.6\varepsilon^2)(1 + 0.172\ln\dot{\varepsilon}^*)[1 - (T^*)^{0.41}]$$

朱国辉, 汤亨强, 柯章伟, 等. 1215 钢动态应力-应变行为 [J]. 沈阳大学学报(自然科学版), 2013, 25(2): 104-107.

13Cr11Ni2W2MoV 钢

室温下修正后的 13CrllNi2W2MoV 材料的 Johnson-Cook 本构关系为:

$$\sigma = (877 + 621\varepsilon^{0.229})[1 + (0.145 - 0.149\dot{\varepsilon}^{-0.037})\ln\dot{\varepsilon}]$$

范志强, 覃志贤, 姜涛, 等. 13CrllNi2W2MoV 冲击拉伸力学性能实验研究 [C]. 第十三届发动机结构强度振动学术会暨中国一航材料院 50 周年院庆系列学术会议论文集, 北京: 2006.

1400M 钢

表 2-25 Johnson-Cook 模型参数

A/MPa	B/MPa	n	C	$\dot{\varepsilon}_0$/s^{-1}
739	1232.6	0.1185	0.0059	0.01

DANIEL BJÖRKSTRÖM. FEM simulation of Electrohydraulic Forming [R], KTH Industrial Production,

Joining Technology, 2008.

16MnR 钢

表 2-26 *MAT_PLASTIC_KINEMATIC 模型参数

$\rho/(kg/m^3)$	E/GPa	v	σ_0/MPa	E_{tan}/GPa
7850	208	0.29	325	10

表 2-27 *EOS_LINEAR_POLYNOMIAL 状态方程参数

a_1/GPa	a_2/GPa	a_3/GPa
107.8	101.0	672.0

胡八一, 等. 球形爆炸容器动力响应的强度分析 [J]. 工程力学, 2001, 18(4): 136-139.

18Ni250 钢

文献作者利用 CSS4410 电子万能试验机和改进的 Hopkinson 拉压杆技术, 对 18Ni250 钢在温度从 100K 到 600K, 应变率从 $0.001s^{-1}$ 到 $2000s^{-1}$ 的塑性流动特性进行了实验研究。结果表明, 该材料塑性流动应力对应变率敏感性低, 而对温度较为敏感; 随应变率的提高, 该材料拉伸失效应变减小, 同时在高应变率下, 温度对失效应变也具有明显影响。最后基于位错的运动学关系, 借助实验数据, 建立了 18Ni250 钢的塑性流动物理概念本构模型与经典 J-C 模型, 与实验数据进行对比, 发现两种本构模型在较宽温度和应变率范围内能较好地预测 18Ni250 钢的塑性流动应力, 而物理概念模型更能精确地预测高应变率下材料的塑性流动。

表 2-28 Johnson-Cook 模型参数

A/MPa	B/MPa	n	C	m
1700	400	0.06	0.0055	1.5

苏静, 等. 超高强度钢18Ni250塑性流动特征及其本构关系 [C]. 第十届全国冲击动力学学术会议论文集, 2011.

20 钢

表 2-29 Johnson-Cook 模型参数（一）

$\rho/(kg/m^3)$	$C_P / J \cdot kg^{-1} \cdot K^{-1}$	E/GPa	v	A/MPa
7800	477	208	0.33	258
B/MPa	n	C	m	
329	0.235	0.13	1.03	

梁志刚, 等. 多层钢筒环接缝处理方式对其抗爆能力影响研究 [C]. 第十届全国冲击动力学学术会议论文集, 2011.

对 20 钢在较宽的温度范围（20～500℃）、较低的应变速率下（10^{-4}～$10^{-1}s^{-1}$）进行了一系列恒温、恒应变速率实验, 对实验结果进行了分析, 得出了 20 钢的 Johnson-Cook 本构模型参数。

表 2-30　Johnson-Cook 模型参数（二）

A/MPa	B/MPa	n	C	m
298.03	212.11	0.202	0.071	0.833

杨柳，等. 20 号钢热拉伸流变特性的研究(Ⅰ) [J].湘潭大学自然科学学报, 2004, 26(2): 37-40.

表 2-31　*MAT_PLASTIC_KINEMATIC 模型参数（一）

ρ/(kg/m^3)	E/GPa	ν	σ_0/MPa	E_P/GPa	F_S
7850	211	0.286	245	2.11	0.4

谢若泽, 钟卫洲, 黄西成, 等. 包装组合结构跌落冲击的模型实验与数值模拟 [C]. 第十一届全国冲击动力学学术会议论文集, 西安, 2013.

利用旋转盘式间接杆杆型冲击拉伸实验装置，对室温下 20 钢进行了三组应变率（550s^{-1}、1070 s^{-1}、1700s^{-1}）下的冲击拉伸实验研究，得到了材料在不同应变率下的应力-应变曲线。结果表明，随着应变率的增大，材料的极限强度随之增大，具有明显的应变率强化效应。根据材料在不同应变率下的实验结果，拟合了 Johnson-Cook 本构模型中的材料常数。

$$\sigma = (258 + 329\varepsilon^{0.235})[1 + (0.0323 + 1.327\times10^{-4}\dot{\varepsilon} - 2.615\times10^{-8}\dot{\varepsilon}^2]\ln\dot{\varepsilon}^*$$

范志强. 20 号钢的冲击拉伸力学性能实验研究 [J]. 燃气涡轮试验与研究, 2006, 19(4): 35-51.

表 2-32　*MAT_PLASTIC_KINEMATIC 模型参数（二）

ρ/(kg/m^3)	E/GPa	ν	σ_0/MPa	E_P/GPa	F_S
7810	211	0.286	245	2.11	0.4

钟卫洲, 等. 加载方向对云杉木材缓冲吸能影响数值分析 [C]. 第十届全国冲击动力学学术会议论文集, 2011.

250V 钢

表 2-33　Steinberg-Guinan 模型参数

ρ/(kg/m^3)	C_0/(m/s)	S	Γ	G_0/GPa	Y_0/GPa
8130	3980	1.58	1.60	71.8	1.56
Y_{max}/GPa	β	n	G_P'/GPa	G_T'/(MPa/K)	Y_P'
2.5	2.0	0.5	1.479	−22.62	0.03214

李淳, 马峰, 王树山. 超空泡射弹水中运动规律的数值模拟 [C]. 2005 年弹药战斗部学术交流会论文集, 珠海, 2005, 402-405.

27SiMn 钢

表 2-34　27SiMn 材料的力学性能和热力学性能

σ_s/MPa	σ_b/MPa	E/MPa	ν
835	980	2.1E5	0.3
α/10^{-6}K^{-1}	C/J·kg^{-1}·K^{-1}	λ/W·m^{-1}·K^{-1}	ρ/(kg/m^3)
11	470	15.6	7000

李敏科, 李春强, 解文正. 基于 ABAQUS 的 27SiMn 钢管温度场变形分析 [J]. 科技传播, 2010, 147-148.

2P 钢

表 2-35 Johnson-Cook 模型参数

A/MPa	B/MPa	n	C	m	D_1	D_2	D_3	D_4	D_5
1210	773	0.26	0.014	1.03	0.1	0.93	−1.08	0.000014	0.65

J BUCHAR. Ballistics Performance of the Dual Hardness Armour [C]. 20th International Symposium of Ballistics, Orlando, Florida, 2002.

304L 不锈钢

表 2-36 *MAT_PLASTIC_KINEMATIC 模型参数

ρ/(kg/m³)	E/GPa	ν	σ_0/MPa	E_t/MPa	f_s
7750.373	193.053	0.305	339.222	165	0.36

K S CARNEY, J M PEREIRA, D M REVILOCK, et al. Jet engine fan blade containment using an alternate geometry [C]. International Journal of Impact Engineering, 2009, 36: 720-728.

表 2-37 Johnson-Cook 模型参数（一）

ρ/(kg/m³)	E/GPa	A/MPa	B/MPa	n	C
7800	200	310	1000	0.65	0.07
m	$\dot{\varepsilon}_0$/s⁻¹	T_m/K	T_r/K	C_p/J·kg⁻¹·K⁻¹	
1.0	0.01	1673	293	440	

LEE S C, F BARTHELAT, J W HUTCHINSON, et al. Dynamic Failure of Metallic Pyramidal Truss Core Materials - Experiments and Modelling [J]. International Journal of Plasticity, 2006, 22: 2118-2145.

表 2-38 Johnson-Cook 模型参数（二）

ρ/(kg/m³)	E/GPa	ν	A/MPa	B/MPa	n
7800	193	0.3	310	1000	0.65
C	m	$\dot{\varepsilon}_0$/s⁻¹	T_m/K	T_r/K	C_p/J·kg⁻¹·K⁻¹
0.034	1.05	0.001	1800	293	450

KEN NAHSHON, MICHAEL G PONTIN, ANTHONY G EVANS, et al. DYNAMIC SHEAR RUPTURE OF STEEL PLATES [J]. JOURNAL OF MECHANICS OF MATERIALS AND STRUCTURES, 2007,2(10): 2049-2066.

表 2-39 *MAT_POWER_LAW_PLASTICITY 模型参数

ρ/(kg/m³)	E/GPa	ν	σ_Y/MPa	σ_U/MPa	K/MPa	n
7830	207	0.3	269	669	1332	0.395

A BELMONT, et al. Comparison of Single Point Incremental Forming and Conventional Stamping Simulation [C]. 15th International LS-DYNA Conference, Detroit, 2018.

30CrMnSiNi2A 钢

运用 SHPB 实验研究超高强度钢 30CrMnSiNi2A 在应变率 500～5000s^{-1} 时的应力-应变关系，结合准静态实验数据，确定了 30CrMnSiNi2A 钢的 Johnson-Cook 本构模型的材料参数。

表 2-40 Johnson-Cook 模型参数

A/MPa	B/MPa	n	C
1587	382.5	0.245	0.02

武海军, 姚伟, 黄风雷, 等. 超高强度钢 30CrMnSiNi2A 动态力学性能实验研究 [J]. 北京理工大学学报, 2010, 30(3): 258-262.

利用 SHPB 动态测试装置，对 30CrMnSiNi2A 钢进行了应变率均值为 1000～12000s^{-1} 的动态压缩实验，得到了试样在不同应变率下的动态应力-应变曲线。结果表明：该合金钢动态屈服强度具有一定的率敏感性，同组试样在不同应变率下的屈服强度值随应变率增大而增大，860℃淬火、200℃回火热处理后的钢率敏感性在高应变率时更加明显，860℃淬火、600℃回火热处理后的钢率敏感性相对要弱一些。不同组试样在同一应变率下的屈服强度值变化规律为：正火热处理后钢的屈服强度值最低，淬火后经过回火处理的钢屈服强度值随回火温度的降低而升高。

根据静态、动态实验结果，得到了经过不同热处理后 30CrMnSiNi2A 钢屈服强度与应变率关系式：

正火热处理：$\sigma = 520.3\left[1+\left(\dot{\varepsilon}\big/41357\right)^{0.778}\right]$

860℃淬火、200℃回火：$\sigma = 1660.5\left[1+\left(\dot{\varepsilon}\big/58877\right)^{0.828}\right]$

860℃淬火、600℃回火：$\sigma = 863.2\left[1+\left(\dot{\varepsilon}\big/23441066\right)^{0.256}\right]$

文献作者还拟合了不同热处理方式下 J-C 模型参数：

正火热处理：$\sigma = (656.5 + 580\varepsilon^{0.39})(1+0.026\ln\dot{\varepsilon}^*)$

860℃淬火、200℃回火：$\sigma = (1500.5 + 1045\varepsilon^{0.57})(1+0.019\ln\dot{\varepsilon}^*)$

860℃淬火、600℃回火：$\sigma = (836.48 + 704\varepsilon^{0.47})(1+0.026\ln\dot{\varepsilon}^*)$

周义清.30CrMnSiNi2A 钢的动态性能研究 [D]. 太原: 中北大学, 2007.

表 2-41 *MAT_PLASTIC_KINEMATIC 模型参数（一）

$\rho/(kg/m^3)$	E/GPa	ν	σ_0/MPa	β	f_s
7800	207	0.3	1720	1	0.8

郑振华, 余文力, 王涛.钻地弹高速侵彻高强度混凝土靶的数值模拟 [J]. 弹箭与制导学报, 2008, 28(3): 143-146.

表 2-42 *MAT_PLASTIC_KINEMATIC 模型参数（二）

$\rho/(kg/m^3)$	E/GPa	ν	σ_0/MPa	E_t/MPa	f_s
7800	210	0.28	1600	100	1.5

葛超, 董永香, 冯顺山. 弹丸斜侵彻弹道稳定性研究 [C]. 第十三届全国战斗部与毁伤技术学术交流会论文集, 黄山: 2013, 535-542.

表 2-43 *MAT_PLASTIC_KINEMATIC 模型参数（三）

$\rho/(kg/m^3)$	E/GPa	ν	σ_0/MPa	E_t/MPa
7830	201	0.33	1650	300

皮爱国, 黄风雷. 大长细比动能弹体弹塑性动力响应数值模拟 [J]. 北京理工大学学报, 2007, 27(8): 666-670.

表 2-44 *MAT_PLASTIC_KINEMATIC 模型参数

$\rho/(kg/m^3)$	E/GPa	ν	σ_0/Pa	E_T/Pa	C	P	ε_{eff}
7800	2.1E11	0.3	1.6E9	2.1E9	1	100	0.5

吴海军, 等. 截卵形薄壁弹体穿甲过程结构相应数值模拟研究 [C]. 第十三届全国战斗部与毁伤技术学术交流会论文集, 黄山: 2013, 193-197.

316L 钢

表 2-45 Johnson-Cook 模型参数（一）

A/MPa	B/MPa	n	C	m	ε_f^{JC}
238	1202.4	0.675	0.0224	1.083	0.49

E A FLORES-JOHNSON, O MURÁNSKY, C J HAMELIN, et al. Numerical analysis of the effect of weld-induced residual stress and plastic damage on the ballistic performance of welded steel plate [J]. COMPUTATIONAL MATERIALS SCIENCE, 2012,58: 131-139.

表 2-46 Johnson-Cook 模型参数（二）

A/MPa	B/MPa	n	C	m
305	441	0.1	0.057	1.041
305	1161	0.61	0.01	0.517

UMBRELLO D, M'SAOUBI R, OUTEIRO J C, The Influence of Johnson-Cook Material Constants on Finite Element Simulation of Machining of AISI 316L Steel [J]. International Journal of Machine Tools and Manufacture, 2007, 462-470.

表 2-47 Johnson-Cook 模型参数（三）

A/MPa	B/MPa	n	C	m
514	514	0.508	0.0417	0.533

（续）

A/MPa	B/MPa	n	C	m
280	1750	0.8	0.1	0.85
301	1472	0.807	0.09	0.623

刘战强, 吴继华, 史振宇, 等. 金属切削变形本构方程的研究 [J]. 工具技术, 2008, 42(3): 3-9.

32CrMo4 钢

利用 MTS 试验机和分离式 Hopkinson 冲击压杆装置做了应变率为 0.001s^{-1}、1000s^{-1} 和 3000s^{-1}，温度为 294K、373K、473K 和 573K 的单轴动态压缩实验，得到 32CrMo4 钢各组温度及应变率下的流动应力-应变曲线，拟合得到该钢 Johnson-Cook 本构关系模型所需的五个参数。

$$\sigma = (1000 + 480\varepsilon^{0.3})(1 + 0.02\ln\dot{\varepsilon}^*)[1 - (T^*)^{1.05}]$$

室温 $T_r = 294K$，熔化温度 $T_m = 1800K$。

虞青俊. 复合射孔枪枪身材料动态本构关系的试验研究 [J]. 石油机械, 2006, 34(10): 13-15.

35CrMnSi 钢（淬火回火态）

表 2-48 Johnson-Cook 模型参数

A/MPa	B/MPa	n	C	m
1400	2000	0.232	0.008	1.27

李硕, 王志军, 徐永杰, 等. 热处理对弹体材料侵彻能力影响的分析 [C]. 第十届全国爆炸力学学术会议, 贵阳: 2014, 271-276.

35CrMnSi 钢（退火态）

表 2-49 Johnson-Cook 模型参数

A/MPa	B/MPa	n	C	m
701	1186	0.232	0.0034	1.27

李硕, 王志军, 徐永杰, 等. 热处理对弹体材料侵彻能力影响的分析 [C]. 第十届全国爆炸力学学术会议, 贵阳: 2014, 271-276.

35CrMnSiA 钢

文献作者采用 Hopkinson 拉杆对 35CrMnSiA 准静态到 3000s^{-1} 应变率条件下的力学性能进行了研究，并进行了高温实验，根据实验结果拟合了 Johnson-Cook 本构模型参数。

表 2-50 Johnson-Cook 模型参数（一）

A/MPa	B/MPa	n	C	m
1327	1186	0.0034	0.017	1.27

耿宝刚, 等. 35CrMnSiA 动态力学性能研究 [C]. 第十三届全国战斗部与毁伤技术学术交流会论文集, 黄山, 2013, 1350-1353.

文献作者利用 CSS44100 电子万能实验机和 Hopkinson 压杆系统，对 35CrMnSiA 钢在不同应变率、不同温度下的动态力学性能进行了实验研究，拟合了 Johnson-Cook 本构模型参数。

表 2-51　Johnson-Cook 模型参数（二）

$\rho/(kg/m^3)$	E/GPa	ν	A/MPa	B/MPa	n
7850	2.10E11	0.29	1280	346	0.372

C	m	T_m/K	T_r/K	$\dot{\varepsilon}_0/s^{-1}$	
0.015	1.027	1775	298	0.001	

吴海军，等. 卵形弹体对双层大间隔金属靶体侵彻特性数值模拟研究 [C]. 高效毁伤技术学术研讨会论文集，北京: 2014, 208-213.

表 2-52　*MAT_PLASTIC_KINEMATIC 模型参数

$\rho/(kg/m^3)$	E/GPa	ν	σ_0/Pa	E_T/Pa	β
8000	2.1E11	0.284	1.275E9	2.1E9	1

左红星，等. 减加速度历程的实验室模拟 [C]. 第十届全国冲击动力学学术会议论文集，2011.

35NCD16 钢

表 2-53　Johnson-Cook 模型参数

A/MPa	B/MPa	n	C	m
848	474	0.288	0.023	0.54

刘战强，吴继华，史振宇，等. 金属切削变形本构方程的研究 [J]. 工具技术，2008, 42(3): 3-9.

38CrSi 钢

表 2-54　Johnson-Cook 模型参数

$\rho/(kg/m^3)$	E/GPa	ν	$C_p/J \cdot kg^{-1} \cdot K^{-1}$	T_r/K	T_m/K	A/MPa
7740	2.10E11	0.33	452	300	1800	550

B/MPa	n	C	m	χ	$\dot{\varepsilon}_0/s^{-1}$	ε_f
631.6	0.35	0.017	0.78	0.9	0.0011	0.8

肖新科. 双层金属靶的抗侵彻性能和 taylor 杆的变形与断裂 [D]. 哈尔滨: 哈尔滨工学大学，2010.

40Cr 钢

表 2-55　*MAT_PLASTIC_KINEMATIC 模型参数

$\rho/(kg/m^3)$	E/GPa	ν	σ_0/MPa	E_{tan}/MPa	β
7890	209	0.295	207	220	1

张虎生，等. 飞鞭式多功能爆炸反应装甲防护性能的动态有限元分析 [C]. 第七届全国爆炸力学学术会议论文集，昆明，2003.

4140 钢

表 2-56　*MAT_STRAIN_RATE_DEPENDENT_PLASTICITY 模型参数

ρ/(kg/m³)	E/GPa	PR	LC1	ETAN/Pa	LC2
7850	209	0.29	1	22E5	2
LC1 定义的屈服应力 VS 有效应变率曲线					
有效应变率/s⁻¹	0	0.08	0.16	0.4	1.0
屈服应力/Pa	2.07E8	2.50E8	2.75E8	2.90E8	3.00E8
LC2 定义的弹性模量 VS 有效应变率曲线					
有效应变率/s⁻¹	0	0.08	0.16	0.4	1.0
弹性模量/GPa	209	211	212	215	218

ANSYS LS-DYNA User's Guide [R]. ANSYS, 2008.

表 2-57　Johnson-Cook 模型参数

A/MPa	B/MPa	n	C	m
612	436	0.15	0.008	1.46

刘战强, 吴继华, 史振宇, 等. 金属切削变形本构方程的研究 [J]. 工具技术, 2008, 42(3): 3-9.

4142H 钢

表 2-58　Johnson-Cook 模型参数

A/MPa	B/MPa	n	C	m
598	768	0.2092	0.0137	0.807
595	580	0.133	0.023	1.03

刘战强, 吴继华, 史振宇, 等. 金属切削变形本构方程的研究 [J]. 工具技术, 2008, 42(3): 3-9.

42CD4Ca 钢

表 2-59　Johnson-Cook 模型参数

A/MPa	B/MPa	n	C	m
560	762	0.255	0.0192	0.660

刘战强, 吴继华, 史振宇, 等. 金属切削变形本构方程的研究 [J]. 工具技术, 2008, 42(3): 3-9.

42CD4U 钢

表 2-60　Johnson-Cook 模型参数

A/MPa	B/MPa	n	C	m
598	768	0.209	0.0137	0.807
589	755	0.198	0.0149	0.800

刘战强, 吴继华, 史振宇, 等. 金属切削变形本构方程的研究 [J]. 工具技术, 2008, 42(3): 3-9.

4340 钢

文献作者在文章中首次提出了著名的 Johnson-Cook 本构模型，并根据霍普金森杆拉杆和扭曲实验获得了 Johnson-Cook 模型参数。

表 2-61　Johnson-Cook 模型参数（一）

ρ/(kg/m³)	洛氏硬度	C_p/J·kg⁻¹·K⁻¹	T_m/℃	A/MPa	B/MPa	n	C	m
7830	C-30	477	1793	792	510	0.26	0.014	1.03

JOHNSON G R, COOK W H. A constitutive model and data for metals subjected to large strains, high strain-rates and high temperatures [C]. Proceedings of Seventh International Symposium on Ballistics, The Hague, The Netherlands, April 1983: 541-547.

表 2-62　Gruneisen 状态方程和 Johnson-Cook 模型参数

ρ/(kg/m³)	ν	C_0/(m/s)	S	Γ_0	C_v/J·kg⁻¹·K⁻¹	T_m
7850	0.29	4500	1.49	2.17	450	1720
σ_{fail}/GPa	A/MPa	B/MPa	n	C	m	
2	735	473	0.26	0.014	1.03	

DAVID L, LITTLEFIELD, CHARLES E, ANDERSON, Jr, YEHUDA PARTOM, et al. THE PENETRATION OF STEEL TARGETS FINITE IN RADIAL EXTENT [J]. International Journal of Impact Engineering, 1997, 19(1): 49-62.

表 2-63　Johnson-Cook 模型参数（二）

ρ/(kg/m³)	G/GPa	A/MPa	B/MPa	n	C
7850	78	910	586	0.26	0.014
m	D_1	D_2	D_3	D_4	D_5
1.03	-0.80	2.1	-0.5	0.002	0.61

表 2-64　Gruneisen 状态方程参数

K_1/GPa	K_2/GPa	K_3/GPa	Γ_0
164	294	500	1.16

TIMOTHY J HOLMQUIST, DOUGLAS W TEMPLETON, KRISHAN D BISHNOI. Constitutive modeling of aluminum nitride for large strain, high-strain rate, and high-pressure applications [J]. International Journal of Impact Engineering, 2001, 25: 211-231.

表 2-65　Johnson-Cook 模型参数（三）

A/MPa	B/MPa	n	C	m	D_1	D_2	D_3	D_4	D_5
792	510	0.26	0.014	1.03	0	1.30	1.03	0	0

J RYAN, S RHODES, S STAWARZ. Application of a Ductile Damage Model to Ballistic Impact Analyses [C]. 26th International Symposium on Ballistics, Miami, 2011.

表 2-66　*MAT_PLASTIC_KINEMATIC 模型参数

$\rho/(kg/m^3)$	E/GPa	ν	σ_0/GPa	E_T/GPa	F_S
7877	207	0.33	1.03	6.9	1.2

CHIAN-FONG YEN. BALLISTIC IMPACT MODELING OF COMPOSITE MATERIALS [C]. 7th International LS-DYNA Conference, Detroit, 2002.

表 2-67　Johnson-Cook 模型参数（四）

A/MPa	B/MPa	n	C	m
950.0	725.0	0.375	0.015	0.625

NG E G, TAHANY I, DUMITRESCU M, et al. Physics-based simulation of high speed machining [J]. Machining, Science and Technology, 2002, 6(3): 304-329.

表 2-68　HRC59.7 的 4340 钢 Johnson-Cook 模型和失效参数

A/MPa	B/MPa	n	C	m
2100	1750	0.65	0.0028	0.75
D_1	D_2	D_3	D_4	D_5
-0.8	2.1	-0.5	0.002	0.61

TANSEL DENÌZ. Ballistic Penetration of Hardened Steel Plates [D]. Ankara: Middle East Technical University, 2010.

45 钢

表 2-69　Johnson-Cook 模型参数（一）

$\rho/(kg/m^3)$	E/GPa	$\dot{\varepsilon}_0/s^{-1}$	ν	A/MPa	B/MPa	n	C	m
7800	200	1	0.3	507	320	0.28	0.064	1.06
$C_P/J \cdot kg^{-1} \cdot K^{-1}$	T_r/K	T_m/K	D_1	D_2	D_3	D_4	D_5	
469	300	1795	0.10	0.76	1.57	0.005	-0.84	

陈刚.A3 钢钝头弹撞击 45 钢板破坏模式的数值分析 [J]. 爆炸与冲击, 2007, 27(5): 390-396.

　　对 45 钢在不同环境温度（25～300℃）和不同应变率（10^{-4}～$10^3 s^{-1}$）的 σ-ε 关系进行了研究。修正了 Johnson-Cook 本构模型中的应变率强化系数 C，确定了 45 钢的本构关系。

表 2-70　Johnson-Cook 模型参数（二）

A/MPa	B/MPa	n	C	m	$\dot{\varepsilon}_0/s^{-1}$	$T_r/℃$
496.0	434.0	0.307	0.07	0.804	1	25
$T_m/℃$	$\rho/(kg/m^3)$	G/GPa	K/GPa	$c_s/(km/s)$	$c_l/(km/s)$	
1491.9	7800	81.9	164.2	3.24	5.92	

张林，等. D6A、921 和 45 钢的动态破坏与低压冲击特性 [J]. 高压物理学报, 2003, 17(4): 305-310.

贺洪亮，等. 45 钢、D6AC 钢和 921 钢的本构关系及动态断裂 [R]. 绵阳: 中国工程物理研究院, 1999.

胡昌明，贺红亮，胡时胜. 45 号钢的动态力学性能研究 [J]. 爆炸与冲击, 2003, 23(2): 188-192.

表 2-71 *MAT_PLASTIC_KINEMATIC 模型参数（一）

$\rho/(\text{kg/m}^3)$	E/GPa	ν	$\sigma_\text{Y}/\text{GPa}$	E_P/GPa	β
7830	210	0.3	0.355	10.0	1.0

南宇翔，蒋建伟，王树有，等. 子弹药落地冲击响应数值模拟及实验验证 [J]. 振动与冲击, 2013, 32(3): 182-187.

表 2-72 退火态 45 钢 Johnson-Cook 模型参数

$\rho/(\text{kg/m}^3)$	E/GPa	G/GPa	ν	$C_\text{P}/\text{J}\cdot\text{kg}^{-1}\cdot\text{K}^{-1}$	T_room/K	T_melt/K
7850	210	0.76（应为 76）	0.3	452	298	1765
A/MPa	B/MPa	n	C	m		
497.75	647.15	0.393	0.06	0.626		

冀建平，才鸿年，李树奎. 平板冲击绝热剪切实验的数值模拟研究 [J]. 兵器科学与工程, 2007, 30(3): 51-55.

通过非线性有限元软件 MSC.Marc，采用 Johnson-Cook 模型对滚轮滚挤压 45 钢进行了二维有限元数值模拟，滚轮与工件之间的摩擦系数为 0.03。

表 2-73 Johnson-Cook 模型参数（三）

A/MPa	B/MPa	n	C	m	T_melt/K
553.1	600.8	0.234	0.0134	1	1538

李风雷，等. 滚轮滚挤压过程的有限元建模与分析 [J]. 机床与液压, 2007, 35(9): 55-117.

利用 MTS 和 Hopkinson 压杆设备，借助圆柱试样获得了 45 钢三种不同热处理状态在不同加载条件（应变率 $10^{-3} \sim 10^3 \text{s}^{-1}$）下的真应力-真应变曲线，利用最小二乘法拟合了 Johnson-Cook 本构关系中的参数。

退火 $\sigma = (497.75 + 647.15\varepsilon^{0.393})[1 + 2.76\times10^{-3}\dot{\varepsilon}^{0.4}\ln\dot{\varepsilon}^*](1 - T^{*0.626})$

正火 $\sigma = (548.73 + 645.19\varepsilon^{0.415})[1 + 35.87\times10^{-3}\dot{\varepsilon}^{0.029}\ln\dot{\varepsilon}^*](1 - T^{*1.010})$

调质 $\sigma = (793.74 + 460.25\varepsilon^{0.393})[1 + 25.5\times10^{-3}\dot{\varepsilon}^{0.084}\ln\dot{\varepsilon}^*](1 - T^{*0.828})$

冀建平. 45# 钢热粘塑性本构参数的确定及应用 [J]. 北京理工大学学报, 2008, 28(6): 471-474.

表 2-74 45 钢热力学参数（一）

温度/℃	20	400	850	1100	1150	1200
屈服应力/MPa	420	350	192	71	71	60
弹性模量/GPa	210	188	118	95	95	90

（续）

塑性模量/MPa	750	500	400	180	180	80
比热容/J·kg^{-1}·℃$^{-1}$		400	607	636	636	636
导热系数/W·kg^{-1}·℃$^{-1}$		39.4	29.0	29.0	29.0	26.5
线膨胀系数/℃$^{-1}$	15E-6					

注：原文中的线膨胀系数为15，本书作者修改为15E-6。

张永军.45 钢内部裂纹愈合过程孔洞闭合的数值模拟 [J]. 热加工工艺, 2008, 80-83.

表 2-75   45 钢热力学参数（二）

ρ/(kg/m^3)	E/GPa	ν	λ/W·m^{-1}·℃$^{-1}$	α/℃$^{-1}$	C/J·kg^{-1}·℃$^{-1}$
7800	206	0.3	66.6	1.06e-5	460

王东磊，聂少云，路中华.含能材料隔热防护参数影响规律有限元模拟研究 [C]. 第十三届全国战斗部与毁伤技术学术交流会论文集, 黄山, 2013, 1325-1328.

表 2-76   *MAT_PLASTIC_KINEMATIC 模型参数（二）

E/GPa	ν	σ_Y/MPa	E_t/MPa
210	0.3	353	2000

李智，游敏，孔凡荣.基于 ANSYS 的两种胶粘剂劈裂接头数值模拟 [J]. 化学与粘合, 2006, 28(5): 299-301.

表 2-77   *MAT_PLASTIC_KINEMATIC 模型参数（三）

ρ/(kg/m^3)	E/GPa	ν	σ_Y/GPa	E_P/GPa	β	C/s^{-1}	P
7800	200	0.3	0.36	2.0	1.0	1.0	100.0

周岩，等. 弹丸侵彻预开孔靶板的数值模拟分析 [C]. 2005 年弹药战斗部学术交流会论文集, 珠海, 2005, 387-390.

50SiMnVB 钢

采用电子万能材料试验机和分离式 Hopkinson 压杆对 860℃淬火+200℃回火的 50SiMnVB 钢进行了三个应变率（10^{-3}s^{-1}、10^{-1}s^{-1}、10^{3}s^{-1}）下的材料力学性能实验，获得了 Johnson-Cook 本构模型参数。

$$\sigma = 1930(1 + 0.016\ln\varepsilon^*)$$

刘盼萍，等. 200℃回火 50SiMnVB 钢 Johnson-Cook 本构方程的建立 [J]. 锻压装备与制造技术, 2008, 6: 99-103.

对 920℃正火后的 50SiMnVB 钢常温下的准静态和动态力学特性进行测试，得出材料在不同应变率（10^{-3}s^{-1}、10^{-1}s^{-1}、10^{3}s^{-1}）下的应力-应变曲线。根据 Johnson-Cook 模型，建立正火态 50SiMnVB 钢从准静态到动态较宽应变速率范围的物理本构方程。

$$\sigma = (615 + 588\varepsilon^{0.408})[1 + 0.034\ln(\dot{\varepsilon} \times 1000)]$$

刘盼萍，等. 正火态 50SiMnVB 钢 Johnson-Cook 本构方程的建立 [J]. 兵器材料科学与工程, 2009, 32(1): 45-49.

通过实验拟合了室温下 860℃淬火+600℃回火 50SiMnVB 钢的 Johnson-Cook 本构模型如下：

$$\sigma = (650 + 708\varepsilon^{0.264})[1 + 0.032\ln(\dot{\varepsilon} \times 1000)]$$

常列珍.50SiMnVB 合金钢动态力学性能研究 [D]. 太原: 中北大学, 2007.

52100 钢

表 2-78　Johnson-Cook 模型参数（一）

A/MPa	B/MPa	n	C	m
2482.4	1498.5	0.19	0.027	0.66

ARRAZOLA P J, ÖZEL T. Numerical Modeling of 3D Hard Turning Using Arbitrary Eulerian Lagrangian Finite Element Method[J]. Journal of Materials Processing Technology, 2008, vol(3): 238-249.

表 2-79　通过直角切削实验确定的 Johnson-Cook 本构模型参数

A/MPa	B/MPa	n	C	m	T_m / K	T_r / K
774.78	134.46	0.371	0.0173	3.171	1760	298

HUANG Y. Predictive modeling of tool wear rate with applications to CBN hard turning [D]. Georgia Institute of Technology, 2002.

刘战强, 吴继华, 史振宇，等. 金属切削变形本构方程的研究 [J]. 工具技术, 2008, 42(3): 3-9.

表 2-80　Johnson-Cook 模型参数（二）

A/MPa	B/MPa	n	C	m	T_m / K	T_r / K
688.17	150.82	0.336	0.0427	2.7786	1760	298

RAMESH A. Prediction of process-induced microstructural changes and residual stresses in orthogonal hard machining [D]. Georgia Institute of Technology, 2002.

刘战强, 吴继华, 史振宇，等. 金属切削变形本构方程的研究 [J]. 工具技术, 2008, 42(3): 3-9.

54SiCr6 弹簧钢

表 2-81　动态力学特性参数

E/MPa	ν	A/MPa	拉伸强度	断裂延伸率
206000	0.28	1749	2050MPa	4.5%

MARCO THOMISCH, MARKUS KLEY. Parameter Identification for Forming Simulations of High-Strength Steels [C]. 10th European LS-DYNA Conference, Würzburg, 2015.

5A90 钢

表 2-82　Johnson-Cook 模型参数

A/MPa	B/MPa	n	C	m
240	300	1	0	1.7

邓志方，等. 截锥壳跌落的数值模拟及参数敏感性分析 [C]. 第十届全国冲击动力学学术会议论文集，2011.

907 钢

表 2-83　*MAT_PLASTIC_KINEMATIC 模型参数

ρ/(kg/m^3)	K/GPa	G/GPa	σ_0/MPa	C/s^{-1}	P	F_S
7800	175	80.8	392	2500	5	0.3

陈长海，朱锡. 接触爆炸作用下舰船箱型梁结构的止裂效应仿真分析 [J]. 中国舰船研究，2013, 8(1): 32-38.

907A 钢

为了得到船用 907A 钢的动态力学性能及本构关系，运用静态试验机及分离式 Hopkinson 压杆加载装置，在应变率为 0.00033～2680s^{-1} 范围内得到了准静态拉伸及动态压缩条件下的应力-应变曲线，对比了 Cowper-Symonds 模型和 Johnson-Cook 模型，并基于 C-S 模型对应变硬化效应进行了修正。结果表明，船用 907A 钢具有明显的应变率强化效应和非线性应变硬化效应，C-S 模型比 J-C 模型更能准确描述其应变率强化效应。

表 2-84　Johnson-Cook 模型参数（一）

A/MPa	B/MPa	n	C	ε_0/s^{-1}
439.4	405	0.62	0.055	3.3E-4

表 2-85　Cowper-Symonds 模型参数

σ_0/MPa	C/s^{-1}	P
439.4	6180	1.59

李营，等. 船用 907A 钢的动态力学性能和本构关系 [J]. 哈尔滨工程大学学报，2015, 36(1): 127-129.

表 2-86　Johnson-Cook 模型参数（二）

A/MPa	B/MPa	n	C	m
446	380	0.25	0.035	1.02

杨立强，吴夏凯，贺小建，等. 靶标材料本构模型对战斗部穿甲速度降的影响 [C]. 高效毁伤技术学术研讨会论文集，北京，2014, 227-230.

表 2-87 Johnson-Cook 模型参数（三）

A/MPa	B/MPa	n	C	m	T_r/K	T_m/K	ρ/(kg/m³)
580	354	0.314	0.28	1.06	293	1783	7850

E/GPa	ν	D_1	D_2	D_3	D_4	D_5	
220	0.3	−2.5	6.0	−0.5	0.005	0.94	

陈继恩. 基于应力三轴度的材料失效研究 [D]. 武汉: 华中科技大学, 2012.

921 钢

表 2-88 Johnson-Cook 模型参数

A/MPa	B/MPa	n	C	m	ε_0/s⁻¹	T/℃
898.6	356.0	0.586	0.022	1.05	1	25

T_m/℃	ρ/(kg/m³)	G/GPa	K/GPa	c_s/(km/s)	c_1/(km/s)	
1490.5	7800	77.9	158.5	3.16	5.80	

张林, 等. D6A、921 和 45 钢的动态破坏与低压冲击特性 [J]. 高压物理学报, 2003, 17(4): 305-310.

贺洪亮, 等. 45 钢、D6AC 钢和 921 钢的本构关系及动态断裂 [R]. 绵阳: 中国工程物理研究院, 1999.

921A 钢

文献作者利用 CSS44100 电子万能实验机和 Hopkinson 压杆系统, 对 921A 钢在不同应变率、不同温度下的动态力学性能进行了实验研究, 拟合了 Johnson-Cook 本构模型参数。

表 2-89 Johnson-Cook 模型参数（一）

ρ/(kg/m³)	E/Pa	ν	A/MPa	B/MPa	n
7850	2.05E11	0.35	842	528	0.587

C	m	T_m/K	T_r/K	$\dot{\varepsilon}_0$/s⁻¹	
0.024	0.986	1765	298	0.001	

吴海军, 等. 卵形弹体对双层大间隔金属靶体侵彻特性数值模拟研究 [C]. 高效毁伤技术学术研讨会论文集, 北京, 2014, 208-213.

表 2-90 Johnson-Cook 模型参数（二）

ρ/(kg/m³)	E/Pa	ν	A/MPa	B/MPa	n	C	m
7800	2.05E11	0.28	760	500	0.53	0.014	1.13

孙凯, 等. 装药爆炸对弹丸嵌立状态影响研究 [C]. 第十五届全国战斗部与毁伤技术学术交流会论文集, 重庆, 2015. 568-573.

国外用来制造大型舰船的钢板屈服强度一般在 750MPa 左右, 如美国在 20 世纪 80 年代研制出的 HSLA-80 和 HSLA-100, 在大型舰船甲板结构中大量使用。国内上海宝钢集团于 20

世纪后期研制成功 921A 舰船用钢板，性能与美国 HSLA-80 相当。921A 钢板力学性能如下。

表 2-91 921A 钢的动态力学特性参数

σ_s/MPa	抗拉强度/MPa	伸长率（%）	断面收缩率（%）	冲击吸收功/J
685MPa	760 Mpa	23	75	208

薛斌杰，戴湘晖，李志康. 三种钛合金半穿甲模拟弹穿甲性能实验研究 [C]. 第十一届全国冲击动力学学术会议文集，西安，2013.

表 2-92 *MAT_PLASTIC_KINEMATIC 模型参数

ρ/(kg/m^3)	E/Pa	v	σ_0/Pa	E_{tan}/Pa	D	P	ε_{eff}
7800	2.06E11	0.33	6.85E8	1.96E8	1	100	0.8

吴海军，等. 截卵形薄壁弹体穿甲过程结构相应数值模拟研究 [C]. 第十三届全国战斗部与毁伤技术学术交流会论文集，黄山，2013, 193-197.

922A 钢

通过静态拉伸和动态 SHPB 试验获取 922A 的非线性本构关系，拟合出*MAT_PLASTIC_ KINEMATIC 材料模型参数。

表 2-93 *MAT_PLASTIC_KINEMATIC 材料模型参数

σ_0/MPa	E/GPa	E_t/MPa	C/s^{-1}	P
665	191	2953	9454.98	2.781022

李飞，等. 圆柱壳结构入水过程的流固耦合仿真与试验 [J]. 北京航空航天大学学报，2007, 33(9): 1117-1120.

945 钢

利用 Hopkinson 实验装置和示波冲击实验，对船用 945 钢的动态力学性能进行了研究。实验结果表明，船用 945 钢是率敏感材料，其动态力学性能明显不同于准静态条件下的力学性能，动态载荷作用下，材料的动态屈服点升高，动态断裂韧度和动态塑性下降。该钢在准静态条件下（ $\dot{K} \approx 10^0 \mathrm{MPa}\sqrt{\mathrm{m}}/\mathrm{s}$ ）的断裂韧度为 $J_{IC} = 218.081 \mathrm{kJ/m}^2$ 。在加载速率为 $\dot{K} \approx 10^5 \mathrm{MPa}\sqrt{\mathrm{m}}/\mathrm{s}$ 的条件下，测得其动态弹塑性断裂韧度 $J_{ID} = 130.9 \mathrm{kJ/m}^2$ ，动态压缩本构关系为：

$$S = 943.86\varepsilon^{0.125}\left(1 + 0.0035\ln\frac{\dot{\varepsilon}}{\dot{\varepsilon}_0}\right)\left(1 - 0.13\frac{T - T_r}{T_r}\right)$$

姜风春，刘瑞堂，张晓欣. 船用 945 钢的动态力学性能研究 [J]. 兵工学报，2000, 21(3): 257-260.

使用静态试验机及分离式 Hopkinson 压杆加载装置，在应变率为 0.00033~2760s^{-1} 范围内得到了准静态拉伸及动态压缩条件下的应力-应变曲线。对比 Cowper-Symonds 模型和 Johnson-Cook 模型，得到了两种基于 C-S 模型的本构关系，并进行了分析和比较。结果表明，船用 945 钢具有明显的应变率强化效应和非线性应变硬化效应，C-S 模型比 J-C 模型更能准确地描述其应变率强化效应，两种修正的 C-S 模型具有不同的适用范围。

C-S 本构模型： $\sigma_s = 449.1\left(1+\dfrac{\dot{\varepsilon}_p}{9870}\right)^{\frac{1}{2.43}}$

J-C 本构模型： $\sigma_s = 449.1(1+0.539\ln\dot{\varepsilon}_p)$

"积形式"的应变硬化模型： $\sigma_s = (449.1+574\varepsilon^{0.605})\left(1+\dfrac{\dot{\varepsilon}_p}{9870}\right)^{\frac{1}{2.43}}$

"和形式"的应变硬化模型： $\sigma_s = 574\varepsilon^{0.605}+449.1\left(\dfrac{\dot{\varepsilon}_p}{9870}\right)^{\frac{1}{2.43}}$

李营，等. 基于修正 C-S 模型的船用 945 钢冲击性能研究 [J]. 中国造船, 2014, 55(3): 94-100.

9705-0768-1A-T1 软钢

表 2-94 ***MAT_ISOTROPIC_ELASTIC_PLASTIC** 模型参数

$\rho/(kg/m^3)$	E/GPa	σ_0/GPa	E_{tan}/GPa	G/GPa	K/GPa
7830	189.1	0.3659	0.5234	73.87	143.3

FEI-CHIN JAN, OLADIPO ONIPEDE JR. Simulation of Cold Roll Forming of Steel Panels [C]. 6th International LS-DYNA Conference, Detroit, 2000.

A2 工具钢

表 2-95 ***MAT_Simplified_Johnson_Cook** 模型参数

$\rho/(kg/m^3)$	E/GPa	ν	A/MPa	B/MPa	n	C
7860	203.0	0.30	999.739	1785.300	0.1401	0.000

JEREMY D SEIDT, PEREIRA J MICHAEL, AMOS GILAT, et al. Ballistic impact of anisotropic 2024 aluminum sheet and plate [J]. International Journal of Impact Engineering, 2013, 62: 27-34.

A36 钢

表 2-96 ***MAT_JOHNSON_COOK** 模型参数

$\rho/(kg/m^3)$	G/GPa	K/GPa	T_m/K	T_r/K	PC/MPa	SPALL	IT
7850	76.9	166.6	1773	293	$-1E6$	1.0	1.0

$C_p/J\cdot kg^{-1}\cdot K^{-1}$	$\dot{\varepsilon}_0/s^{-1}$	A/MPa	B/MPa	n	C	m	
486	1.0	286.101	500.09	0.228	0.917	0.017	

LEN SCHWER. Optional Strain-Rate Forms for the Johnson Cook Constitutive Model and the Role of the Parameter Epsilon_0 [C]. 6th European LS-DYNA Conference, Gothenburg, 2007.

表 2-97 **Johnson-Cook** 模型参数

$\rho/(kg/m^3)$	A/MPa	B/MPa	n	C	m	T_m/K	T_r/K
7850	250	477	0.18	0.012	1	1811	300

表2-98 SHOCK 状态方程参数

$\rho /(\text{kg/m}^3)$	$c_0 /(\text{km/s})$	s	γ_0
7850	0.4569	1.49	2.17

TAMER ELSHENAWY, Q M Li. Influences of target strength and confinement on the penetration depth of an oil well perforator [J]. International Journal of Impact Engineering, 2013, 54: 130-137.

表2-99 Johnson-Cook 模型参数

A/MPa	B/MPa	n	C	m
146.7	896.9	0.32	0.033	0.323

J M LACY, J K SHELLEY, J H WEATHERSBY, et al. Optimization-Based Constitutive Parameter Identification from Sparse Taylor Cylinder Data [C]. 81st Shock and Vibration Symposium, 2010.

A573-81 65 钢

表2-100 *MAT_PIECEWISE_LINEAR_PLASTICITY 材料模型参数

屈服应力/MPa	切线模量/MPa	弹性模量/MPa	泊松比
270	900	219.4	0.3

LEVENT SÖZEN, MEHMET A GULER, RECEP M GÖRGÜLÜARSLAN, et al. Prediction of Springback in CNC Tube Bending Process Based on Forming Parameters [C]. 11th International LS-DYNA Conference, Detroit, 2010.

AASHTO M-180 class A type II 钢

表2-101 *MAT_PIECEWISE_LINEAR_PLASTICITY 模型参数

参数	取值	有效塑性应力/应变	
		应变	应力/GPa
密度	7.86E-6kg/mm³	0.000	0.450
弹性模量	200GPa	0.025	0.508
泊松比	0.28	0.049	0.560
厚度	2.67mm	0.072	0.591
屈服强度	0.450GPa	0.095	0.613
		0.140	0.643
		0.182	0.668
		0.750	0.840

JOHN D REID, DEAN L SICKING. Design and Simulation of a Sequential Kinking Guardrail Terminal [J]. International Journal of Impact Engineering, 1998, 21(9): 761-772.

AerMet100 钢

1991 年，美国 Carpenter 公司的 Hemphill 等人，在保持 AF1410 超高强度钢良好韧性的基础上，沿用 HY180 钢和 AF1410 钢的基本冶金思路，运用统计理论和计算机技术，建立了一个 Fe-Co-Ni-Mo-Cr-C 合金系性能和元素间相互作用关系的计算机模型，成功地设计了一种新型超高强度钢 AerMet100。AerMet100 具有拉伸和疲劳强度、韧性和应力腐蚀开裂抗力的最佳配合，在航天、航空、国防工业等许多领域具有广泛的应用前景。

表 2-102 Johnson-Cook 模型参数

ρ /(kg/m³)	v	E / GPa	C_p / J·kg⁻¹·K⁻¹	T_m / K	T_r / K
7850	0.28	210	465	1765	298
A / MPa	B / MPa	n	C	m	
1900	276.32	0.2	0.016	1.15	

冯雪磊，武海军，郭超. Aermet100 钢动态压缩剪切数值仿真研究: 第十一届全国冲击动力学学术会议文集 [C]. 西安, 2013.

Johnson-Cook 模型：

$$\sigma = (166.1 + 34.3\varepsilon^{0.9679})(1 + 0.0839\ln\dot{\varepsilon}_*)(1 - T_*^{0.5718})$$

modified Johnson-Cook 本构模型：

$$\sigma = (172.16 + 69.08\varepsilon - 72.84\varepsilon^2)(1 + 0.08324\ln\dot{\varepsilon}_*) \cdot \exp[(-0.00533 + 0.0003044\ln\dot{\varepsilon}_*)T_*]$$

Yuan Zhanwei, Li Fuguo, Ji Guoliang. A Modified Johnson Cook Constitutive Model for Aermet 100 at Elevated Temperatures [J]. High Temperature Materials and Processes, 2018, 37(2).

表 2-103 动态力学特性参数

ρ_0 /(kg/m³)	C_p / J·kg⁻¹·K⁻¹	K / W·m⁻¹·K⁻¹	E / GPa	σ_0 / MPa	σ_b / MPa	T_m / ℃
7890	460	43	194.6	1758	1965	1464

苏国胜，刘战强，万熠，等. 高速切削中切削速度对工件材料力学性能和切屑形态的影响机理 [J]. 中国科学: 技术科学, 2012, 42(11): 1305-1317.

LIPPARD H E, CAMPBELL C E, DRAVID V P, et al. Microsegregation behavior during solidification and homogenization of AerMet100 steel [J]. Metallurgical and Materials Trans actions B, 1998, 29(1): 205-210.

XU Y Q, ZHANG T, BAI Y M. Effect of grinding process parameters on surface layer residual stress [J]. Advanced Materials Research, 2010, 135: 154-158.

AF1410 钢

表 2-104 Johnson-Cook 模型参数

A / MPa	B / MPa	n	C	m
1500	650	0.18	0.005	0.73

表 2-105 Bodner-Partom 模型参数

n	Z_0/kbar	Z_1/kbar	m/kbar^{-1}	A	B/K	n (400℃)	n（室温）
5.5	23.0	26.5	1.5	−0.23	1707	2.3	5.5

GARRETT, R K, JR, LAST H R, RAJENDRAN, A M. Plastic Flow and Failure in HY100, HY130 and AF1410 Alloy Steels Under High Strain Rate and Impact Loading Conditions [R]. ADA296669, 1995.

利用 CSS4410 电子万能试验机和改进的 Hopkinson 拉、压杆技术，对 AF1410 钢在温度从 $100\sim600K$，应变率从 $0.001\sim2000s^{-1}$，塑性应变超过 20%的塑性流动特性进行了实验研究。结果表明，拉伸加载下 AF1410 钢屈服强度低于压缩屈服强度，且随应变率增加，拉、压屈服强度差值越来越大；该材料塑性流动应力对应变率敏感性低，而对温度较为敏感；随应变率的提高，该材料拉伸失效应变减小，但温度对失效应变无明显影响。最后基于位错运动学关系，借助实验数据，获得了 AF1410 钢的 Johnson-Cook 本构模型参数。

表 2-106 Johnson-Cook 模型参数

A/MPa	B/MPa	n	C	m	T_r/℃
1800	475	0.15	0.0045	1.5	296

苏静, 郭伟国, 曾志银, 等. 超高强度钢 AF1410 塑性流动特性及其本构关系 [J]. 固体力学学报, 2012, 33(3): 265-272.

AL-6XN 钢

表 2-107 Johnson-Cook 模型参数

ρ/(kg/m^3)	E/GPa	ν	A/MPa	B/MPa	n
7850	161	0.35	400	1500	0.4
C	m	$\dot{\varepsilon}_0$/s^{-1}	T_m/K	T_r/K	C_P/J·kg^{-1}·K^{-1}
0.045	1.2	0.001	1800	293	452

KEN NAHSHON, MICHAEL G PONTIN, ANTHONY G EVANS, et al. DYNAMIC SHEAR RUPTURE OF STEEL PLATES [J]. JOURNAL OF MECHANICS OF MATERIALS AND STRUCTURES, 2007, 2(10): 2049-2066.

表 2-108 *Mat_Modified_Johnson_Cook 模型参数

ρ/(kg/m^3)	E/GPa	ν	χ	C_P/J·kg^{-1}·K^{-1}	α/K^{-1}	$\dot{\varepsilon}_0$/s^{-1}
8060	195	0.3	0.9	500	1.5E-5	1.E-3
A/MPa	B/MPa	n	C	m	T_r/K	T_m/K
410	1902	0.82	0.024	1.03	296	1700

TENG HAILONG. Coupling of Particle Blast Method (PBM) with Discrete Element Method for buried mine blast simulation [C]. 14th International LS-DYNA Conference, Detroit, 2016.

AQ225 钢

表 2-109 Johnson-Cook 模型参数

A/GPa	B/GPa	n	C
0.221	0.2614	0.442	0.0546

李冀龙, 孙涛, 张春巍. 国产225MPa级低屈服点钢动态本构关系实验研究 [C]. 中国力学大会2011暨钱学森诞辰100周年纪念大会论文集, 哈尔滨, 2011.

AREMA 钢

表 2-110 Johnson-Cook 模型参数（一）

ρ/(kg/m^3)	A/GPa	B/GPa	n	C	m	T_r/℃	T_m/℃
7890	0.175	0.379	0.006	0.33	1.44	300	1700

S ROLC, J BUCHAR, Z AKSTEIN. Influence of Impacting Explosively Formed Projectiles on Long Rod Projectiles [C]. 26th International Symposium on Ballistics, Miami, 2011.

表 2-111 Johnson-Cook 模型参数（二）

A/MPa	B/MPa	n	C	m	D_1	D_2	D_3	D_4	D_5
175	376	0.32	0.060	0.55	0.8	2.10	−0.50	0.00002	0.61

J BUCHAR. Ballistics Performance of the Dual Hardness Armour [C]. 20th International Symposium of Ballistics, Orlando, Florida, 2002.

Armco 铁

文献作者在文章中首次提出了著名的 Johnson-Cook 模型，并根据 Hopkinson 杆拉杆和扭曲实验获得了 Armco iron（工业纯铁）的 Johnson-Cook 本构模型参数。

表 2-112 Johnson-Cook 模型参数（一）

ρ/(kg/m^3)	洛氏硬度	C_p/J·kg^{-1}·K^{-1}	T_m/K	A/MPa
7890	F−72	452	1811	175
B/MPa	n	C	m	
380	0.32	0.060	0.55	

JOHNSON G R, COOK W H. A constitutive model and data for metals subjected to large strains, high strain-rates and high temperatures [C]. Proceedings of Seventh International Symposium on Ballistics, Hague, April 1983: 541-547.

表 2-113 Johnson-Cook 模型参数（二）

ρ/(kg/m^3)	E/GPa	ν	A/GPa	B/GPa
7890	210.9	0.292	0.175	0.35
n	C	m	T_{melt}/℃	C_p/J·kg^{-1}·K^{-1}
0.32	0.06	0.55	1811	357

表 2-114 *EOS_LINEAR_POLYNOMIAL 状态方程参数

C_1/Mbar	C_2/Mbar	C_3	C_4
1.69	3.1	1.83	1.83

D R SAROHA. Single Point Initiated Multi-EFP Warhead [C]. 25th International Symposium on Ballistics, Beijing, 2010.

表 2-115 AUTODYN 软件中 Armco iron 的 Linear 状态方程和 Zerilli-Armstrong 模型参数

Linear 状态方程			
参考密度/(g/cm³)	7.89	体积模量/kPa	1.64E8
参考温度/K	300	比热容/J·kg⁻¹·K⁻¹	452
Zerilli-Armstrong 强度模型			
剪切模量/kPa	8.0E7	屈服应力/kPa	6.5E5
C_1/kPa	1.033E6	C_2/kPa	0.0
C_3	6.89E-3	C_4	4.15E-4
C_5/kPa	2.66E5	n	0.289

SRIDHAR PAPPU. Hydrocode and Microstructural Analysis of Explosively Formed Penetrators [D]. EL PASO: University of Texas, 2000.

表 2-116 *EOS_GRUNEISEN 状态方程参数

ρ/(kg/m³)	c_0/(km/s)	s	γ_0
7830	0.46	1.49	2.02

表 2-117 Johnson-Cook 模型参数（三）

A/GPa	B/GPa	n	C	m	T_{ref}/℃	T_{melt}/℃	$\dot{\varepsilon}_0$/s⁻¹	G/GPa
0.44	0.51	0.26	0.014	1.03	293	1793	1.0	77.0

表 2-118 Johnson-Cook 模型损伤参数

D_1	D_2	D_3	D_4	D_5	σ_{th}^0/GPa	t_d/us
-2.20	5.43	-0.47	0.016	0.63	0.40	5.0

徐金中，汤文辉，等. SPH 方法在层裂损伤模拟中的应用 [J]. 强度与环境, 2009, 36(1): 1-7.

Armox 440 钢

表 2-119 Johnson-Cook 模型参数

A/MPa	B/MPa	n	C	m
1210	773	0.26	0.018	1.03

S ROLC. Assessment of Fragment Mitigation Using Steel Fragment Simulating Projectiles [C]. 25th International Symposium on Ballistics, Beijing, 2010.

表2-120 Johnson-Cook 模型参数

A/MPa	B/MPa	n	C	m
1470	702	0.199	0.00549	0.811

S ROLC. Assessment of Fragment Mitigation Using Steel Fragment Simulating Projectiles [C]. 25th International Symposium on Ballistics, Beijing, 2010.

Armox 560T 钢

表2-121 *MAT_MODIFIED_JOHNSON_COOK 模型参数

A/MPa	B/MPa	n	C	m	T_m/K	C_p/J·kg^{-1}·K^{-1}	CL$-W_{cr}$/MPa
2030	568	1.0	0.001	1.0	1800	452	2310

MICHAEL SALEH, LYNDON EDWARDS. Evaluation of a Hydrocode in Modelling NATO Threats against Steel Armour [C]. 25th International Symposium on Ballistics, Beijing, 2010.

文献作者获取了 Armox 560T 钢的 Modified_Johnson_Cook 材料模型参数，该模型不需要单独的状态方程，考虑了应变率效应和材料的破坏，其本构关系表达式为：

$$\sigma_Y = (A + B\varepsilon_{eq}^n)(1 + \dot{\varepsilon}_{eq}^*)^C (1 - T^{*m})$$

绝热温升通过下式计算：

$$\Delta T = \int_0^{\varepsilon_{eq}} \chi \frac{\sigma_{eq} d\varepsilon_{eq}}{\rho C_p}$$

式中，χ 是塑性功转化为热量的转化系数。

失效模型采用 CL 模型：

$$W = \int_0^{\varepsilon_{eq}} \langle \sigma_1 \rangle d\varepsilon_{eq} \leqslant W_{cr}$$

除了 CL 失效准则外，还采用基于温度的失效准则：$T_c = 0.9 T_m$，即当材料温度达到熔化温度的 90%时，就删除该单元。

表2-122 修正的 Johnson-Cook 模型参数

ρ/(kg/m^3)	E/GPa	ν	C_p/J·kg^{-1}·K^{-1}	χ	a/K^{-1}	T_c^*	A/MPa	B/MPa
7850	210	0.33	452	0.9	1.2×10^{-5}	0.9	2030	568

n	C	m	T_r/K	T_m/K	$\dot{\varepsilon}_0$/s^{-1}	ε_f	W_{cr}/MPa
1.0	0.001	1.0	293	1800	5×10^{-4}	0.92	2310

BΦRVIK T, S DEY, A H CLAUSEN. Perforation resistance of five different high-strength steel plates subjected to small-arms projectiles [J]. International Journal of Impact Engineering, 2009. 36(7): 948-964.

Armox 570T 钢

表 2-123   Johnson-Cook 模型参数

$\rho/(\mathrm{g/cm^3})$	K/GPa	G/GPa	A/MPa	B/MPa	n	C
7.85	171.67	79.23	2030	568	1.0	0.03

J F MOXNES. A Modified Johnson-Cook Failure Model for Tungsten Carbide [C]. 26th International Symposium on Ballistics, Miami, 2011.

ASTM A514 钢

表 2-124   *MAT_PLASTIC_KINEMATIC 模型参数

$\rho/(\mathrm{kg/m^3})$	E/GPa	ν	σ_0/MPa	$E_{\mathrm{tan}}/\mathrm{MPa}$
7850	205	0.29	690	396

GENEVIÈVE TOUSSAINT, AMAL BOUAMOUL, ROBERT DUROCHER, et al. Numerical Evaluation of an Add-On Vehicle Protection System [C]. 9th European LS-DYNA Conference, Manchester, 2013.

ASTM A572 G50 钢

表 2-125   *MAT_PLASTIC_KINEMATIC 模型参数

$\rho/(\mathrm{kg/m^3})$	E/GPa	ν	σ_0/MPa	$E_{\mathrm{tan}}/\mathrm{MPa}$
7850	205	0.29	345	504

GENEVIÈVE TOUSSAINT, AMAL BOUAMOUL, ROBERT DUROCHER, et al. Numerical Evaluation of an Add-On Vehicle Protection System [C]. 9th European LS-DYNA Conference, Manchester, 2013.

Bluescope XLERPLATE 350 钢

表 2-126   Johnson-Cook 模型参数

K/GPa	G/GPa	$\dot{\varepsilon}_0/\mathrm{s^{-1}}$	A/MPa		
			6mm 板	5mm 板	4mm 板
159	77	1	446	400	402
B/MPa	n	C	m	$T_{\mathrm{m}}/\mathrm{K}$	$T_{\mathrm{r}}/\mathrm{K}$
570	0.36	0.35	0.55	1793	300

KATHRYN ACKLAND, CHRISTOPHER ANDERSON, TUAN DUC NGO. Deformation of polyurea-coated steel plates under localised blast loading [J]. International Journal of Impact Engineering, 2013, 51: 13-22.

C1018 钢

表 2-127   *EOS_GRUNEISEN 状态方程参数

$\rho_0/(\mathrm{g/cm^3})$	$C/(\mathrm{m/s})$	S	Γ
7.85	3955	1.58	2.01

TARIQ D ASLAM, JOHN B BDZIL. Numerical and Theoretical Investigations on Detonation Confinement Sandwich Tests [C]. Proceedings of the 13th International Detonation Symposium, Portland, 2006.

Cr15Mo 钢

表 2-128 Johnson-Cook 本构模型参数

A/MPa	B/MPa	n	C	m
522	544	0.3	0.012	1.18

郭超, 王爱玲, 王子恒. 高铬铸铁动态力学性能研究 [J]. 机械管理开发, 2010, 25(3): 49-52.

Cr18Mn18N 钢

表 2-129 低应变率和常温下修正的 Johnson-Cook 本构模型参数

A/MPa	B/MPa	n	C	m
667	873	0.93	–	1

肖扬. Cr18Mn18N 高氮无镍奥氏体不锈钢本构方程的建立和切削仿真 [D]. 湘潭: 湘潭大学, 2012.

CR3 钢

表 2-130 *MAT_BARLAT_YLD2000 材料模型参数

δ_0/MPa	E/MPa	A(%)	A_1	A_2	A_3	A_4	A_5	A_6	A_7	A_8	M
164	204000	4	1.26	1.03	0.87	0.99	0.98	1.07	1.08	0.99	4

KLAUS WIEGAND, et al. Influence of Variations in a Mechanical Framing Station on the Shape Accuracy of S-Rail Assemblies [C]. 10th European LS-DYNA Conference, Würzburg, 2015.

D2 钢

表 2-131 Johnson-Cook 模型参数

A/MPa	B/MPa	n	C	m
1776	904	0.312	0.012	3.38

刘战强, 吴继华, 史振宇, 等. 金属切削变形本构方程的研究 [J]. 工具技术, 2008, 42(3): 3-9.

D6A 钢

表 2-132 Johnson-Cook 模型参数

A/MPa	B/MPa	n	C	m	ε_0/s^{-1}	T_r/℃
966.0	512.0	0.298	0.024	0.9	1	25

T_m/℃	ρ/(kg/m^3)	G/GPa	K/GPa	c_s/(km/s)	c_1/(km/s)	
1540.0	7800	81.4	165.8	3.23	5.93	

张林, 等. D6A、921 和 45 钢的动态破坏与低压冲击特性 [J]. 高压物理学报, 2003, 17(4), 305-310.

贺洪亮, 等. 45 钢、D6AC 钢和 921 钢的本构关系及动态断裂 [R]. 绵阳: 中国工程物理研究院, 1999.

表 2-133 *MAT_PLASTIC_KINEMATIC 模型参数 (一)

$\rho/(kg/m^3)$	E/GPa	ν	σ_Y/GPa	E_P/GPa	β	C/s^{-1}	P
7800	210	0.3	1.37	2.1	1.0	1.0	100.0

周岩，等. 弹丸侵彻预开孔靶板的数值模拟分析 [C]. 2005 年弹药战斗部学术交流会论文集, 珠海: 2005, 387-390.

表 2-134 *MAT_PLASTIC_KINEMATIC 模型参数 (二)

$\rho/(kg/m^3)$	E/GPa	ν	σ_Y/GPa	E_t/GPa	β	C/s^{-1}	P
7850	207	0.3	2.07	22	1.0	4.0	0.6

梁斌，等. 不同壳体材料装药对爆破威力影响分析 [C]. 战斗部与毁伤效率委员会第十届学术年会论文集, 绵阳: 2007. 80-86.

桂毓林，等. 带尾翼的翻转型爆炸成形弹丸的三维数值模拟 [J]. 爆炸与冲击, 2005, 25(4): 313-318.

DDQ 钢

表 2-135 Johnson-Cook 模型参数 (一)

厚度/mm	A/MPa	B/MPa	n	C	m
1.8	211.6	516.7	0.0346	0.300	0.822

表 2-136 Power-Law 模型参数

厚度/mm	K/MPa	n	ε_0
1.8	578.1	0.183	7.46E-4

NADER ABEDRABBO, ROBERT MAYER, ALAN THOMPSON, et al. Crash response of advanced high-strength steel tubes: Experiment and model [J]. International Journal of Impact Engineering, 2009, 36: 1044-1057.

表 2-137 Johnson-Cook 模型参数 (二)

A/MPa	B/MPa	n	C	m
330.19	423.18	0.575	0.0346	0.822

表 2-138 Zerilli-Armstrong 模型参数

C_0/MPa	C_1/MPa	C_3	C_4	C_5/MPa	q
181.89	946.3	0.00688	0.00041	433.88	0.563

ALAN C THOMPSON. High Strain Rate Characterization of Advanced High Strength Steels [D]. Waterloo: University of Waterloo, 2006.

表 2-139 ***MAT_KINEMATIC_HARDENING_TRANSVERSELY_**
ANISOTROPIC 模型参数（单位制 ton-mm-s）

$\rho/(ton/mm^3)$	E/MPa	PR	R	CB	Y	SC1	K
7.85E-9	2.07E5	0.28	1.5	127.1	114.0	547.3	6.0
RSAT	SB	H	EA	COE	IOPT	C_1	C_2
459.5	46.2	1.0	0	0	1	0.001	0.26

LSTC(from M. Shi's paper in NUMISHEET'08).

DH-36 钢

表 2-140 **Johnson-Cook** 模型参数（一）

A/MPa	B/MPa	n	C	m	T_r/K	T_m/K	$\dot{\varepsilon}_0/s^{-1}$
1020	1530	0.4	0.015	0.32	50	1773	10

J R KLEPACZKO, A RUSINEK, J A RODRÍGUEZ-MARTÍNEZ, et al. Modelling of thermo-viscoplastic behaviour of DH-36 and Weldox 460-E structural steels at wide ranges of strain rates and temperatures, comparison of constitutive relations for impact problems [OL]. http://e-archivo.uc3m.es/handle/10016/11948?locale-attribute= en.

表 2-141 **Johnson-Cook** 模型参数（二）

A/MPa	B/MPa	n	C	m	T_r/K	T_m/K	$\dot{\varepsilon}_0/s^{-1}$
844	1266	0.4	0.015	0.32	50	1773	10^{-6}

注：适用于低应变率（$10^{-3} \sim 500s^{-1}$）范围。

CHRISTIAN KELLER, UWE HERBRICH. Plastic Instability of Rate-Dependent Materials – A Theoretical Approach in Comparison to FE Analyses [C]. 11th European LS-DYNA Conference, Salzburg, 2017.

电工钢

文献作者在文章中首次提出了著名的 Johnson-Cook 模型，并根据霍普金森杆拉杆和扭曲实验获得了电工钢（Carpenter Electrical iron）的 Johnson-Cook 本构模型参数。

表 2-142 **Johnson-Cook** 模型参数

$\rho/(kg/m^3)$	洛氏硬度	$C_p/J \cdot kg^{-1} \cdot K^{-1}$	T_m/K	A/MPa	B/MPa	n	C	m
7890	F-83	452	1811	290	339	0.40	0.055	0.55

JOHNSON G R, COOK W H. A constitutive model and data for metals subjected to large strains, high strain-rates and high temperatures [C]. Proceedings of Seventh International Symposium on Ballistics, Hague, April 1983: 541-547.

Domex Protect 500 钢

文献作者获取了 Domex Protect 500 高强度装甲钢 Modified_Johnson_Cook 材料模型参数，该模型不需要单独的状态方程，考虑了应变率效应和材料的破坏，其本构关系表达式为：

$$\sigma_Y = (A + B\varepsilon_{eq}^n)(1 + \dot{\varepsilon}_{eq}^*)^C(1 - T^{*m})$$

绝热温升通过下式计算：

$$\Delta T = \int_0^{\varepsilon_{eq}} \chi \frac{\sigma_{eq} d\varepsilon_{eq}}{\rho C_p}$$

式中，χ 是塑性功转化为热量的转化系数。

失效模型采用 CL 模型：

$$W = \int_0^{\varepsilon_{eq}} \langle \sigma_1 \rangle d\varepsilon_{eq} \leqslant W_{cr}$$

除了 CL 失效准则外，还采用基于温度的失效准则：$T_c = 0.9T_m$，即当材料温度达到熔化温度的 90%时，就删除该单元。

表 2-143　修正的 Johnson_Cook 材料模型参数

$\rho/(kg/m^3)$	E/GPa	ν	$C_p/J \cdot kg^{-1} \cdot K^{-1}$	χ	a/K^{-1}
7850	210	0.33	452	0.9	1.2×10^{-5}
T_c^*	A/MPa	B/MPa	n	C	m
0.9	2030	504	1.0	0.001	1.0
$\dot{\varepsilon}_0/s^{-1}$	T_r/K	T_m/K	ε_f	W_{cr}/MPa	
5×10-4	293	1800	0.67	1484	

BФRVIK T, S DEY, A H CLAUSEN. Perforation resistance of five different high-strength steel plates subjected to small-arms projectiles [J]. International Journal of Impact Engineering, 2009, 36(7): 948-964.

DP1000 超高强冷轧双相钢

使用 CMT4105 型电子万能试验机和霍普金森拉杆（SHTB）装置研究了超高强冷轧双相钢 DPl000 在室温下的准静态和动态拉伸力学性能，并拟合了传统和修正的 Johnson-Cook 本构模型参数。

传统的 Johnson-Cook 本构模型：

$$\sigma = (467.2 + 1431\varepsilon^{0.321})(1 + 0.012\ln\dot{\varepsilon}^*)$$

修正的 Johnson-Cook 本构模型：

$$\sigma = (467.2 + 1429\varepsilon^{0.322})[1 + 0.01\ln\dot{\varepsilon}^* + 0.078(\ln\dot{\varepsilon}^*)^2]$$

代启锋，宋仁伯，蔡恒君，等. 超高强冷轧双相钢 DP1000 高应变速率下的拉伸性能 [J]. 材料研究学报，2013, 27(1): 25-31.

DP590 钢

表 2-144　Johnson-Cook 模型参数

A/MPa	B/MPa	n	C
430	824	0.51	0.017

K VEDANTAM, D BAJAJ, N S BRARL, et al. JOHNSON-COOK STRENGTH MODELS FOR MILD AND DP 590 STEELS [C]. Shock Compression of Condensed Matter, 2005.

DP600 钢

表 2-145 Johnson-Cook 模型参数

厚度/mm	A/MPa	B/MPa	n	C	m
1.8	350.0	655.7	0.189	0.0144	0.867

表 2-146 Power-Law 模型参数

厚度/mm	K/MPa	n	ε_0
1.8	900.0	0.109	2.24E-3

NADER ABEDRABBO, ROBERT MAYER, ALAN THOMPSON, et al. Crash response of advanced high-strength steel tubes: Experiment and model [J]. International Journal of Impact Engineering, 2009, 36: 1044-1057.

表 2-147 Johnson-Cook 模型参数（二）

A/MPa	B/MPa	n	C	m
165	968.57	0.206	0.0145	0.868

表 2-148 Zerilli-Armstrong 模型参数

C_0/MPa	C_1/MPa	C_3	C_4	C_5/MPa	q
162.81	7829.52	0.0136	0.00032	889.21	0.288

ALAN C THOMPSON. High Strain Rate Characterization of Advanced High Strength Steels [D]. Waterloo: University of Waterloo, 2006.

表 2-149 *MAT_3-PARAMETER_BARLAT 模型参数
（NUMISHEET 2014 BM1 DP600，厚度 1.00mm，单位制 ton-mm-s）

ρ/(ton/mm³)	E/MPa	PR	HR	$P1$	$P2$	M	$R00$	$R45$	$R90$
7.83E-9	2.07E5	0.3	2.0	1097.0	0.182	6.0	0.94	1.44	0.90
LCID	E_0	AOPT	A_1	A_2	A_3	V_1	V_2	V_3	
0	0.00192	2.0	1.0	0.0	0.0	0.0	1.0	0.0	

LSTC.

表 2-150 *MAT_HILL_3R 模型参数（NUMISHEET 2014 BM1 DP600，厚度 1.00mm，单位制 ton-mm-s）

ρ/(ton/mm³)	E/MPa	PR	HR	$P1$	$P2$	$R00$	$R45$	$R90$
7.83E-9	2.07E5	0.3	2.0	1097.0	0.182	0.94	1.44	0.90
LCID	E_0	AOPT	A_1	A_2	A_3	V_1	V_2	V_3
0	0.00192	2.0	1.0	0.0	0.0	0.0	0.0	0.0
D_1	D_2	D_3	BETA					
0.0	1.0	0.0	0.0					

LSTC.

表2-151 *MAT_KINEMATIC_HARDENING_TRANSVERSELY_ANISOTROPIC
模型参数（单位制 ton-mm-s）

ρ/(ton/mm^3)	E/MPa	PR	R	CB	Y	SC1	K
7.85E-9	2.07E5	0.28	0.95	368.80	258.8	471.0	45.5
RSAT	SB	H	EA	COE	IOPT	C_1	C_2
605.5	163.0	0.9	0	0	1	0.016	0.44

LSTC(from M. Shi's paper in NUMISHEET'08).

DP780 钢

分别采用德国 Zwick 电子万能材料试验机、液压伺服高速试验机，通过准静态拉伸实验和动态冲击拉伸实验，对 DP780 高强钢板的动态变形行为进行了研究，得到了不同应变率（5s^{-1}、45s^{-1}、250s^{-1}、400s^{-1}）下的应力-应变曲线，基于 Johnson-Cook 本构模型建立了可描述 DP780 高强钢变形应变率相关性的应力-应变关系模型。

$$\sigma = (450 + 235\varepsilon^{0.31})(1 + 0.062\ln\dot{\varepsilon})$$

为更好地预测材料动态冲击条件下的应变率以及应力的变化，提出了一个基于宏观变量速度 v 的本构关系方程。

$$\sigma = (450 + 235\varepsilon^{0.31})\{1 + 0.05\ln[(4.33 + 0.06\varepsilon)(0.8 + 3v + 0.004v^3)]\}$$

田成达，等. DP780 高强钢板动态变形力学行为研究 [J]. 塑性工程学报, 2008, 15(6): 102-106.

表2-152 Johnson-Cook 模型参数

厚度/mm	A/MPa	B/MPa	n	C	m
1.5	584.0	831.0	0.348	0.0120	1.230

表2-153 Power-Law 模型参数

厚度/mm	K/MPa	n	ε_0
1.5	1166.4	0.130	2.60E-3

NADER ABEDRABBO, ROBERT MAYER, ALAN THOMPSON, et al. Crash response of advanced high-strength steel tubes: Experiment and model [J]. International Journal of Impact Engineering, 2009, 36: 1044-1057.

表2-154 *MAT_KINEMATIC_HARDENING_TRANSVERSELY_
ANISOTROPIC 模型参数（单位制 ton-mm-s）

ρ/(ton/mm^3)	E/MPa	PR	R	CB	Y	SC1	K
7.83E-9	2.07E5	0.28	0.85	453.5	291.6	513.2	62.5
RSAT	SB	H	EA	COE	IOPT	C_1	C_2
700.0	449.1	0.95	0	0	1	0.052	0.955

LSTC(from M. Shi's paper in NUMISHEET'08).

DP800 钢

表 2-155 Johnson-Cook 模型参数

A/MPa	B/MPa	n	C	$\dot{\varepsilon}_0$/s^{-1}
471.9	1025.5	0.581	0.016	0.01

DANIEL BJÖRKSTRÖM. FEM simulation of Electrohydraulic Forming [R], KTH Industrial Production, Joining Technology, 2008.

表 2-156 Johnson-Cook 模型参数（二）

A/MPa	B/MPa	n	C
495	1123.08	0.46	0.012

LUIS F TRIMIÑO, DUANE S CRONIN. Non-direct similitude technique applied to the dynamic axial impact of bonded crush tubes [J]. International Journal of Impact Engineering, 2013, 64: 39-52.

DP980 钢

表 2-157 *MAT_KINEMATIC_HARDENING_TRANSVERSELY_
ANISOTROPIC 模型参数（单位制 ton-mm-s）

ρ/(ton/mm^3)	E/MPa	PR	R	CB	Y	SC1	K
7.83E-9	2.07E5	0.28	0.8	822.0	399.0	275.0	44.0
RSAT	SB	H	EA	COE	IOPT	C_1	C_2
0.0	405.0	0.45	0	0	1	0.001	0.0

LSTC(NUMISHEET2008 M125 parameters, U. S. S. Ming Shi's paper).

DPX800 钢

表 2-158 Johnson-Cook 模型参数

A/MPa	B/MPa	n	C	$\dot{\varepsilon}_0$/s^{-1}
529.2	967.9	0.337	0.01	0.01

DANIEL BJÖRKSTRÖM. FEM simulation of Electrohydraulic Forming [R], KTH Industrial Production, Joining Technology, 2008.

DT300 合金钢

文献作者利用分离式霍普金森压杆装置对 DT300 合金钢的动态力学性能进行了测试，拟合了 Johnson-Cook 本构模型参数。

表 2-159 Johnson-Cook 模型参数

A/MPa	B/MPa	n	C
1603	382.5	0.245	0.025

廖雪松, 等. 三种合金钢材料动态力学性能试验研究 [C]. 第十三届全国战斗部与毁伤技术学术交流会论文集, 黄山, 2013, 1345-1349.

EN-1.4016 钢

表 2-160 Johnson-Cook 模型参数

A/MPa	B/MPa	n	C	$\dot{\varepsilon}_0/\text{s}^{-1}$
184.5	703.7	0.261	0.02	0.01

DANIEL BJÖRKSTRÖM. FEM simulation of Electrohydraulic Forming [R], KTH Industrial Production, Joining Technology, 2008.

EN-1.4301 钢

表 2-161 Johnson-Cook 模型参数

A/MPa	B/MPa	n	C	$\dot{\varepsilon}_0/\text{s}^{-1}$
339.7	1095.6	0.801	0.025	0.01

DANIEL BJÖRKSTRÖM. FEM simulation of Electrohydraulic Forming [R], KTH Industrial Production, Joining Technology, 2008.

EN-1.4509 钢

表 2-162 Johnson-Cook 模型参数

A/MPa	B/MPa	n	C	$\dot{\varepsilon}_0/\text{s}^{-1}$
335.1	590.2	0.533	0.026	0.01

DANIEL BJÖRKSTRÖM. FEM simulation of Electrohydraulic Forming [R], KTH Industrial Production, Joining Technology, 2008.

EN-1.4512 钢

表 2-163 Johnson-Cook 模型参数

A/MPa	B/MPa	n	C	$\dot{\varepsilon}_0/\text{s}^{-1}$
247.2	440.0	0.446	0.043	0.01

DANIEL BJÖRKSTRÖM. FEM simulation of Electrohydraulic Forming [R], KTH Industrial Production, Joining Technology, 2008.

EN-GJS-600-3 球墨铸铁

表 2-164 Johnson-Cook 模型参数

$\rho/(\text{ton/mm}^3)$	弹性 E/MPa	v	屈服强度 SIGY/MPa	切线模量 ETAN/MPa
7.2E-9	174000	0.275	370	76

K SWIDERGAL, et al. Structural Analysis of an Automotive Forming Tool for Large Presses Using LS-DYNA [C]. 10th European LS-DYNA Conference, Würzburg, 2015.

FC200 灰铸铁

表 2-165 单元失效计算模型动态力学特性参数（通过*MAT_ADD_EROSION 中 SIGP1 添加失效）

$\rho/(ton/mm^3)$	E/MPa	v	SIGP1/MPa
7.04E-9	100000	0.26	250

表 2-166 XFEM 计算模型基本参数

$\rho/(ton/mm^3)$	E/MPa	v	$K_{IC}/MPa \cdot \sqrt{m}$	$G_{IC}/(N/mm)$
7.04E-9	100000	0.26	39.306	14.41
ELFORM	BASELM	DOMINT	FAILCR	
54	16	1	1	

能量释放率由以下公式计算出：

$$G_{IC} = K_{IC}^2 \frac{(1-v^2)}{E}$$

表 2-167 *MAT_COHESIVE_TH 内聚单元材料模型参数

SIGMAX/MPa	NLS,TLS/mm	LAMDA1	LAMDA2	LAMDAF
1921	0.015	0.0	0.0	1.0

TORU TSUDA, et al. Three-Point Bending Crack Propagation Analysis of Beam Subjected to Eccentric Impact Loading by X-FEM [C]. 10th European LS-DYNA Conference, Würzburg, 2015.

FV535 钢

表 2-168 Johnson-Cook 模型和失效参数

A/MPa	B/MPa	n	C	m	D_1	D_2	D_3	D_4	D_5
1035	190	0.3	0.016	4.5	0.1133	45.5036	−4.2734	0.0125	0.6112

B ERICE. Mechanical Behavior of FV535 Steel against Ballistic Impact at High Temperatures [C]. 25th International Symposium on Ballistics, Beijing, 2010.

G50 钢

文献作者利用材料实验机、SHPB 拉伸装置和冲击实验装置，对 G50 钢在应变率从 10^{-4}～2000s^{-1}、室温和 500K 高温条件下的静态力学性能和动态力学性能进行了实验研究，对 G50 钢的抗冲击断裂韧度、应变率效应及温度效应进行了分析。结果表明：G50 钢强度高，抗冲击，抗断裂；在高温和动态加载条件下，材料分别呈现温度软化效应和应变率强化效应。根据实验数据，拟合了该材料的 Johnson-Cook 本构模型参数。

表 2-169　G50 动态力学性能

σ_b/MPa	$\sigma_{0.2}/\text{MPa}$	$\alpha_{KU}/\text{J}\cdot\text{cm}^{-2}$	$K_{IC}/\text{MPa}\cdot\text{m}^{\frac{1}{2}}$
1810	1590	66.5	110

表 2-170　Johnson-Cook 模型参数

A/MPa	B/MPa	n	C	m
1445	1326	0.356	0.005	1.12

王可慧，等. G50 钢的力学性能实验研究 [J]. 兵工学报, 2009, 30(增刊 2): 247-250.

表 2-171　Johnson-Cook 模型参数

$\rho/(\text{kg/m}^3)$	E/GPa	G/GPa	A/MPa	B/MPa
7800	200	77	1356	442
n	C	m	$T_m/\text{℃}$	$C_p/\text{J}\cdot\text{kg}^{-1}\cdot\text{K}^{-1}$
0.22	0.014	1.04	1793	383

本书作者注：参考文献中，参数 C 和 n 的值可能颠倒了.

韩天一，等. 弹丸高速侵彻多层间隔靶板的数值模拟 [C]. 第十二届全国战斗部与毁伤技术学术交流会论文集, 广州, 2011. 448-453.

表 2-172　动态力学特性参数

$\rho/(\text{kg/m}^3)$	强度极限/MPa	σ_s/MPa	冲击韧度/$\text{J}\cdot\text{cm}^2$	$K_{IC}/\text{MPa}\cdot\text{m}^{\frac{1}{2}}$
7800	1810	1470	68.5	125

江增荣，等. 攻坚弹对典型岩石介质侵彻效应研究 [C]. 第十五届全国战斗部与毁伤技术学术交流会论文集, 重庆, 2015. 668-670.

钢材的热工特性

采用下列表达式计算钢材的导热系数：

$$\kappa_s = \begin{cases} 48 - 0.022T\,\text{W}/(\text{m}\cdot\text{℃}) & 0\text{℃} \leqslant T < 900\text{℃} \\ 28.2\,\text{W}/(\text{m}\cdot\text{℃}) & T \geqslant 900\text{℃} \end{cases}$$

式中，T 为温度，单位为℃。

比热容是指温度升高 1℃时单位质量的物体所需吸收的热量，表达式为：

$$C_s = 481.5 + 7.995 \times 10^{-4}T^2\,\text{J}/(\text{kg}\cdot\text{℃})$$

式中，T 为温度，单位为℃。

温海林，余志武，丁发兴. 高温下钢管混凝土温度场的非线性有限元分析 [J]. 铁道科学与工程学报, 2005, 2(5): 32-35.

钢材的热膨胀系数

钢材热膨胀系数计算公式：

$$a_c = \begin{cases} (0.004T + 12) \times 10^{-6} & T < 1000℃ \\ 16 \times 10^{-6} & T \geqslant 1000℃ \end{cases}$$

式中，T 为温度，单位为 ℃。

刘于，温海林. 高温下钢管混凝土柱耐火性能分析 [J]. 工程建设与设计, 2006, 3: 28-31.

钢筋

表 2-173　*MAT_PLASTIC_KINEMATIC 模型参数（一）

E/GPa	ν	SIGY/MPa	ETAN/GPa
200	0.25	360	2

陈力，等. 体外预应力 RC 板抗爆性能的优化计算 [C]. 第十届全国爆炸与安全技术会议论文集, 昆明, 2011.

表 2-174　*MAT_PIECEWISE_LINEAR_PLASTICITY 模型参数
（采用梁单元来模拟钢筋，单位制为：N-mm-ms-MPa）

ρ/(g/mm³)	E/MPa	PR	FAIL	LCSS	VP
7.85e-3	205e3	0.29	0.14	24	1.0

*DEFINE_CURVE 定义的屈服应力 VS 有效塑性应变曲线 LCSS=24

A_1	A_2	A_3	A_4	A_5	A_6	A_7
0.0	3.82E-3	9.48E-3	1.42E-2	1.94E-2	1.97E-2	2.36E-2
O_1/MPa	O_2/MPa	O_3/MPa	O_4/MPa	O_5/MPa	O_6/MPa	O_7/MPa
489.78	506.58	561.93	619.20	667.90	700.29	733.48

A_8	A_9	A_{10}	A_{11}	A_{12}	A_{13}
2.85E-2	3.72E-2	4.64E-2	5.65E-2	6.74E-2	8.03E-2
O_8/MPa	O_9/MPa	O_{10}/MPa	O_{11}/MPa	O_{12}/MPa	O_{13}/MPa
771.61	803.58	824.73	841.18	856.56	871.94

表 2-175　*MAT_PLASTIC_KINEMATIC 模型参数（采用杆单元来模拟钢筋）

ρ/(kg/m³)	E/GPa	ν	σ_0/MPa	E_t/MPa	C/s^{-1}	P	F_S
7850	205	0.29	500	5000	0.0	0.0	0.14

LEONARD E SCHWER. Modeling Rebar: The Forgotten Sister in Reinforced Concrete Modeling [C]. 13th International LS-DYNA Conference, Dearborn, 2014.

表 2-176 AUTODYN 软件中的状态方程和强度模型参数

状态方程				Linear					
参考密度 /(g/cm³)	体积模量 /kPa	参考温度 /K	比热容 /(J/kg·K)						
7.83	1.59E8	300	477						

强度模型				Piecewise JC					
剪切模量 /kPa	屈服应力（塑性应变为 0）/kPa								
8.18E7	5.49330E5								
有效塑性应变#1	有效塑性应变#2	有效塑性应变#3	有效塑性应变#4	有效塑性应变#5	有效塑性应变#6	有效塑性应变#7	有效塑性应变#8	有效塑性应变#9	有效塑性应变#10
6.7E-3	1.62E-2	2.86E-2	4.57E-2	6.45E-2	9.21E-2	1.278E-1	1.792E-1	1.79201E-1	1.0E1
屈服应力#1/kPa	屈服应力#2/kPa	屈服应力#3/kPa	屈服应力#4/kPa	屈服应力#5/kPa	屈服应力#6/kPa	屈服应力#7/kPa	屈服应力#8/kPa	屈服应力#9/kPa	屈服应力#10/kPa
5.62E5	5.68E5	6.27E5	6.78E5	7.15E5	7.46E5	7.76E5	7.95E5	7.95E5	7.95E5
应变率常数 C	热软化指数 m	熔化温度 /K	参考应变率/s⁻¹						
0.0	0.0	0.0	1.0						

ULRIKA NYSTRÖM, KENT GYLLTOFT. Numerical studies of the combined effects of blast and fragment loading [J]. International Journal of Impact Engineering, 2009, 36: 995-1005.

表 2-177 GRUENEISEN 状态方程和 JOHNSON-COOK 模型参数

状态方程参数			
体积声速 CB	4502 m/s	GRUENEISEN 系数 γ	2.17
斜率 S	1.367		

JOHNSON-COOK 模型参数			
屈服应力 σ_y	227MPa	热软化指数	1.00
硬化常数	611MPa	参考温度 T_r	300K
硬化指数	0.15	熔化温度 T_m	1807K
应变率常数	0.006		

强度参数			
剪切模量 G	81.80GPa	比热容	452J/(kg·K)
体积模量 K	159.0GPa	密度 ρ	7.850g/cm³

N GEBBEKEN, S GREULICH. Reliable Modelling of Explosive Loadings on Reinforced Concrete Structures [C]. International Conference on Interaction of the Effects of Munitions with Structures, San Diego, 2001.

表 2-178 ***MAT_PIECEWISE_LINEAR_PLASTICITY** 模型参数（单位制 **inch-s-lbf-psi**）

$\rho/(\mathrm{lb \cdot s^2/in^4})$	E/psi	PR	SIGY/psi	ETAN/psi	FAIL	LCSR
7.324E-4	29.0E6	0.3	66.246E3	1.0E5	0.2	2

*DEFINE_CURVE 定义的屈服应力缩放系数 VS 应变率曲线 LCSR=2

$A_1/\mathrm{s^{-1}}$	$A_2/\mathrm{s^{-1}}$	$A_3/\mathrm{s^{-1}}$	$A_4/\mathrm{s^{-1}}$	$A_5/\mathrm{s^{-1}}$	$A_6/\mathrm{s^{-1}}$	
0.0	1.0E-5	1.0E+0	5.0E+0	1.0E+2	1.0E+5	
O_1/psi	O_2/psi	O_3/psi	O_4/psi	O_5/psi	O_6/psi	
1.000	1.010	1.210	1.710	2.000	2.000	

注：基于 Flathau 1971 WES 的钢筋实验。

http: //ftp. lstc. com.

表 2-179 ***MAT_PLASTIC_KINEMATIC** 模型参数（二）

$\rho/(\mathrm{kg/m^3})$	E/GPa	ν	σ_0/MPa	$E_\mathrm{t}/\mathrm{MPa}$	f_s
7800	207	0.3	586	1100	0.092

MATTIAS UNOSSON. Numerical simulations of penetration and perforation of high performance concrete with 75mm steel projectile [R]. FOA, FOA-R-00, 01634-311-SE, 2000.

钢筋 HPB235

表 2-180 **Johnson-Cook 模型参数**

A/MPa	B/MPa	n	C
329.11	190.44	0.26	0.016

李猛深，等. 爆炸载荷下钢筋混凝土梁的变形和破坏 [J]. 爆炸与冲击, 2015, 35(2): 177-183.

首先利用旋转盘冲击拉伸实验系统对三种常用建筑钢筋材料（HPB235、HRB335 和 HRB400）在 400～2000s^{-1} 应变率范围内的动态拉伸力学性能进行实验研究，然后根据实验数据，分析应变率对屈服强度的影响规律，并对常用的 Johnson-Cook 本构模型进行修正，以获得可以更好描述这三种钢筋材料动态拉伸应力-应变关系的本构模型及相关的材料参数。研究结果表明：三种钢筋材料的屈服应力均随应变率的增大而增大，而静载屈服应力越低的钢筋对应变率越敏感；修正后的 Johnson-Cook 本构模型能较好地描述三种钢筋材料的动态拉伸应力-应变关系。

$$\sigma = (376.11 + 230.37\varepsilon^{0.32})[1 + 5.2 * 10^{-5}(\dot{\varepsilon}^*)^{0.455}\ln\dot{\varepsilon}^*]$$

黄晓莹，陶俊林. 三种建筑钢筋材料高应变率下拉伸力学性能研究 [J]. 工程力学, 2016, 33(7): 184-189.

钢筋 HRB335

表 2-181 Johnson-Cook 模型参数

A/MPa	B/MPa	n	C
386.70	220.02	0.30	0.018

李猛深，等. 爆炸载荷下钢筋混凝土梁的变形和破坏 [J]. 爆炸与冲击, 2015, 35(2): 177-183.

见钢筋 HPB235 说明（第 71 页）。

$$\sigma = (398.89 + 381.11\varepsilon^{0.38})[1 + 4.3 * 10^{-5}(\dot{\varepsilon}^*)^{0.490}\ln\dot{\varepsilon}^*]$$

黄晓莹，陶俊林. 三种建筑钢筋材料高应变率下拉伸力学性能研究 [J]. 工程力学, 2016, 33(7): 184-189.

钢筋 HRB400

表 2-182 Johnson-Cook 模型参数

A/MPa	B/MPa	n	C
404.00	232.40	0.31	0.018

李猛深，等. 爆炸载荷下钢筋混凝土梁的变形和破坏 [J]. 爆炸与冲击, 2015, 35(2): 177-183.

见钢筋 HPB235 说明（第 71 页）。

$$\sigma = (512.12 + 574.07\varepsilon^{0.48})[1 + 1.9 * 10^{-5}(\dot{\varepsilon}^*)^{0.510}\ln\dot{\varepsilon}^*]$$

黄晓莹，陶俊林. 三种建筑钢筋材料高应变率下拉伸力学性能研究 [J]. 工程力学, 2016, 33(7): 184-189.

GB/T 712—2011 钢

通过静态拉伸和动态 SHPB 实验拟合出 GB/T712—2011 的*MAT_PLASTIC_KINEMATIC 模型参数。

表 2-183 *MAT_PLASTIC_KINEMATIC 模型参数

σ_0/MPa	E/GPa	E_t/MPa	C/s^{-1}	P
272.262	201	3181.943	3299.807	4.815147

李飞，等. 圆柱壳结构入水过程的流固耦合仿真与试验 [J]. 北京航空航天大学学报, 33(9): 1117-1120.

Grade 8 钢

表 2-184 *MAT_PLASTIC_KINEMATIC 模型参数

ρ/(lb·s^2/in^4)	E/psi	ν	σ_0/psi	E_{tan}/psi	F_S
7.3E-4	3.0E7	0.30	1.3E5	1.73E5	0.12

LOU KEN-AN, PERCIBALLI WILLIAM. Finite Element Modeling of Preloaded Bolt Under Static Three-Point Bending Load [C]. 10th International LS-DYNA Conference, Detroit, 2008.

H13 钢

表 2-185 Johnson-Cook 模型参数

A/MPa	B/MPa	n	C	m
675	239	0.28	0.027	1.3

刘战强, 吴继华, 史振宇, 等. 金属切削变形本构方程的研究 [J]. 工具技术, 2008, 42(3): 3-9.

首先利用长春试验机 css-44100 开展了 H13 钢在常温、应变率为 0.001s^{-1} 条件下的静态压缩实验，得到 H13 钢静态下的本构方程如下：

$$\sigma = 1695.57 + 1088.9\varepsilon^{0.627272}$$

接着采用 SHPB 动态实验装置，测试了 H13 钢在 $20\sim600\text{℃}$，应变率为 $10^3\sim10^4\text{s}^{-1}$ 的流变应力和应变的关系，实验结果表明，应变速率和变形温度的变化强烈地影响 H13 钢的流变应力，流变应力随变形温度升高而降低，随应变速率提高而增大，在高温下出现明显的动态软化。根据得到的流变应力曲线，拟合出了 Johnson-Cook 模型中的相关参数：

$$\sigma = (1695 + 1088\varepsilon^{0.6272})\left(1 + 0.0048\ln\frac{\dot{\varepsilon}}{\dot{\varepsilon}_0}\right)[1 - (T^*)^{0.52}]$$

鲁世红, 何宁. H13 淬硬钢高应变速率动态性能的实验与本构方程研究 [J]. 中国机械工程, 2008, 19(19): 2282-2285.

Hadfield 钢

表 2-186 Johnson-Cook 模型参数

$\rho/(\text{kg/m}^3)$	A/MPa	B/MPa	n	C	m	F_S
7880	1100	1010	0.12	0.033	1.00	0.55

STANISLAV ROLE, JAROSLAV BUCHAR, VOJTECH HRUBY. On the Ballistic Efficiency of the Three Layered Metallic Targets [C]. 22nd International Symposium of Ballistics, Vancouver, 2005.

焊缝

表 2-187 Johnson-Cook 模型参数

材料	E/Pa	ν	A/MPa	B/MPa	n	C	m	T_m/K	T_r/K
Welded	2.1E11	0.33	420	1400	0.61	0.068	0.83	1800	298

吴先前, 等. 高温高应变率下激光焊接件力学性能研究 [C]. 第十届全国冲击动力学学术会议论文集, 2011.

Hardened Arne 工具钢

表 2-188 *MAT_PLASTIC_KINEMATIC 模型参数

$\rho/(\text{kg/m}^3)$	E/GPa	ν	σ_0/MPa	$E_{\text{tan}}/\text{MPa}$	F_S
7850	204	0.33	1900	15000	0.0215

BØRVIK T, HOPPERSTAD O S, BERSTAD T, et al. Perforation of 12mm thick steel plates by 20mm diameter projectiles with flat, hemispherical and conical noses Part II: numerical simulations [J]. International Journal of Impact Engineering, 2002, 27: 37-64.

Hardox 400 钢

文献作者获取了 Hardox 400 钢的修正的 Johnson-Cook 材料模型参数，该模型不需要单独的状态方程，考虑了应变率效应和材料的破坏，其本构关系表达式为：

$$\sigma_Y = (A + B\varepsilon_{eq}^n)(1 + \dot{\varepsilon}_{eq}^*)^C(1 - T^{*m})$$

绝热温升通过下式计算：

$$\Delta T = \int_0^{\varepsilon_{eq}} \chi \frac{\sigma_{eq} d\varepsilon_{eq}}{\rho C_p}$$

式中，χ 是塑性功转化为热量的转化系数。

失效模型采用 CL 模型：

$$W = \int_0^{\varepsilon_{eq}} \langle \sigma_1 \rangle d\varepsilon_{eq} \leqslant W_{cr}$$

除了 CL 失效准则外，还采用基于温度的失效准则：$T_c = 0.9T_m$，即当材料温度达到熔化温度的 90% 时，就删除该单元。

表 2-189　修正的 Johnson-Cook 材料模型参数

$\rho/(kg/m^3)$	E/GPa	ν	$C_p/J\cdot kg^{-1}\cdot K^{-1}$	χ	a/K^{-1}	T_c^*	A/MPa	B/MPa
7850	210	0.33	452	0.9	1.2×10^{-5}	0.9	1350	362
n	$\dot{\varepsilon}_0/s^{-1}$	C	T_r/K	T_m/K	m	ε_f	W_{cr}/MPa	
1.0	5×10^{-4}	0.0108	293	1800	1.0	1.16	2013	

BØRVIK, T, S DEY, A H CLAUSEN. Perforation resistance of five different high-strength steel plates subjected to small-arms projectiles [J]. International Journal of Impact Engineering, 2009, 36(7): 948-964.

HHS 钢

表 2-190　GRUNEISEN 状态方程及其他参数

$\rho/(kg/m^3)$	$C/(m/s)$	S_1	Γ_0	$C_p/J\cdot kg^{-1}\cdot K^{-1}$
7860	4610	1.73	1.67	477
G/GPa	σ_0/MPa	ε_f	$K_{IC}/MPa\cdot m^{1/2}$	
64.1	1550	0.12	100	

表 2-191　Johnson-Cook 模型参数

A/MPa	B/MPa	n	C	m	T_r/K	T_m/K	$\dot{\varepsilon}_0$
1550	510	0.26	0.014	1.05	300	1793	1

M RAVID. Characterization of the Fragmentation Exit Failure Mode and Fragment Distribution upon Perforation of Metallic Targets [C]. 20th International Symposium of Ballistics, Orlando, Florida, 2002.

HS 钢

表 2-192 *MAT_PLASTIC_KINEMATIC 模型参数

$\rho/(kg/m^3)$	E/GPa	ν	σ_0/MPa	E_{tan}/MPa	C/s^{-1}	P	F_S
7800	210	0.3	400	250	40	5	0.23

K RAMAJEYATHILAGAM, C P VENDHAN, V BHUJANGA RAO. Non-linear transient dynamic response of rectangular plates under shock loading [J]. International Journal of Impact Engineering, 2000, 24: 999-1015.

HSLA 钢

表 2-193 Johnson-Cook 模型参数

A/MPa	B/MPa	n	C	$\dot{\varepsilon}_0/s^{-1}$
25.3	425.5	0.113	0.06	0.01

DANIEL BJÖRKSTRÖM. FEM simulation of Electrohydraulic Forming [R], KTH Industrial Production, Joining Technology, 2008.

HSLA-100 钢

表 2-194 Johnson-Cook 模型参数（一）

A/MPa	B/MPa	n	C	m	D_1	D_2	D_3	D_4	D_5
689.4	303.3	0.22	0.012	1.03	0	2.70	1.55	0	0

J RYAN, S RHODES, S STAWARZ. Application of a Ductile Damage Model to Ballistic Impact Analyses [C]. 26th International Symposium on Ballistics, Miami, 2011.

表 2-195 Johnson-Cook 失效模型参数（二）

$\rho/(kg/m^3)$	E/GPa	G/GPa	σ_0/MPa	ν	D_1	D_2	D_3	D_4	D_5
7842	197	76.3	103	0.29	0	4.8	-2.7	0.01	0

COSTAS G FOUNTZOULAS, GEORGE A GAZONAS, BRYAN A CHEESEMAN. COMPUTATIONAL MODELING OF TUNGSTEN CARBIDE SPHERE IMPACT AND PENETRATION INTO HIGH-STRENGTH-LOW-ALLOY (HSLA)-100 STEEL TARGETS [J]. JOURNAL OF MECHANICS OF MATERIALS AND STRUCTURES, 2007, 2(10): 1965-1979.

HSLA-350 钢

表 2-196 Johnson-Cook 模型参数（一）

厚度/mm	A/MPa	B/MPa	C	n	m
1.5	453.0	617.5	0.615	0.0255	0.629
1.8	453.0	617.5	0.615	0.0255	0.629

表 2-197 Power-Law 模型参数

厚度/mm	K/MPa	n	ε_0
1.5	684.0	0.095	1.81E-3
1.8	679.9	0.121	1.49E-3

NADER ABEDRABBO, ROBERT MAYER, ALAN THOMPSON, et al. Crash response of advanced high-strength steel tubes: Experiment and model [J]. International Journal of Impact Engineering, 2009, 36: 1044-1057.

表 2-198 Johnson-Cook 模型参数（二）

A/MPa	B/MPa	n	C	m
399.18	700.94	0.65	0.0255	0.629

表 2-199 Zerilli-Armstrong 模型参数

C_0/MPa	C_1/MPa	C_3	C_4	C_5/MPa	q
244.37	2592.32	0.0096	0.00032	696.85	0.706

ALAN C THOMPSON. High Strain Rate Characterization of Advanced High Strength Steels [D]. Waterloo: University of Waterloo, 2006.

表 2-200 动态力学特性参数

ρ/(g/cm^3)	K/GPa	G/GPa	流动应力/MPa	体积声速/(km/s)	us-up 曲线斜率
7.85	166.7	76.9	1100	4.570	1.49

JAMES D WALKER, SCOTT A MULLIN, CARL E WEISS, et al. Penetration of boron carbide, aluminum, and beryllium alloys by depleted uranium rods: Modeling and experimentation [J]. International Journal of Impact Engineering, 2006, 33: 826-836.

HSLA-65 钢

表 2-201 Johnson-Cook 模型参数

ρ/(kg/m^3)	T_m/K	T_r/K	$\dot{\varepsilon}_0$/s^{-1}	C_p/J·kg^{-1}·K^{-1}
7800	1500	298	1	500
A/MPa	B/MPa	n	C	m
660	850	0.6	0.02	0.85

SHWETA DIKE. Dynamic Deformation of Materials at Elevated Temperatures [D]. Case Western Reserve University, 2010.

灰铸铁

表 2-202 *MAT_POWER_LAW_PLASTICITY 模型参数（单位制 m-kg-s）

ρ	E	PR	K	N	EPSF
7.1968E3	8.9632E10	0.3	2.6362E8	0.032053	0.0027

表 2-203 *MAT_SIMPLIFIED_JOHNSON_COOK 模型参数（单位制 m-kg-s）

ρ	E	PR	A	B	n	C	PSFAIL
7.1968E3	8.9632E10	0.3	2.0995E8	2.5070E7	0.131711	0.0	0.0027

http://www.VarmintAl.com/aengr.htm

HY-100 钢

表 2-204 Johnson-Cook 模型参数（一）

A/MPa	B/MPa	n	C	m	T_m/K	T_r/K	$\dot{\varepsilon}_0$/s^{-1}
316	1067	0.107	0.0277	0.7	1500	300	3300

NAIM A JABER. Finite Element Analysis of Thermoviscoplastic Deformations of an Impact-Loaded Prenotched Plate [D]. Blacksburg: The Virginia Polytechnic Institute and State University, 2000.

表 2-205 Johnson-Cook 模型参数（二）

A/kbar	B/kbar	n	C	m
7.60	4.0	0.26	0.011	1.13

表 2-206 Bodner-Partom 模型参数

n	Z_0/kbar	Z_1/kbar	m/kbar^{-1}	A	B/K	n（400℃）	n（室温）
2.95	14.5	17.0	3.0	1.43	454	2.1	2.95

GARRETT R K JR, LAST H R, RAJENDRAN A M. Plastic Flow and Failure in HY100, HY130 and AF1410 Alloy Steels Under High Strain Rate and Impact Loading Conditions [R]. ADA296669, 1995.

HY-130 钢

表 2-207 Johnson-Cook 模型参数

A/kbar	B/kbar	n	C	m
9.20	3.30	0.39	0.008	1.15

表 2-208 Bodner-Partom 模型参数

n	Z_0/kbar	Z_1/kbar	m/kbar^{-1}	A	B/K	n（400℃）	n（室温）
3.8	14.5	16.5	2.5	1.47	694	2.5	3.80

GARRETT R K JR, LAST H. R, RAJENDRAN A M. Plastic Flow and Failure in HY100, HY130 and AF1410 Alloy Steels Under High Strain Rate and Impact Loading Conditions [R]. ADA296669, 1995.

HzB-W 高硬装甲钢

表 2-209　Johnson-Cook 模型参数

A/MPa	B/MPa	n	C	m	$\dot{\varepsilon}_0/\text{s}^{-1}$
1500	569	0.22	0.003	1.17	0.001
$\rho/(\text{kg/m}^3)$	G/GPa	G/GPa	T_m/K	T_r/K	$\sigma_\text{fail}/\text{GPa}$
7850	0.29	77.5	1777	300	2.0

CHARLES E ANDERSON JR, VOLKER HOHLER, JAMES D WALKER, et al. TIME-RESOLVED PENETRATION OF LONG RODS INTO STEEL TARGETS [J]. International Journal of Impact Engineering, 1995, 16(1), 1-18.

IF 210 钢

表 2-210　Johnson-Cook 模型参数

A/MPa	B/MPa	n	C	$\dot{\varepsilon}_0/\text{s}^{-1}$
241.9	419.5	0.445	0.027	0.01

DANIEL BJÖRKSTRÖM. FEM simulation of Electrohydraulic Forming [R], KTH Industrial Production, Joining Technology, 2008.

N-1 钢

文献作者采用修正的 Johnson-Cook(MJC)模型:

$$\sigma_\text{eq} = (A + B\varepsilon_\text{eq}^n)(1 + \dot{\varepsilon}_\text{eq}^{*})^C (1 - T^{*m})$$

MJC 模型的断裂准则部分由 Cockcroft-Latham(CL)准则定义。

表 2-211　修正的 Johnson-Cook 模型参数

A/MPa	B/MPa	n	C	m	$\dot{\varepsilon}_0/\text{s}^{-1}$	W_cr/MPa
1400	712	0.2858	0.009	1.0	0.001	1200

谢恒, 吕振华. 一种高强度钢的动态力学本构参数识别和数值模拟 [J]. 爆炸与冲击, 2011, 31(3): 279-284.

Nitronic 33 钢

表 2-212　Johnson-Cook 模型参数

A/MPa	B/MPa	n	C	m	$\dot{\varepsilon}_0/\text{s}^{-1}$
455	2289	0.834	0.066	0.258	0.001
$\rho/(\text{kg/m}^3)$	$C_\text{p}/\text{J}\cdot\text{kg}^{-1}\cdot\text{K}^{-1}$	E/GPa	T_m/K	T_r/K	
7620	500	200	1550	293	

A S MILANI, W DABBOUSSI, J A NEMES, et al. An improved multi-objective identification of Johnson-Cook material parameters [J]. International Journal of Impact Engineering, 2009, 36: 294-302.

OL 37 钢

表 2-213　Johnson-Cook 模型参数

A/MPa	B/MPa	n	C	m
220	620	0.12	0.01	1.0

EUGEN TRANA, TEODORA ZECHERU, MIHAI BUGARU, et al. Johnson-Cook Constitutive Model for OL 37 Steel [C]. 6th WSEAS International Conference on System Science and Simulation in Engineering, Venice, 2007, 269-273.

Q160 钢

表 2-214　参考应变率为准静态（$4×10^{-4}$s^{-1}）时 Q160 的 Johnson-Cook 模型参数

A/MPa	B/MPa	n	C
152	290.8	0.44208	0.0631

表 2-215　参考应变率为准静态（1s^{-1}）时 Q160 的 Johnson-Cook 模型参数

A/MPa	B/MPa	n	C
227	434.4	0.44208	0.0422

郭立波. 低屈服点钢的动态本构模型及抗爆性能研究 [D]. 哈尔滨: 哈尔滨工业大学, 2012.

Q235 钢（A3）

表 2-216　Johnson-Cook 模型参数（一）

A/MPa	B/MPa	n	C	m	D_1	D_2	D_3	D_4	D_5
249.2	889	0.746	0.058	0.94	0.38	1.47	2.58	−0.0015	8.07

孔祥韶. 大型水面舰船的爆炸载荷及其结构响应特性研究 [D], 武汉: 武汉理工大学, 2013.

表 2-217　Johnson-Cook 模型参数（二）

ρ/(kg/m^3)	E/GPa	v	C_p/J·kg^{-1}·K^{-1}	T_r/K	T_m/K	$\dot{\varepsilon}_0$	A/MPa	B/MPa
7800	200	0.3	469	300	1795	1	410	20
n	C	m	D_1	D_2	D_3	D_4	D_5	
0.08	0.1	0.55	0.3	0.9	2.8	0	0	

陈刚. A3 钢钝头弹撞击 45 钢板破坏模式的数值分析 [J]. 爆炸与冲击, 2007, 27(5): 390-396.

　　应用霍普金森杆实验装置（SHPB、SHTP），对 Q235 钢进行冲击性能实验，并结合准静态实验，研究 Q235 钢在应变率范围为 0.0005～4000s^{-1} 下的本构关系与断裂特性。根据实验所得数据对钢材的 Johnson-Cook 模型进行拟合，以便工程设计和数值模拟的使用。

表 2-218　Johnson-Cook 本构模型及失效模型参数

A/MPa	B/MPa	n	C	D_1	D_2	D_3	D_4
320.7556	582.102	0.3823	0.0255	0.2028	0.9799	−1.1919	0.0247

李超. 柱面网壳结构在内爆炸下的失效机理和防爆方法 [D]. 厦门: 华侨大学, 2016.

表 2-219　Johnson-Cook 本构模型及失效模型参数（单位制 m-kg-s）

ρ/(kg/m^3)	G/Pa	E/Pa	PR	DTF	VP		
7.85E3	0.789E11	2.06E11	0.3	0.0	1.0		
A/Pa	B/Pa	n	C	m	TM/K	TR/K	EPSO/s^{-1}
2.65E8	4.5E8	5.65E-1	6.7E-2	0.0	1793	293	1.0
C_p/J·kg^{-1}·K^{-1}	PC/Pa	SPALL	IT	D_1	D_2	D_3	D_4
4.50E2	2.0E8	1.0	0.0	0.0705	1.732	−0.54	−0.015
D_5							
0.0							

www. simwe. com.

表 2-220　*MAT_PLASTIC_KINEMATIC 模型参数（一）

ρ/(kg/m^3)	E/GPa	ν	σ_0/MPa	E_t/MPa	C/s^{-1}	P	F_S
7850	200	0.3	235	1000	1230	4.15	0.2

www. simwe. com.

表 2-221　流体弹塑性模型参数

ρ/(kg/m^3)	G/GPa	硬化模量/GPa	屈服强度/MPa
7850	77	2.1	350

表 2-222　GRUNEISEN 状态方程参数

C/(m/s)	S_1	S_2	S_3	γ_0	α
4570	1.49	0.6	0.0	2.17	0.00

李金柱, 黄风雷, 张连生. EFP 模拟弹丸侵彻陶瓷复合靶的数值模拟研究 [J]. 计算力学学报, 2009, 26(4): 562-567.

表 2-223　*MAT_PLASTIC_KINEMATIC 模型参数（二）

ρ/(kg/m^3)	E/GPa	ν	σ_0/MPa	E_P/GPa	F_S
7800	210	0.3	235	2.1	0.8

钟卫洲, 等. 加载方向对云杉木材缓冲吸能影响数值分析 [C]. 第十届全国冲击动力学学术会议论文集, 2011.

谢若泽, 钟卫洲, 黄西成, 等. 包装组合结构跌落冲击的模型实验与数值模拟 [C]. 第十一届全国冲击动力学学术会议论文集, 陕西: 西安, 2013.

表 2-224 *MAT_PLASTIC_KINEMATIC 模型参数（三）

$\rho/(\text{kg/m}^3)$	E/GPa	ν	σ_0/MPa	E_t/MPa	C/s^{-1}	P	F_S
7800	210	0.3	235	250	40.4	5	0.28

陈长海, 朱锡, 侯海量, 等. 近距空爆载荷作用下双层防爆舱壁结构抗爆性能仿真分析 [J]. 海军工程大学学报, 2012, 24(3): 26-33.

表 2-225 *MAT_PLASTIC_KINEMATIC 模型参数（四）

$\rho/(\text{kg/m}^3)$	E/GPa	ν	σ_0/MPa	$E_{\text{tan}}/\text{GPa}$	β	C/s^{-1}	P	F_S
7850	206	0.3	345	6.18	0	40	5	0.05

贾昊凯, 李世强, 吴桂英. H 型钢梁在爆炸荷载作用下动力响应的研究 [C]. 第十届全国冲击动力学学术会议论文集, 2011.

表 2-226 *MAT_PLASTIC_KINEMATIC 模型参数（五）

$\rho/(\text{kg/m}^3)$	E/GPa	ν	σ_0/MPa	E_t/GPa	β
7800	210	0.22	470	1.795	0.5

王托, 等. 面层非对称金属蜂窝夹芯板抗侵彻性能仿真研究 [C]. 第十三届全国战斗部与毁伤技术学术交流会论文集, 黄山, 2013, 822-827.

表 2-227 Johnson-Cook 模型参数（三）

A/MPa	B/MPa	n	C	m
325	220	0.16	0.015	1.03

李硕, 王志军, 徐永杰, 等. 热处理对弹体材料侵彻能力影响的分析 [C]. 第十届全国爆炸力学学术会议, 贵阳, 2014, 271-276.

Q235B 钢

使用万能材料试验机、扭转试验机和霍普金森拉杆装置研究了 Q235B 钢在常温～950℃的准静态、动态力学性能，获得了 Q235B 强度与等效塑性应变，应变率和温度的关系以及延性与应力三轴度，应变率和温度的关系。基于实验结果，修改了 Johnson-Cook(J-C)强度模型中的应变强化项以及 Johnson-Cook 失效模型中的温度软化项，并结合数值仿真标定了相关模型参数。最后通过 Taylor 撞击实验验证了模型参数的有效性。

修改的 J-C 本构关系表达式为：

$$\sigma_{\text{eq}} = (244.8 + 400.0\varepsilon_{\text{eq}}^{0.36})(1 + 0.0391\ln\dot{\varepsilon}_{\text{eq}}^*)(1 - 1.989T^{*0.1515})$$

修改后的 J-C 断裂准则变为：

$$\varepsilon_{\text{f}} = [-43.408 + 44.608\exp(-0.016\sigma^*)](1 + 0.0145\ln\dot{\varepsilon}_{\text{eq}}^*)[1 + 0.046\exp(7.776T^*)]$$

林莉, 旭东, 范锋, 等. Q235B 钢 Johnson-Cook 模型参数的确定 [J]. 振动与冲击, 2014, 33(9), 153-158.

Q345 钢

采用 MTS 材料试验机和分离式霍普金森压杆（SHPB）装置，对我国钢结构建筑中常用的 Q345 钢进行准静态压缩实验和不同应变率下的冲击性能实验。实验结果表明：Q345 钢在动态冲击下的强度明显高于准静态压缩下的强度，具有显著的应变率强化效应；但在分别比较准静态和动态冲击各自区域的应力水平时，发现不同应变率下其值相差不大，表现出对应变率变化不敏感的性质。在实验基础上，拟合得到了可用于冲击荷载作用下进行结构分析的修正的 Johnson–Cook 本构模型。

$$\sigma_Y = (A + B\varepsilon_p^n)\left(1 + C\ln\frac{\dot{\varepsilon}}{\dot{\varepsilon}_0}\right)\left(1 - \left\langle\frac{\dot{\varepsilon}-1}{|\dot{\varepsilon}-1|}\right\rangle k\varepsilon_p\right)$$

$$\left\langle\frac{\dot{\varepsilon}-1}{|\dot{\varepsilon}-1|}\right\rangle = \begin{cases} 1 & \dot{\varepsilon} > 1 \\ 0 & \dot{\varepsilon} \leqslant 1 \end{cases}$$

表 2-228　Johnson–Cook 模型参数（一）

	A/MPa	B/MPa	n	C	k
传统模型	374	795.71279	0.45451	0.01586	–
修正模型	374	795.71279	0.45451	0.01586	0.60602

于文静, 史健勇, 赵金城, 等. Q345 钢材动态力学性能研究 [J]. 建筑结构, 2011, 41(3): 28-30.

应用霍普金森杆实验装置（SHPB、SHTP），对 Q345 钢进行冲击性能实验，并结合准静态实验，研究 Q345 钢在应变率范围为 0.0005~4000s^{-1}下的本构关系与断裂特性。根据实验所得数据对钢材的 Johnson–Cook 模型进行拟合，以便工程设计和数值模拟的使用。

表 2-229　Johnson–Cook 模型参数（二）

A/MPa	B/MPa	n	C	D_1	D_2	D_3	D_4
389.185	565.541	0.4218	0.0263	0.4641	1.1126	-1.3072	0.0265

李超. 柱面网壳结构在内爆炸下的失效机理和防爆方法 [D]. 厦门: 华侨大学, 2016.

Q345B 钢

当参考应变率为 0.002s^{-1} 时，Q345B 钢的 J–C 本构表达式如下：

$$\bar{\sigma} = (360 + 700\varepsilon^{0.547})\left(1 + 0.046\ln\left(\frac{\varepsilon}{0.002}\right)\right)$$

当参考应变率为 1680s^{-1} 时，Q345B 钢的 J–C 本构表达式如下：

$$\bar{\sigma} = (610 + 425\varepsilon^{0.547})\left(1 + 0.03\ln\left(\frac{\varepsilon}{1680}\right)\right)$$

当参考应变率为 1680s^{-1} 时，Q345B 钢的 J–C 失效模型参数为：D_1=-0.091，D_2=1.5326，D_3=-0.6963。

伍星星, 等. 大质量战斗部穿甲数值仿真对材料断裂极限参数确定分析 [C]. 第十六届全国战斗部与毁伤技术学术交流会论文集, 北京: 2017, 276-285.

球墨铸铁

表 2-230 Johnson-Cook 模型参数

E/GPa	A/MPa	B/MPa	n	C	m	$\dot{\varepsilon}_0/\text{s}^{-1}$
151.1	525	650	0.6	0.0205	1.0	2312
T_m/K	T_r/K	D_1	D_2	D_3	D_4	D_5
100000	298	0.029	0.44	−1.5	0	0

H K Springer. Mechanical Characterization of Nodular Ductile Iron [R], LLNL-TR-522091, 2012.

RHA 钢

表 2-231 Johnson-Cook 模型参数

$\rho/(\text{g/cm}^3)$	K/GPa	G/GPa	A/MPa	B/MPa	n	C
7.85	171.67	79.23	1100	438	0.25	0.05

J F MOXNES. A Modified Johnson-Cook Failure Model for Tungsten Carbide [C]. 26th International Symposium on Ballistics, Miami, 2011.

表 2-232 *MAT_PLASTIC_KINEMATIC 模型参数 （一）

$\rho/(\text{kg/m}^3)$	E/GPa	v	σ_0/MPa	E_tan/MPa	C/s^{-1}	P
7838	212	0.28	1200	6500	300	5

TENG HAILONG, WANG JASON. Particle Blast Method (PBM) for the Simulation of Blast Loading [C]. 13th International LS-DYNA Conference, Dearborn, 2014.

表 2-233 *MAT_PLASTIC_KINEMATIC 模型参数 （二）

$\rho/(\text{kg/m}^3)$	E/GPa	v	σ_0/MPa	E_tan/MPa
7830	197.5	0.3	1320	1810

NANDLALL D, SIDHU R. The Penetration Performance of Segmented Rod Projectiles at 2. 2 km/s Using Large Number of Segments [C]. 20th International Symposium of Ballistics, Orlando, Florida, 2002.

表 2-234 Johnson-Cook 模型参数 （一）

$\rho/(\text{kg/m}^3)$	v	$c/(\text{m/s})$	S	Γ_0	$C_\text{V}/(\text{W}\cdot\text{kg}^{-1}\cdot\text{K}^{-1})$	T_m/K
7850	0.29	4500	1.49	2.17	450	1783
A/MPa	B/MPa	n	C	m	P_min/GPa	
744	503	0.265	0.0147	1.02	−2	

DAVID L LITTLEFIELD, RICHARD M GARCIA, STEPHAN J. BLESS. THE EFFECT OF OFFSET ON THE PERFORMANCE OF SEGMENTED PENETRATORS [J]. International Journal of Impact Engineering , 1999, 23: 547-560.

表 2-235　Gruneisen 状态方程和 Johnson-Cook 模型参数

$\rho/(kg/m^3)$	$c/(m/s)$	S	Γ_0	P_{min}/GPa
7860	3570	1.92	1.7	−2
A/MPa	B/MPa	n	C	m
960	1330	0.85	0.06875	1.15

MICHAEL J NORMANDIA, MINHYUNG LEE. PENETRATION PERFORMANCE OF MULTIPLE SEGMENTED RODS AT 2. 6 KM/S [J]. International Journal of Impact Engineering, 1999, 23: 675-686.

表 2-236　Johnson-Cook 模型参数（二）

$\rho/(kg/m^3)$	K/GPa	G/GPa	A/MPa	B/MPa	n	C	m
7800	164	77.5	1400	1800	0.768	0.005	1.17

RAJENDRAN A M. PENETRATION OF TUNGSTEN ALLOY RODS INTO SHALLOW-CAVITY STEEL TARGETS [J]. International Journal of Impact Engineering, 1998, 21(6): 451-460.

表 2-237　*MAT_PLASTIC_KINEMATIC 模型参数（三）

$\rho/(kg/m^3)$	E/GPa	ν	σ_0/MPa	E_{tan}/MPa	β	F_S
7850	197.5	0.33	1320	1810	1.0	1.0

MCINTOSH G, SZYMCZAK M. Ballistic Protection Possibilities for a Light Armoured Vehicle [C]. 20th International Symposium of Ballistics, Orlando, Florida, 2002.

表 2-238　*MAT_PLASTIC_KINEMATIC 模型参数（四）

$\rho/(kg/m^3)$	E/GPa	ν	σ_0/MPa	E_{tan}/MPa	F_S
7850	197.5	0.30	1320	1810	0.12

KEVIN WILLIAMS. Validation of a Loading Model for Simulating Blast Mine Effects on Armoured Vehicles [C]. 7th International LS-DYNA Conference, Detroit, 2002.

modified Zerilli-Armstrong 本构模型及其参数：

$$\sigma = C_2 e^{(C_3 T + C_4 T \log \dot{\varepsilon})} + (C_1 + C_5 \varepsilon^n)(1.13 - 0.000445T)$$

式中，σ 为流动应力，$C_1 = 650MPa$；$C_2 = 625MPa$；$\varepsilon =$ 有效塑性应变；$C_3 = -0.00344$；$C_4 = 0.000263$；$\dot{\varepsilon} =$ 有效塑性应变率；$C_5 = 590Mpa$；$n = 0.41$；$T=$ 温度。

表 2-239　Mie-Gruneisen 状态方程和 HULL 模型参数

$\rho/$ (kg/m³)	$C/$ (km/s)	S	Γ	$I/$ (×10⁴J/kg)	$G/$ GPa	$Y(E)/$ MPa	HULL 类型软化参数		
							$\theta_1 I_1$	$\theta_2 I_2$	$\theta_3 I_3$
7860	4.61	1.73	1.67	7.556	95	1370	1,7.556	0.9,47.63	0,87.7

CULLIS I G, LYNCH N J. PERFORMANCE OF MODEL SCALE LONG ROD PROJECTILES AGAINST COMPLEX TARGETS OVER THE VELOCITY RANGE 1700. 2200 M/S [J]. International Journal of Impact Engineering, 1995, 17: 263-274.

表 2-240 *MAT_PLASTIC_KINEMATIC 模型参数（五）

$\rho/(\mathrm{lb \cdot s^2/in^4})$	E/psi	ν	σ_0/psi	$E_{\tan}/\mathrm{psi}$	F_S
7.3E-4	28.6E6	0.30	1.914E5	2.625E5	0.12

LOU KEN-AN, PERCIBALLI WILLIAM. Finite Element Modeling of Preloaded Bolt Under Static Three-Point Bending Load [C]. 10th International LS-DYNA Conference, Detroit, 2008.

S-7 工具钢

文献作者在文章中首次提出了著名的 Johnson-Cook 模型，并根据霍普金森杆拉杆和扭曲实验获得了 Johnson-Cook 本构模型参数。

表 2-241 Johnson-Cook 模型参数

$\rho/(\mathrm{kg/m^3})$	洛氏硬度	$C_p/\mathrm{J \cdot kg^{-1} \cdot K^{-1}}$	T_m/K	A/MPa
7750	C-50	477	1763	1539
B/MPa	n	C	m	
477	0.18	0.012	1.00	

JOHNSON G R, COOK W H. A constitutive model and data for metals subjected to large strains, high strain-rates and high temperatures [C]. Proceedings of Seventh International Symposium on Ballistics, The Hague, The Netherlands, April 1983: 541-547.

表 2-242 Johnson-Cook 失效模型参数

D_1	D_2	D_3	D_4	D_5
-0.8	2.1	-0.5	0.003	0.61

JASON K LEE. Analysis of Multi-Layered Materials Under High Velocity Impact Using CTH [D]. Wright-Patterson, USA: AIR FORCE INSTITUTE OF TECHNOLOGY, 2008.

S235 钢

表 2-243 *MAT_PIECEWISE_LINEAR_PLASTICITY 模型参数（单位制 ton-mm-s）

$\rho/(\mathrm{ton/mm^3})$	E/MPa	PR	SIGY/MPa	$C/\mathrm{s^{-1}}$	P
7.85E-9	210000	0.3	235.0	4000.0	5.0
EPS1	EPS2	EPS3			
0.0	0.019	0.198			
ES1/MPa	ES2/MPa	ES2/MPa			
235.0	238.4	360.0			

表 2-244 螺钉*MAT_SPOTWELD 模型参数（采用焊接单元表示，单位制 ton-mm-s）

ρ/(ton/mm^3)	E/MPa	PR	SIGY/MPa	EH/MPa	EFAIL
7.80E-9	210000.0	0.3	240.0	500.0	0.4

KRZYSZTOF WILDE, et al. TB11 Test for Short W-Beam Road Barrier [C]. 11th European LS-DYNA Conference, Salzburg, 2017.

表 2-245 动态力学特性参数

板材厚度/mm	E/MPa	ν	σ_0/MPa	E_p/MPa	拉伸强度/MPa
3	190000	0.29	285	696	400
4	200000	0.29	330	969	450
6	210000	0.29	380	1200	480

MATEJ VESENJAK, ZORAN REN. Improving the Roadside Safety with Computational Simulations [C]. 4th European LS-DYNA Conference, Ulm, 2003.

S300 钢

表 2-246 Johnson-Cook 模型参数

A/MPa	B/MPa	n	C	m
245	608	0.35	0.0836	0.144
240	622	0.35	0.09	0.25

刘战强, 吴继华, 史振宇, 等. 金属切削变形本构方程的研究 [J]. 工具技术, 2008, 42(3): 3-9.

S300Si 钢

表 2-247 Johnson-Cook 模型参数

A/MPa	B/MPa	n	C	m
227	722	0.40	0.123	0.20

刘战强, 吴继华, 史振宇, 等. 金属切削变形本构方程的研究 [J]. 工具技术, 2008, 42(3): 3-9.

SAE 1020 钢

表 2-248 *MAT_PLASTIC_KINEMATIC 模型参数（一）

ρ/(kg/m^3)	E/GPa	ν	σ_0/MPa	E_{tan}/MPa
7830	205	0.30	350	636

KEVIN WILLIAMS. Validation of a Loading Model for Simulating Blast Mine Effects on Armoured Vehicles [C]. 7th International LS-DYNA Conference, Detroit, 2002.

表 2-249 *MAT_PLASTIC_KINEMATIC 模型参数（二）

$\rho/(\mathrm{lb \cdot s^2/in^4})$	E/psi	ν	σ_0/psi	$E_{\mathrm{tan}}/\mathrm{psi}$
7.3E-4	29.7E6	0.30	5.08E4	9.22E4

LOU KEN-AN, PERCIBALLI WILLIAM. Finite Element Modeling of Preloaded Bolt Under Static Three-Point Bending Load [C]. 10th International LS-DYNA Conference, Detroit, 2008.

SiS 2541-03 钢

表 2-250 Johnson-Cook 模型参数

$\rho/(\mathrm{kg/m^3})$	$T_{\mathrm{r}}/\mathrm{K}$	$C_{\mathrm{p}}/\mathrm{J \cdot kg^{-1} \cdot K^{-1}}$	$T_{\mathrm{m}}/\mathrm{℃}$	K/GPa	G/GPa
7820	293	477	1700	172	79

$A(\mathrm{MPa})$	$B(\mathrm{MPa})$	n	C	m	
750	1150	0.49	0.014	1.00	

LIDÉN E, ANDERSSON O, JOHANSSON B. Influence of the Direction of Flight of Moving Plates Interacting with Long Rod Projectiles [C]. 20th International Symposium of Ballistics, Orlando, Florida, 2002.

spiral-strand cable

表 2-251 *MAT_MODIFIED_JOHNSON_COOK 模型参数

应变硬化	应变率硬化	温度软化	CL 失效准则	失效温度
$A=1670/\mathrm{MPa}$ $B=375/\mathrm{MPa}$ $n=0.81$	$\dot{\varepsilon}_0=5\times10^{-4}/\mathrm{s^{-1}}$ $C=0.0010$	$T_{\mathrm{r}}=293/\mathrm{K}$ $T_{\mathrm{m}}=1775/\mathrm{K}$ $m=1.0$	$\varepsilon_{\mathrm{f}}=0.635$ $W_{\mathrm{cr}}=1350/\mathrm{MPa}$	$T_{\mathrm{c}}^*=1598/\mathrm{K}$

R JUDGE1, Z YANG, S W JONES1, G BEATTIE. NUMERICAL SIMULATION OF SPIRAL-STRAND CABLES SUBJECTED TO HIGH VELOCITY FRAGMENT IMPACT [C]. 8th European LS-DYNA Conference, Strasburg, 2011.

SS2541-03 钢

表 2-252 Johnson-Cook 模型参数

E/GPa	G/GPa	A/MPa	B/MPa	n	C	m	$T_{\mathrm{m}}/\mathrm{K}$	$\dot{\varepsilon}_0/\mathrm{s^{-1}}$
172	79	750	1150	0.49	0.014	1.0	1700	1

EWA LIDÉN, OLOF ANDERSSON, ANDERS TJERNBERG. Influence of Side-Impacting Dynamic Armour Components on Long Rod Projectiles [C]. 23rd International Symposium of Ballistics, Tarragona, Spain, 2007.

SS304 钢

表 2-253 *MAT_POWER_LAW_PLASTICITY 材料模型参数

屈服应力/MPa	E/MPa	应变硬化系数/MPa	n	ν
215	210	1451	0.6	0.3

LEVENT SÖZEN, MEHMET A GULER, RECEP M GÖRGÜLÜARSLAN, et al. Prediction of Springback in CNC Tube Bending Process Based on Forming Parameters [C]. 11th International LS-DYNA Conference, Detroit, 2010.

Steel Cable

表 2-254　Steel Cable（钢缆）的*MAT_CABLE_DISCRETE_BEAM 材料模型参数（单位制 m-kg-s）

ρ	E	LCID	F_0	TMAX0	TRAMP	IREAD
7850	2.1E11	0	7.91E6	10.0	0.50	

CEZARY BOJANOWSKI, MARCIN BALCERZAK. Response of a Large Span Stay Cable Bridge to Blast Loading [C]. 13th International LS-DYNA Conference, Dearborn, 2014.

表 2-255　*MAT_CABLE_DISCRETE_BEAM 模型参数

$\rho/(kg/m^3)$	E/GPa	LCID
7850	207	1

*DEFINE_CURVE 定义应力 VS 工程应变曲线 1			
A_1	A_2	A_3	A_4
0.02	0.04	0.06	0.08
O_1/Pa	O_2/Pa	O_3/Pa	O_4/Pa
207E7	210E6	215E6	220E6

ANSYS LS-DYNA User's Guide [R]. ANSYS, 2008.

TENAX 钢

表 2-256　Johnson-Cook 模型参数

A/MPa	B/MPa	n	C	m	D_1	D_2	D_3	D_4	D_5
1440	492	0.24	0.011	1.03	0	1.07	−1.22	0.000016	0.63

BUCHAR J. Ballistics Performance of the Dual Hardness Armour [C]. 20th International Symposium of Ballistics, Orlando, Florida, 2002.

铁

表 2-257　SHOCK 状态方程参数

$\rho/(g/cm^3)$	$C1/(cm/\mu s)$	S_1	Gruneisen 系数
7.86	0.461	1.73	1.61

Selected Hugoniots [R]. Los Alamos Scientific Laboratory, LA-4167-MS, 1 May 1969.

铁锭（纯度 99.99%，退火状态）

表 2-258　*MAT_POWER_LAW_PLASTICITY 模型参数（单位制 m-kg-s）

ρ	E	PR	K	N	EPSF
7.8611E3	2.0753E11	0.29	4.4545E8	0.205542	1.2941

表 2-259　*MAT_SIMPLIFIED_JOHNSON_COOK 模型参数（单位制 m-kg-s）

ρ	E	PR	A	B	n	C	PSFAIL
7.8611E3	2.0753E11	0.29	9.1787E6	4.3907E8	0.214698	0.0	1.2941

http: //www. VarmintAl. com/aengr. htm

TH200 合金钢

文献作者利用分离式霍普金森压杆装置对 TH200 合金钢的动态力学性能进行了测试，拟合了 Johnson-Cook 本构模型参数。

表 2-260　Johnson-Cook 模型参数

材料	A/MPa	B/MPa	n	C
TH200	1657	382.5	0.245	0.026

廖雪松，等. 三种合金钢材料动态力学性能试验研究: 第十三届全国战斗部与毁伤技术学术交流会论文集 [C]. 黄山: 2013, 1345-1349.

TRIP 700 钢

表 2-261　Johnson-Cook 模型参数

A/MPa	B/MPa	n	C	$\dot{\varepsilon}_0$/s^{-1}
419.7	1110.5	0.522	0.008	0.01

DANIEL BJÖRKSTRÖM. FEM simulation of Electrohydraulic Forming [R], KTH Industrial Production, Joining Technology, 2008.

VascoMax 300 钢

表 2-262　Zerilli-Armstrong 模型参数

A/GPa	C_1/GPa	C_2/GPa	C_3/eV^{-1}	C_4/eV^{-1}	C_5/GPa	n
1.42	4.0	0	79.0	3.0	0.266	0.289

JOHN D, CINNAMON, ANTHONY N PALAZOTTO. Analysis and simulation of hypervelocity gouging impacts for a high speed sled test [C]. International Journal of Impact Engineering, 2009, 36: 254-262.

表 2-263　Johnson-Cook 模型参数

A/MPa	B/MPa	n	C	m	v
2170	9400	1.175	0.0046	0.7799	0.283

ZACHARY A KENNAN. Determination of the Constitutive Equations for 1080 Steel and VascoMax 300 [D]. Wright-Patterson, USA: AIR FORCE INSTITUTE OF TECHNOLOGY, 2005.

Weldox 460E 钢

表 2-264　Johnson-Cook 模型参数（一）

$\rho/(\text{kg/m}^3)$	E/GPa	ν	A/MPa	B/MPa	n	C	m
7850	200	0.33	490	807	0.73	0.012	0.94
$C_p/\text{J}\cdot\text{kg}^{-1}\cdot\text{K}^{-1}$	T_m/K	T_0/K	D_1	D_2	D_3	D_4	D_5
452	1800	293	0.0705	1.732	−0.54	−0.015	0

A ARIAS, J A RODRIGUEZ-MARTINEZ, A RUSINEK. Numerical simulations of impact behavior of thin steel plates subjected to cylindrical, conical and hemispherical non-deformable projectiles [J]. Engineering Fracture Mechanics, 2008, 75(6): 1635-1656.

表 2-265　动态力学特性参数

$\rho/(\text{kg/m}^3)$	E/GPa	ν	$C_p/\text{J}\cdot\text{kg}^{-1}\cdot\text{K}^{-1}$	χ	α/K^{-1}
7850	210	0.33	452	0.9	1.2E-5

表 2-266　Johnson-Cook 模型及失效参数

A/MPa	B/MPa	n	C	m	$\dot{\varepsilon}_0/\text{s}^{-1}$	T_r/K
499	382	0.458	0.0079	0.893	5E-4	293
T_m/K	D_1	D_2	D_3	D_4	D_5	
1800	0.636	1.936	−2.969	−0.014	1.014	

表 2-267　Zerilli-Armstrong 模型参数

	σ_a/MPa	B/MPa	β_0	β_1	A/MPa	n	α_0	α_1
ZAbcc	11	388	1.80E-4	6.91E-5	553	0.2704	—	—
ZAhcp*	20	378	2.73E-4	6.35E-5	563	0.2704	−6.52E-5	1.64E-5
ZAbcc（更多数据）	246	594	5.19E-3	2.13E-4	553	0.2704	—	—
ZAhcp*（更多数据）	243	496	4.65E-3	1.88E-4	579	0.2704	1.17E-4	4.99E-6

S DEY, T BØRVIKA, O S HOPPERSTAD, et al. On the influence of constitutive relation in projectile impact of steel plates [J]. International Journal of Impact Engineering, 2007, 34: 464-486.

表 2-268　Johnson-Cook 模型参数（二）

$\rho/(\text{kg/m}^3)$	E/GPa	ν	A/MPa	B/MPa	n	C	m
7850	200	0.33	490	383	0.45	0.0123	0.94
$C_p/\text{J}\cdot\text{kg}^{-1}\cdot\text{K}^{-1}$	T_m/K	T_0/K	$\dot{\varepsilon}_0/\text{s}^{-1}$	D_1	D_2	D_3	
452	1800	293	5E-4	0.0705	1.732	−0.54	

MIN HUANG. Ballistic Resistance of Multi-layered Steel Shields [D]. Massachusetts Institute of Technology, 2007.

Weldox 500E 钢

文献作者获取了 Weldox 500E 钢的 Modified_Johnson_Cook 材料模型参数,该模型不需要单独的状态方程,考虑了应变率效应和材料的破坏,其本构关系表达式为:

$$\sigma_{Y} = (A + B\varepsilon_{eq}^{n})(1 + \dot{\varepsilon}_{eq}^{*})^{C}(1 - T^{*m})$$

绝热温升通过下式计算:

$$\Delta T = \int_{0}^{\varepsilon_{eq}} \chi \frac{\sigma_{eq}\mathrm{d}\varepsilon_{eq}}{\rho C_{p}}$$

式中,χ 是塑性功转化为热量的转化系数。

失效模型采用 CL 模型:

$$W = \int_{0}^{\varepsilon_{eq}} \langle \sigma_{1} \rangle \mathrm{d}\varepsilon_{eq} \leqslant W_{cr}$$

除了 CL 失效准则外,还采用基于温度的失效准则:$T_{c} = 0.9T_{m}$,即当材料温度达到熔化温度的 90%时,就删除该单元。

表 2-269 **Modified_Johnson_Cook 材料模型参数**

$\rho/(\mathrm{kg/m^3})$	E/GPa	ν	$C_{p}/\mathrm{J \cdot kg^{-1} \cdot K^{-1}}$	χ	$a/\mathrm{K^{-1}}$	T_{c}^{*}	A/MPa	B/MPa
7850	210	0.33	452	0.9	1.2E-5	0.9	605	409
n	C	m	T_{r}/K	T_{m}/K	W_{cr}/MPa	ε_{f}	$\dot{\varepsilon}_{0}/\mathrm{s^{-1}}$	
0.5	0.0166	1.0	293	1800	1516	1.46	5E-4	

BØRVIK, T, S DEY, A H CLAUSEN. Perforation resistance of five different high-strength steel plates subjected to small-arms projectiles [J]. International Journal of Impact Engineering, 2009, 36(7): 948-964.

Weldox 700E 钢

表 2-270 **Johnson-Cook 模型参数**

A/MPa	B/MPa	n	C	m	$\dot{\varepsilon}_{0}/\mathrm{s^{-1}}$
859	329	0.579	0.0115	1.071	5E-4
D_{1}	D_{2}	D_{3}	D_{4}	D_{5}	
0.361	4.768	−5.107	−0.0013	1.333	

S DEY, T BØRVIK, O S HOPPERSTAD, et al. The effect of target strength on the perforation of steel plates using three different projectile nose shapes [J]. International Journal of Impact Engineering, 2004, 30: 1005-1038.

文献作者获取了 Weldox 700E 钢的 Modified_Johnson_Cook 材料模型参数,该模型不需要单独的状态方程,考虑了应变率效应和材料的破坏,其本构关系表达式为:

$$\sigma_{Y} = (A + B\varepsilon_{eq}^{n})(1 + \dot{\varepsilon}_{eq}^{*})^{C}(1 - T^{*m})$$

绝热温升通过下式计算:

$$\Delta T = \int_0^{\varepsilon_{eq}} \chi \frac{\sigma_{eq} d\varepsilon_{eq}}{\rho C_p}$$

式中，χ 是塑性功转化为热量的转化系数。

失效模型采用 CL 模型：

$$W = \int_0^{\varepsilon_{eq}} \langle \sigma_1 \rangle d\varepsilon_{eq} \leqslant W_{cr}$$

除了 CL 失效准则外，还采用基于温度的失效准则：$T_c = 0.9 T_m$，即当材料温度达到熔化温度的 90% 时，就删除该单元。

表 2-271　Modified_Johnson_Cook 材料模型参数

$\rho/(kg/m^3)$	E/GPa	ν	$C_p/J \cdot kg^{-1} \cdot K^{-1}$	χ	a/K^{-1}	T_c^*	A/MPa	B/MPa
7850	210	0.33	452	0.9	1.2E-5	0.9	819	308
n	C	m	T_m/K	T_m/K	$\dot{\varepsilon}_0/s^{-1}$	ε_f	W_{cr}/MPa	
0.64	9.8E-3	1.0	293	1800	5E-4	1.31	1486	

BØRVIK, T, S DEY, A H CLAUSEN. Perforation resistance of five different high-strength steel plates subjected to small-arms projectiles [J]. International Journal of Impact Engineering, 2009. 36(7): 948-964.

Weldox 900E 钢

表 2-272　Johnson-Cook 模型参数

A/MPa	B/MPa	n	C	m	$\dot{\varepsilon}_0/s^{-1}$
992	364	0.568	0.0087	1.131	5E-4
D_1	D_2	D_3	D_4	D_5	
0.294	5.149	−5.583	0.0023	0.951	

S DEY, T BØRVIK, O S HOPPERSTAD, et al. The effect of target strength on the perforation of steel plates using three different projectile nose shapes [J]. International Journal of Impact Engineering, 2004, 30: 1005-1038.

X4CrMnN16-12（VP159）钢

表 2-273　Johnson-Cook 模型参数

A/MPa	B/MPa	n	C	m	T_m/K	T_r/K	$\dot{\varepsilon}_0/s^{-1}$
525	2230	0.7	0.037	0.6	1800	296	3E-4

修正的 Johnson-Cook 本构模型：

$$\sigma = (A + B\varepsilon^n)\left(\frac{\dot{\varepsilon}}{\dot{\varepsilon}_0}\right)^C \left(1 - \left(\frac{T - T_r}{T_m - T_r}\right)^m\right)$$

表 2-274 修正的 Johnson-Cook 模型参数

A/MPa	B/MPa	n	C	m	T_m/K	T_r/K	$\dot{\varepsilon}_0$/s^{-1}
525	2230	0.7	0.029	0.6	1800	296	3E-4

表 2-275 Johnson-Cook 失效模型参数

D_1	D_2	D_3	D_4	D_5	T_m/K	T_r/K	$\dot{\varepsilon}_0$/s^{-1}
0.45	0.6	3	-0.0123	0	1600	300	5E-4

表 2-276 Zerilli-Armstrong 模型参数

Y_0/MPa	B_0/MPa	n	β_0	β_1	$\dot{\varepsilon}_0$/s^{-1}	T_m/K	T_r/K
480	9600	0.65	0.0052	0.00014	3E-4	1800	296

W MOCKO, Z L KOWALEWSKI. PERFORATION TEST AS AN ACCURACY EVALUATION TOOL FOR A CONSTITUTIVE MODEL OF AUSTENITIC STEEL [J]. ARCHIVES OF METALLURGY AND MATERIALS, 2013, 58(4): 1105-1110.

X80 管线钢

为了研究高级管线钢 X80 的动态力学行为，利用分离式霍普金森压杆（简称 SHPB）测量了 X80 钢在多种应变率（500s^{-1}、1500s^{-1}、2500s^{-1}）下的应变波形，用快速傅里叶变换对波形进行弥散修正，得到在不同应变率下的应力-应变关系，进一步得到 X80 钢在不同应变率下的 Johnson-Cook 本构模型的基本参数。

表 2-277 Johnson-Cook 模型参数

A/MPa	B/MPa	n	C
614	1658.4	0.95582	0.0937

李星，曾祥国，姚安林，等. X80 管线钢的动态力学性能研究 [C]. 四川省第二届实验力学学术会议论文集，绵阳，2011.

XH129 钢

表 2-278 Johnson-Cook 模型参数

Johnson-Cook 强度模型						
G/GPa	A/GPa	B/MPa	n	C	m	T_{melt}/K
81	1.3	753.4	0.42	0	0.822	1800
Mie-Grüneisen / Shock 状态方程						
ρ/(g/cm^3)	Γ	c_B/(m/s)	S	T_{ref}/K	C_V/(J/kg·K)	
7.81	1.93	5044	0.3238	300	420	
失效参数						
$\sigma_{fail,11}$/GPa	$\sigma_{fail,22}$/GPa	$\varepsilon_{fail,11}$	$\varepsilon_{fail,12}$			
10	5	0.65	0.5			

W RIEDEL. Fragment Impact on Bi-Layered Light Armours Experimental Analysis, Material Modeling and Numerical Studies [C]. 19th International Symposium of Ballistics, Interlaken, Switzerland, 2001.

氧化铁

表 2-279　Johnson-Cook 模型参数

$\rho /(\text{kg}/\text{m}^3)$	G/GPa	A/MPa	B/MPa	n	C
5274	93.5	337	343	0.3	0.01
m	T_r/K	T_m/K	$\dot{\varepsilon}_0/\text{s}^{-1}$	$C_p/\text{J}\cdot\text{kg}^{-1}\cdot\text{K}^{-1}$	
0.5	300	1935	105	1100	

表 2-280　Gruneisen 状态方程参数

Gruneisen 系数	$C_1/(\text{m}/\text{s})$	S_1
2.00	7435	0.035

王新征, 等. 非均匀二元颗粒含能材料细观模型建立的研究 [C]. 第十届全国冲击动力学学术会议论文集, 2011.

铸铁

表 2-281　Cast Iron（铸铁）的 Johnson-Cook 模型参数

A/MPa	B/MPa	n	C	m	$\dot{\varepsilon}_0/\text{s}^{-1}$	$T/℃$
270	275	35	0.0042	1.23	1	27

STANISLAV ROLE, JAROSLAV BUCHAR. Effect of the Temperature on the Ballistic Efficiency of Plates [C]. 22nd International Symposium of Ballistics, Vancouver, Canada, 2005.

第3章 铝、铝合金及泡沫铝

一般认为铝的应变率敏感性并不明显，但是有许多研究者认为铝或者铝合金在室温下当应变率达到 $1000s^{-1}$ 时，应变率敏感性会有所增强。

1100 铝合金

表 3-1 *MAT_POWER_LAW_PLASTICITY 模型参数

$\rho/(kg/m^3)$	E/GPa	PR	K	N	SRC/s^{-1}	SRP
2710	69	0.33	0.598	0.216	6500.0	4.0

ANSYS LS-DYNA User's Guide [R]. ANSYS, 2008.

1100-H14 铝合金

表 3-2 Johnson-Cook 模型参数

$\rho_0(g/cm^3)$	E/GPa	ν	T_m/K	T_r/K	$C_p/J \cdot kg^{-1} \cdot K^{-1}$
2.7126	68.948	0.33	893	293	920
A/GPa	B/GPa	n	C	m	$\dot{\varepsilon}_0/s^{-1}$
0.10282	0.04979	0.197	0.001	0.859	1
D_1	D_2	D_3	D_4	D_5	$\kappa/W \cdot m^{-1} \cdot K^{-1}$
0.071	1.248	−1.142	0.147	0.0	222

M A IQBAL, S H KHAN, R ANSARI, et al. Experimental and numerical studies of double-nosed projectile impact on aluminum plates [J]. International Journal of Impact Engineering, 2013, 54: 232-245.

1235 型铝箔

1235 型铝箔的力学性能为：屈服强度 $\sigma_{0.2} = 145MPa$ ，弹性模量 $E = 69GPa$ ，剪切强度 $\tau = 100MPa$ 。

王霄，等. 激光驱动飞片加载金属箔板成形及数值模拟 [J]. 塑性工程学报, 2009, 16(1): 25-30.

2008-T4 铝合金

表 3-3 *MAT_BARLAT_ANISOTROPIC_PLASTICITY 模型参数

$\rho/(kg/m^3)$	E/Pa	PR	K/Pa	E_0	N	M
2720	76E9	0.34	1.04E6	0.65	0.254	11.0
A	B	C	F	G	H	
1.017	1.023	0.9761	0.9861	0.9861	0.8875	

ANSYS LS-DYNA User's Guide [R]. ANSYS, 2008.

2024 铝合金

运用 SHPB 装置对 2024Al 在不同温度(25～400℃)，以及不同应变率(700～13000s^{-1})条件下的动态力学行为开展了系列的实验研究，基于 Johnson-Cook 本构模型，通过实验数据拟合得到了相应的材料模型参量：

$$\sigma = (218 + 546\varepsilon^{0.355})(1 + 0.038\ln\dot{\varepsilon})(1 - T^{3.73})$$

室温 $T_r = 298K$ ，试样熔点 $T_m = 775K$。

王金鹏，曾攀，雷丽萍. 2024Al 高温高应变率下动态塑性本构关系的实验研究 [J]. 塑性工程学报，2008，15(3)：101-118.

表 3-4　Johnson-Cook 模型参数

$\rho_0(\text{kg/m}^3)$	ν	E/GPa	T_r/K	T_m/K	A/MPa	B/MPa	n
2780	0.33	73.083	300	775	369	684	0.73
C	m	$C_p/\text{J}\cdot\text{kg}^{-1}\cdot\text{K}^{-1}$	D_1	D_2	D_3	D_4	D_5
0.0083	1.7	875	0.13	0.13	−1.5	0.011	0.0

M BUYUK, H KURTARAN, D MARZOUGUI, et al. Automated design of threats and shields under hypervelocity impacts by using successive optimization methodology [C]. International Journal of Impact Engineering, 2008, 35: 1449-1458.

表 3-5　Gruneisen 状态方程参数

$C/(\text{m/s})$	S_1	S_2	S_3	γ	A	E_0	V_0
5328	1.338	0.00	0.00	2.0	0.875	0.00	1.00

MEDINA S F, HEMADERZ C A. General expression of the Zener-Hollomon on parameter as a function of the chemical composition of low alloy and microalloyed steels [J]. Acta Mater, 1996.

2024-T3 铝合金

表 3-6　Johnson-Cook 材料模型参数

A/MPa	B/MPa	n	C	m	D_1	D_2	D_3	D_4	D_5
369	684	0.73	0.0083	1.7	0.13	0.13	−1.5	0.011	0.0

DONALD R LESUER. Experimental Investigations of Material Models for Ti-6Al-4V Titanium and 2024-T3 Aluminum [R]. ADA384431, 2000.

表 3-7　*MAT_PLASTIC_KINEMATIC 模型参数

$\rho/(\text{kg/m}^3)$	E/GPa	ν	σ_0/MPa	$E_{\text{tan}}/\text{MPa}$	β
2780	72.4	0.33	345	777	0.5

ABDULLATIF K ZAOUK. DEVELOPMENT AND VALIDATION OF A US SIDE IMPACT MOVEABLE DEFORMABLE BARRIER FE MODEL [C]. 3rd European LS-DYNA Conference, Paris, 2001.

表 3-8　*MAT_PLASTIC_KINEMATIC 模型参数

$\rho/(kg/m^3)$	E/GPa	ν	σ_0/MPa	E_{tan}/MPa	极限应力/MPa	极限应变
2923	71	0.334	345	460	427	0.186

VELDMAN R L. Effects of Pre-Pressurization on Plastic Deformation of Blast-Loaded Square Aluminum Plates [C]. 8th International LS-DYNA Conference, Detroit, 2004.

表 3-9　Johnson-Cook 模型参数

A/MPa	B/MPa	n	C	m
325	414	0.2	0.015	1

刘战强, 吴继华, 史振宇, 等. 金属切削变形本构方程的研究 [J]. 工具技术, 2008, 42(3): 3-9.

2024-T351 铝合金

文献作者在文章中首次提出了著名的 Johnson-Cook 模型, 并根据霍普金森杆拉杆和扭曲实验获得了 Johnson-Cook 本构模型参数。

表 3-10　Johnson-Cook 模型参数 (一)

$\rho/(kg/m^3)$	洛氏硬度	$C_p/J \cdot kg^{-1} \cdot K^{-1}$	T_m/K	A/MPa
2770	B-75	875	775	265

B/MPa	n	C	m
426	0.34	0.015	1.0

JOHNSON G R, COOK W H. A constitutive model and data for metals subjected to large strains, high strain-rates and high temperatures [C]. Proceedings of Seventh International Symposium on Ballistics, The Hague, The Netherlands, April 1983: 541-547.

对 2024-T351 铝合金进行了温度在 77～573K 的静、动态压缩 (应变率 10^{-3}～$6000s^{-1}$) 和拉伸 (应变率 10^{-3}～$3000s^{-1}$) 实验, 得到了铝合金材料的应力-应变关系和失效应变, 最后基于 Johnson-Cook 模型, 拟合了用以预测铝合金材料塑性流动应力的模型参数。

表 3-11　Johnson-Cook 模型参数 (二)

$\rho/(kg/m^3)$	$C_p/J \cdot kg^{-1} \cdot K^{-1}$	T_{melt}/K	A/MPa	B/MPa	n	C	m
2770	877.5	775	345	462	0.25	0.001	2.75

李娜, 李玉龙, 郭伟国. 三种铝合金材料动态性能及其温度相关性对比研究 [J]. 航空学报, 2008, 29(4): 903-908.

利用分离式 Hopkinson 拉杆设备对五种航空常用铝合金 2A12-CZ、2A12-M、2024-T351、7050-T74、7050-T7451 进行了室温动态拉伸力学性能探究, 并利用电子万能试验机对这五种材料进行了准静态拉伸力学性能测试, 得到了五种铝合金在不同应变率下的拉伸真实应力-应变曲线。实验结果显示: 7050 系列铝合金有较高的屈服强度, 2A12M 抗拉强度则最低。五种航空铝合金都表现出不同程度的正的应变率敏感效应, 其中 2A12-CZ 敏感性最强, 7050T7451 敏感性最弱。五种铝合金动态拉伸失效应变明显大于准静态拉伸失效应变。2A12M 与

2024-T351 有较高的动态拉伸失效应变。在实验结果的基础上，选择 Johnson-Cook 本构模型和 Cowper-Symonds 本构模型来拟合这五种材料的动态本构，模型预测与实验结果吻合较好。

表 3-12　Johnson-Cook 模型参数（三）

A/MPa	B/MPa	n	C
280	400	0.20	0.015

Cowper-Symonds 模型表达式为：

$$\sigma^D = (A + B\varepsilon^n)\left[1 + \left(\frac{\dot{\varepsilon}}{C}\right)^{1/q}\right]$$

其参数如下：

表 3-13　Cowper-Symonds 模型参数

A/MPa	B/MPa	n	C	q
180	210	0.20	7000	20

王雷，李玉龙，索涛，等. 航空常用铝合金动态拉伸力学性能探究 [J]. 航空材料学报, 2013, 33(4): 71-77.

2024-T6 铝合金

表 3-14　Johnson-Cook 模型参数

A/MPa	B/MPa	n	C	m
369	684	0.73	0.0083	1.7

刘战强，吴继华，史振宇，等. 金属切削变形本构方程的研究 [J]. 工具技术, 2008, 42(3): 3-9.

2A12 铝合金

见 2024-T351 铝合金说明（第 97 页）。

表 3-15　Johnson-Cook 模型参数

材料	ρ/(kg/m^3)	T_{melt}/K	A/MPa	B/MPa	n	C	m
2A12	2770	570.5	370.4	1798.7	0.73	0.0128	1.53
AUTODYN 中的 AL2024-T351	2785	775	265	426	0.34	0.015	1

李春雷. 2A12 铝合金本构关系实验研究 [D]. 哈尔滨: 哈尔滨工业大学, 2006.

利用分离式 Hopkinson 拉杆设备对五种航空常用铝合金 2A12-CZ、2A12-M、2024-T351、7050-T74、7050-T7451 进行了室温动态拉伸力学性能探究，并利用电子万能试验机对这五种材料进行了准静态拉伸力学性能测试，得到了五种铝合金在不同应变率下的拉伸真实应力-应变曲线。实验结果显示：7050 系列铝合金有较高的屈服强度，2A12M 抗拉强度则最低。五种航空铝合金都表现出不同程度的正的应变率敏感效应，其中 2A12-CZ 敏感性最强，7050-T7451 敏感性最弱。五种铝合金动态拉伸失效应变明显大于准静态拉伸失效应变。2A12M 与 2024-T351 有较高的动态拉伸失效应变。在实验结果的基础上，选择 Johnson-Cook

本构模型和 Cowper-Symonds 本构模型来拟合这五种材料的动态本构,模型预测与实验结果吻合较好。

表 3-16   Johnson-Cook 模型参数

铝合金类型	A/MPa	B/MPa	n	C
2A12CZ	380	520	0.46	0.030
2A12M	150	170	0.20	0.018

Cowper-Symonds 模型表达式为:

$$\sigma^D = (A + B\varepsilon^n)\left[1 + \left(\frac{\dot{\varepsilon}}{C}\right)^{1/q}\right]$$

其参数如下:

表 3-17   Cowper-Symonds 模型参数

铝合金类型	A/MPa	B/MPa	n	C	q
2A12CZ	225	210	0.30	8000	15
2A12M	100	80	0.20	8000	20

王雷, 李玉龙, 索涛, 等. 航空常用铝合金动态拉伸力学性能探究 [J]. 航空材料学报, 2013, 33(4): 71-77.

表 3-18   2A12-CZ 不同温度下的材料参数

T/℃	20	100	200	300	400	500	600	650
C/J·(kg·℃)$^{-1}$	900	921	1047	1130	1232	1352	1483	1553
E/GPa	68	64	54	42	33.9	24.4	15.0	10.3
κ/W·(m·℃)$^{-1}$	121	ρ/(kg/m^3)		2800	ν			0.33

王吉, 等. 强激光辐照下预载圆柱壳热屈曲失效的数值分析 [C]. 第七届全国爆炸力学学术会议论文集, 昆明, 2003.

2A12-CZ 为淬火及自然时效铝合金,强度较高,具有一定的脆性,成形性能良好,是航空工业中使用最广泛的铝合金,多用于制造各类飞机的主要受力构件。文献作者利用分离式 Hopkinson 压杆实验设备测定了材料的动态力学性能。根据材料的应力-应变曲线特性,选择 *MAT_PLASTIC_KINEMATIC 模型来拟合 2A12-CZ 的动态本构。

表 3-19   *MAT_PLASTIC_KINEMATIC 模型参数

σ_0/MPa	E/GPa	E_t/MPa	E_p/MPa	C/s^{-1}	P
290	68.5	1530	1565	22515.4	4.843

赵寿根, 等. 几种航空铝材动态力学性能实验 [J]. 北京航空航天大学学报, 2007, 33(8): 982-985.

对 2A12-CZ 铝合金进行了温度在 77~573K 的静、动态压缩(应变率 10^{-3}~6000s^{-1})

和拉伸（应变率 $10^{-3} \sim 3000 \text{s}^{-1}$）实验，得到了铝合金材料的应力-应变关系和失效应变，最后基于 Johnson-Cook 模型，拟合了用以预测铝合金材料塑性流动应力的模型参数。

表 3-20 Johnson-Cook 模型参数（一）

$\rho/(\text{kg/m}^3)$	$C_p/\text{J} \cdot \text{kg}^{-1} \cdot \text{K}^{-1}$	T_{melt}/K	A/MPa	B/MPa	n	C	m
2780	921	775	325	555	0.28	−0.001	2.20

李娜, 李玉龙, 郭伟国. 三种铝合金材料动态性能及其温度相关性对比研究 [J]. 航空学报, 2008, 29(4): 903-908.

表 3-21 Johnson-Cook 模型参数（二）

$\rho/(\text{kg/m}^3)$	G/GPa	A/MPa	B/MPa	n	C	D_1
2740	28	195	230	0.31	0.42	0.75

刘晓蕾, 等. 离散杆对 2A12 铝合金靶板侵彻效应的数值模拟分析 [C]. 2011 年中国兵工学会学术年会论文集, 2011, 197-203.

文献作者利用分离式霍普金森杆实验设备，研究了硬铝材料 2A12 在大应变率条件下的冲击动力响应，并根据实验所得的动态应力-应变关系曲线，拟合出该材料的 Johnson-Cook 本构模型参数。实验在室温下进行，故不考虑温度效应。

表 3-22 Johnson-Cook 模型参数（三）

A/MPa	B/MPa	n	C
300	465	0.35	0.010

许兵. 线型切割索侵彻硬铝板的实验研究及数值模拟仿真 [D]. 南京: 南京理工大学, 2003.

表 3-23 Zerilli-Armstrong 模型参数

$\rho/(\text{kg/m}^3)$	$c_b/(\text{m/s})$	T_m/K	G_0/GPa	$\dfrac{G'_P}{G_0}/\text{GPa}^{-1}$	$\dfrac{G'_T}{G_0}/\text{GPa}^{-1}$	$\alpha/10^{-6}\text{K}^{-1}$
2785	5328	933	37.5	0.065	−0.62	23.1

王永刚, 等. 冲击加载下 2A12 铝合金的动态屈服强度和层裂强度与温度的相关性 [J]. 物理学报, 2006, 55(8): 4202-4206

表 3-24 利用一维应力实验结果拟合出的 Johnson-Cook 模型参数（四）

$\rho/(\text{kg/m}^3)$	E/GPa	G/GPa	A/MPa	B/MPa	n	C	m
2770	72.2	27.7	310	1134	0.6893	0.01505	0.8842

彭建祥, 等. 多种应力状态下铝合金本构行为的实验研究 [C]. 第四届全国爆炸力学实验技术会议, 120-124.

表 3-25 动态力学特性参数

屈服强度/MPa	极限强度/MPa	ν	E/MPa
341.7	463	0.33	68420

樊新波，等. 基于 ANSYS 的 2A12 铝合金表面滚压的有限元分析 [J]. 南方金属, 2008, 160: 9-17.

表 3-26 Johnson-Cook 模型参数（五）

A/MPa	B/MPa	n	C	m	D_1	D_2	D_3	D_4	D_5
396	540	0.41	0	1	0.22	0.12	2.8	0	0

颜怡霞，等. 截锥壳跌落撞击的数值模拟与实验 [C]. 第十届全国冲击动力学学术会议论文集, 2011.

表 3-27 Johnson-Cook 模型参数（六）

ρ/(kg/m³)	E/GPa	ν	A/MPa	B/MPa	n
2700	70.6	0.33	275	356	0.794
C	m	$\dot{\varepsilon}_0$/s⁻¹	T_r	T_m	
0.1	0.0285	0.001	293	1200	

王建刚，等. 球形钨破片侵彻复合靶板的有限元分析 [C]. 战斗部与毁伤效率委员会第十届学术年会论文集, 绵阳, 2007. 261-266.

2A12-CZ 铝合金

硬铝合金 2A12 是一种可热处理的强化铝合金，经固溶处理、自然时效或人工时效后具有较高的强度。该合金还具有良好的成形能力和机械加工性能，能够获得各种类型的制品，因而它是航天工业中使用最广泛的铝合金。该合金熔点为 696℃，在高温下的软化倾向小，可用作受热部件。

2A70 铝合金

为了研究高速冲击条件下铝合金 2A70 的动态力学行为，开展了低应变率缺口试样拉伸实验及光滑试样应变率范围在 0.1~4000s⁻¹ 的动态拉伸实验。实验结果表明 2A70 合金具有一定的应变率敏感性，尤其在应变率高于 1000s⁻¹ 的情况下更为明显。实验数据被用来校核不同应变率修正形式的 Johnson-Cook 模型应变率修正项，拟合结果表明相对于其他的应变率修正，Cowper-Symonds 修正能够更好地描述 2A70 合金的应变率效应。低应变率缺口拉伸实验和不同应变率下光滑试样拉伸实验得到的失效应变还被用来校核 Johnson-Cook 断裂模型参数。通过数值仿真动态拉伸实验，证明了采用 Cowper-Symonds 修正的 Johnson-Cook 模型以及断裂模型可以很好地描述 2A70 合金的动态特性。

二次项形式：$1 + C\ln\dot{\varepsilon}^* + C_2\ln(\ln\dot{\varepsilon}^*)^2$。

指数形式：$(\dot{\varepsilon}^*)^C$。

Cowper-Symonds 形式：$1 + \left(\dfrac{\dot{\varepsilon}_{\text{eff}}^p}{C}\right)^{\frac{1}{C_2}}$。

表 3-28　Johnson-Cook 模型参数

应变率形式	A/MPa	B/MPa	n	C	C_2	m
标准形式	364.386	436.222	0.559	0.00542		1.398
二次项形式	364.386	436.222	0.559	−0.017	0.00234	1.398
指数形式	364.386	436.222	0.559	0.00529		1.398
Cowper-Symonds 形式	364.386	436.222	0.559	7.583E6	2.057	1.398

表 3-29　失效模型参数

D_1	D_2	D_3	D_4	D_5
0.140	0.136	−2.020	0.0272	0

张涛, 陈伟, 关玉璞. 2A70 合金动态力学性能与本构关系的研究 [J]. 南京航空航天大学学报, 2013, 45(3): 367-372.

3003 H14 铝合金

表 3-30　*MAT_PLASTIC_KINEMATIC 模型参数

ρ/(g/mm^3)	E/MPa	ν	σ_0/MPa	E_p/MPa
2.73E-3	68.9E3	0.33	145.0	50.0

SCHWER LEN, TENG HAILONG, SOULI MHAMED. LS-DYNA Air Blast Techniques: Comparisons with Experiments for Close-in Charges [C]. 10th European LS-DYNA Conference, Würzburg, 2015.

3003 H18 铝合金

表 3-31　*MAT_PLASTIC_KINEMATIC 模型参数

ρ/(kg/m^3)	E/GPa	ν	σ_0/MPa	E_p/MPa
2730	68.9	0.33	186	5.5

Gaetano Caserta, Lorenzo Iannucci, Ugo Galvanetto. Micromechanics analysis applied to the modelling of aluminium honeycomb and EPS foam composites [C]. 7th European LS-DYNA Conference, Salzburg, 2009.

3104-H19 铝合金

表 3-32　*MAT_PIECEWISE_LINEAR_PLASTICITY 模型参数（单位制 ton-mm-s）

ρ/(ton/mm^3)	E/MPa	ν	FAIL	TDEL	C	P	硬化曲线 $\sigma = K\varepsilon^n$	
							K/MPa	n
2.72E-9	5.82E4	0.33	0	0	0	0	356	0.0425

ARTUR REKAS, et al. Numerical Analysis of Multistep Ironing of Thin-Wall Aluminium Drawpiece [C]. 10th European LS-DYNA Conference, Würzburg, 2015.

5042 铝合金

表 3-33　*MAT_BARLAT_YLD2000 材料模型参数

基本参数							
$\rho/(\text{g/mm}^3)$	E/MPa	ν					
0.00272	68900	0.33					
YLD2000 参数 ($a = 8.0$)							
A_1	A_2	A_3	A_4	A_5	A_6	A_7	A_8
0.5891	1.4024	1.0892	0.994	1.065	0.7757	1.084	1.2064
Voce 常数							
A	B	C					
404.16MPa	107.17MPa	18.416					

ALLEN G MACKEY. Numerical Analysis of the Effects of Orthogonal Friction and Work Piece Misalignment during an AA5042 Cup Drawing Process [C]. 14th International LS-DYNA Conference Detroit, 2016.

5052 铝合金

表 3-34　*MAT_PLASTIC_KINEMATIC 模型参数

$\rho/(\text{kg/m}^3)$	E/GPa	ν	σ_0/MPa	$E_{\text{tan}}/\text{MPa}$
2680	72	0.34	300	50

NAYAK, S K , SINGH, A K , BELEGUNDU, A D, et al. Process for Design Optimization of Honeycomb Core Sandwich Panels for Blast Load Mitigation [R]. ADA570354, Army Research Lab Aberdeen Proving Ground MD, 2012.

5052-H34 铝合金

表 3-35　*MAT_PLASTIC_KINEMATIC 模型参数

$\rho/(\text{kg/m}^3)$	E/GPa	ν	σ_0/MPa	$E_{\text{tan}}/\text{MPa}$	β
2680	70	0.33	215	450	0.5

ABDULLATIF K ZAOUK. DEVELOPMENT AND VALIDATION OF A US SIDE IMPACT MOVEABLE DEFORMABLE BARRIER FE MODEL [C]. 3rd European LS-DYNA Conference, Paris, 2001.

5182 铝合金

表 3-36　*MAT_226 和*MAT_242 材料模型参数

	CB	SIGY	C	K	Rsat	SB	H	C_1	C_2	R_0	R_{45}	R_{90}
*MAT_226	162.0	128.0	451.0	10.0	171.0	243.0	0.19	0.01	0.32	0.957	0.934	1.058
*MAT_242	α_1	α_2	α_3	α_4	α_5	α_6	α_7	α_8				
	0.9360330	128.0	451.0	10.0	171.0	243.0	0.19	0.01				

ZHU XINHAI, ZHANG LI. Advancements in Material Modeling and Implicit Method for Metal Stamping Applications [C]. 11th International LS-DYNA Conference, Detroit, 2010.

表 3-37　*MAT_3-PARAMETER_BARLAT 模型参数

$\rho/(kg/m^3)$	E/Pa	v	HR	P_1/Pa	P_2/Pa	M	R_{00}	R_{45}	R_{90}
2720	0.76E11	0.34	1.0	0.25E8	0.145E9	0.17	0.73	0.68	0.65

ANSYS LS-DYNA User's Guide [R]. ANSYS, 2008. .

5182-O 铝合金

表 3-38　*MAT_BARLAT_YLD96 模型参数（NUMISHEET 2005，厚度 1.625mm，单位制 ton-mm-s）

$\rho/(ton/mm^3)$	E/MPa	v	K	E_0	N	ESR0	M	HARD
2.89E-9	7.06E4	0.341	586.72	0.002	0.319	0.0	0.0	1.0
A	C_1	C_2	C_3	C_4	AX	AY	AZ0	AZ1
8.0	1.057924	0.920731	1.016333	1.092887	0.8204	1.44	1.0	0.63756
AOPT	OFFANG	A_1	A_2	A_3	D_1	D_2	D_3	
2.0	0.0	1.0	0.0	0.0	0.0	1.0	0.0	

LSTC.

表 3-39　*MAT_3-PARAMETER_BARLAT 模型参数（NUMISHEET 2005，厚度 1.625mm，单位制 ton-mm-s）

$\rho/(ton/mm^3)$	E/MPa	v	HR	P_1	P_2	M
2.89E-9	7.06E04	0.341	5.0	586.72	0.319	8.0
R_{00}	R_{45}	R_{90}	LCID	E_0	SPI	P_3
0.957	0.934	1.058	0	0.002	0.0	0.0
AOPT	A_1	A_2	A_3	D_1	D_2	D_3
2.0	1.0	0.0	0.0	0.0	1.0	0.0

LSTC.

表 3-40　*MAT_KINEMATIC_HARDENING_TRANSVERSELY_ANISOTROPIC 模型参数（NUMISHEET 2014，厚度 1.10mm，单位制 ton-mm-s）

$\rho/(ton/mm^3)$	E/MPa	v	R	HCLID	OPT	CB	Y
2.89E-9	7.0E4	0.333	0.795	0	0	122.3	110.2
SC1	K	RSAT	SB	H	EA	COE	IOPT
577.5	12.0	201.7	16.5	0.16	0.0	0.0	0

LSTC.

表 3-41　*MAT_BARLAT_YLD2000 模型参数（NUMISHEET 2005，厚度 1.625mm，单位制 ton-mm-s）

$\rho/(ton/mm^3)$	E/MPa	v	FIT	BETA	ITER	ISCALE	K
2.89E-9	7.06E4	0.341	0.0	0.0	0.0	0.0	586.72
E_0	N	HARD	A	ALPHA1	ALPHA2	ALPHA3	ALPHA4
0.002	0.319	4.0	8.0	1.078701	0.966889	1.004853	1.002609
ALPHA5	ALPHA6	ALPHA7	AOPT	A_1	A_2	A_3	
1.016975	1.032625	1.114336	2.0	1.0	0.0	0.0	

LSTC.

表 3-42 ***MAT_KINEMATIC_HARDENING_BARLAT89** 模型参数
（NUMISHEET 2014，厚度 1.10mm，单位制 ton-mm-s）

$\rho/(\text{ton/mm}^3)$	E/MPa	ν	M	R_{00}	R_{45}	R_{90}	CB	Y
2.89E-9	7.0E4	0.333	8.0	0.699	0.776	0.775	122.3	110.2

SC	K	RSAT	SB	H	HLCID	AOPT	A_1	
577.5	12.0	201.7	16.5	0.16	0	2	1.0	

LSTC.

5083 铝合金

表 3-43 ***MAT_PLASTIC_KINEMATIC** 模型参数

$\rho/(\text{kg/m}^3)$	E/GPa	ν	σ_0/MPa	$E_{\text{tan}}/\text{GPa}$
2700	62	0.3	150	1.61

本书作者注：原文中 E_{TAN} 原为 G。

李松宴，郑志军，虞吉林. 高速列车吸能结构设计和耐撞性分析 [J]. 爆炸与冲击，2015，35(2): 164-170.

5083-H116 铝合金

表 3-44 ***MAT_JOHNSON_COOK** 材料模型参数

$\rho/(\text{kg/m}^3)$	E/GPa	ν	$C_p/\text{J}\cdot\text{kg}^{-1}\cdot\text{K}^{-1}$	α	$\bar{\alpha}/\text{K}^{-1}$	$\dot{\varepsilon}/s^{-1}$
2700	70	0.3	910	0.9	2.3E-5	1

A/MPa	B/MPa	n	C	m	T_r/K	T_m/K
167	596	0.551	0.001	0.859	293	893

D_1	D_2	D_3	D_4	D_5	D_C	
0.0261	0.263	−0.349	0.147	16.8	1	

TORE BØRVIK, ARILD H. CLAUSEN, ODD STURE HOPPERSTAD, et al. Perforation of AA5083-H116 aluminium plates with conical-nose steel projectiles – experimental study [J]. International Journal of Impact Engineering, 2004, 30: 367-384.

表 3-45 **Johnson-Cook** 模型参数

A/MPa	B/MPa	n	C	m
167	300	0.12	0	0.89

刘战强，吴继华，史振宇，等. 金属切削变形本构方程的研究 [J]. 工具技术，2008，42(3): 3-9.

表 3-46 ***MAT_MODIFIED_JOHNSON_COOK** 材料模型参数

铝板厚度	A/MPa	B/MPa	n	C	$\dot{\varepsilon}_0$	D_1	D_2	D_3	D_4	D_5
5mm、10mm	206	423	0.362	0.001	1	0.178	0.389	−2.25	0.147	0.0
3m	223	423	0.441							

F GRYTTEN, T BØRVIK, O S HOPPERSTAD, et al. On the Quasi-Static Perforation Resistance of Circular AA5083-H116 Aluminium Plates [C]. 9th International LS-DYNA Conference, Detroit, 2006.

表 3-47 *MAT_PLASTIC_KINEMATIC 模型参数（一）

$\rho/(\text{kg/m}^3)$	E/GPa	ν	σ_0/MPa	$E_{\text{tan}}/\text{MPa}$	F_S
2768	70.33	0.33	322	340	0.25

KEVIN WILLIAMS. Validation of a Loading Model for Simulating Blast Mine Effects on Armoured Vehicles [C]. 7th International LS-DYNA Conference Detroit, 2002.

表 3-48 *MAT_PLASTIC_KINEMATIC 模型参数（二）

$\rho/(\text{kg/m}^3)$	E/GPa	ν	σ_0/MPa	$E_{\text{tan}}/\text{MPa}$
2660	70.3	0.33	200	726

GENEVIÈVE TOUSSAINT, AMAL BOUAMOUL, ROBERT DUROCHER, et al. Numerical Evaluation of an Add-On Vehicle Protection System [C]. 9th European LS-DYNA Conference, Manchester, 2013.

5A06 铝合金

林木森等运用材料试验机和分离式霍普金森压杆装置（SHPB）对三种不同加工及热处理状态的 5A06 铝合金在常温~500℃、应变率为 10^{-4}~10^3s^{-1} 下的力学行为进行了实验研究。

三种状态 5A06 铝合金为：

5A06-H112：直接经过热挤压成形的状态。

5A06-O：5A06-H112 状态在 370~390℃ 退火 2h。

5A06-C：5A06-H112 状态棒料经过截面积减小 13%左右冷拔处理。

基于 Johnson-Cook 本构模型，通过实验数据拟合得到了每种状态下材料的本构模型参数。

表 3-49 Johnson-Cook 模型参数

材料	A/MPa	B/MPa	n	C	m
5A06-H112	218.3	704.6	0.62	0.0157	0.93
5A06-O	168.4	950.5	0.71	0.0165	1.08
5A06-C	235.4	622.3	0.58	0.0174	1.05

该文作者认为 Johnson-Cook 本构模型并不能很好地描述三种状态 5A06 铝合金的应力-应变形为，因此对其中的应变率敏感参数 C 进行修正，取 C 为 $\dot\varepsilon$ 的函数，即 $C=f(\dot\varepsilon)$。相应的 Johnson-Cook 本构模型表达式修正为：

$$\sigma = (A+B\varepsilon^n)(1+f(\dot\varepsilon)\ln\dot\varepsilon^*)(1-T^{*m})$$

修正后的 5A06 铝合金 Johnson-Cook 本构模型为：

5A06-H112 ： $\sigma = (218.3+704.6\varepsilon^{0.62})(1+10^{-4}\dot\varepsilon^{0.5}\ln\dot\varepsilon^*)[1-(T^*)^{0.93}]$

5A06-O： $\sigma = (168.4+950.5\varepsilon^{0.71})(1+7.5\times10^{-5}\dot\varepsilon^{0.6}\ln\dot\varepsilon^*)[1-(T^*)^{1.08}]$

5A06-C： $\sigma = (235.4+622.3\varepsilon^{0.58})(1+2\times10^{-5}\dot\varepsilon^{0.75}\ln\dot\varepsilon^*)[1-(T^*)^{1.05}]$

林木森，等. 5A06 铝合金的动态本构关系实验 [J]. 爆炸与冲击, 2009, 29(3): 306-311.

6005-T6 铝合金

表 3-50 Johnson-Cook 模型参数

$\rho/(kg/m^3)$	E/GPa	ν	$\dot{\varepsilon}/(s^{-1})$	D_c	$C_p/J \cdot kg^{-1} \cdot K^{-1}$	α
2700	70	0.3	0.001	1	910	0.9
$\bar{\alpha}/K^{-1}$	A/MPa	B/MPa	n	C	m	D_1
2.3E-5	270	134	0.514	0.0082	0.703	0.06
D_2	D_3	D_4	D_5	T_r/K	T_m/K	
0.497	-1.551	0.0286	6.8	293	893	

TORE BØRVIK, ARILD H CLAUSEN, MAGNUS ERIKSSON, et al. Experimental and numerical study on the perforation of AA6005-T6 panels [J]. International Journal of Impact Engineering, 2005, 32: 35-64.

6022-T43 铝合金

表 3-51 *MAT_BARLAT_YLD96 模型参数（NUMISHEET 2005，厚度 1.00mm，单位制 ton-mm-s）

$\rho/(ton/mm^3)$	E/MPa	ν	K	E_0	N	ESR0	M
2.89E-9	70200	0.363	479.92	0.002	0.258	0.0	0.0
HARD	A	C_1	C_2	C_3	C_4	AX	AY
1.0	8.0	1.026169	0.887357	1.010265	1.055135	1.34165	1.4889
AZ0	AZ1	AOPT	OFFANG	A_1	A_2	A_3	D_2
1.0	0.4415	2.0	0.0	1.0	0.0	0.0	1.0

LSTC.

表 3-52 *MAT_3-PARAMETER_BARLAT 模型参数（NUMISHEET 2005，厚度 1.00mm，单位制 ton-mm-s）

$\rho/(ton/mm^3)$	E/MPa	ν	HR	P_1	P_2	M
2.89E-9	7.02E4	0.363	5.0	479.92	0.258	8.0
R_{00}	R_{45}	R_{90}	LCID	E_0	SPI	P_3
1.029	0.532	0.728	0	0.002	0.0	0.0
AOPT	A_1	A_2	A_3	D_1	D_2	D_3
2.0	1.0	0.0	0.0	0.0	1.0	0.0

LSTC.

表 3-53 *MAT_BARLAT_YLD2000 模型参数（NUMISHEET 2005，厚度 1.00mm，单位制 ton-mm-s）

$\rho/(ton/mm^3)$	E/MPa	ν	FIT	BETA	ITER	ISCALE	K
2.89E-9	7.02E4	0.363	0.0	0.0	0.0	0.0	479.92
E_0	N	HARD	A	ALPHA1	ALPHA2	ALPHA3	ALPHA4
0.002	0.258	4.0	8.0	0.938049	1.045181	0.929135	1.029875
ALPHA5	ALPHA6	ALPHA7	ALPHA8	AOPT	A_1	A_2	A_3
0.987446	1.035941	0.952861	1.101099	2.0	1.0	0.0	0.0

LSTC.

6061 铝合金

表 3-54 *MAT_BARLAT_YLD2000 材料模型参数

δ_0/MPa	E/MPa	$A(\%)$	A_1	A_2	A_3	A_4	A_5	A_6	A_7	A_8	M
132	6800	6	1.05	0.95	1.01	1.01	1.00	1.06	0.96	1.01	6

KLAUS WIEGAND, et al. Influence of Variations in a Mechanical Framing Station on the Shape Accuracy of S-Rail Assemblies [C]. 10th European LS-DYNA Conference, Würzburg, 2015.

表 3-55 Gruneisen 状态方程参数

ρ_0/(g/cm^3)	C/(m/s)	S_1	S_2	S_3	Γ	α
2.703	5240	1.4	0.0	0.0	1.97	0.48

CRAIG M TARVER, ESTELLA M MCGUIRE. REACTIVE FLOW MODELING OF THE INTERACTION OF TATB DETONATION WAVES WITH INERT MATERIALS [C]. Proceedings of the 12th International Detonation Symposium, San Diego, California, 2002.

6061-T4 铝合金

表 3-56 Johnson-Cook 模型参数

ρ/(kg/m^3)	ν	A/MPa	B/MPa	n	C	m	C_p/J·kg^{-1}·K^{-1}
2700	0.33	110	256	0.34	0.015	1.0	896

ZHANG PEIHUI. Joining Enabled by High Velocity Deformation [D]. The Ohio State University, 2003.

6061-T6 铝合金

表 3-57 Johnson-Cook 模型和 Gruneisen 状态方程参数

ρ/(kg/m^3)	E/GPa	A/MPa	B/MPa	n	C	m
2704	71	324.1	113.8	0.42	0.002	1.34
C_p/J·kg^{-1}·K^{-1}	T_r/K	T_m/K	K_1/GPa	K_2/GPa	K_3/GPa	Γ_0
875.6	293	877.6	76.74	128.3	125.1	2.0

黄晶, 许希武. 飞机壁板结构击穿的数值模拟 [J]. 兵器材料科学与工程, 2007, 30(2): 17-22.

ROBBINS J R, DING J L, GUPTA Y M. Load spreading and penetration resistance of layered structures - A numerical study [J]. International Journal of Impact Engineering, 2004, 30: 593-615.

表 3-58 Steinberg-Guinan 模型参数

剪切模量/kPa	2.76E7	屈服应力/kPa	2.9E5
最大屈服应力/kPa	6.8E5	硬化常数	125
硬化指数	0.1	dG/dP	1.8
dG/dT/kPa	-1.7E4	dσys/dP	1.8908E-2

表 3-59 Gruneisen 状态方程参数

ρ_0/(g/cm^3)	C/(m/s)	S_1	Γ	T_r/K	T_m/K	C_v/J·kg^{-1}·K^{-1}
2.703	5240	1.4	1.97	300	900	885

SRIDHAR PAPPU. Hydrocode and Microstructural Analysis of Explosively Formed Penetrators [D]. EL PASO, USAL: University of Texas, 2000.

表 3-60 Johnson-Cook 模型参数 (一)

$\rho/(kg/m^3)$	G/GPa	A/MPa	B/MPa	n	C
2704	28	324	114	0.42	0.002
m	D_1	D_2	D_3	D_4	D_5
1.34	−0.77	1.45	−0.47	0.0	1.6

表 3-61 Gruneisen 状态方程参数

K_1/GPa	K_2/GPa	K_3/GPa	Γ_0
77	128	125	2.0

TIMOTHY J HOLMQUIST, DOUGLAS W TEMPLETON, KRISHAN D BISHNOI. Constitutive modeling of aluminum nitride for large strain, high-strain rate, and high-pressure applications [J]. International Journal of Impact Engineering, 2001, 25: 211-231.

表 3-62 Johnson-Cook 模型参数 (二)

A/MPa	B/MPa	n	C	m
293.4	121.26	0.23	0.002	1.34

刘战强, 吴继华, 史振宇, 等. 金属切削变形本构方程的研究 [J]. 工具技术, 2008, 42(3): 3-9.

表 3-63 动态力学特性参数

$\rho/(kg/m^3)$	G/GPa	ν	σ_0/GPa	F_S
2750	25	0.28	0.298	0.88

表 3-64 *EOS_LINEAR_POLYNOMIAL 状态方程参数

C_0	C_1	C_2	C_3	C_4	C_5	C_6
0	0.742	0.605	0.365	1.97	0	0

KHODADAD VAHEDI, NAJMEH KHAZRAIYAN. Numerical Modeling of Ballistic Penetration of Long Rods into Ceramic/Metal Armors [C]. 8th International LS-DYNA Conference, Detroit, 2004.

表 3-65 *MAT_PLASTIC_KINEMATIC 模型参数 (一)

$\rho/(kg/m^3)$	E/GPa	$C=\sqrt{E/\rho}/(m/s)$	ν	σ_0/MPa	E_{tan}/MPa
2690	70	5101	0.33	276	646

BOUAMOUL A, BOLDUC M. Characterization of Al 6061-T6 using Split Hopkinson Bar Tests and Numerical Simulations [C]. 22nd International Symposium of Ballistics, Vancouver, Canada, 2005.

表 3-66 *MAT_PLASTIC_KINEMATIC 模型参数 (二)

$\rho/(kg/m^3)$	E/GPa	$C_v/J\cdot kg^{-1}\cdot K^{-1}$	ν	σ_0/MPa	E_{tan}/MPa
2686	72.4	937.4	0.32	286.8	542.6

LI Q M, JONES N. Shear and adiabatic shear failures in an impulsively loaded fully clamped beam [J]. International Journal of Impact Engineering, 1999, 22: 589-607.

表 3-67　Johnson-Cook 模型参数（三）

A/MPa	B/MPa	n	C	m
150	300	0	1.0	0.41

LITTLEFIELD D L. The Effect of Electromagnetic Fields on Taylor Anvil Impacts [C]. 20th International Symposium of Ballistics, Orlando, Florida, 2002.

6063 铝合金

表 3-68　Johnson-Cook 模型参数

A/MPa	B/MPa	n	C	m	D_1	D_2	D_3	D_4	D_5
176.45	63.99	0.07	0.0036	0	0.07413	0.0892	−2.441	−4.76	0

ZHU HAO, ZHU LIANG, CHEN JIANHONG. Damage and fracture mechanism of 6063 aluminum alloy under three kinds of stress states [J]. RARE METALS, 2008, 27(1): 64-69.

对 6063 铝合金试样在不同应力三轴度和不同应变率下进行拉伸实验，得到了该合金在这两种情况下的力学性能。并利用 Johnson-Cook 本构模型及其断裂应变模型来描述 6063 铝合金在不同三轴应力度和不同应变率下的本构及失效关系。

表 3-69　Gurson 模型参数

q_1	q_2	q_3	f_n	f_c	f_F	f_N	ε_N	S_N
1.5	1.0	2.25	0.0025	0.035	0.0475	0.02	0.3	0.1

表 3-70　Johnson-Cook 模型参数

A/MPa	B/MPa	n	C	m	D_1	D_2	D_3	D_4	D_5
176.45	63.99	0.07	0	0	0.07413	0.0892	−2.441	0	0

朱浩, 朱亮, 陈剑虹. 铝合金在两种应力状态下损伤的有限元模拟 [J]. 稀有金属, 2006, 30(6): 888-892.

6063-T5 铝合金

表 3-71　Johnson-Cook 模型参数

ρ/(kg/m^3)	E/GPa	ν	A/MPa	B/MPa	n	C	m	D_1
2700	71	0.33	200	144	0.62	0	1	0.2

VARAS D, ZAERA R, LÒPEZ-PUENTE J. Numerical modelling of the hydrodynamic ram phenomenon [C]. International Journal of Impact Engineering, 2009, 36: 363-374.

6082-T6 铝合金

表 3-72　Johnson-Cook 模型参数

A/MPa	B/MPa	n	C	m
250	243.6	0.17	0.00747	1.31
428.5	327.7	1.008	0.00747	1.31

刘战强, 吴继华, 史振宇, 等. 金属切削变形本构方程的研究 [J]. 工具技术, 2008, 42(3): 3-9.

6111 铝合金

表 3-73 ***MAT_3-PARAMETER_BARLAT** 模型参数（**NUMISHEET 2002**，厚度 **1.00mm**，单位制 **ton-mm-s**）

$\rho/(\text{ton}\cdot\text{mm}^3)$	E/MPa	ν	HR	P_1	P_2	M
2.89E−9	7.05E4	0.34	5.0	550.4	0.223	8.0
R_{00}	R_{45}	R_{90}	LCID	E_0	SPI	P_3
0.894	0.611	0.660	0	0.002	0.0	0.0
AOPT	A_1	A_2	A_3	D_1	D_2	D_3
2.0	1.0	0.0	0.0	0.0	1.0	0.0

LSTC.

6N01 铝合金

表 3-74 ***MAT_PLASTIC_KINEMATIC** 模型参数

$\rho/(\text{kg/m}^3)$	E/GPa	ν	σ_0/MPa	$E_{\text{tan}}/\text{GPa}$
2700	70	0.3	250	0.573

注：原文中 E_{TAN} 为 G 。

李松宴，郑志军，虞吉林. 高速列车吸能结构设计和耐撞性分析 [J]. 爆炸与冲击, 2015, 35(2): 164-170.

7020-T651 铝合金

表 3-75 **Johnson-Cook** 模型和失效模型参数

$\rho/(\text{kg/m}^3)$	G/GPa	E/GPa	ν	$C_p/\text{J}\cdot\text{kg}^{-1}\cdot\text{K}^{-1}$	T_m/K	硬度
2770	25	71	0.3	452	880	133HV±2
A/MPa	B/MPa	n	C	m	D_1	D_2
295	260	1.65	0.000889	1.26	0.011	0.42
D_3	D_4	D_5	D_c	P_d	$\dot{\varepsilon}_0/\text{s}^{-1}$	
−3.26	0.016	1.1	1.0	0	0.0001	

TERESA FRAS, LEON COLARD, BERNHARD RECK. Modeling of Ballistic Impact of Fragment Simulating Projectiles against Aluminum Plates [C]. 10th European LS-DYNA Conference, Würzburg, 2015.

7039 铝合金

文献作者在文章中首次提出了著名的 Johnson-Cook 模型，并根据霍普金森杆拉杆和扭曲实验获得了 Johnson-Cook 本构模型参数。

表 3-76　Johnson-Cook 模型参数

$\rho/(\text{kg/m}^3)$	洛氏硬度	$C_p/\text{J}\cdot\text{kg}^{-1}\cdot\text{K}^{-1}$	T_m/K	A/MPa
2770	B-76	875	775	337
B/MPa	n	C	m	
343	0.41	0.010	1.0	

JOHNSON G R, COOK W H. A constitutive model and data for metals subjected to large strains, high strain-rates and high temperatures [C]. Proceedings of Seventh International Symposium on Ballistics, The Hague, The Netherlands, April 1983: 541-547.

表 3-77　Johnson-Cook 模型和失效模型参数

$\rho/(\text{kg/m}^3)$	G/GPa	$C_p/\text{J}\cdot\text{kg}^{-1}\cdot\text{K}^{-1}$	T_m/K	T_r/K	A/MPa
2768	26.2	875.6	877.6	294.3	336.5
B/MPa	n	C	m	D_1	D_2
342.7	0.41	0.010	1.0	0.14	0.14
D_3	D_4	D_5	$e_{\min}^f$	$\sigma_{\text{spall}}/\text{GPa}$	
-1.5	0.018	0.0	0.06	4.62	

本书作者注：原文中 m、n 分别为 0.41 和 1.0，本书作者进行了调换。

MARTIN N RAFTENBERG. A shear banding model for penetration calculations [J]. International Journal of Impact Engineering, 2001, 25: 123-146.

7050-T74 铝合金

见 2024-T351 铝合金说明（第 97 页）。

表 3-78　Johnson-Cook 模型参数

A/MPa	B/MPa	n	C
300	400	0.13	0.013

Cowper-Symonds 模型表达式为：

$$\sigma^D = (A + B\varepsilon^n)\left[1 + \left(\frac{\dot{\varepsilon}}{C}\right)^{1/q}\right]$$

其参数如下：

表 3-79　Cowper-Symonds 模型参数

A/MPa	B/MPa	n	C	q
220	180	0.22	8000	30

王雷, 李玉龙, 索涛, 等. 航空常用铝合金动态拉伸力学性能探究 [J]. 航空材料学报, 2013, 33(4): 71-77.

7050-T7451 铝合金

对 7050-T7451 铝合金进行了温度在 77～573K 的静、动态压缩（应变率 10^{-3}～6000s^{-1}）和拉伸（应变率 10^{-3}～3000s^{-1}）实验，得到了铝合金材料的应力-应变关系和失效应变，最后基于 Johnson-Cook 模型，拟合了用以预测铝合金材料塑性流动应力的模型参数。

表 3-80　Johnson-Cook 模型参数

$\rho/(\text{kg/m}^3)$	$C_p/\text{J·kg}^{-1}·\text{K}^{-1}$	T_{melt}/K	A/MPa	B/MPa	n	C	m
2830	860	761	500	240	0.22	0.003	2.55

李娜, 李玉龙, 郭伟国. 三种铝合金材料动态性能及其温度相关性对比研究 [J]. 航空学报, 2008, 29(4): 903-908.

见 2024-T351 铝合金说明（第 97 页）。

表 3-81　Johnson-Cook 模型参数

A/MPa	B/MPa	n	C
150	550	0.08	0.013

Cowper-Symonds 模型表达式为：

$$\sigma^D = (A + B\varepsilon^n)\left[1 + \left(\frac{\dot{\varepsilon}}{C}\right)^{1/q}\right]$$

其参数如下：

表 3-82　Cowper-Symonds 模型参数

A/MPa	B/MPa	n	C	q
120	240	0.05	7000	28

王雷, 李玉龙, 索涛, 等. 航空常用铝合金动态拉伸力学性能探究 [J]. 航空材料学报, 2013, 33(4): 71-77.

利用 SHPB 动态压缩实验获取材料应力、应变、应变率和温度数据，采用非线性回归分析建立起航空铝合金板材 7050-T7451 在铣削加工中的 Zerilli-Armstrong 动态本构模型。

$$\sigma = 400 + 9.902 \exp[-(11.027 - 1.379\ln\dot{\varepsilon})t] + 100\varepsilon_p$$

式中，t 为 100~200℃，ε_p 为 0.2~1.1，$\dot{\varepsilon}$ 为 1.05×10^3~$11\times10^3\text{s}^{-1}$。

杨勇, 柯映林, 董辉跃. 金属切削加工中航空铝合金板材的本构模型 [J]. 中国有色金属学报, 2005, 15(6): 854-859.

用高温分离式 Hopkinson 压杆装置进行高温冲击压缩实验，研究航空铝合金 7050-T7451 在温度范围 200~550℃及应变率范围 1400~2800s^{-1} 内压缩变形时的流变应力变化和特征。结果表明，流变应力随着温度的升高而降低，随应变率的升高而增大。温度对流动应力的影响较应变率对流动应力的影响更为显著。用修正的 Johnson-Cook 本构模型建立 7050-T7451 铝合金的本构方程，描述了该合金材料高温下流变应力、应变与应变率之间的关系：

当 $T<465℃$ 时：

$$\sigma = (435.7 + 2534.62\varepsilon^{0.504})[1 + 0.019\ln(1+\dot{\varepsilon})]\{1 - [(T-25)/610]^{0.97}\}$$

当 $T \geqslant 465℃$ 时：

$$\sigma = 0.79(435.7 + 2534.624\varepsilon^{0.504})[1 + 0.019\ln(1+\dot{\varepsilon})]\{1 - [(T-25)/610]^{0.97}\}$$

室温和熔化温度分别为 25℃、635℃。

本书作者注：465℃是铝合金的再结晶温度，可以看出，两方程在 $T=465℃$ 时不连续。

付秀丽，等. 铝合金 7050 高温流变应力特征及本构方程 [J]. 武汉理工大学学报, 2006, 28(12): 113-116.

首先采用 5TSHIMADZU 电子万能试验机、MTS-810 电液伺服式材料试验机和 SHPB 分别进行了材料高温拉伸实验、准静态压缩实验和高速压缩实验。在获得材料弹性模量和多种温度、多种应变率下的应力-应变曲线的基础上，根据 Johnson-Cook 本构模型，拟合得到了铝合金 7050-T7451 的 Johnson-Cook 本构模型参数。

$$\sigma = (490 + 206.9\varepsilon^{0.344})\left(1 + 0.005\ln\frac{\dot{\varepsilon}}{\dot{\varepsilon}_0}\right)(1 - T^{*1.80})$$

董辉跃. 铝合金高速加工及整体结构件加工变形的试验与仿真研究 [D]. 杭州: 浙江大学, 2006.

7055 铝合金

表 3-83   Johnson-Cook 模型参数

A/MPa	B/MPa	n	C	m	T_m/K
571	184.9	0.253	0	0.733	826

朱耀. AA 7055 铝合金在不同温度及应变率下力学性能的实验研究 [D]. 哈尔滨: 哈尔滨工业大学, 2010.

7075-T651 铝合金

表 3-84   Modified-Johnson-Cook 模型参数

参数	与轧制方向夹角为 0°	与轧制方向夹角为 45°	与轧制方向夹角为 90°
E/GPa	70	70	70
ν	0.3	0.3	0.3
ρ/(kg/m³)	2700	2700	2700
A/MPa	520	426	478
B/MPa	477	339	414
n	0.52	0.31	0.38
ε/s⁻¹	5e-4	5e-4	5e-4
C	0.001	0.001	0.001
T_r/K	293	293	293
T_m/K	893	893	893
T_C/K	800	800	800
m	1	1	1
C_p/J·kg⁻¹·K⁻¹	910	910	910
Taylor-Quinney 系数 χ	0.9	0.9	0.9
α	2.3e-5	2.3e-5	2.3e-5
W_{cr}/MPa	106	292	164

BØRVIK T, HOPPERSTAD O S, PEDERSON K O. Quasi-brittle fracture during structural impact of AA7075-T651 aluminum plates [J]. International Journal of Impact Engineering, 2010, 37: 537-551.

表3-85　Modified-Johnson-Cook 模型参数

$\rho/(kg/m^3)$	E/GPa	ν	$C_p/J \cdot kg^{-1} \cdot K^{-1}$	T_C/K	T_m/K
2810	71.7	0.33	910	804	893
T_r/K	A/MPa	B/MPa	n	C	m
293	520	477	0.52	0.001	1.61
x	α	W_{cr}/MPa	$\dot{\varepsilon}_0/s^{-1}$		
0.9	2.3E-5	106	5E-4		

表3-86　Johnson-Cook 模型和失效模型参数

$\rho/(kg/m^3)$	E/GPa	G/GPa	ν	$C_p/J \cdot kg^{-1} \cdot K^{-1}$	T_m/K
2810	71.7	26.9	0.33	910	893
T_r/K	A/MPa	B/MPa	n	C	m
293	520	477	0.52	0.0025	1.61
D_1	D_2	D_3	D_4	D_5	$\dot{\varepsilon}_0/s^{-1}$
0.096	0.049	3.465	0.016	1.099	5e-4

表3-87　Gruneisen 状态方程参数

$C/(km/s)$	S_1	γ_0	V_0
5.24	1.4	1.97	1

KASPER CRAMON JØGENSEN, VIVIAN SWAN. Modelling of Armour-piercing Projectile Perforation of Thick Aluminium Plates [C]. 13th International LS-DYNA Conference, Dearborn, 2014.

7075-T7351 铝合金

表3-88　Johnson-Cook 模型参数

$\rho_0/(g/cm^3)$	$C_L/(m/s)$	$C_S/(m/s)$	E/GPa	ν	A/GPa	B/GPa	n	C
2.81	6320	3110	71.7	0.34	0.3	0.678	0.45	0.024
m	T_m/K	$\dot{\varepsilon}_0/s^{-1}$	$C_p/J \cdot kg^{-1} \cdot K^{-1}$	D_1	D_2	D_3	D_4	D_5
1.56	925	1	895	−0.068	0.451	0.952	0	1.6

FAVORSKY V. Experimental-Numerical Study of Inclined Impact in AI7075-T7351 Targets by 0. 3 AP Projectiles [C]. 26th International Symposium on Ballistics, Miami, FL, 2011.

7A04 铝合金

　　7A04 是一种 Al-Zn-Mg-Cu 系高强度超硬铝型合金，可热处理强化。传统的穿甲防护材料中经常使用钢材，相对于钢材而言，超硬铝合金具有比强度高、密度低的特点，因此使用铝合金作为防护材料将会降低防护结构的负荷从而提高机动性。文献作者使用万能材料试验机、扭转试验机和 Taylor 撞击实验研究了高强度铝合金 7A04 在常温～250℃的准静态、动态本构关系和失效模型。

使用 J–C 模型对对常温下光滑圆棒试样等效应力–等效应变曲线进行拟合，得到 A=602.5MPa，B=732.1MPa，n=0.753。需要注意的是实验过程中试样出现了轻微的颈缩，拟合过程中只使用颈缩前的数据。如果考虑颈缩失稳条件的话，B=314.5MPa，n=0.482。文献作者还采用了修正的 J–C 模型，预测结果与实验吻合得更好。

此外，还得到了修正的 J–C 失效模型断裂应变拟合结果：

$$\varepsilon_{\mathrm{f}} = [D_1 + D_2 \exp(D_3 \sigma^*)](1 + D_4 \ln \dot{\varepsilon}_{\mathrm{eq}}^*)[1 + D_5(1 - \exp(D_6 T^*)]$$

D_1=0.059，D_2=0.246，D_3=−2.41，D_4=−0.1，D_5=−0.1，D_6=10.0。

张伟，肖新科，魏刚. 7A04 铝合金的本构关系和失效模型 [J]. 爆炸与冲击, 2011, 31(1): 81-87.

7N01 铝合金

表 3-89　*MAT_PLASTIC_KINEMATIC 模型参数

$\rho/(\mathrm{kg/m^3})$	E/GPa	ν	σ_0/MPa	$E_{\mathrm{tan}}/\mathrm{GPa}$
2700	66	0.3	290	1.232

注：原文中 E_{tan} 为 G。

李松宴，郑志军，虞吉林. 高速列车吸能结构设计和耐撞性分析 [J]. 爆炸与冲击, 2015, 35(2): 164-170.

A356 铝合金

表 3-90　*MAT_RATE_SENSITIVE_POWERLAW_PLASTICITY 模型参数

$\rho/(\mathrm{kg/m^3})$	E/Pa	PR	K/MPa	M	N	$E_0/\mathrm{s^{-1}}$
2750	75E9	0.33	1.002	0.7	0.32	5.0

ANSYS LS-DYNA User's Guide [R]. ANSYS, 2008.

A357 铝合金

表 3-91　Johnson-Cook 模型参数

$\rho_0/(\mathrm{g/cm^3})$	E/GPa	ν	A/GPa	B/GPa	n	C	m
2.68	79	0.33	0.37	0.17987	0.73315	0.0128	1.5282

表 3-92　热学参数

温度 Θ/K	300	400	500	600	700	800
导热系数κ/W·(m·℃)$^{-1}$	18	19	20	20.6	21.6	22.2
比热容 C/J·kg^{-1}·K^{-1}	253.0	259.0	265.2	271.6	278.1	285.4
线膨胀系数 α/10^{-6}K	14.26	14.78	15.31	15.85	16.43	17.06

张怡雯. 铝合金 A357 切削加工有限元模拟 [R]. https://wenku.baidu.com/view/3d55627180eb6294dd886cec.html?sxts=1552601603136.

AW-1050A H24 铝合金

表 3-93　Johnson-Cook 模型参数

$\rho_0 /(\text{g/cm}^3)$	E/GPa	ν	T_m/K	$C_p/\text{J}\cdot\text{kg}^{-1}\cdot\text{K}^{-1}$
2.71	69	0.33	918.15	899
A/GPa	B/GPa	n	C	m
0.11	0.15	0.36	0.014	1.0

Spranghers K, Vasilakos I, Lecompte D, et al. Numerical simulation and experimental validation of the dynamic response of aluminum plates under free air explosions [J]. International Journal of Impact Engineering, 2013, 54: 83-95.

L167 铝合金

表 3-94　*MAT_PLASTIC_KINEMATIC 模型参数

$\rho /(\text{kg/m}^3)$	G/GPa	E/GPa	ν	σ_0/MPa	E_t/MPa
2700	27	72	0.33	326	710

MCCALLUM C, CONSTANTINOU C. The influence of bird-shape in bird-strike analysis [C]. 5th European LS-DYNA Conference, Birmingham, 2005.

LC4CS 铝合金

LC4CS 为淬火及人工时效超硬铝合金，强度高于硬铝，塑性较低，广泛用于飞机结构的主要受力零件，如大梁、隔框翼肋、接头等。文献作者利用分离式 Hopkinson 压杆实验设备测定了航空铝合金材料 LC4CS 的动态力学性能。根据材料的应力-应变曲线特性，选择 *MAT_PLASTIC_KINEMATIC 模型拟合了 LC4CS 的动态本构。

表 3-95　*MAT_PLASTIC_KINEMATIC 模型参数

σ_0/MPa	E/GPa	E_t/MPa	E_p/MPa	$C/(\text{s}^{-1})$	P
430	70.1	2291	2368	34295.5	1.904

赵寿根，等. 几种航空铝材动态力学性能实验 [J]. 北京航空航天大学学报, 2007, 33(8): 982-985.

LF21M 铝合金

LF21M 为退火状态 Al2Mg 系防锈铝合金，具有良好的塑性，强度比纯铝略高。文献作者利用分离式 Hopkinson 压杆实验设备测定了航空铝合金材料 LF21M 的动态力学性能。根据材料的应力-应变曲线特性，选择*MAT_PLASTIC_KINEMATIC 模型来拟合材料的动态本构。

表 3-96　*MAT_PLASTIC_KINEMATIC 模型参数

σ_0/MPa	E/GPa	E_t/MPa	E_p/MPa	C/s^{-1}	P
127	69.5	586	592	97146.4	3.556

赵寿根，等. 几种航空铝材动态力学性能实验 [J]. 北京航空航天大学学报, 2007, 33(8): 982-985.

LF6 铝合金

表 3-97　*MAT_PLASTIC_KINEMATIC 模型参数

ρ/(kg/m^3)	σ_0/MPa	E/GPa	E_t/MPa	C/s^{-1}	P
2640	200	71	266	6000	10

陈成军，等. 高速碰撞问题的 SPH 算法模拟 [C]. 第七届全国爆炸力学学术会议论文集, 昆明, 2003.

LF6R 铝合金

LF6R 为热锻状态 Al2Mg 系防锈铝合金，具有良好的塑性，耐腐蚀性能良好，文献作者利用分离式 Hopkinson 压杆实验设备测定了航空铝合金材料 LF6R 的动态力学性能。根据材料的应力-应变曲线特性，选择*MAT_PLASTIC_KINEMATIC 模型来拟合材料的动态本构。

表 3-98　*MAT_PLASTIC_KINEMATIC 模型参数

σ_0/MPa	E/GPa	E_t/MPa	E_p/MPa	C/s^{-1}	P
160	68.6	1105	1123	3342.7	1.972

赵寿根，等. 几种航空铝材动态力学性能实验 [J]. 北京航空航天大学学报, 2007, 33(8): 982-985.

铝

表 3-99　Gruneisen 状态方程参数（一）

ρ_0/(g/cm^3)	C/(km/s)	S_1	γ_0	α
2.703	5.24	1.49	1.97	0.48

CRAIG M TARVER, CHADD M MAY. Short Pulse Shock Initiation Experiments and Modeling on LX16, LX10, and Ultrafine TATB [C]. Proceedings of the 14th International Detonation Symposium, Coeur d'Alene, Idaho, 2010.

表 3-100　Gruneisen 状态方程参数（二）

ρ_0/(kg/m^3)	C_0/(m/s)	s	Γ	C_V/J·kg^{-1}·K^{-1}
2700	5350	1.34	3.36	890

GERARD BAUDIN, FABIEN PETITPAS, RICHARD SAUREL. Thermal non equilibrium modeling of the detonation waves in highly heterogeneous condensed HE: a multiphase approach for metalized high explosives [C]. Proceedings of the 14th International Detonation Symposium, Coeur d'Alene, Idaho, 2010.

采用 MTS 试验机测定了纯铝在应变率 $10^{-3} \sim 1\mathrm{s}^{-1}$ 下的应力-应变关系，并拟合了 J-C 模型参数：

$$\sigma = \left(41.16 + 98.99\varepsilon^{0.4054}\right)\left(1 + 0.008\ln\frac{\dot{\varepsilon}}{0.001}\right)$$

黄少林，周钟. 中应变率下材料力学性能的测试和试验研究 [J]. 建筑技术开发, 2005, 32(11): 59-60.

表 3-101　*MAT_SIMPLIFIED_JOHNSON_COOK 模型参数

A/MPa	B/MPa	n	C
140	75.2	0.6474	0.0125

PETER GROCHE, CHRISTIAN PABST. Numerical Simulation of Impact Welding Processes with LS-DYNA [C]. 10th European LS-DYNA Conference, Würzburg, 2015.

铝（纯度 99.996%，退火状态）

表 3-102　*MAT_POWER_LAW_PLASTICITY 模型参数（单位制 m-kg-s）

ρ	E	PR	K	N	EPSF
2.6849E3	6.8948E10	0.33	9.7406E7	0.335778	0.4876

http://www. VarmintAl.com/aengr.htm

铝箔

表 3-103　*MAT_PLASTIC_KINEMATIC 模型参数

$\rho/(\mathrm{kg/m^3})$	E/GPa	ν	σ_0/MPa	E_t/MPa	F_S
2700	68.9	0.33	340	25.78	0.8

JIANG HUA, CHENG XIAOMIN, RAJIV SHIVPURI. Process Modeling of Piercing Micro-hole with High Pressure Water Beam [C]. 9th International LS-DYNA Conference, Detroit, 2006.

MB2 铝镁合金

利用 SHPB 实验技术，对 MB2 合金进行不同温度、不同应变率的压缩实验，并利用实验结果拟合出该合金修正后的 Johnson-Cook 本构关系：

$$\sigma = \left(55.2 + 3060\varepsilon - 9530\varepsilon^2\right)\left(1 + 0.001\ln\frac{\dot{\varepsilon}}{\dot{\varepsilon}_0}\right)\left(1 - T^{*1.08}\right)$$

胡昌明. 镁铝合金（MB2）的动态力学性能研究 [D]. 合肥：中国科学技术大学, 2003.

泡沫铝

表 3-104 第一套*MAT_HONEYCOMB 参数（单位制为 cm-g-μs）

*MAT_HONEYCOMB							
ρ	E	PR	SIGY	VF	MU	BULK	AOPT
0.15	0.7	0.285	0.0024	0.137	0.05	0	0
EAAU	EBBU	ECCU	GABU	GBCU	GCAU		
2.48E-3	2.48E-3	2.48E-3	9.65E-4	9.65E-4	9.65E-4		
*DEFINE_CURVE(STRESS VS. VOLUME STRAIN)							
A_1	A_2	A_3					
0.0	8.63E-1	8.66E-1					
O_1	O_2	O_3					
1.0E-5	1.0E-5	2.4E-3					
*DEFINE_CURVE(SHEAR STRESS VS. VOLUME STRAIN)							
A_1	A_2	A_3					
0.0	8.63E-1	8.66E-1					
O_1	O_2	O_3					
4.0E-6	4.0E-6	9.34E-4					

表 3-105 第二套*MAT_HONEYCOMB 参数（单位制为 cm-g-μs）

*MAT_HONEYCOMB							
ρ	E	PR	SIGY	VF	MU	BULK	AOPT
0.36	0.7	0.285	0.0024	0.3	0.05	0	0
EAAU	EBBU	ECCU	GABU	GBCU	GCAU		
2.48E-3	2.48E-3	2.48E-3	9.65E-4	9.65E-4	9.65E-4		
*DEFINE_CURVE(STRESS VS. VOLUME STRAIN)							
A_1	A_2	A_3					
0.0	7.0E-1	7.03E-1					
O_1	O_2	O_3					
5.0E-5	5.0E-5	2.4E-3					
*DEFINE_CURVE(SHEAR STRESS VS. VOLUME STRAIN)							
A_1	A_2	A_3					
0.0	7.0E-1	7.03E-1					
O_1	O_2	O_3					
1.9E-5	1.9E-5	9.34E-4					

MICHAEL J MULLIN, BRENDAN J O'TOOLE. Simulation of Energy Absorbing Materials in Blast Loaded Structures [C]. 8th International LS-DYNA Conference, Detroit, 2004.

表 3-106　*MAT_MODIFIED_HONEYCOMB 模型参数

ρ/(ton/mm³)	E/MPa	PR	SIGY/MPa	VF	MU
1E-10	4.06E3	0.0	5.588E1	1.0E-3	1.0E-9
LCA	LCB	LCC	LCS		
66	66	66	66		
EAAU	EBBU	ECCU	GABU	GBCU	GCAU
4060	4060	4060	2028	2028	2028
*DEFINE_CURVE 定义曲线 66					
A_1	A_2	A_3	A_4		
0.005	0.02	2.3026	3.0		
O_1/MPa	O_2/MPa	O_3/MPa	O_4/MPa		
13.75	55.16	60.0	4060		

TABIEI, ALA, CHOWDHURY, MOSTAFIZ R. Development of an Air Gun Simulation Model Using LS-DYNA [R]. ADA417052, 2003.

泡沫铝采用*MAT_CRUSHABLE_FOAM 本构模型来模拟，泡沫的本构关系需要输入材料的工程应力-应变曲线，计算中所用的泡沫铝的应力-应变曲线如图 3-1 所示，模型中其他参数根据 SHPB 实验确定。

表 3-107　*MAT_CRUSHABLE_FOAM 模型参数（一）

ρ/(kg/m³)	E/MPa	ν	σ_S/MPa	P_{out}/MPa
1200	1.2E3	0.3	20	10

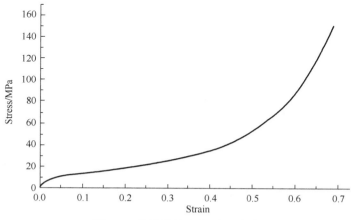

图 3-1　泡沫铝的应力-应变曲线

文献作者结合静态实验数据还拟合了另一种形式的泡沫铝率相关本构方程及其参数：

$$\sigma = E(A_1\varepsilon + A_2\varepsilon^2 + A_3\varepsilon^3)\left[1 + \lambda\left(\frac{\dot{\varepsilon}}{\dot{\varepsilon}_0}\right)^n\right]$$

式中，参考应变率 $\dot{\varepsilon}_0 = 10^{-4}/\text{s}$。

表 3-108　泡沫铝率相关本构方程参数

E/MPa	A_1	A_2	A_3	λ	n
8.53	23.3	−73.58	97.62	1.48E-5	0.66

王永刚. 泡沫铝动态力学性能与波传播特性研究 [D]. 宁波: 宁波大学, 2003.

泡沫铝的材料模型采用*Mat_CRUSHABLE_FOAM 本构模型来模拟。泡沫的本构关系需要输入如图 3-2 所示的材料应力-应变曲线。

表 3-109　*Mat_CRUSHABLE_FOAM 模型参数（二）

$\rho/(\text{kg/m}^3)$	E/GPa	ν	TSC/GPa	DAMP
1300	1.0	0.3	0.1	0.1

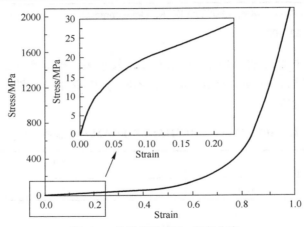

图 3-2　泡沫铝的应力-应变曲线

田杰. 泡沫铝的冲击波衰减和抗爆震特性研究 [D]. 合肥: 中国科技大学, 2006.

表 3-110　*MAT_CRUSHABLE_FOAM 材料模型参数（三）

$\rho/(\text{kg/m}^3)$	E/GPa	ν	$P_{\text{out}}/\text{MPa}$	γ_0	E_0/GPa	V_0
1200	1.2	0.3	10	1.07	0	1

叶小军. 数值模拟分析在选取战斗部缓冲材料时的应用 [J]. 微电子学与计算机, 2009, 26(4): 226-229.

表 3-111　*MAT_CRUSHABLE_FOAM 模型参数（四）

$\rho/(\text{kg/m}^3)$	E/GPa	ν	σ_Y/MPa	$P_{\text{out}}/\text{MPa}$
650	1.15	0.3	20	10

谌河水, 伍昕茹, 陈素红. 泡沫铝芯体夹层板的抗侵彻性能数值模拟计算 [J]. 山西建筑, 2009, 35(7): 180-181.

表 3-112　*MAT_CRUSHABLE_FOAM 模型参数（五）

$\rho /(\mathrm{kg/m^3})$	E/GPa	ν	$\sigma_\mathrm{C}/\mathrm{MPa}$	DAMP
800	0.5	0.21	15.0	0.1

表 3-113　泡沫铝屈服应力-体积应变关系

体积应变	0.0	20.0	30.0	70.0
屈服应力/MPa	0.0	0.07	0.45	0.60

董永香，冯顺山. 爆炸波在多层介质中的传播特性数值分析 [C]. 2005 年弹药战斗部学术交流会论文集，珠海，2005，201-205.

第4章 铜及铜合金

弹壳黄铜

文献作者在文章中首次提出了著名的 Johnson-Cook 本构模型，并根据霍普金森杆拉杆和扭曲实验获得了 Johnson-Cook 本构模型参数。

表 4-1 弹壳黄铜（Cartridge Brass）Johnson-Cook 模型参数

$\rho/(\text{kg/m}^3)$	洛氏硬度	$C_p/\text{J}\cdot\text{kg}^{-1}\cdot\text{K}^{-1}$	$T_m/℃$	A/MPa	B/MPa	n	C	m
8520	F-67	385	1189	112	505	0.42	0.009	1.68

JOHNSON G R, COOK W H. A constitutive model and data for metals subjected to large strains, high strain-rates and high temperatures [C]. Proceedings of Seventh International Symposium on Ballistics, The Hague, The Netherlands, April 1983: 541-547.

黄铜

表 4-2 黄铜（Brass）*MAT_MODIFIED_JOHNSON_COOK 模型参数

A/MPa	B/MPa	n	C	m	T_m/K	$C_p/\text{J}\cdot\text{kg}^{-1}\cdot\text{K}^{-1}$	CL-W_{cr}/MPa
206	505	0.42	0.01	1.68	1189	385	91

MICHAEL SALEH, LYNDON EDWARDS. Evaluation of a Hydrocode in Modelling NATO Threats against Steel Armour [C]. 25th International Symposium on Ballistics, Beijing, China, 2010.

表 4-3 *MAT_Modified_Johnson_Cook 模型参数

$\rho/(\text{kg/m}^3)$	E/GPa	ν	$C_p/\text{J}\cdot\text{kg}^{-1}\cdot\text{K}^{-1}$	T_C/K	T_m/K	T_r/K	A/MPa
9095	115	0.31	385	1070	1189	293	206

B/MPa	n	C	m	x	α	$\dot{\varepsilon}_0/\text{s}^{-1}$	
505	0.42	0.01	1.68	0.9	1.9e-5	5e-4	

KASPER CRAMON JØGENSEN, VIVIAN SWAN. Modelling of Armour-piercing Projectile Perforation of Thick Aluminium Plates [C]. 13th International LS-DYNA Conference, Dearborn, 2014.

表 4-4 Gruneisen 状态方程参数

$\rho_0/(\text{g/cm}^3)$	$C/(\text{m/s})$	S_1	S_2	S_3	Γ	α
8.45	3834	1.43	0.0	0.0	2.0	0.0

CRAIG M TARVER, ESTELLA M MCGUIRE. REACTIVE FLOW MODELING OF THE INTERACTION OF TATB DETONATION WAVES WITH INERT MATERIALS [C]. Proceedings of the 12th International Detonation Symposium, San Diego, California, 2002.

铜

表 4-5　SHOCK 状态方程参数

ρ_0 /(g/cm^3)	C_1(cm/μs)	S_1	Gruneisen 系数
8.93	0.394	1.489	1.99

Selected Hugoniots [R]. Los Alamos Scientific Laboratory, LA-4167-MS, 1 May 1969.

表 4-6　Gruneisen 状态方程参数

ρ_0 /(g/cm^3)	C /(m/s)	S_1	S_2	S_3	Γ	α
8.93	3940	1.489	0.0	0.0	2.02	0.47

CRAIG M TARVER, ESTELLA M MCGUIRE. REACTIVE FLOW MODELING OF THE INTERACTION OF TATB DETONATION WAVES WITH INERT MATERIALS [C]. Proceedings of the 12th International Detonation Symposium, San Diego, California, 2002.

采用 TSHB 技术测试获得了纯铜的 Johnson-Cook 本构模型参数。

表 4-7　Johnson-Cook 模型参数

A /MPa	B /MPa	n	C	m
85	308	0.54	0.025	1.09

表 4-8　Z-A 模型参数

C_0^* /MPa	C_2^* /MPa	C_3^* /K^{-1}	C_4^* /K^{-1}
85	770	0.0031	0.000113

MA DONGFANG, et al. Analysis of thermoviscoplastic effects on dynamic necking of pure copper bars during impact tension [C]. The International Symposium on Shock & Impact Dynamics, 2011.

铜（退火状态）

表 4-9　退火铜（Annealed copper）MTS 模型参数

参数	描述	取值
$\hat{\sigma}_a$	率无关阈值应力	40.0MPa
g_0	归一化的活化能	1.6
$\dot{\varepsilon}_0$	热激活方程常数	$10^7 s^{-1}$
b	Burgers 矢量幅值	2.55 Å
A	饱和应力方程常数	0.312
$\hat{\sigma}_{s0}$	0° 时的饱和应力	900.0MPa
$\dot{\varepsilon}_{s0}$	饱和应力参考应变率	6.2E10s^{-1}

（续）

参数	描述	取值
p	自由能方程指数	2.3
q	自由能方程指数	1
a_0	硬化函数常数	2370.7MPa
a_1	硬化函数常数	8.295MPa
a_2	硬化函数常数	3.506MPa
b_0	剪切模量常数	47.3GPa
b_1	剪切模量常数	2.4GPa
b_2	剪切模量常数	130K

表 4-10　MIE Gruneisen 状态方程参数

参数	描述	取值
k_1	线性系数	137.0GPa
k_2	二次系数	175.0GPa
k_3	三次系数	564.0GPa
Γ	Gruneisen 系数	1.96
ρ_0	初始密度	8950.0kg/m³

MAUDLIN P J, FOSTER J C, JONES S E. A Continuum Mechanics Code Analysis of Steady Plastic Wave Propagation in the Taylor Test [J]. International Journal of Impact Engineering, 1997, 19(3): 231–256.

铜箔

表 4-11　铜箔（Copper foil）的*MAT_PLASTIC_KINEMATIC 模型参数

ρ /(kg/m³)	E/GPa	ν	σ_0/MPa	E_t/MPa	F_S
7930	115	0.33	195	137.5	0.8

HUA JIANG, CHENG XIAOMIN, SHIVPURI R. Process Modeling of Piercing Micro-hole with High Pressure Water Beam [C]. 9th International LS-DYNA Conference, Detroit, 2006.

TP2 紫铜

表 4-12　动态力学特性参数

ρ /(kg/m³)	E/GPa	ν	$\dot{\varepsilon}_0$	σ_s/MPa
8940	117.2	0.3	1	62

袁安营, 王忠堂, 张士宏. 管材液压胀形有限元模拟 [J]. 计算机辅助工程, 2006, (15 增刊): 370–373.

无氧铜

文献作者在文章中首次提出了著名的 Johnson-Cook 本构模型, 并根据霍普金森杆拉杆和扭曲实验获得了 Johnson-Cook 本构模型参数。

表 4-13 无氧铜（OFHC COPPER）Johnson-Cook 模型参数

$\rho/(kg/m^3)$	洛氏硬度	$C_p/J \cdot kg^{-1} \cdot K^{-1}$	$T_m/°C$	A/MPa	B/MPa	n	C	m
8960	F-30	383	1356	90	292	0.31	0.025	1.09

JOHNSON G R, COOK W H. A constitutive model and data for metals subjected to large strains, high strain-rates and high temperatures [C]. Proceedings of Seventh International Symposium on Ballistics, The Hague, The Netherlands, April 1983: 541-547.

Johnson 和 Cook 曾给出了数种材料的 Johnson-Cook 本构模型的材料参数，但当时拟合材料参数时依据的实验数据应变率大多在 $10^3 s^{-1}$ 以下。后来又有许多一维应力 SHPB 的实验结果发表，这些实验数据的应变率范围较 Johnson 等当时拟合模型参数时有较大的拓宽。文献作者利用 Johnson、Cook 以及后续学者实验获得的金属屈服应力-应变率数据，拟合了材料的 Johnson-Cook 及 Steinberg-Lund 本构模型参数，新的 Johnson-Cook 参数对高应变率的数据有所兼顾，但同样不能预测到塑性变形机制的这一转变，而 Steinberg-Lund 本构模型能够较好地描述应变率效应在应变率>$10^3 s^{-1}$ 后的转变。

表 4-14 Johnson-Cook 模型参数（一）

A/MPa	B/MPa	n	C	m
107	213	0.26	0.024	1.09

表 4-15 Steinberg-Lund 模型参数

$C_1/10^6 s^{-1}$	$C_2/MPas$	Y_A	Y_P	U_K/eU
0.70	0.013	190	135	0.29

表 4-16 Steinberg-Guinan 模型参数

Y_0/GPa	Y_{max}/GPa	β	n	$\dfrac{G_P'}{G_0}/GPa^{-1}$	$\dfrac{G_T'}{G_0}/K^{-1}$	T_{m0}^b/K	G_0/GPa
0.12	0.6	36	0.45	0.03	0.0008	1356	47.7

注：除 G_P'/G_0 和 G_T'/G_0 是文献作者由动高压实验数据确定外，其他 Steinberg-Guinan 本构模型参数取自 Steinberg 的文章。

彭建祥. Johnson-Cook 本构模型和 Steinberg 本构模型的比较研究 [D]. 绵阳: 中国工程物理研究院, 2006.

STEINBERG D J，COCHRAN S G，GUINAN M W. A constitutive model for metals applicable at high strain rate [J]. Journal of Applied Physics, 1980, 51(3): 1498-1503.

表 4-17 GRUNEISEN 状态方程参数

$\rho/(kg/m^3)$	$c_0/(km/s)$	s	γ_0
8920	3.94	1.45	2.04

表 4-18   Johnson-Cook 模型参数（二）

A/GPa	B/GPa	n	C	m	T_r/℃	T_m/℃	$\dot{\varepsilon}_0$/s^{-1}	G/GPa
0.15	0.17	0.34	0.025	1.09	300	923	1.0	48.0

表 4-19   Johnson-Cook 模型损伤参数

D_1	D_2	D_3	D_4	D_5	σ_{th}^0/GPa	t_d/μs
0.54	4.89	−3.03	0.014	1.12	0.30	4.5

徐金中, 汤文辉, 等. SPH 方法在层裂损伤模拟中的应用 [J]. 强度与环境, 2009, 36(1): 1-7.

通过实验数据和数值模拟结果的对比，研究了泰勒杆实验在材料动态本构关系参数确认和优化方面的应用。以 Johnson-Cook 模型描述的 OFHC copper 材料为例进行了具体说明，并对实验中的部分不确定因素进行了分析。

表 4-20   Johnson-Cook 模型参数（三）

	A/MPa	B/MPa	n	C	m
Johnson 和 Cook 给出的参数	89.63	291.64	0.31	0.025	1.09
优化后的参数	149.54	305.36	0.096	0.034	1.09

吕剑, 等. 泰勒杆实验对材料动态本构参数的确认和优化确定 [J]. 爆炸与冲击, 2006, 26(4): 339-344.

Johnson-Cook 模型不关心材料的变形过程，即忽略了材料变形历史的影响。同时 Johnson-Cook 模型中的应变率硬化项采用了简单的对数关系，而金属材料在 $10^3 \sim 10^4$ s^{-1} 附近流动应力呈现明显增加的趋势，因此 Johnson-Cook 模型在 $10^3 \sim 10^4$ s^{-1} 附近对应变率敏感的金属材料的变形过程就不能很好地描述。

通常认为金属材料的拉压行为是对称的，在弹性变形阶段这是没有问题的，对于大塑性变形过程，压缩变形和拉伸变形可能就不一定相同了。通过压缩实验获得的 Johnson-Cook 模型参数是否能很好地描述拉伸变形过程，是该文献关心的问题。该文献作者利用新型的爆炸膨胀环实验技术开展了无氧铜试样环的高应变率拉伸加载实验研究，采用激光干涉测试技术获得了试样环拉伸变形过程的径向膨胀速度历史。对经典 Johnson-Cook 模型进行了修改，提出了适合拉伸变形的 JCT 模型，利用实验数据拟合了模型参数，JCT 模型对无氧铜试样环的高应变率拉伸变形过程可以较好地描述。

为了能更好地描述无氧铜试样环的膨胀运动，对 Johnson-Cook 模型进行了修改，在应变函数项中增加应变的指数硬化项，描述材料拉伸变形历史对材料性能的影响；在应变率函数项中增加应变率的线性项，描述应变率对流动应力随应变率呈现明显的增加趋势。将修改后的模型称为 JCT 模型（Johnson-Cook for Tension），其表达式如下所示：

$$\sigma_{JC} = (A + B\varepsilon^{p^n} + B_1 e^{-n_1\varepsilon p})(1 + C\ln\dot{\varepsilon} + C_1\dot{\varepsilon})\left[1 - \left(\frac{T - T_r}{T_m - T_r}\right)^m\right]$$

表 4-21　Johnson-Cook 模型参数（四）

模型	A/MPa	B/MPa	B_1/MPa	n	n_1	C	C_1	m	T_m
JC	90	292	—	0.31	—	0.025	—	1.09	1356
JCT	90	292	20	0.31	0.3	0.025	0.00003	1.09	1356

汤铁钢, 刘仓理. 高应变率拉伸加载下无氧铜的本构模型研究 [C]. 第十届全国冲击动力学学术会议论文集, 2011.

利用 Split-Hopkinson bar 装置上所得变形数据，研究并比较了冲击预变形铜的神经网络本构关系模型以及 Zerrilli-Armstrong 本构关系模型。其中，Zerrilli-Armstrong 本构关系模型参数为：

$$\sigma = 420 + 380\varepsilon^{1/2} \exp(-0.0031T + 0.00025T \ln \dot{\varepsilon})$$

朱远志，等. 利用人工神经网络模型和 Z_A 模型对无氧铜本构关系的对比研究 [J]. 湖南科技大学学报: 自然科学版, 2004, 19(2): 32-36.

表 4-22　Johnson-Cook 模型参数（五）

A/MPa	B/MPa	n	C	m
70	228	0.31	0.025	1.09

LITTLEFIELD D L. The Effect of Electromagnetic Fields on Taylor Anvil Impacts [C]. 20th International Symposium of Ballistics, Orlando, Florida, 2002.

第5章 钨及钨合金

WHA

表 5-1   Johnson-Cook 模型参数（一）

$\rho /(\mathrm{kg/m^3})$	$C_0 /(\mathrm{m/s})$	ν	T_m/K	A/MPa	B/MPa
18000	4100	0.32	1723	1300	214
n	C	m	D_1	D_2	D_3
0.16	0.025	1.0	0.00	0.81	−6.80

ANDERSON C E, HOLMQUIST T J, SHARRON T R. Quantification of the Effect of Using the Johnson-Cook Damage Model in Numerical Simulations of Penetration and Perforation [C]. 22nd International Symposium of Ballistics, Vancouver, Canada, 2005.

表 5-2   Johnson-Cook 模型参数（二）

$\rho /(\mathrm{kg/m^3})$	$C_\mathrm{p}/\mathrm{J \cdot kg^{-1} \cdot K^{-1}}$	T_r/K	T_m/K	A/MPa
18600	134	293	1850	1093
B/MPa	n	C	m	
1270	0.42	0.0188	0.78	

ZHIGANG WEI, JILIN YU, JIANRONG LI, et al. INFLUENCE OF STRESS CONDITION ON ADIABATIC SHEAR LOCALIZATION OF TUNGSTEN HEAVY ALLOYS [J]. International Journal of Impact Engineering, 2001, 26: 843-852.

表 5-3   Johnson-Cook 模型参数（三）

$\rho /(\mathrm{kg/m^3})$	K/GPa	G/GPa	A/MPa	B/MPa	n	C	m
17350	302	124	1500	180	0.12	0.016	1.0

RAJENDRAN A M. PENETRATION OF TUNGSTEN ALLOY RODS INTO SHALLOW-CAVITY STEEL TARGETS [J]. International Journal of Impact Engineering, 1998, 21(6): 451-460.

钨

表 5-4   SHOCK 状态方程参数

密度 $\rho /(\mathrm{g/cm^3})$	$C_1/(\mathrm{cm/\mu s})$	S_1	Gruneisen 系数
19.224	0.4029	1.237	1.54

Selected Hugoniots [R]. Los Alamos Scientific Laboratory, LA-4167-MS, 1 May 1969.

见无氧铜说明（第 127 页）。

表 5-5 Johnson-Cook 模型参数

A/MPa	B/MPa	n	C	m
1200	1030	0.019	0.034	0.4

表 5-6 Steinberg-Lund 模型参数

$C_1/10^6 \text{s}^{-1}$	C_2/MPas	Y_A	Y_P	U_K/eU
0.71	0.012	1200	1650	0.31

表 5-7 Steinberg-Guinan 模型参数

Y_0/GPa	Y_{max}/GPa	β	n	$\dfrac{G'_P}{G_0}/\text{GPa}^{-1}$	$\dfrac{G'_T}{G_0}/\text{K}^{-1}$	T_{m0}^b/K	G_0/GPa
2.2	4.0	7.7	0.13	0.01	0.00024	3695	160

注：除 G'_P/G_0 和 G'_T/G_0 是文献作者由动高压实验数据确定外，其他 Steinberg-Guinan 本构模型参数取自 Steinberg 的文章。

彭建祥. Johnson-Cook 本构模型和 Steinberg 本构模型的比较研究 [D]. 绵阳: 中国工程物理研究院, 2006.

STEINBERG D J，COCHRAN S G，GUINAN M W. A constitutive model for metals applicable at high strain rate [J]. Journal of Applied Physics, 1980, 51(3): 1498-1503.

钨合金

表 5-8 Johnson-Cook 模型参数（一）

$\rho/(\text{kg/m}^3)$	T_r/K	$C_p/\text{J}\cdot\text{kg}^{-1}\cdot\text{K}^{-1}$	T_m/K	K/GPa	G/GPa
17700	293	134	1723	200	150
A/MPa	B/MPa	n	C	m	F_S
1342	351	0.25	0.018	0.59	0.12

LIDÉN E, ANDERSSON O, JOHANSSON B. Influence of the Direction of Flight of Moving Plates Interacting with Long Rod Projectiles [C]. 20th International Symposium of Ballistics, Orlando, Florida, 2002.

表 5-9 *MAT_PLASTIC_KINEMATIC 模型参数

$\rho/(\text{kg/m}^3)$	E/GPa	ν	σ_0/MPa	E_{tan}/MPa
17700	324	0.303	670	4050

NANDLALL D, SIDHU R. The Penetration Performance of Segmented Rod Projectiles at 2.2km/s Using Large Number of Segments [C]. 20th International Symposium of Ballistics, Orlando, Florida, 2002.

表 5-10　Gruneisen 状态方程参数

ρ /(kg/m^3)	C_0 /(m/s)	s	Γ	C_V/J·kg^{-1}·K^{-1}
19220	4030	1.24	2.96	131

GERARD BAUDIN, FABIEN PETITPAS, RICHARD SAUREL. Thermal non equilibrium modeling of the detonation waves in highly heterogeneous condensed HE: a multiphase approach for metalized high explosives [C]. Proceedings of the 14th International Detonation Symposium, Coeur d'Alene, Idaho, 2010.

成分（质量分数）为：93% W，3.5% Ni，2.1%Co，1.4% Fe。

表 5-11　Gruneisen 状态方程和 Johnson-Cook 模型参数

ρ /(kg/m^3)	ν	C_0 /(m/s)	S	Γ_0	C_v/J·kg^{-1}·K^{-1}	T_m/℃
17700	0.3	3850	1.44	1.58	135	1790

A/MPa	B/MPa	n	C	m	σ_{fail}/GPa	
1350	0	1.0	0.06	0	2.5	

LITTLEFIELD D L, ANDERSON C E, PARTOM Y, et al. THE PENETRATION OF STEEL TARGETS FINITE IN RADIAL EXTENT [J]. International Journal of Impact Engineering, 1997, 19(1): 49-62.

表 5-12　Johnson-Cook 模型参数（二）

ρ /(kg/m^3)	A/GPa	B/GPa	n	C	m	T_r/℃	T_m/℃
17400	1.07	0.165	0.11	0.0028	1.0	300	1723

ROLC S, BUCHAR J, AKSTEIN Z. Influence of Impacting Explosively Formed Projectiles on Long Rod Projectiles [C]. 26th International Symposium on Ballistics, Miami, FL, 2011.

表 5-13　Johnson-Cook 模型参数（三）

ρ /(kg/m^3)	E/GPa	ν	C_p/J·kg^{-1}·K^{-1}	T_{room}/K	T_{emlt}/K
17600	411	0.28	134	293	1850

A/MPa	B/MPa	n	C	m	
1093	1270	0.42	0.0188	0.78	

李剑荣，虞吉林，魏志刚. 冲击载荷下钨合金圆台试件绝热剪切变形局部化的数值模拟 [J]. 爆炸与冲击，2002, 22(3): 257-261.

YADAV S, RAMESH K T. The Mechanical Properties of Tungsten-based Composites at Very High Strain Rates [J]. Material Science and Engineering, 1995, 203: 140-153.

表 5-14　*Mat_Elastic_Plastic_Hydro 流体弹塑性模型和*EOS_Gruneisen 状态方程参数

ρ /(kg/m^3)	G/GPa	σ_Y/GPa	ε_{FS}	C_0 /(m/s)	S_1	γ_0
17700	137	1.5	1.5	3850	1.44	1.58

楼建锋，等. 钨合金杆侵彻半无限厚铝合金靶的数值研究 [J]. 高压物理学报，2009, 23(1): 65-70.

钨合金(DX2HCMF)

表 5-15 Johnson-Cook 模型参数

ρ/(kg/m³)	A/MPa	B/MPa	n	C	m	T_{r}/K	T_{m}/K
17600	1410	220	0.11	0.022	1.0	293	1700

LEE M, KIM E Y, YOO Y. H. Simulation of high speed impact into ceramic composite systems using cohesive-law fracture model [J]. International Journal of Impact Engineering, 2008, 35: 1636-1641.

钨合金（0.07Ni,0.03Fe）

文献作者在文章中首次提出了著名的 Johnson-Cook 模型，并根据霍普金森杆拉杆和扭曲实验获得了 Johnson-Cook 本构模型参数。

表 5-16 Johnson-Cook 模型参数

ρ/(kg/m³)	洛氏硬度	C_{p}/J·kg⁻¹·K⁻¹	T_{m}/K	A/MPa	B/MPa	n	C	m
17000	C-47	134	1723	1506	177	0.12	0.016	1.00

JOHNSON G R, COOK W H. A constitutive model and data for metals subjected to large strains, high strain-rates and high temperatures [C]. Proceedings of Seventh International Symposium on Ballistics, The Hague, The Netherlands, April 1983: 541-547.

表 5-17 Johnson-Cook 模型和 Mie-Grüneisen 状态方程参数

A/MPa	B/MPa	n	C	m	T_{m}/K	T_{r}/K
1506	177	0.12	0.016	1.0	1723	300

ρ/(kg/m³)	G/GPa	C_0/(m/s)	S	Γ	C_{p}/J·kg⁻¹·K⁻¹	$\dot{\varepsilon}_0$/s⁻¹
17600	160	4029	1.237	1.54	134	1

LUNDBERG P, WESTERLING L, LUNDBERG B. INFLUENCE OF SCALE ON THE PENETRATION OF TUNGSTEN RODS INTO STEEL-BACKED ALUMINA TARGETS [J]. International Journal of Impact Engineering, 1996, 18(4): 403-416.

钨合金（78W）

表 5-18 流体弹塑性模型及状态方程参数

ρ/(kg/m³)	C_0/(m/s)	λ	G_0/GPa	Y_0/GPa
15730	4093	1.34	150	1.7

华劲松，等. 爆轰波对碰下金属圆管的运动特性研究 [C]. 第七届全国爆炸力学学术会议论文集, 昆明, 2003.

钨合金（91W）

在应变率 $10^3 \sim 10^5 \mathrm{s}^{-1}$ 的范围内分别对晶粒度为 $1 \sim 3\mu m$、$10 \sim 15\mu m$ 和 $30 \sim 40\mu m$ 的 91W 钨合金在轻气炮上做飞片实验，拟合得到了 J-C 模型参数：

$$\sigma = (269.078 + 281523\varepsilon)(1 + 0.064658\ln\dot{\varepsilon}^*)$$

刘海燕, 王刚, 宁建国. 细化钨合金的动态力学性能 [C]. 第六届全国爆轰学术会议, 井冈山, 2003, 400-405.

钨合金（质量分数：92.5% W,4.85% Ni,1.15% Fe,1.5% Co）

文献作者通过材料拉伸实验、Taylor 杆实验和平板撞击实验，获得了烧结钨合金材料的 Johnson-Cook 模型和 SHOCK 状态方程参数。在 Taylor 杆撞击计算模型中，采用最大主应力和应变失效准则，阈值分别为 3500MPa 和 1.2，弹靶之间的摩擦系数为 0.2。

表 5-19　Johnson-Cook 模型参数

$\rho/(kg/m^3)$	E/GPa	G/GPa	ν	$T_m/℃$
17680	343	134	0.28	1730
A/MPa	B/MPa	n	C	m
1197	580	0.05	0.025	1.9

表 5-20　SHOCK 状态方程参数

$c_B/(m/s)$	S	Gruneisen 系数 Γ_0	$T_r/℃$	$C_p/J\cdot kg^{-1}\cdot K^{-1}$
4066.2	1.368	1.736	300	134

ROHR I, et al. Material characterization and constitutive modelling of a tungsten-sintered alloy for a wide range of strain rates [J]. International Journal of Impact Engineering, 2007, 35: 811-819.

钨合金（93W）

通过静高压实验、动高压实验及理论计算相结合的方法，确定了钨合金的 Steinberg 模型中的各参数。

表 5-21　Steinberg 模型参数

$\rho/(kg/m^3)$	G_0/GPa	G_P'/GPa	$G_T'/GPa/K$	Y_0/GPa	Y_P'	β	n
17000	132	1.794	-0.04	1.4	0.019	1.3	0.1

华劲松, 等. 钨合金的高压本构研究 [J]. 物理学报, 2003, 52(8): 2005-2009.

表 5-22　*MAT_PLASTIC_KINEMATIC 模型参数

$\rho/(kg/m^3)$	E/GPa	ν	σ_0/MPa	E_{tan}/MPa	β
17200	117	0.22	1790	618	1

张虎生, 等. 飞鞭式多功能爆炸反应装甲防护性能的动态有限元分析 [C]. 第七届全国爆炸力学学术会议论文集, 昆明, 2003.

钨合金（93W-4.9Ni-2.1Fe）

W-Ni-Fe 合金由于具有高密度、高强度和良好延展性，是一种典型的动能穿甲材料，但传统钨合金与贫铀弹相比穿甲自锐性差。细化钨晶粒和添加稀土元素提高穿甲自锐性，有利于产生局部绝热剪切。93W-4.9Ni-2.1Fe 晶粒细化和添加 Y_2O_3 制备的细晶钨合金不需要过高的应变率即可诱发形成绝热剪切带。文献作者利用霍普金森压杆（SHPB）分别对传统粗晶 93W-4.9Ni-2.1Fe 和两种晶粒尺寸不同的 93W-4.9Ni-2.1Fe-0.03%Y 进行动态力学性能测试。在温度（298～623K）和应变率（10^2～$10^3 s^{-1}$）范围内获得了相应的应力-应变曲线。根据实验所得曲线，利用最小二乘法拟合了 Johnson-Cook 模型和更好地吻合修正的 Johnson-Cook 模型的参数。

表 5-23　Johnson-Cook 模型参数

钨合金类型	A/MPa	B/MPa	n	C	m
93W-4.9Ni-2.1Fe（热处理：1490℃，120 min）	1700	432.6807	0.43261	0.02933	0.88
93W-4.9Ni-2.1Fe-0.03%Y（热处理：1490℃，120 min）	1800	201.4679	0.36117	0.0389	0.99
93W-4.9Ni-2.1Fe-0.03%Y（热处理：1490℃，90 min）	1820	220.000	0.17436	0.03716	0.78

修正的 Johnson-Cook 模型为：

$$\sigma = (A + B\varepsilon^n)(\dot{\varepsilon}^*)^C [1 - (T^*)^m]$$

其参数如下。

表 5-24　修正的 Johnson-Cook 模型参数

钨合金类型	A/MPa	B/MPa	n	C	m
93W-4.9Ni-2.1Fe（热处理：1490℃，120 min）	1700	432.6807	0.43261	0.03942	0.91
93W-4.9Ni-2.1Fe-0.03%Y（热处理：1490℃，120 min）	1800	201.4679	0.36117	0.01583	0.90
93W-4.9Ni-2.1Fe-0.03%Y（热处理：1490℃，90 min）	1820	220.000	0.17436	0.02086	0.48

郑春晓，范景莲，龚星，等. 细晶 93W-4.9Ni-2.1Fe 合金动态本构关系的研究 [J]. 稀有金属材料与工程，2013, 42(10): 2043-2047.

钨合金 Y925

表 5-25　Johnson-Cook 模型和 Gruneisen 状态方程参数

A/MPa	B/MPa	n	C	m	T_m/K	T_r/K
631	1258	0.092	0.014	0.94	1723	293
ρ/(kg/m³)	G/GPa	C_0/(m/s)	S	Γ	C_p/J·kg^{-1}·K^{-1}	$\dot{\varepsilon}_0$/s^{-1}
17700	160	4029	1.237	1.54	150	1

LUNDBERG P, RENSTRÖM R, LUNDBERG B. Impact of conical tungsten projectiles on flat silicon carbide targets: Transition from interface defeat to penetration [J]. International Journal of Impact Engineering, 2006, 32: 1842-1856.

表 5-26　Johnson-Cook 模型参数

A/MPa	B/MPa	n	C	m	T_m/K	$\dot{\varepsilon}_0$/s^{-1}	D_2	D_3
631	1258	0.092	0.014	0.94	1720	1	0.27	-3.4

LIDÉN E, ANDERSSON O, TJERNBERG A. Influence of Side-Impacting Dynamic Armour Components on Long Rod Projectiles [C]. 23rd International Symposium of Ballistics, Tarragona, Spain, 2007.

钨合金（锻造退火状态 93W）

表 5-27　通过 Hopkinson 压杆测试到的锻造退火状态 93W 的 J–C 模型参数

$\rho/(\mathrm{kg/m^3})$	E/GPa	ν	G/GPa	A/MPa	B/MPa
17000	410	0.28	150	1350	1670
n	C	m	T_r/K	T_m/K	$C/\mathrm{J\cdot kg^{-1}\cdot K^{-1}}$
0.91	0.03	0.82	300	1850	135

刘铁, 等. 钨合金帽形试样的绝热剪切带数值模拟研究 [J]. 兵器材料科学与工程, 2008, 31(2): 75-79.

钨合金中钨颗粒与基体相

表 5-28　*MAT_PLASTIC_KINEMATIC 模型参数

材料	$\rho/(\mathrm{kg/m^3})$	E/GPa	ν	σ_s/MPa	E_t/GPa	$C/\mathrm{s^{-1}}$	P
钨颗粒	19000	410	0.27	1000	0.50	1000	5.0
基体相	15000	200	0.31	300	0.15	5000	5.0

刘海燕, 宋卫东, 栗建桥. 钨合金动态力学性能的三维数值模拟研究 [J]. 材料工程, 2012, 6: 71-75.

钨钼合金

利用分离式 Hopkinson 杆对钨钼合金进行了动态压缩和扭转实验。采用 Johnson-Cook 本构模型拟合了钨钼合金动态压缩本构关系（应变率 $10^0 \sim 10^3 \mathrm{s^{-1}}$ 范围）：

$$\sigma = (942.6 + 2461.6\varepsilon^{0.61})(1 + 0.0296\ln\dot{\varepsilon}^*)$$

应变率 $300\mathrm{s^{-1}}$ 左右时硬化模量大幅度降低，对这组数据进行单独拟合：

$$\sigma = (876.5 + 21145.3\varepsilon^{0.42})(1 + 0.0296\ln\dot{\varepsilon}^*)$$

叶作亮. 钨钼合金动态力学性能研究 [D]. 成都: 西南石油学院, 2003.

第6章 钛及钛合金

工业纯钛

表6-1 Johnson-Cook 模型参数

A/MPa	B/MPa	n	C	$\dot{\varepsilon}_0/\text{s}^{-1}$
285.7	566.1	0.5866	0.0494	1

HUGH E, GARDENIER I V. An Experimental Technique for Developing Intermediate Strain Rates in Ductile Metals [D]. Wright-Patterson, USA: AIR FORCE INSTITUTE OF TECHNOLOGY, 2008.

TA2 工业纯钛

Johnson-Cook 本构模型参数

$$\sigma = (383.6774 + 755.58\varepsilon^{0.790526})[1 + 0.030432\ln(\dot{\varepsilon}/0.0001)]$$

彭剑, 周昌玉, 代巧, 等. 工业纯钛室温下的应变速率敏感性及 Hollomon 经验公式的改进 [J]. 稀有金属材料与工程, 2013, 42(3): 483-487.

TA32

采用分离式霍普金森压杆实验装置对 TA32 合金进行室温动态压缩实验，得到了该合金在 $1000\sim5000\text{s}^{-1}$ 范围内的真实应力-应变曲线，建立了动态本构模型。

Johnson-Cook 本构模型：

$$\sigma = (813.3 + 752.4\varepsilon^{0.655})[1 + 2.13\times10^{-2}\ln(\dot{\varepsilon}^*)]$$

改进的 Johnson-Cook 本构模型：

$$\sigma = (813.3 + 752.4\varepsilon^{0.655})(1 + 2.13\times10^{-2}\ln\dot{\varepsilon}^* + 3.75\times10^{-3}\ln^2\dot{\varepsilon}^*\left\{1 - \left[\frac{(1.43\times10^{-5}\dot{\varepsilon}^* + 425.94)\varepsilon}{1640}\right]^{0.65}\right\}$$

龚宗辉. TA32 钛合金高温变形及动态力学行为的研究 [D]. 南京: 南京航空航天大学, 2018.

钛

表6-2 SHOCK 状态方程参数

$\rho/(\text{g/cm}^3)$	$C_1/(\text{cm/μs})$	S_1	Gruneisen 系数
4.528	0.522	0.767	1.09

Selected Hugoniots [R]. Los Alamos Scientific Laboratory, LA-4167-MS, 1 May 1969.

表 6-3 *MAT_PLASTIC_KINEMATIC 模型参数

E/GPa	ν	σ_0/MPa	E_{tan}/MPa	F_S
116	0.30	450	6000	0.08

BENSON D J. ON THE APPLICATION OF LS-OPT TO IDENTIFY NON-LINEAR MATERIAL MODELS IN LS-DYNA [C]. 7th International LS-DYNA Conference, Detroit, 2002.

钛合金

表 6-4 *MAT_120_JC 模型参数

f_C	ε_N	S_N	f_N	f_F	q_1	q_2	l_1	l_2	D_1	D_2	D_3	D_4
0.03	0.45	0.14	0.05	0.05	1.5	1	0.32	−0.34	−0.095	0.25	−0.5	0.014

MOSSAKOVSKY P A, ANTONOV F K, BRAGOV A M, et al. On Fracture Criterion of Titanium Alloy under Dynamic Loading Conditions [C]. 8th European LS-DYNA Conference, Strasbourg, 2011.

钛合金中的 TiC 颗粒和基体相

表 6-5 *MAT_PLASTIC_KINEMATIC 模型参数

材料	ρ/(kg/m^3)	E/GPa	ν	σ_s/MPa	E_t/GPa	C/s^{-1}	P
TiC 颗粒	4430	460	0.188				
基体相	4510	108	0.350	1095	0.06	1833	2.3

宋卫东, 王静, 宁建国. TiC 颗粒增强钛基复合材料宏细观力学性能分析 [J]. 北京理工大学学报, 2011, 31(6): 634-637.

TC11

利用 MTS809 材料试验机和旋转盘式间接杆杆型冲击拉伸实验装置，对双态组织两相钛合金 TC11 进行了应变率为 0.001s^{-1} 的准静态和 190s^{-1} 的动态单向拉伸实验，获得了 TC11 等温和绝热拉伸应力-应变曲线；实施了应变率为 190s^{-1} 的冲击拉伸复原实验，获得了 TC11 在高应变率下的等温应力-应变曲线。实验结果表明，TC11 的拉伸力学行为具有明显的应变硬化效应、应变率强化效应和绝热温升软化效应。采用修正的 Johnson-Cook 模型较好地表征了 TC11 在实验应变率范围内的拉伸力学行为。

修正的 Johnson-Cook 模型：

$$\sigma_Y = (A + B\varepsilon_p^n)(1 + C\ln\dot{\varepsilon}_p^*)e^{-\lambda\Delta T}$$

表 6-6 修正的 Johnson-Cook 模型参数

ρ/(kg/m^3)	$\dot{\varepsilon}_0$	A/MPa	B/MPa	n	C	λ/K^{-1}	C_p/J·kg^{-1}·K^{-1}
4486	0.001	983.38	564.32	0.454	0.025	0.0035	544

张军, 汪洋. 钛合金 TC11 动态拉伸力学行为的实验研究: 第十一届全国冲击动力学学术会议论文集 [C]. 西安, 2013.

TC16

利用 Instron 液压实验机和分离式 Hopkinson 压杆动态加载实验，在温度为 298~773K、

应变率为 $0.001 \sim 15550 s^{-1}$ 范围内得到 TC16 钛合金的准静态拉伸及动态压缩条件下的真应力-真应变曲线，并拟合了 Johnson-Cook 本构模型参数：

$$\sigma = 1143.54\left[1 + 2.54 \times 10^{-27} \times \left(\ln\frac{\varepsilon}{0.001}\right)\right]\left[1 - 0.28 \times \left(\frac{T - 293}{293}\right)^{0.99}\right] + (111.53 + 0.66T)(\varepsilon - 0.015)$$

杨扬, 曾毅, 汪冰峰. 基于 Johnson-Cook 模型的 TC16 钛合金动态本构关系 [J]. 中国有色金属学报, 2008, 18(3): 505-510.

TC4(Ti6Al4V)

运用静态实验机和 SHPB 装置，对 TC4 在常温～750℃、应变率 $10^{-4} \sim 10^{3} s^{-1}$ 下的力学行为进行了研究，得到了相应的塑性本构模型变量。

$$\sigma = (1135 + 250\varepsilon^{0.2})(1 + 0.032\ln\dot{\varepsilon}^{*})[1 - (T^{*})^{1.1}]$$

表 6-7 Johnson-Cook 模型失效参数（一）

D_1	D_2	D_3	D_4	D_5
0	0.33	0.48	0.004	3.9

陈刚, 等. TC4 动态力学性能研究 [J]. 实验力学, 2005, 20(4): 605-609.

陈刚. 半穿甲战斗部弹体穿甲效应数值模拟与实验研究 [D]. 绵阳: 中国工程物理研究院, 2006.

表 6-8 Johnson-Cook 材料模型参数（一）

A/MPa	B/MPa	n	C	m	D_1	D_2	D_3	D_4	D_5
862	331	0.34	0.012	0.8	−0.09	0.25	−0.5	0.014	3.87

JOHNSN, G R. Strength and Fracture Characteristics of a Titanium Alloy /(0. 06Al, . 04V) Subjected to Various Strain Rates, Temperatures and Pressures [R]. Naval Surface Weapons Center NSWC TR 86-144, 1985.

表 6-9 Johnson-Cook 材料模型参数（二）

A/MPa	B/MPa	n	C	m	D_1	D_2	D_3	D_4	D_5
1098	1092	0.93	0.014	1.1	−0.09	0.25	−0.5	0.014	3.87

LESUER D R. Experimental Investigations of Material Models for Ti-6Al-4V Titanium and 2024-T3 Aluminum [R]. ADA384431, 2000.

文献作者基于 TC4 合金的应变率和温度相关单轴应力-应变曲线实验数据，优化估计了 Johnson-Cook，修正了 Zerilli-Armstrong 和 Bammann 黏塑性三种动态本构模型的材料参数，对比分析了三种本构模型对 TC4 单轴变形实验数据的描述能力。结果表明：在 TC4 变形实验参数范围内，Bammann 黏塑性模型可以较好地描述 TC4 合金的应变率和温度相关变形行为；Johnson-Cook 模型和修正 Zerilli-Armstrong 模型的单轴应力-应变曲线计算结果比较接近，但与实验数据的相关性相对较差，均不能如实反映 TC4 室温动态压缩实验的应变率敏感性。

表 6-10 Johnson-Cook 模型参数（三）

A/MPa	B/MPa	n	C	m
985	830	0.3794	0.0161	0.7646

Zerilli-Armstrong 模型基于位错动力学提出，具有一定的物理基础。

表 6-11 Zerilli-Armstrong 模型参数

C_1/MPa	C_2/MPa	C_3/K^{-1}	C_4/K^{-1}	C_5/MPa	C_6/MPa	n
255	1145	3.03E-3	1.52 E-4	738	246	0.3813

Bammann 模型是一种基于内状态变量理论提出的黏塑性本构模型。

表 6-12 Bammann 模型参数

C_1/MPa	C_2/K	C_3/MPa	C_4/K	C_5/s^{-1}	C_6/K
10.45	−805	428	230	0.010	−3270
C_7/MPa^{-1}	C_8/K	C_9/MPa	C_{10}/K	C_{11}/(s^{-1}/MPa)	C_{12}/K
29485	7029	451	355	0	0
C_{13}/MPa^{-1}	C_{14}/K	C_{15}/MPa	C_{16}/K	C_{17}/(s^{-1}/MPa)	C_{18}/K
0.028	−806	2410	−84	0	0

胡绪腾, 宋迎东. TC4 钛合金三种动态本构模型的对比分析 [J]. 兵器材料科学与工程, 2013, 36(1): 32-25.

文献作者以《TC4 动态力学性能试验研究》中的实验结果为基础。采用 Levenberg-Marquarat 算法估计出 Johnson-Cook 材料模型中的相关参数。

表 6-13 Johnson-Cook 模型及失效参数（一）

A/MPa	B/MPa	n	C	D_1	D_2	D_3	D_4	D_5
749.6766	9912.2	3.0983	0.0947	−0.09	0.27	0.48	0.014	3.87

陈敏, 陈伟, 关玉璞, 等. INVESTIGATION ON DYNAMIC CONSTITUTIVE MODEL OF TITANIUM TC4 [J]. 机械强度, 2013, 35(4): 406-501.

陈刚, 等. TC4 动态力学性能研究 [J]. 实验力学, 2005, 20(4): 605-609.

LS-DYNA 中关于 J-C 本构模型的应变率项有五种不同形式，并且后三种形式计算屈服函数时其应变率相关项只可采用粘塑性形式。运用 L-M 算法估计了四种黏塑性 J-C 本构模型的材料参数。

表 6-14 Johnson-Cook 模型参数（四）

	A/MPa	B/MPa	n	C	m	C_2/P
J-C 应变率缩放 J-C	862.40	1084.64	0.34101	0.01823	0.76728	—
黏塑性	1016.97	1070.45	0.52214	0.01991	0.79969	—
Huh & Kang	1014.14	1061.52	0.51861	0.02030	0.79499	5.286e-5
Allen，Rule & Jones	1006.03	1050.63	0.51703	0.02036	0.79247	
Cowper-Symonds	834.27	762.16	0.37682	80060.77	0.75947	3.44589

宋迎东. 基于 Johnson-Cook 模型的硬物损伤数值模拟研究 [D]. 南京: 南京航空航天大学, 2009.

胡绪腾, 外物损伤及其对钛合金叶片高循环疲劳强度的影响研究 [D], 南京: 南京航空航天大学, 2009.

文献作者通过 Hopkinson 拉伸实验确定了 TC4 的 Johnson-Cook 材料模型参数。

表 6-15 Johnson-Cook 模型参数（五）

$\rho/(kg/m^3)$	E/GPa	ν	$\dot{\varepsilon}_0$	A/MPa	B/MPa	n
4510	113	0.33	1	800	0	0
C	m	D_1	D_2	D_3	D_4	D_5
0.011	1	1.23	0	0	0.01	0

表 6-16 Gruneisen 状态方程参数

$C_g/(m/s)$	S_1	γ_0
5130	1.028	1.23

范亚夫，段祝平. Johnson-Cook 材料模型参数的实验测定 [J]. 力学与实践，2003，25: 40-43.

用电子万能试验机、高速液压伺服试验机和分离式 Hopkinson 压杆（SHPB）装置，对 TC4 进行常温下准静态、中应变率和高应变率动态力学性能实验，得到不同应变率下的应力-应变曲线，拟合得到 Johnson-Cook 本构模型，并分析了材料中应变率力学特性对本构模型参数的影响。结果表明：TC4 钛合金在应变率 $10^{-4}\sim10^3s^{-1}$ 范围内具有明显的应变率强化效应和一定的应变硬化效应，且应变率强化效应随应变的增大而减小，应变硬化效应随应变率的增大而减小。

表 6-17 Johnson-Cook 模型参数（六）

$\rho/(kg/m^3)$	E/GPa	ν	T_{emlt}/K	A/MPa	B/MPa	n	C
4430	135	0.33	1878	1060	1090	0.884	0.0117
m	$\dot{\varepsilon}/s^{-1}$	D_1	D_2	D_3	D_4	D_5	
1.1	4×10^{-4}	-0.09	0.27	0.48	0.014	3.87	

惠旭龙，等. TC4 钛合金动态力学性能及本构模型研究 [J]. 振动与冲击，2016，35(22): 161-168.

表 6-18 Simplified_Johnson_Cook 模型参数

$\rho/(kg/m^3)$	E/GPa	ν	A/MPa	B/MPa	n	C
4430	114.0	0.33	862.000	331.000	0.34	0.012

JEREMY D SEIDT, J MICHAEL PEREIRA, AMOS GILAT, et al. Ballistic impact of anisotropic 2024 aluminum sheet and plate [J]. International Journal of Impact Engineering, 2013, 62: 27-34.

表 6-19 基本材料参数

E/GPa	ν	$\rho/(kg/m^3)$	T_m/K	T_r/K	$C_p/J\cdot kg^{-1}\cdot K^{-1}$
113	0.33	4430	1878	293	580

表 6-20 Johnson-Cook 材料模型参数

$\dot{\varepsilon}_0/s^{-1}$	A/MPa	B/MPa	n	C	m
1	1098	1092	0.93	0.014	1.1

表 6-21　Johnson-Cook 模型失效参数（二）

D_1	D_2	D_3	D_4	D_5
-0.09	0.27	0.48	0.014	3.87

何庆，宣海军，刘璐璐. 航空发动机风扇叶片撞击机匣的响应机理研究 [C]. 第十届全国冲击动力学学术会议论文集，2011.

表 6-22　Johnson-Cook 模型参数（七）

A/MPa	B/MPa	n	C	m	$\dot{\varepsilon}_0/\text{s}^{-1}$
1051	924	0.52	0.00253	0.98	0.001
$\rho/(\text{kg/m}^3)$	$C_\rho/\text{J}\cdot\text{kg}^{-1}\cdot\text{K}^{-1}$	E/GPa	T_m/K	T_r/K	
4428	580	114	1605	293	

A S MILANI, W DABBOUSSI, J A NEMES, et al. An improved multi-objective identification of Johnson-Cook material parameters [J]. International Journal of Impact Engineering, 2009, 36: 294-302.

表 6-23　Johnson-Cook 模型参数（八）

	A/MPa	B/MPa	n	C	m
低成本材料	896	656	0.0128	0.5	0.8
标准材料	862.5	331.5	0.012	0.34	0.8

表 6-24　Zerilli-Armstrong 模型参数

	C_0/MPa	C_1/MPa	C_3/K^{-1}	C_4/K^{-1}	C_5/MPa	n
低成本材料	740	240	0.0024	0.00043	656	0.5

HUBERT W MEYER JR., DAVID S KLEPONIS. MODELING THE HIGH STRAIN RATE BEHAVIOR OF TITANIUM UNDERGOING BALLISTIC IMPACT AND PENETRATION [J]. International Journal of Impact Engineering, 2001, 26: 509-521.

表 6-25　Johnson-Cook 模型及失效参数

$\rho/(\text{kg/m}^3)$	G/GPa	ν	T_m/K	$C_\rho/\text{J}\cdot\text{kg}^{-1}\cdot\text{K}^{-1}$	A/MPa	B/MPa	C
4428	41.9	0.31	1878	560	1098	1092	0.014
n	m	D_1	D_2	D_3	D_4	D_5	
0.93	1.1	-0.09	0.27	0.48	0.014	3.87	

表 6-26　Gruneisen 状态方程参数

$C_g/(\text{m/s})$	S_1	γ_0
5130	1.028	1.23

WANG XUEMEI, SHI JUN. Validation of Johnson-Cook plasticity and damage model using impact experiment [J]. International Journal of Impact Engineering, 2013, 60: 67-75.

表 6-27 Johnson-Cook 模型参数（九）

A/MPa	B/MPa	n	C	m
782.7	498.4	0.28	0.028	1.0
862.5	331.2	0.34	0.012	0.8
896	656	0.5	0.0128	0.8
870	990	1.01	0.008	1.4

刘战强，吴继华，史振宇，等. 金属切削变形本构方程的研究 [J]. 工具技术，2008, 42(3): 3-9.

表 6-28 Johnson-Cook 模型参数（十）

A/MPa	B/MPa	n	C	m
724.7	683.1	0.47	0.035	1.0

表 6-29 Johnson-Cook 模型失效参数（一）

D_1	D_2	D_3	D_4	D_5
-0.09	0.25	-0.5	0.014	3.87

LEE W S, LIN C F. Plastic deformation and fracture behavior of Ti6Al4V alloy loaded with high strain rate under various temperatures [J]. Materials Science and engineering A, 1998, 241(1/2): 48-56.

Recht R. F. Catastrophic Thermoplastic Shear, ASME. Transactions [J]. Journal of Applied Mechanics, 1964, 86: 189-193.

表 6-30 Johnson-Cook 模型及失效参数（二）

ρ/(kg/m³)	E/GPa	v	T_m/K	T_r/K	C_p/J·kg^{-1}·K^{-1}	$\dot{\varepsilon}_0$/s^{-1}	A/MPa	B/MPa
4440	110	0.34	1913	293	630	1	1130	250
n	C	m	D_1	D_2	D_3	D_4	D_5	
0.2	0.032	1.1	-0.005	0.2	0.3	0.004	3.9	

陈光涛，宣海军，刘璐璐. 钛合金加筋板抗碎片冲击性能研究 [C]. 第十一届全国冲击动力学学术会议论文集，西安: 2013.

表 6-31 *MAT_PLASTIC_KINEMATIC 模型参数

ρ/(kg/m³)	E/GPa	v	σ_0/MPa	E_t/MPa	f_S
4650.22	110.316	0.31	1006.63	1592.69	0.22

K S CARNEY, J M PEREIRA, D M REVILOCK, et al. Jet engine fan blade containment using an alternate geometry [C]. International Journal of Impact Engineering, 2009, 36: 720-728.

应用 Hopkinson 压杆实验装置，确定了航空用钛合金 Ti6Al4V 高应变和高温条件下的应力-应变关系，结合 Ti6Al4V 合金准静态实验数据，建立了适合高速切削仿真的 Johnson-Cook 本构模型：

$$\sigma = \left(875 + 793\varepsilon^{0.386}\right)\left(1 + 0.01\ln\frac{\dot{\varepsilon}}{\dot{\varepsilon}_0}\right)\left(1 - T^{*0.71}\right)$$

室温 $T_r = 20\,^{\circ}\text{C}$，参考应变率 $\dot{\varepsilon}_0 = 0.001\text{s}^{-1}$。

曹自洋，等. 高速切削钛合金 Ti6Al4V 切屑的形成及其数值模拟 [J]. 中国机械工程，2008, 19(20): 2450-2454.

TC4-DT

基于分离式霍普金森压杆实验研究了 TC4-DT 钛合金在高温高应变率条件下的动态力学性能，通过研究材料应力-应变曲线和金相组织的变化规律，分析了材料的温度软化和应变率强化效应，构建了切削条件下 Johnson-Cook 材料本构关系模型。

$$\sigma = \left(985 + 2485\varepsilon^{0.55}\right)\left(1 + 0.0178\ln\frac{\dot{\varepsilon}}{1000}\right)\left[1 - \left(\frac{T-20}{1585}\right)^{0.89}\right]$$

姜振喜. TC4-DT 钛合金切削性能研究与仿生刀具结构设计 [D]. 济南：山东大学，2016.

Ti-1300

Ti-1300 合金是西北有色金属研究院自主开发的一种新型高强近 β 钛合金，该合金具有强度高的特点，抗拉强度达到 1300MPa 以上，可以应用于高强度航空结构件或兵器工业领域。为了探索该合金在高应变率下的动态力学性能，文献作者采用 Hopkinson 拉杆对 Ti-1300 在高应变率下的响应进行了实验研究，研究应变率范围 600~3000s^{-1}。为了研究温度对材料性能的影响，进行了 300℃下的 Hopkinson 拉杆实验。综合分析实验结果，拟合了材料的 J-C 模型参数。

表 6-32　Johnson-Cook 模型参数

A/MPa	B/MPa	n	C	m
772	574	0.053	0.043	1.7

耿宝刚，王可慧，戴湘，等. Ti-1300 合金的动态力学性能研究 [C]. 第十一届全国冲击动力学学术会议文集，西安：2013.

Ti-3Al-2.5V 合金

表 6-33　Johnson-Cook 模型参数

ρ/(kg/m^3)	ν	A/MPa	B/MPa	n	C	m	C_p/J·kg^{-1}·K^{-1}
4480	0.3	500	1168	0.63	0.027	1.0	525

ZHANG PEIHUI. Joining Enabled by High Velocity Deformation [D]. The Ohio State University, 2003.

TiC 颗粒增强钛基复合材料

表 6-34　*MAT_PLASTIC_KINEMATIC 模型参数

E/GPa	σ_s/MPa	E_t/GPa	C/s^{-1}	P
117.9	1215.6	0.3899	1109	1.82

宋卫东，宁建国，毛小南. TiC 颗粒增强钛基复合材料细观动态力学性能 [J]. 稀有金属材料与工程，2011, 40(9): 1555-1560.

第 7 章　其他金属及合金材料

A286 合金

A286 是 Fe-25Ni-15Cr 基高温合金,文献作者采用 Gleeble-1500D 热模拟试验机研究 A286 材料室温下不同应变速率下的流变力学行为,利用简化的 Johnson-Cook 本构模型拟合得到固溶态 A286 材料的动态塑性本构关系。

表 7-1　Johnson-Cook 模型参数

$\rho_0/(\mathrm{g/cm^3})$	$C_\mathrm{p}/\mathrm{J\cdot kg^{-1}\cdot K^{-1}}$	A/MPa	B/MPa	n	C
7.92	460	345	619.795	0.287554	0.0072

辛选荣, 梁坤, 谢田, 等. 高温合金 A286 室温动态力学性能研究 [J]. 锻压技术, 2013, 38(4): 144-147.

Al-Mg-Sc 合金

采用微型 SHPB 实验装置对 Al-Mg-Sc 材料在应变率为 $10^3 \sim 10^4\mathrm{s^{-1}}$ 范围内进行动态力学行为测试。结果表明:Al-Mg-Sc 合金材料随应变率的提高,真实应力-应变曲线略有升高,表明 Al-Mg-Sc 材料不是一种对应变率敏感的材料。根据遗传算法确定 Al-Mg-Sc 材料 J-C 模型参数:

$$\sigma = (328.12 + 180\varepsilon^{0.05})\left(1 + 0.002\ln\frac{\dot{\varepsilon}}{\dot{\varepsilon}_0}\right)$$

鲁世红, 何宁. 高应变速率下 Al-Mg-Sc 合金压缩变形的流变方程 [J]. 中国有色金属学报, 2008, 18(5): 897-902.

AZ31B-O 镁合金

表 7-2　***MAT_SIMPLIFIED_JOHNSON_COOK 材料模型参数**

A/MPa	B/MPa	n	C
180.002	344.548	0.12	0.554

IBAI ULACIA, INAKI HURTADO, JOSÉ IMBERT, et al. Influence of the Coupling Strategy in the Numerical Simulation of Electromagnetic Sheet Metal Forming [C]. 10th International LS-DYNA Conference, Detroit, 2008.

AZ91D 镁合金

使用霍普金森压杆技术对挤压 AZ91D 镁合金进行三种应变速率下的动态压缩实验,基于实验数据的拟合确定了其动态压缩的 Johnson-Cook (J-C)本构方程。采用拟合的 J-C 本构参数和 LS-DYNA 有限元软件对挤压 AZ91D 镁合金在三种应变速率下的 SHPB 实验进行了数值模拟,根据模拟得到的入射波、反射波和透射波形计算得到各应变速率下完整的应力-应变曲线，并与实验及拟合的应力-应变响应进行了对比。结果表明：当应变速率在 400～1000 s^{-1} 之间变化时，AZ91D 镁合金的应变速率敏感性随应变率增大而增大；基于 J-C 材料模型描述的 AZ91D 镁合金应变速率相关的应力-应变本构模型，其数值模拟结果与拟合结果及实验结果基本吻合。

表 7-3 Johnson-Cook 模型参数

A/MPa	B/MPa	n	C	m
164	343	0.283	0.021	0

周霞，等. 基于 SHPB 实验的挤压 AZ91D 镁合金动态力学行为数值模拟 [J]. 中国有色金属学报, 2014, 24(8): 1968-1975.

钯

表 7-4 SHOCK 状态方程参数

密度 ρ/(g/cm^3)	C_1/(cm/μs)	S_1	Gruneisen 系数
11.991	0.3948	1.588	2.26

Selected Hugoniots [R]. Los Alamos Scientific Laboratory, LA-4167-MS, 1 May 1969.

钡

表 7-5 SHOCK 状态方程参数

ρ/(g/cm^3)	C_1/(cm/μs)	S_1	Gruneisen 系数
3.705	0.07	1.60	0.55

Selected Hugoniots [R]. Los Alamos Scientific Laboratory, LA-4167-MS, 1 May 1969.

铋

表 7-6 SHOCK 状态方程参数

ρ/(g/cm^3)	C_1/(cm/μs)	S_1	Gruneisen 系数
9.836	0.1826	1.473	1.1

Selected Hugoniots [R]. Los Alamos Scientific Laboratory, LA-4167-MS, 1 May 1969.

铂

表 7-7 SHOCK 状态方程参数

ρ/(g/cm^3)	C_1/(cm/μs)	S_1	Gruneisen 系数
21.419	0.3598	1.544	2.4

Selected Hugoniots [R]. Los Alamos Scientific Laboratory, LA-4167-MS, 1 May 1969.

钚（纯度 99.996%，冷轧）

表 7-8　*MAT_POWER_LAW_PLASTICITY 模型参数（单位制 m-kg-s）

ρ	E	PR	K	N	EPSF
2.1369E4	1.4479E11	0.39	4.4804E8	0.152978	0.0233

表 7-9　*MAT_SIMPLIFIED_JOHNSON_COOK 模型参数（单位制 m-kg-s）

ρ	E	PR	A	B	N	C	PSFAIL
2.1369E4	1.4479E11	0.39	1.2513E8	4.2038E8	0.318739	0.0	0.0233

http://www.VarmintAl.com/aengr.htm

钙

表 7-10　SHOCK 状态方程参数

$\rho/(g/cm^3)$	$C_1/(cm/\mu s)$	S_1	Gruneisen 系数
1.547	0.3602	0.948	1.2

Selected Hugoniots [R]. Los Alamos Scientific Laboratory, LA-4167-MS, 1 May 1969.

CrNi80TiNbAl 合金

表 7-11　*MAT_PLASTIC_KINEMATIC 模型参数

$\rho/(kg/m^3)$	E/GPa	ν	σ_0/MPa	E_t/GPa
8300	215.8	0.3	650	7.2

谢永慧，等. 高速液固撞击弹塑性响应的数值模拟 [C]. 第十届全国冲击动力学学术会议论文集, 2011.

DU-0.75Ti

文献作者在文章中首次提出了著名的 Johnson-Cook 模型，并根据霍普金森杆拉杆和扭曲实验获得了 Johnson-Cook 本构模型参数。

表 7-12　Johnson-Cook 模型参数

$\rho/(kg/m^3)$	洛氏硬度	$C_p/J\cdot kg^{-1}\cdot K^{-1}$	T_m/K	A/MPa	B/MPa	n	C	m
18600	C-45	447	1473	1079	1120	0.25	0.007	1.00

JOHNSON G R, COOK W H. A constitutive model and data for metals subjected to large strains, high strain-rates and high temperatures [C]. Proceedings of Seventh International. Symposium on Ballistics, The Hague, The Netherlands, April 1983: 541-547.

表 7-13　SHOCK 状态方程参数

$\rho/(g/cm^3)$	$C_1/(cm/\mu s)$	S_1	Gruneisen 系数
18.6	0.2565	2.2	2.03

Selected Hugoniots [R]. Los Alamos Scientific Laboratory, LA-4167-MS, 1 May 1969.

钒

表 7-14　SHOCK 状态方程参数

$\rho/(g/cm^3)$	$C_1/(cm/\mu s)$	S_1	Gruneisen 系数
6.1	0.5077	1.201	1.29

Selected Hugoniots [R]. Los Alamos Scientific Laboratory, LA-4167-MS, 1 May 1969.

钒合金

表 7-15　Johnson-Cook 模型及失效参数

$\rho/(kg/m^3)$	E/GPa	G/GPa	ν	T_m/K	T_r/K
6050	125.6	48.3	0.3	2073	293
$C_p/J\cdot kg^{-1}\cdot K^{-1}$	A/MPa	B/MPa	C	n	m
486.5	440	708	0.0283	0.7	0.9
D_1	D_2	D_3	D_4	D_5	
0.9	0	0	0	0	

颜怡霞, 黄西成, 胡文军, 等. 钒合金帽状试件绝热剪切过程的数值模拟 [C]. 第十一届全国冲击动力学学术会议论文集. 西安: 2013.

Fe-Si 合金

表 7-16　Johnson-Cook 模型参数

E/GPa	A/MPa	B/MPa	n	C	m	T_m/K	T_r/K	$\dot{\varepsilon}_0/s^{-1}$
167	560	625	0.5	0.02	1.0	100000	298	2850

SPRINGER H K. Mechanical Characterization of Nodular Ductile Iron [R], LLNL-TR-522091, 2012.

FeCrNi 合金

采用材料试验机和霍普金森压杆, 拟合了 FeCrNi 合金的 Johnson-Cook 本构模型参数。

表 7-17　Johnson-Cook 模型参数

A/MPa	B/MPa	n	C	m	T_r/K	T_m/K
600	1300	1	0.0527	0.7	288	1688

潘晓霞. FeCrNi 合金动态特性研究 [D]. 四川成都: 四川大学, 2005.

锆

表 7-18　SHOCK 状态方程参数

$\rho/(g/cm^3)$	$C_1/(cm/\mu s)$	S_1	Gruneisen 系数
6.505	0.3757	1.018	1.09

Selected Hugoniots [R]. Los Alamos Scientific Laboratory, LA-4167-MS. 1969-05-01.

文献作者在 $3.3 \times 10^{-4} \sim 1.5 \times 10^{3} s^{-1}$ 应变率范围内获得了 α-锆和 ω-锆的应力-应变曲线，给出了 Johnson-Cook 本构拟合参数。

表7-19　α-锆 Johnson-Cook 模型参数

$\rho/(kg/m^3)$	$C_V/J \cdot kg^{-1} \cdot K^{-1}$	T_{emlt}/K	A/MPa	B/MPa	n	C	m
6484	270	1473	283	338.2	0.48439	0.027	1.0

表7-20　ω-锆 Johnson-Cook 模型参数

$\rho/(kg/m^3)$	$C_V/J \cdot kg^{-1} \cdot K^{-1}$	T_{emlt}/K	A/MPa	B/MPa	n	C	m
6484	270	1473	303.8	549.12	0.64638	0.027	0.827

李英华. 锆的低压冲击相变特性研究 [D]. 绵阳：中国工程物理研究院, 2006

铬

表7-21　SHOCK 状态方程参数

$\rho/(g/cm^3)$	$C_1/(cm/\mu s)$	S_1	Gruneisen 系数
7.117	0.5173	1.473	1.19

Selected Hugoniots [R]. Los Alamos Scientific Laboratory, LA-4167-MS. 1969-05-01.

镉

表7-22　SHOCK 状态方程参数

$\rho/(g/cm^3)$	$C_1/(cm/\mu s)$	S_1	Gruneisen 系数
8.639	0.2434	1.684	2.27

Selected Hugoniots [R]. Los Alamos Scientific Laboratory, LA-4167-MS. 1969-05-01.

表7-23　*MAT_ANISOTROPIC_ELASTIC 模型参数

$\rho/(kg/m^3)$	C_{11}/Pa	C_{12}/Pa	C_{22}/Pa	C_{13}/Pa
3400	121E9	48.1E9	121E9	44.2E9
C_{23}/Pa	C_{33}/Pa	C_{44}/Pa	C_{55}/Pa	C_{66}/Pa
44.2E9	51.3E9	18.5	18.5	24.2

ANSYS LS-DYNA User's Guide [R]. ANSYS, 2008.

汞

表7-24　SHOCK 状态方程参数

$\rho/(g/cm^3)$	$C_1/(cm/\mu s)$	S_1	Gruneisen 系数
13.54	0.149	2.047	1.96

Selected Hugoniots [R]. Los Alamos Scientific Laboratory, LA-4167- MS. 1969-05-01.

钴

表 7-25　SHOCK 状态方程参数

$\rho/(g/cm^3)$	$C_1/(cm/\mu s)$	S_1	Gruneisen 系数
8.82	0.4752	1.315	1.97

Selected Hugoniots [R]. Los Alamos Scientific Laboratory, LA-4167-MS. 1969-05-01.

铪

表 7-26　SHOCK 状态方程参数

$\rho/(g/cm^3)$	$C_1/(cm/\mu s)$	S_1	Gruneisen 系数
12.885	0.2954	1.121	0.98

Selected Hugoniots [R]. Los Alamos Scientific Laboratory, LA-4167- MS. 1969-05-01.

焊锡

表 7-27　Johnson-Cook 材料模型参数

$\rho/(kg/m^3)$	E/GPa	ν	A/MPa	B/MPa	n
7384	54	0.363	38	275	0.71
C	m	T_m/K	T_r/K	$C_p/J\cdot kg^{-1}\cdot K^{-1}$	
0.0713	1	490	298	233.6	

李建刚. 应变率效应对无铅焊锡接点跌落冲击力学行为的影响 [D]. 北京: 北京工业大学, 2009.

QIN F, AN T, CHEN N. Strain Rate Effect and Johnson-Cook Models of Lead-Free Solder Alloys [C]. International Conference on Electronic Packaging Technology and High Density Packaging, Shanghai, China, IEEE, 2008: 734-739.

IC10 合金

IC10 合金的优点是比刚度高，屈服应力高，密度低，熔点高，在较大温度范围内具有良好的延展性、抗氧化和抗蠕变能力，可作为航空发动机涡轮导向叶片材料在 1100℃的高温环境下使用。文献作者利用材料试验机（MTS809）测得 IC10 合金在很宽的温度范围（25～800℃）和不同应变率（$10^{-5}\sim10^{-2}s^{-1}$）内的应力-应变曲线。实验结果表明：室温下 IC10 合金的流变行为对应变率不太敏感；相同应变率（$10^{-4}s^{-1}$）下，流变行为对温度较敏感；在不同应变率、25～800℃温度范围内，IC10 合金的屈服应力变化很小。基于实验数据，修正并拟合了 Johnson-Cook 方程参数：

$$\sigma = (816 + 31.13816\varepsilon^{1.7404})e^{0.00409\ln\dot{\varepsilon}^*}[1-(T^*)^{6.87098}]$$

张宏建，等. 不同温度下 IC10 合金的本构关系 [J]. 航空学报, 2008, 29(2): 500-504.

文献作者拟合了 IC10 合金材料的 Z-A 模型参数：

$$\sigma = 815.73 + 10989.96\exp\left[-0.0007\times T\ln\left(\frac{10^{11}}{\dot{\varepsilon}}\right)\right] + 119.48\exp\left(6.13\times10^{-8}\times T\ln\frac{10^5}{\dot{\varepsilon}}\right)\sqrt{\varepsilon}$$

张宏建，等. Z-A 模型的修正及在预测本构关系中的应用 [J]. 航空动力学报, 2009, 24(6): 1311-1315.

在 MTS 材料试验机上进行了 IC10 合金的拉伸实验，测量了 IC10 合金在不同温度（20～900℃）和不同应变速率（$10^{-5} \sim 10^{-2} \mathrm{s}^{-1}$）下的应力-应变曲线，拟合获得了加工硬化和动态回复再结晶机制下的 Johnson-Cook 本构方程及修正的 Johnson-Cook 方程参数：

$$\sigma = (808.209 + 20.55605\varepsilon^{1.17761})(1 + 0.0052\ln\dot{\varepsilon}^{*})[1 - (T^{*})^{5.68833}]$$

其中，IC10 熔化温度 $T_{\mathrm{m}} = 1628\mathrm{K}$。

陶永昌. Ni3Al 基金属间化合物本构关系研究 [D]. 南京：南京航空航天大学，2007.

INCO Alloy HX

表 7-28　Johnson-Cook 模型参数

$\rho/(\mathrm{kg/m^3})$	A/MPa	B/MPa	n	C	m	F_{S}
8230	380	1520	0.78	0.029	1.0	0.55

STANISLAV ROLE, JAROSLAV BUCHAR, VOJTECH HRUBY. On the Ballistic Efficiency of the Three Layered Metallic Targets [C]. 22nd International Symposium of Ballistics, Vancouver, Canada, 2005.

INCOLOY Alloy 800 HT

表 7-29　Johnson-Cook 模型参数

$\rho/(\mathrm{kg/m^3})$	A/MPa	B/MPa	n	C	m	F_{S}
7940	205	670	0.65	0.005	1.0	0.45

STANISLAV ROLE, JAROSLAV BUCHAR, VOJTECH HRUBY. On the Ballistic Efficiency of the Three Layered Metallic Targets [C]. 22nd International Symposium of Ballistics, Vancouver, Canada, 2005.

INCONEL Alloy 600

表 7-30　Johnson-Cook 模型参数

$\rho/(\mathrm{kg/m^3})$	A/MPa	B/MPa	n	C	m	F_{S}
8470	240	720	0.62	0.006	1.0	0.5

STANISLAV ROLE, JAROSLAV BUCHAR, VOJTECH HRUBY. On the Ballistic Efficiency of the Three Layered Metallic Targets [C]. 22nd International Symposium of Ballistics, Vancouver, Canada, 2005.

INCONEL Alloy 625

表 7-31　Johnson-Cook 模型参数

$\rho/(\mathrm{kg/m^3})$	A/MPa	B/MPa	n	C	m	F_{S}
8440	400	1798	0.91	0.031	1.0	0.67

STANISLAV ROLE, JAROSLAV BUCHAR, VOJTECH HRUBY. On the Ballistic Efficiency of the Three Layered Metallic Targets [C]. 22nd International Symposium of Ballistics, Vancouver, Canada, 2005.

文献作者通过热压缩实验对 Inconel 625 合金的热变形行为进行了测试。结果显示真应力-真应变曲线的斜率随着温度的降低和应变速率的升高而增大。这表明温度、应变和应变速率之间通过一种复杂的交互作用共同对应变硬化和再结晶产生影响。用 Johnson-Cook 模型建立的本构方程由于忽略了这个交互作用而不能很好地预测此合金的应力-应变关系，为此对 Johnson-Cook 模型做了改进。新的模型考虑了温度、应变和应变速率的交互作用。对比结果表明：修正的 Johnson-Cook 模型的预测值和实验值符合得很好。

表 7-32　Johnson-Cook 模型参数

A/MPa	B/MPa	n	C	m
183.7	189.998	0.0799568	0.107528	1.17159

表 7-33　修正的 Johnson-Cook 模型参数

A/MPa	B/MPa	n	C	m
183.7	173.696	0.001 033 99	$-0.1196+0.2617T^*+0.8158\varepsilon-0.4824T^*\varepsilon+0.4072T^{*2}-0.697\varepsilon^2$	0.869 377

俞秋景, 刘军, 张伟红, 等. Inconel 625 合金 Johnson-Cook 本构模型的一种改进 [J]. 稀有金属材料与工程, 2013, 42(8): 1679-1684.

Inconel 713LC 合金

表 7-34　Johnson-Cook 模型参数

A/MPa	B/MPa	n	C	m	$\varepsilon_0/\text{s}^{-1}$	$T_\text{m}/^\circ\text{C}$
760	230	0.25	0.0031	1.07	1	27

STANISLAV ROLE, JAROSLAV BUCHAR. Effect of the Temperature on the Ballistic Efficiency of Plates [C]. 22nd International Symposium of Ballistics, Vancouver, Canada, 2005.

Inconel 718 合金

表 7-35　退火 Inconel 718 合金 Johnson-Cook 模型参数（一）

A/MPa	B/MPa	n	C	m
337	1642	0.7835	0.049	1.20
$\dot{\varepsilon}_0/\text{s}^{-1}$	$T_\text{m}/^\circ\text{C}$	$C_\text{p}/\text{J}\cdot\text{kg}^{-1}\cdot\text{K}^{-1}$	$\alpha/(\mu\text{m/m}\cdot\text{K}^{-1})$	$K/(\text{W/m}\cdot\text{K}^{-1})$
0.03	1300	435	13.0	11.4

表 7-36　脱溶硬化 Inconel 718 合金 Johnson-Cook 模型参数（一）

A/MPa	B/MPa	n	C	m
1290	895	0.5260	0.016	1.55
$\dot{\varepsilon}_0/\text{s}^{-1}$	$T_\text{m}/^\circ\text{C}$	$C_\text{p}/\text{J}\cdot\text{kg}^{-1}\cdot\text{K}^{-1}$	$\alpha/(\mu\text{m/m}\cdot\text{K}^{-1})$	$K/(\text{W/m}\cdot\text{K}^{-1})$
0.03	1300	435	13.0	11.4

JEFFREY J DEMANGE, VIKAS PRAKASH, J MICHAEL PEREIRA. Effects of material microstructure on blunt projectile penetration of a nickel-based super alloy [J]. International Journal of Impact Engineering, 2009, 36: 1027-1043.

表 7-37 脱溶硬化 Inconel 718 合金 Johnson-Cook 模型参数（二）

A/MPa	B/MPa	n	C	m
1138	1324	0.5	0.0092	1.27

BRAR N S, SAWAS O, Hilfi H. Johnson-Cook strength model parameters for inconel-718[D]. University of Dayton, 1996.

表 7-38 退火 Inconel 718 合金 Johnson-Cook 模型参数（二）

A/MPa	B/MPa	n	C
400	1798	0.9143	0.0312

表 7-39 时效 Inconel 718 合金 Johnson-Cook 模型参数

A/MPa	B/MPa	n	C
1350	1139	0.6522	0.0134

J MICHAEL PEREIRA, BRADLEY A LERCH. Effects of heat treatment on the ballistic impact properties of Inconel 718 for jet engine fan containment applications [J]. International Journal of Impact Engineering, 2001, 25: 715-733.

Inconel718 为镍基高温合金，在较高温度下仍能保持较高的强度。

表 7-40 Johnson-Cook 模型参数

$\rho_0/(\mathrm{kg/m^3})$	$C_p/\mathrm{J\cdot kg^{-1}\cdot K^{-1}}$	E/GPa	A/MPa	B/MPa	n	C	m	$\dot{\varepsilon}_0/\mathrm{s^{-1}}$
8240	435	200	450	1700	0.65	0.017	1.3	0.001

苏国胜，刘战强，万熠，等. 高速切削中切削速度对工件材料力学性能和切屑形态的影响机理 [J]. 中国科学: 技术科学, 2012, 42(11): 1305-1317.

UHLMANN E, SCHULENBURG M G, ZETTIER R. Finite element modeling and cutting simulation of Inconel 718 [J]. Ann CIRP, 2007, 56(1): 61-64.

表 7-41 动态力学特性参数

$\rho_0/(\mathrm{kg/m^3})$	$C_p/\mathrm{J\cdot kg^{-1}\cdot K^{-1}}$	$K/(\mathrm{W\cdot m^{-1}\cdot K^{-1}})$	E/GPa	σ_0/MPa	σ_b/MPa	$T_m/℃$
8240	435	10.63	200	1200	1580	1260-1336

苏国胜，刘战强，万熠，等. 高速切削中切削速度对工件材料力学性能和切屑形态的影响机理 [J]. 中国科学: 技术科学, 2012, 42(11): 1305-1317.

JACOBSSON L, PERSSON C, MELIN S. Thermo-mechanical fatigue crack propagation experiments in Inconel718 [J]. International Journal of Fatigue, 2009, 31: 1318 - 1326.

THAKUR D G, RAMAMOORTHY B, VIJAYARAGHAVAN L. Study on the machinability characteristics of superalloy Inconel 718 during high speed turning [J]. Materials and Design, 2009, 30: 1718 - 1725.

Inconel 718 合金（沉淀硬化）

表 7-42 Johnson-Cook 模型参数

A/MPa	B/MPa	n	C	m
1138	1324	0.5	0.0092	1.27

SHWETA DIKE. Dynamic Deformation of Materials at Elevated Temperatures [D]. Case Western Reserve University, 2010.

钾

表 7-43　SHOCK 状态方程参数

$\rho/(\mathrm{g/cm^3})$	$C_1/(\mathrm{cm/\mu s})$	S_1	Gruneisen 系数
0.86	0.1974	1.179	1.23

Selected Hugoniots [R]. Los Alamos Scientific Laboratory, LA-4167- MS. 1969-05-01.

金

文献作者采用 CTH 作为计算软件，Steinberg-Guinan 本构关系如下：

$$\sigma_{\mathrm{eq}} = Y_0(1 + \beta\varepsilon_{\mathrm{p}})^n[1 + A^*P\eta^{1/3} - B^*(T - 300)]$$

式中，$\eta = 1 - \rho_0/\rho$，$A^* = A/(1.0\mathrm{GPa})$，$B^* = B/(1.0\mathrm{K})$。

表 7-44　状态方程和 Steinberg-Guinan 模型参数

$\rho_0/(\mathrm{g/cm^3})$	$C_0/(\mathrm{km/s})$	ν	Y_0/MPa	β	n
19.3	3.08	0.427	20	49	0.39
A	B	$T_{\mathrm{r}}/\mathrm{K}$	$T_{\mathrm{m}}/\mathrm{K}$	Γ_0	
0.0375	0.000311	300	1970	2.99	

I S CHOCRON, C E ANDERSON JR, T BEHNER, et al. Lateral confinement effects in long-rod penetration of ceramics at hypervelocity [J]. International Journal of Impact Engineering, 2006, 33: 169-179.

表 7-45　Gruneisen 状态方程参数

$\rho/(\mathrm{kg/m^3})$	$C_0/(\mathrm{m/s})$	S	Γ_0
19240	3060	1.57	3.0

CHARLES E, ANDERSON JR, DENNIS L ORPHAL, ROLAND R FRANZEN, et al. On the hydrodynamic approximation for long-rod penetration [J]. International Journal of Impact Engineering, 1999, 22: 23-43.

锂

表 7-46　SHOCK 状态方程参数

$\rho/(\mathrm{g/cm^3})$	$C_1/(\mathrm{cm/\mu s})$	S_1	Gruneisen 系数
0.53	0.4645	1.133	0.81

Selected Hugoniots [R]. Los Alamos Scientific Laboratory, LA-4167- MS. 1969-05-01.

硫

表 7-47　SHOCK 状态方程参数

$\rho/(\mathrm{g/cm^3})$	$C_1/(\mathrm{cm/\mu s})$	S_1	Gruneisen 系数
2.02	0.3223	0.959	0.0

Selected Hugoniots [R]. Los Alamos Scientific Laboratory, LA-4167- MS. 1969-05-01.

镁

表 7-48 SHOCK 状态方程参数

$\rho/(\text{g/cm}^3)$	$C_1/(\text{cm/}\mu\text{s})$	S_1	Gruneisen 系数
1.74	0.4492	1.263	1.42

Selected Hugoniots [R]. Los Alamos Scientific Laboratory, LA-4167- MS. 1969-05-01.

镁锂合金

表 7-49 SHOCK 状态方程参数

$\rho/(\text{g/cm}^3)$	$C_1/(\text{cm/}\mu\text{s})$	S_1	Gruneisen 系数
1.403	0.4247	1.284	1.45

Selected Hugoniots [R]. Los Alamos Scientific Laboratory, LA-4167- MS. 1969-05-01.

MONEL Alloy 400

表 7-50 Johnson-Cook 模型参数

$\rho/(\text{kg/m}^3)$	A/MPa	B/MPa	n	C	m	F_S
8800	540	260	0.1	0.035	1.05	0.5

STANISLAV ROLE, JAROSLAV BUCHAR, VOJ TECH HRUBY. On the Ballistic Efficiency of the Three Layered Metallic Targets [C]. 22nd International Symposium of Ballistics, Vancouver, Canada, 2005.

钼

表 7-51 AUTODYN 软件中的 SHOCK 状态方程 Steinberg-Guinan 模型参数

shock 状态方程			
密度	10.2g/cm^3	参数 C_1	5143m/s
Gruneisen 系数	1.59	参数 S_1	1.255
Steinberg Guinan 强度模型			
剪切模量	1.25E8kPa	dG/dP	1.425
屈服应力	1.60E6kPa	dG/dT	−1.90E4kPa
最大屈服应力	2.80E6kPa	dG/dY	0.01824
硬化常数	10	熔化温度	3660K
硬化指数	0.1	失效应变	17%

X QUAN, R A CLEGG, M S COWLER, et al. Numerical simulation of long rods impacting silicon carbide targets using JH-1 model [J]. International Journal of Impact Engineering, 2006, 33: 634-644.

钠

表 7-52 SHOCK 状态方程参数

$\rho/(\text{g/cm}^3)$	$C_1/(\text{cm/}\mu\text{s})$	S_1	Gruneisen 系数
0.968	0.2629	1.223	1.17

Selected Hugoniots [R]. Los Alamos Scientific Laboratory, LA-4167-MS, 1 May 1969.

铌

表 7-53　SHOCK 状态方程参数

$\rho/(g/cm^3)$	$C_1/(cm/\mu s)$	S_1	Gruneisen 系数
8.586	0.4439	1.207	1.47

Selected Hugoniots [R]. Los Alamos Scientific Laboratory, LA-4167-MS, 1 May 1969.

镍

表 7-54　SHOCK 状态方程参数

$\rho/(g/cm^3)$	$C_1/(cm/\mu s)$	S_1	Gruneisen 系数
8.874	0.4602	1.437	1.93

Selected Hugoniots [R]. Los Alamos Scientific Laboratory, LA-4167-MS, 1 May 1969.

表 7-55　Steinberg-Guinan 模型参数

$\rho/(kg/m^3)$	$C_p/J \cdot kg^{-1} \cdot K^{-1}$	T_r/K	T_m/K	G/GPa
8900	401	300	2330	65
屈服应力/MPa	最大屈服应力/MPa	硬化常数	硬化指数	
170	3000	46	0.53	

VALERIE S HERNANDEZ. EXPERIMENTAL OBSERVATIONS AND COMPUTER SIMULATIONS OF METALLIC PROJECTILE FRAGMENTATION AND IMPACT CRATER DEVELOPMENT IN METAL TARGETS [D]. El Paso, USA: University of Texas, 2004.

Nickel 200

文献作者在文章中首次提出了著名的 Johnson-Cook 本构模型，并根据霍普金森杆拉杆和扭曲实验获得了 Johnson-Cook 本构模型参数。

表 7-56　Johnson-Cook 模型参数

$\rho/(kg/m^3)$	洛氏硬度	$C_p/J \cdot kg^{-1} \cdot K^{-1}$	$T_m/℃$	A/MPa	B/MPa	n	C	m
8900	F-79	446	1726	163	648	0.33	0.006	1.44

JOHNSON G R, COOK W H. A constitutive model and data for metals subjected to large strains, high strain-rates and high temperatures [C]. Proceedings of Seventh International Symposium on Ballistics, The Hague, The Netherlands, April 1983: 541-547.

Nickel 合金

表 7-57　*MAT_PLASTIC_KINEMATIC 模型参数

$\rho/(kg/m^3)$	E/GPa	ν	σ_0/MPa	E_t/MPa	β	C/s^{-1}	P
8490	180	0.31	900	445	1.0	0	0

ANSYS LS-DYNA User's Guide [R]. ANSYS, 2008.

钕

表 7-58 Johnson-Cook 模型参数

A/MPa	B/MPa	n	C	m
154	197	0.38	0.058	1.42

JOHNSON G R, COOK W H. A constitutive model and data for metals subjected to large strains, high strain-rates and high temperatures [C]. Proceedings of Seventh International Symposium on Ballistics, The Hague, The Netherlands, April 1983: 541-547.

表 7-59 Gruneisen 状态方程参数

C_1/(m/s)	S_1	Γ_0
2080	1.015	0.82

S P MARSH. LASL Shock Hugoniot Data [M]. University of California Press, Los Angels, London & Berkely, 1980.

K A GSCHNEIDNER, in: F. Seitz, D. Turnbull(Eds.), Solid State Physics, Vol. 16, Academic Press, New York & London, 1965, pp. 275-426.

通过 SHPB 实验测试得到了 Johnson-Cook 本构模型参数：

$$\sigma = \begin{cases} (154 + 197\varepsilon^{0.38})(1 + 0.058\ln\dot{\varepsilon})[1 - (T^*)^{1.42}], & \varepsilon \leqslant 0.3 \\ (154 + 197\varepsilon^{0.48})(1 + 0.058\ln\dot{\varepsilon})[1 - (T^*)^{1.42}], & \varepsilon > 0.3 \end{cases}$$

WANG HUANRAN, et al. Compressive Constitutive behavior of Metallic Neodymium at different strain rates and temperatures [C]. The International Symposium on Shock & Impact Dynamics, 2011.

铍

表 7-60 动态力学特性参数

ρ_0/(g/cm^3)	K/GPa	G/GPa	σ_0/MPa	C/(m/s)	S_1
1.85	110	146	241	8000	1.124

D S RIHA. Modeling Impact and Penetration using a Deterministic and Probabilistic Design Tool [C]. 22nd International Symposium of Ballistics, Vancouver, Canada, 2005.

表 7-61 Gruneisen 状态方程参数

ρ_0/(g/cm^3)	C/(m/s)	S_1	S_2	S_3	Γ	α
1.85	8000	1.124	0.0	0.0	1.11	0.16

CRAIG M TARVER, ESTELLA M MCGUIRE. REACTIVE FLOW MODELING OF THE INTERACTION OF TATB DETONATION WAVES WITH INERT MATERIALS [C]. Proceedings of the 12th International Detonation Symposium, San Diego, California, 2002.

铅

表 7-62　*MAT_MODIFIED_JOHNSON_COOK 模型参数

A/MPa	B/MPa	n	C	m	T_m/K	C_p/J·kg^{-1}·K^{-1}	CL-Wcr/MPa
24	300	1.0	0.1	1.0	760	124	175

MICHAEL SALEH, LYNDON EDWARDS. Evaluation of a Hydrocode in Modelling NATO Threats against Steel Armour [C]. 25th International Symposium on Ballistics, Beijing, China, 2010.

表 7-63　*MAT_PLASTIC_KINEMATIC 模型参数

ρ_0/(kg/m^3)	E/Pa	ν	σ_0/Pa	E_{tan}/Pa	β	C	P
11270	1.7E+10	0.4	8.00E+06	1.5E+07	0.1-0.2	600	3

RIMANTAS BARAUSKAS, AUŠRA ABRAITIENĖ. Computational analysis of impact of a bullet against the multilayer fabrics in LS-DYNA [J].

表 7-64　Steinberg-Guinan-Lund 模型参数

ν	Y_0/MPa	Y_{max}/MPa	β_{SGL}	ε_i	n
0.43	8	100	110	0	0.52

G_0/MPa	A_{SGL}/MPa^{-1}	B_{SGL}/K^{-1}	T_{mo}/K	α	
8600	1.163E-4	1.16E-3	760	2.2	

表 7-65　Gruneisen 状态方程参数

ρ/(kg/m^3)	T_0/K	C_S/(m/s)	S_1	Γ_0	C_p/J·kg^{-1}·K^{-1}
11350	298	1980	1.58	2.77	121

JOSHUA E GORFAIN, CHRISTOPHER T KEY. Damage prediction of rib-stiffened composite structures subjected to ballistic impact [J]. International Journal of Impact Engineering, 2013, 57: 159-172.

表 7-66　*MAT_GURSON 模型参数

ρ(ton/mm^3)	E/MPa	ν	σ_Y	q_1	q_2
1.133×10^{-8}	15250	0.45	4.99	1.90188662	1.14535555
f_c	f_0	ε_N	S_N	f_N	f_F
0.074870368	0.001117206	0.309696007	0.091531935	0.029673004	0.168703767

SUNAO TOKURA. Necking and Failure Simulation of Lead Material Using ALE and Mesh Free Methods in LS-DYNA ® [C]. 14th International LS-DYNA Conference, Detroit, 2016.

表 7-67　AUTODYN 软件中的线性硬化模型参数

ρ/(kg/m^3)	ν	E/GPa	σ_0/MPa	极限应力	初始温度/K	C_p/J·kg^{-1}·K^{-1}
11350	0.3	30	70	95.5	298	132

ZHANG PEIHUI. Joining Enabled by High Velocity Deformation [D]. The Ohio State University, 2003.

铊

表 7-68 SHOCK 状态方程参数

ρ/(g/cm³)	C_1/(cm/μs)	S_1	Gruneisen 系数
8.586	0.4439	1.207	1.47

Selected Hugoniots [R]. Los Alamos Scientific Laboratory, LA-4167-MS, 1 May 1969.

表 7-69 SHOCK 状态方程参数

ρ/(g/cm³)	C_1/(cm/μs)	S_1	Gruneisen 系数
11.184	0.1862	1.523	2.25

Selected Hugoniots [R]. Los Alamos Scientific Laboratory, LA-4167-MS, 1 May 1969.

Ta-10%W

表 7-70 Gruneisen 状态方程参数

ρ_0/(g/cm³)	C/(m/s)	S_1	S_2	S_3	Γ	α
16.96	3460	1.2	0.0	0.0	1.67	0.42

CRAIG M TARVER. Shock Initiation of the PETN-based Explosive LX-16 [C]. Proceedings of the 13th International Detonation Symposium, Portland, OHio, 2006.

Ta-10%W

在 -50~700℃ 较大温度范围和 10^{-4}~10^3s^{-1} 应变速率范围内，采用材料试验机（MTS）及分离式霍普金森压杆分别对退火状态 Ta-10W 合金进行准静态和动态压缩实验，得到应力-应变曲线。结果表明：合金的屈服应力和流动应力都表现出很强的应变速率与温度敏感性，都随应变速率的增加而增加，随温度的升高而减小。利用所测得的应力-应变曲线拟合了 Johnson-Cook 本构方程：

$$\sigma = (484 + 1100\varepsilon^{1.43})\left[1 + 0.0135\ln\frac{\dot{\varepsilon}}{\dot{\varepsilon}_0} + 0.00157\ln^2\frac{\dot{\varepsilon}}{\dot{\varepsilon}_0}\right][1-(T^*)^{0.749}]$$

白润，等. Ta-W 合金的动态力学特性及其本构关系 [J]. 稀有金属材料与工程, 2008, 37(9): 1526-1529.

Ta12W 钽钨合金

表 7-71 动态力学特性参数

σ_{HEL}/GPa	Y_0/GPa	G/GPa	K/GPa	E/GPa	ν
2.07	0.975	70.36	204.95	189.41	0.35

张万甲. 钽-钨合金动态响应特性研究 [J]. 爆炸与冲击, 2000, 20(1): 45-51.

Ta-2.5%W

文献作者利用 MTS 材料试验机和 SHPB 实验装置对 Ta-2.5W 合金进行了准静态和动态实验，给出了材料在较宽温度（400~1000K）和应变率（2×10^{-4}~3.5×10^3s^{-1}）范围内的应力-

应变曲线，并拟合了 Johnson-Cook 本构模型参数。

表 7-72　Johnson-Cook 模型参数

$\rho/(\text{kg/m}^3)$	A/MPa	B/MPa	n	C	m
16650	238	565	0.743	0.06335	0.94271

高飞，张先锋. Ta-2.5W 合金动态本构关系的实验研究及仿真验证 [C]. 智能弹药技术发展学术研讨会论文集，敦化，2014，548-552.

钽

表 7-73　SHOCK 状态方程参数

$\rho/(\text{g/cm}^3)$	$C_1/(\text{cm/}\mu\text{s})$	S_1	Gruneisen 系数
16.654	0.3414	1.201	1.6

Selected Hugoniots [R]. Los Alamos Scientific Laboratory, LA-4167-MS, 1 May 1969.

利用 SHPB 实验获得的应力-应变数据拟合了钽的 Johnson-Cook 本构模型参数：

$$\sigma = (342.4 + 263.5\varepsilon^{0.3148})(1 + 0.0572\dot{\varepsilon}^*)(1 - T^{*0.8836})$$

由于 Johnson-Cook 本构模型不能很好地描述钽的应力-应变行为，文献作者进一步拟合得到了钽的经修正后的 J-C 模型参数：

$$\sigma = (342.4 + 263.5\varepsilon^{0.3148})(1 - T^{*0.8836})\exp(0.0418\dot{\varepsilon}^*)$$

以及钽的 Zerilli-Armstrong 模型参数：

$$\sigma = 295 + 1519\exp(-0.00953T + 0.00032T\ln\dot{\varepsilon}) + 407\varepsilon^{0.582}$$

彭建祥. 钽的本构关系研究 [D]. 绵阳：中国工程物理研究院，2001.

文献作者利用 MTS 万能材料实验机和 SHPB 技术对纯钽材料进行动态本构关系研究，给出了不同条件下的应力-应变关系曲线，从而拟合了纯钽材料的 Johnson-Cook 本构模型参数。

表 7-74　Johnson-Cook 模型参数（一）

A/MPa	B/MPa	n	C	m	T_m/K	T_r/K
204	1470	0.8	0.093	0.4	3269	298

杨宝良，等. 纯钽本构关系在 EFP 中的应用研究：第十五届全国战斗部与毁伤技术学术交流会论文集 [C]. 重庆，2015，1248-1252.

表 7-75　Johnson-Cook 模型参数（二）

A/MPa	B/MPa	n	C	m	T_m/K
611	704	0.608	0.015	0.251	3250

KIM J, SHIN H. Comparison of plasticity models for tantalum and a modification of the PTW model for wide range of strain, strain rates, and temperature [J]. International Journal of Impact Engineering, 2009, 36: 746-753.

MAUDLIN P J, BINGERT J F, HOUSE J W, et al. On the modeling of the Taylor cylinder impact test for orthotropic textured materials: experiments and simulations [J]. International Journal of Plasticity 1999, 15: 139-66.

表 7-76　Zerilli-Armstrong 模型参数（一）

C_0/Mbar	C_1/Mbar	C_3	C_4	C_5/Mbar	n
3.0E-4	1.125E-2	5.35E-3	3.27E-4	3.1E-3	0.44

KIM J, SHIN H. Comparison of plasticity models for tantalum and a modification of the PTW model for wide range of strain, strain rates, and temperature[J]. International Journal of Impact Engineering, 2009, 36: 746-753.

ZERILLI F J, ARMSTRONG R W. Description of tantalum deformation behavior by dislocation mechanics based constitutive relations[J]. Journal of Applied Physics, 1990, 68: 1580-91.

表 7-77　Johnson-Cook 模型参数（三）

A/MPa	B/MPa	n	C	m	T_m/K
220	520	0.325	0.055	0.475	3250

CHEN S R, GRAY G T. Constitutive Behavior of Tantalum and Tantalum-Tungsten Alloys [J]. Metal. Mat. Trans. A, 1996, 27: 2994-3006.

表 7-78　Zerilli_Armstrong 模型参数（二）

C_0/Mbar	C_1/Mbar	C_3/K^{-1}	C_4/K$^{-1} \cdot$s^{-1}	C_5/Mbar	n
1.46E-3	1.74E-2	4.8E-3	2.8E-5	4.5E-3	0.7

KIM J, SHIN H. Comparison of plasticity models for tantalum and a modification of the PTW model for wide range of strain, strain rates, and temperature [J]. International Journal of Impact Engineering, 2009, 36: 746-753.

P J MAUDLIN, J F BINGERT, J W HOUSE, et al. On the Modeling of Taylor cylinder impact test for orthotropic textured materials: experiment and simulation [J]. International J. Plast. , 1999, 15: 139.

表 7-79　Zerilli_Armstrong 模型参数（三）

C_0/Mbar	C_1/Mbar	C_3	C_4	C_5	n
3.0E-4	1.125E-2	5.35E-3	3.27E-4	3.1E-3	0.44

ZERILLI F J, ARMSTRONG R W. Dislocation Mechanics Based on Constitutive Relations for Material Dynamics Calculations [J]. Journal of Applied Physics, 1987, 61: 1816-25.

表 7-80　Zerilli_Armstrong 模型参数（四）

C_0/Mbar	C_1/Mbar	C_3	C_4	C_5	n
5.5E-4	1.75E-2	9.75E-3	6.75E-4	5.1E-3	0.338

CHEN S R, GRAY G T. Constitutive Behavior of Tantalum and Tantalum-Tungsten Alloys [J]. Metal. Mat. Trans. A, 1996, 27: 2994-3006.

表 7-81　Mechanical Threshold Stress 模型参数（*为 Modified Mechanical Threshold Stress 模型参数）

σ_0 / Mbar	σ_{I} / Mbar	σ_0 / Mbar	α_0 / Mbar	α_1 / Mbar	α_2 / Mbar	$\sigma_{\delta s0}$ / Mbar
4.0E-3	1.2E-2 1.67E-3*	0.0	2.0E-2	0.0	0.0	3.5E-2
$\varepsilon_{\delta s0}$ / μs^{-1}	b/cm	$g_{\delta s0}$ / cm	G_0 / Mbar	b_1 / Mbar	b_2 / K	g_0
10.0	2.86E-8	1.6	6.53E-1	3.8E-3	40.0	1.6
$1/p$	$1/q$	$g_{0,i}$	$1/p_i$	$1/q_i$	α	
1.6	1.0	1.24E-1 5.14E-1*	2.0	2/3	2.0	

MAUDLIN P J, BINGERT J F, HOUSE J W, et al. On the Modeling of Taylor cylinder impact test for orthotropic textured materials: experiment and simulation [J]. International Journal of Plasticity. 1999, 15: 139.

应用 Instron 液压伺服试验机和分离式 Hopkinson 压杆，对经锻造和热处理的钽材在不同温度、不同应变率下的性能进行了实验，并通过拟合得到的 Johnson-Cook 本构模型为：

$$\tau = 410(1+\gamma^{0.2})\left[1+0.1\ln\left(\frac{\dot{\gamma}}{10}\right)\right]\left[1-\left(\frac{T-T_r}{3123-T_r}\right)^{0.6}\right]$$

式中，$T = T_0 + 0.433\int_0^\lambda \tau \mathrm{d}\gamma$，$T_r = 296K$。

郭伟国. 锻造钽的性能及动态流动本构关系 [J]. 稀有金属材料与工程, 2007, 36(1): 23-27.

表 7-82　Johnson-Cook 模型参数（四）

A / MPa	B / MPa	n	C	m	T_m / K
800	550	0.4	0.0575	0.44	3290

PAPPU S, MURR L E. Hydrocode and microstructural analysis of explosively formed projectiles [J]. Journal of Material Science, 2002, 37: 233.

表 7-83　Gruneisen 状态方程参数

ρ_0 /(g/cm^3)	C/(m/s)	S	Γ
16.654	3763	1.2196	1.8196

TARIQ D ASLAM, JOHN B BDZIL. Numerical and Theoretical Investigations on Detonation Confinement Sandwich Tests [C]. Proceedings of the 13th International Detonation Symposium, Portland, OHio, 2006.

表 7-84　Johnson-Cook 失效模型参数

ρ_0 /(g/cm^3)	G/GPa	E/GPa	ν	D_1	D_2	D_3	D_4	D_5
16.650	69	179	0.3	0.7	0.32	−1.5	0	0

表 7-85　*EOS_GRUNEISEN 状态方程参数

$C/(m/s)$	S_1	S_2	S_3	Γ
3400	1.17	0.074	−0.038	1.6

KHODADAD VAHEDI, NAJMEH KHAZRAIYAN. Numerical Modeling of Ballistic Penetration of Long Rods into Ceramic/Metal Armors [C]. 8th International LS-DYNA Conference, Detroit, 2004.

锑

表 7-86　SHOCK 状态方程参数（一）

$\rho/(g/cm^3)$	$C_1/(cm/\mu s)$	S_1	Gruneisen 系数
6.7	0.1983	1.652	0.6

Selected Hugoniots [R]. Los Alamos Scientific Laboratory, LA-4167-MS, 1 May 1969.

钍

表 7-87　SHOCK 状态方程参数（二）

$\rho/(g/cm^3)$	$C_1/(cm/\mu s)$	S_1	Gruneisen 系数
11.68	0.2133	1.263	1.26

Selected Hugoniots [R]. Los Alamos Scientific Laboratory, LA-4167-MS, 1 May 1969.

U-Ti 合金

U-Ti 合金是核工业中重要的结构材料，合金中 Ti 含量在（0.5%～0.8%，质量分数）之间。U-Ti 合金具有高密度、高强度、易产生"自锐"等特点。文献作者利用材料试验机和 SHPB 实验装置研究了 U-Ti 合金在室温下的压缩力学行为，采用修正的 Johnson-Cook 本构模型对实验结果进行了拟合，模型预测结果与实验结果吻合很好。

$$\sigma = (1050 + 900\varepsilon^{0.45})\left(1 + 0.014\ln\left(\frac{\dot{\varepsilon}}{\dot{\varepsilon}_0}\right)\right)\left(1 + 1.49 \times 10^{-3}\exp\left(\frac{\dot{\varepsilon}}{590} - 7.0\right)\right)$$

何立峰, 肖大武, 巫祥超, 等. U-Ti 合金变形及失效机理的 SHPB 研究 [J]. 稀有金属材料与工程, 2013, 42(7): 1382-1386.

无铅焊锡

根据秦飞等采用分离式霍普金森拉压杆实验得到的实验数据，确定了损伤演化模型的参数，给出了两种无铅焊锡材料考虑损伤效应的修正的 Johnson-Cook 本构模型。

$$\sigma = \begin{cases} [A + B(\varepsilon^P)^n][1 + C\ln\dot{\varepsilon}^*][1 - T^*] & \varepsilon < \varepsilon_{th} \\ [1 - K_D\dot{\varepsilon}^{a-1}(\varepsilon - \varepsilon_{th})][A + B(\varepsilon^P)^n][1 + C\ln\dot{\varepsilon}^*][1 - T^*] & \varepsilon \geqslant \varepsilon_{th} \end{cases}$$

表 7-88 Johnson-Cook 模型参数

焊料	A/MPa	B/MPa	n	C	m	K_D	a	ε_{th}	T_{melt}/K
Sn3.5Ag	29	243	0.70	0.0956	0.8	206.87	0.41	0.09	494
Sn3.0Ag0.5Cu	38	275	0.71	0.0713	0.7	218.75	0.40	0.09	490

秦飞, 安彤, 王旭明. 考虑损伤效应的无铅焊锡材料的率相关本构模型 [J]. 北京工业大学学报, 2013, 39(1): 14-18.

秦飞, 陈娜, 胡时胜. 焊料的动态力学性能 [J]. 北京工业大学学报, 2009, 35(8): 1009-1013.

秦飞, 安彤. 焊锡材料的应变率效应及其材料模型 [J]. 力学学报, 2010, 42(3): 439-447.

锡

表 7-89 SHOCK 状态方程参数

ρ/(g/cm^3)	C_1/(cm/μs)	S_1	Gruneisen 系数
7.287	0.2608	1.486	1.26

Selected Hugoniots [R]. Los Alamos Scientific Laboratory, LA-4167-MS, 1 May 1969.

锌

表 7-90 SHOCK 状态方程参数

ρ/(g/cm^3)	C_1/(cm/μs)	S_1	Gruneisen 系数
7.138	0.3005	1.581	1.96

Selected Hugoniots [R]. Los Alamos Scientific Laboratory, LA-4167-MS, 1 May 1969.

铱

表 7-91 SHOCK 状态方程参数

ρ/(g/cm^3)	C_1/(cm/μs)	S_1	Gruneisen 系数
22.484	0.3916	1.457	1.97

Selected Hugoniots [R]. Los Alamos Scientific Laboratory, LA-4167-MS, 1 May 1969.

银

表 7-92 SHOCK 状态方程参数

ρ/(g/cm^3)	C_1/(cm/μs)	S_1	Gruneisen 系数
10.49	0.3229	1.595	2.38

Selected Hugoniots [R]. Los Alamos Scientific Laboratory, LA-4167-MS, 1 May 1969.

银（纯度 99.99%，退火状态）

表 7-93 *MAT_POWER_LAW_PLASTICITY 模型参数（单位制 m-kg-s）

ρ	E	PR	K	N	EPSF
1.0491E4	7.5842E10	0.37	2.6860E8	0.203164	1.4456

表 7-94 ***MAT_SIMPLIFIED_JOHNSON_COOK** 模型参数（单位制 **m-kg-s**）

ρ	E	PR	A	B	N	C	PSFAIL
1.0491E4	7.5842E10	0.37	6.4351E6	2.6381E8	0.212991	0.0	1.4456

http: //www. varmintal. com/aengr. htm

铟

表 7-95 SHOCK 状态方程参数

$\rho/(g/cm^3)$	$C_1/(cm/\mu s)$	S_1	Gruneisen 系数
7.279	0.2419	1.536	1.8

Selected Hugoniots [R]. Los Alamos Scientific Laboratory, LA-4167-MS, 1 May 1969.

铀

表 7-96 SHOCK 状态方程参数

$\rho/(g/cm^3)$	$C_1/(cm/\mu s)$	S_1	Gruneisen 系数
18.95	0.2487	2.2	1.56

Selected Hugoniots [R]. Los Alamos Scientific Laboratory, LA-4167-MS, 1 May 1969.

锗

表 7-97 SHOCK 状态方程参数

$\rho/(g/cm^3)$	$C_1/(cm/\mu s)$	S_1	Gruneisen 系数
5.328	0.1750	1.75	0.56

Selected Hugoniots [R]. Los Alamos Scientific Laboratory, LA-4167-MS, 1 May 1969.

第8章 陶瓷和玻璃

在 LS-DYNA 中，陶瓷材料最常用的材料模型有：

*MAT_110（*MAT_JOHNSON_HOLMQUIST_CERAMICS，即 JH2 模型）

*MAT_241（*MAT_JOHNSON_HOLMQUIST_JH1，即 JH1 模型）。

其他可用的还有：

*MAT_017（*MAT_ORIENTED_CRACK）

*MAT_033（*MAT_BARLAT_ANISOTROPIC_PLASTICITY）

*MAT_059（*MAT_COMPOSITE_FAILURE_{OPTION}_MODEL）

*MAT_236（*MAT_SCC_ON_RCC）

*MAT_271（*MAT_POWDER）

而无机玻璃除了可采用 JH1 和 JH2 模型外，常用的材料模型还有：

*MAT_001（*MAT_ELASTIC），通过*MAT_ADD_EROSION 附加主应变或主应力失效方式模拟裂纹。

*MAT_019（*MAT_STRAIN_RATE_DEPENDENT_PLASTICITY），带有主应力失效方式。

*MAT_060（*MAT_ELASTIC_WITH_VISCOSITY），用于模拟高温下玻璃的成形过程。

*MAT_281（*MAT_GLASS），可通过损伤来显示玻璃裂纹。

*MAT_ELASTIC_PERI，用于近场动力学分析的材料模型。

Al$_2$O$_3$

表 8-1　Gruneisen 状态方程参数

ρ/(kg/m^3)	C_0/(m/s)	s	Γ	C_V/J·kg^{-1}·K^{-1}
4000	6956	1.449	2	1224

GERARD BAUDIN, FABIEN PETITPAS, RICHARD SAUREL. Thermal non equilibrium modeling of the detonation waves in highly heterogeneous condensed HE: a multiphase approach for metalized high explosives [C]. Proceedings of the 14th International Detonation Symposium, Coeur d'Alene, Idaho, 2010.

Al$_2$O$_3$ 陶瓷

表 8-2　*MAT_JOHNSON_HOLMQUIST_CERAMICS 模型参数（一）

ρ_0/(kg/m^3)	K_1/GPa	G/GPa	K_2/GPa	K_3/GPa	HEL/GPa	σ_{HEL}/GPa	P_{HEL}/GPa	A
3800	200	135	0.0	0.0	8.3	5.9	4.37	0.989
N	C	B	M	S_{max}^f/GPa	D_1	D_2	β	T/GPa
0.3755	0.0	0.77	1.0	2.95	0.01	1.0	1.0	0.13

LUNDBERG, PATRIC. Interface Defeat and Penetration: Two Modes of Interaction between Metallic Projectiles and Ceramic Targets [D]. Uppsala , Sweden: Uppsala University, 2004.

表 8-3 *MAT_JOHNSON_HOLMQUIST_CERAMICS 模型参数（二）

$\rho_0/(kg/m^3)$	G/GPa	D_1	D_2	K_1/GPa	K_2/GPa	K_3/GPa
3890	152	0.01	0.7	231	−160	2774
β	Σ^*_{fmax}	HEL/GPa	σ_{HEL}/GPa	P_{HEL}/GPa	M_{hel}	T/GPa
1.0	1	6.57	4.5875	3.5117	0.0153	0.262
T^*	A	B	C	N	M	
0.075	0.88	0.28	0.007	0.64	0.6	

李金柱，黄风雷，张连生. EFP 模拟弹丸侵彻陶瓷复合靶的数值模拟研究 [J]. 计算力学学报, 2009, 26(4): 562-567.

Al_2O_3 陶瓷的质量分数为 $w(Al_2O_3)89.8\%$、$w(SiO_2)7.8\%$ 和 $w(CaO)2.2\%$ 及少量黏结剂。

表 8-4 *MAT_ORIENTED_CRACK 模型参数

$\rho/(kg/m^3)$	E/GPa	ν	σ_s/GPa	E_p/GPa	断裂应力/GPa	失效阈值/GPa
3625	374.0	0.227	2.20	7.48	0.20	−0.03

陈海坤，任会兰，宁建国. 陶瓷材料平板撞击问题的数值模拟研究 [C]. 2005 年弹药战斗部学术交流会论文集, 珠海, 2005, 420-424.

表 8-5 *MAT_ORTHOTROPIC_ELASTIC 模型参数

$\rho/(kg/m^3)$	EA/Pa	EBA/Pa	ECA/Pa	PRBA
3750	307E9	358.1E9	358.1E9	0.2
PRCA	PRCB	GAB/Pa	GBC/Pa	GCA/Pa
0.2	0.2	126.9E9	126.9E9	126.9E9

ANSYS LS-DYNA User's Guide [R]. ANSYS, 2008.

Al_2O_3 陶瓷（99.5%Alumina）

表 8-6 *MAT_JOHNSON_HOLMQUIST_CERAMICS 模型参数（一）

参数	单位	符号	取值
密度	kg/m^3	ρ_0	3800
体积模量	GPa	$K = K_1$	200
第二压力系数	GPa	K_2	0.0
第三压力系数	GPa	K_3	0.0
剪切模量	GPa	G	135
HEL 时的有效应力	GPa	σ_{HEL}	5.9
HEL 时的压力	GPa	P_{HEL}	4.37
HEL 时的轴向应力	GPa	HEL	8.3

（续）

参数	单位	符号	取值
	–	A	0.989
	–	B	0.77
	–	N	0.3755
	–	M	1.0
无量纲常数	–	S_{fmax}	0.5
	–	σ'_{hyd}	0.029
	–	D_1	0.01
	–	D_2	1.0
	–	β	1.0

LUNDBERG P, WESTERLING L, LUNDBERG B. INFLUENCE OF SCALE ON THE PENETRATION OF TUNGSTEN RODS INTO STEEL-BACKED ALUMINA TARGETS [J]. International Journal of Impact Engineering, 1996, 18(4): 403-416.

表 8-7　*MAT_JOHNSON_HOLMQUIST_CERAMICS 模型参数（二）

描述	符号	取值
密度	$\rho/(kg/m^3)$	3850
剪切模量	G/GPa	123
无量纲未损伤强度系数	A	0.949
无量纲断裂强度系数	B	0.1
应变率系数	C	0.007
断裂强度指数	M	0.2
未损伤时强度指数	N	0.2
拉伸强度	T^*/GPa	0.262
无量纲断裂强度	S_{fmax}	1E20
Hugoniot 弹性极限（HEL）	HEL/GPa	8
HEL 压力	P_{HEL}/GPa	1.46
HEL 强度	P_{HEL}/GPa	2.0
损伤常数	D_1	0.001
损伤常数	D_2	1.0
膨胀因子	β	1.0
压力常数	K_1/GPa	186.8
压力常数	K_2/GPa	0
压力常数	K_3/GPa	0

KRASHANITSA R, SHKARAYEV S. Computational study of dynamic response and flow behavior of damaged ceramics [C]. 46th AIAA/ASME/ASCE/AHS/ASC Structures, Structural Dynamics and Materials Conference, Austin, 2005: 1-8.

表8-8　*MAT_JOHNSON_HOLMQUIST_CERAMICS 模型参数（三）

$\rho/(\text{kg/m}^3)$	G/GPa	A	B	C	M	N
3700	90.16	0.93	0.31	0.0	0.6	0.6
$\dot{\varepsilon}_0/\text{s}^{-1}$	T/GPa	$S_{f\text{max}}$	HEL/GPa	$P_{\text{HEL}}/\text{GPa}$	μ_{HEL}	$T_{\text{HEL}}/\text{GPa}$
1.0	0.2	N/A	2.79	1.46	0.01117	2.0
D_1	D_2	K_1/GPa	K_2/GPa	K_3/GPa	BETA	
0.005	1.0	130.95	0	0	1.0	

CRONIN D S. Implementation and Validation of the Johnson-Holmquist Ceramic Material Model in LS-Dyna [C]. 4th European LS-DYNA Conference, Ulm, 2003.

表8-9　*MAT_JOHNSON_HOLMQUIST_CERAMICS 模型参数（四）

$\rho_0/(\text{kg/m}^3)$	K_1/GPa	G/GPa	K_2/GPa	K_3/GPa	β	A	N
3890	231	152	−160	2774	1.0	0.88	0.64
C	B	M	$S_{\text{max}}^f/\text{GPa}$	$\dot{\varepsilon}_0/\text{s}^{-1}$	D_1	D_2	
0.007	0.28	0.6	1.0	1.0	0.01	0.7	

ANDERSON C E, JOHNSON G R, HOLMQUIST T J. Ballistic experiments and computations of confined 99.5% Al_2O_3 ceramic tiles[C]. In: Proceeding of 15th International symposium on ballistics. 1995. Jerusalem.

Alumina AD-85 陶瓷

表8-10　动态力学特性参数

$\rho/(\text{kg/m}^3)$	G/GPa	ν	压缩屈服应力/GPa	拉伸屈服应力/GPa
3420	108	0.22	1.95	0.155

表8-11　*EOS_GRUNEISEN 状态方程参数

$C/(\text{m/s})$	S_1	S_2	S_3	γ
9003	−3.026	2.35	−0.383	1

KHODADAD VAHEDI, NAJMEH KHAZRAIYAN. Numerical Modeling of Ballistic Penetration of Long Rods into Ceramic/Metal Armors [C]. 8th International LS-DYNA Conference, Detroit, 2004.

AlN 陶瓷

表8-12　*MAT_JOHNSON_HOLMQUIST_CERAMICS 模型参数（一）

$\rho/(\text{kg/m}^3)$	G/GPa	D_1	D_2	K_1/GPa	K_2/GPa	K_3/GPa
3226	127	0.02	1.85	201	260	0
β	HEL/GPa	$\sigma_{\text{HEL}}/\text{GPa}$	$P_{\text{HEL}}/\text{GPa}$	μ_{HEL}	T/GPa	T^*
1.0	9	6.0	5	0.0242	0.32	0.064
A	B	C	N	M	σ_{fmax}^*	
0.85	0.31	0.013	0.29	0.21	N/A	

TIMOTHY J HOLMQUIST, DOUGLAS W TEMPLETON, KRISHAN D BISHNOI. Constitutive modeling of aluminum nitride for large strain, high-strain rate, and high-pressure applications [J]. International Journal of Impact Engineering, 2001, 25: 211-231.

表 8-13　*MAT_JOHNSON_HOLMQUIST_CERAMICS 模型参数（二）

$\rho/(kg/m^3)$	G/GPa	A	B	C	M	N
3226	127	0.85	0.31	0.013	0.21	0.29
EPSI	T/GPa	S_{fmax}	HEL/GPa	P_{HEL}/GPa	μ_{HEL}	T_{HEL}/GPa
1.0	0.32	N/A	9	5	0.0242	6.0
D_1	D_2	K_1/GPa	K_2/GPa	K_3/GPa	β	
0.02	1.85	201	260	0	1.0	

　　CRONIN D S. Implementation and Validation of the Johnson-Holmquist Ceramic Material Model in LS-Dyna [C]. 4th European LS-DYNA Conference, Ulm, 2003.

表 8-14　*MAT_JOHNSON_HOLMQUIST_CERAMICS 模型参数（三）

参数	AlN	AlN	AlN	AlN	AlN	AL
$\rho/(kg/m^3)$	3226	3143	3043	2951	2860	2768
G/GPa	127	107	87	66	46	26
T/GPa	0.50	0.75	1.00			
S_i/GPa	4.31	3.50	2.80			
S_{max}/GPa	5.50	4.50	3.50	2.50	1.50	0
S_{max}^*/GPa	0.20	0.16	0.12			
K_1/GPa	201	176	151	127	102	77
K_2/GPa	260	234	207	181	154	128
K_3/GPa	0	25	50	75	100	125
D_1	0.16	0.56	0.63			
N	1.00	1.26	1.47			
$C/J \cdot kg^{-1} \cdot K^{-1}$	735	763	791	820	848	876
C_1/GPa				1.25	1.0	0.5
C_4				0.83	0.5	0
S_{max}/GPa				2.5	1.5	0
D_1				0	0	0.14
D_2				0.16	0.22	0.14
D_3				-2.1	-2.0	-1.5

　　DOUGLAS W. TEMPLETON, TARA J. GORSICH, TIMOTHY J. HOLMQUIST. Computational Study of a Functionally Graded Ceramic-Metallic Armor [C]. 23rd International Symposium of Ballistics, Tarragona, Spain, 2007.

B4C 陶瓷

表 8-15 *MAT_JOHNSON_HOLMQUIST_CERAMICS 模型

ρ/(kg/m³)	G/GPa	A	B	C	M	N
2510	197	0.927	0.7	0.005	0.85	0.67
EPSI	T/GPa	S_{fmax}	HEL/GPa	P_{HEL}/GPa	μ_{HEL}	T_{HEL}/GPa
1.0	0.26	0.2	19	8.71	0.0408	15.4
D_1	D_2	K_1/GPa	K_2/GPa	K_3/GPa	BETA	
0.001	0.5	233	−593	2800	1.0	

Cronin D S. Implementation and Validation of the Johnson−Holmquist Ceramic Material Model in LS−Dyna [C]. 4th European LS-DYNA Conference, Ulm, 2003.

Johnson G R, Holmquist T J. Response of boron carbide subjected to large strains, high strain rates, and high pressure [J]. Journal of Applied Physics, 1999, 85(12): 8060−8073.

表 8-16 *MAT_JOHNSON_HOLMQUIST_CERAMICS 模型参数

ρ/(kg/m³)	K_1/GPa	G/GPa	K_2/GPa	K_3/GPa	Hugoniot 弹性极限 HEL/GPa
2510	233	197	−593	2800	19.0
HEL 有效应力 σ_{HEL}/GPa	HEL 压力 P_{HEL}/GPa	无量纲未损伤强度系数 A	未损伤时强度指数 N	应变率系数 C	无量纲断裂强度系数 B
15.1	8.93	0.9637	0.67	0.005	0.7311
断裂强度指数 M	最大断裂强度 S^f_{max}/GPa	损伤指数 D_1	损伤指数 D_2	膨胀因子 β	拉伸强度/GPa
0.85	3.09	0.001	0.5	1.0	0.26

LUNDBERG, PATRIC. Interface Defeat and Penetration: Two Modes of Interaction between Metallic Projectiles and Ceramic Targets [D]. Uppsala, Sweden: Uppsala University, 2004.

玻璃

表 8-17 *MAT_VISCOELASTIC 模型参数

ρ/(kg/m³)	BULK/Pa	G_0/Pa	G_1/Pa	BETA
2390	60.5E9	27.4E9	0.0	1.887

ANSYS LS−DYNA User's Guide [R]. ANSYS, 2008.

挡风玻璃

表 8-18 胶（Adhesive）的*MAT_ELASTIC 模型参数

ρ/(kg/m³)	E/MPa	ν
1250	9	0.49

表 8-19 玻璃（Glass）的*MAT_MODIFIED_PIECEWISE_LINEAR_PLASTICITY 模型参数

ρ/(kg/m³)	E/GPa	ν	失效应力/MPa	失效主应变（%）
2500	70	0.24	50	0.1

表8-20   PVB 的*MAT_MOONEY_RIVLIN_RUBBER 模型参数

$\rho/(kg/m^3)$	A/MPa	B/MPa	ν
1100	1.4	0.06	0.49

LIU QI, LIU JUNYOUNG, MIAO QIANG, et al. Simulation and Test Validation of Windscreen Subject to Pedestrian Head Impact [C]. 12th International LS-DYNA Conference, Detroit, 2012.

表8-21   *MAT_LAMINATED_GLASS 模型参数（单位制 ton-mm-s）

$\rho/(ton/mm^3)$	EG/MPa	PRG	SYG/MPa	ETG/MPa	EFG	EP/MPa
2.5000E-9	73500	0.25	138	0.05	5.0000E-7	275.0
PRP	SYP/MPa	ETP/MPa	F_1	F_2	$F_3 \sim F_8$	
0.33	15.0	0.0035	0.0	1.0	0.0	

LSTC

钠钙玻璃

表8-22   钠钙玻璃（Soda-lime glass）*MAT_ELASTIC_PERI 材料模型参数

$\rho/(kg/m^3)$	E/GPa	断裂能量释放率 $G/(J/m^2)$
2440	72	8.0

HU W, REN B, WU C T, et al. 3D Discontinuous Galerkin Finite Element Method with the Bond-Based Peridynamics Model for Dynamic Brittle Failure Analysis [C]. 11th European LS-DYNA Conference, Salzburg, 2017.

汽车门上玻璃

表8-23   汽车门上所用夹层玻璃*MAT_PIECEWISE_LINEAR_PLASTICITY
模型参数（单位制 ton-mm-s）

$\rho/(ton/mm^3)$	E/MPa	PR	SIGY/MPa
2.5000E-9	76000	0.3	138

LSTC.

石英浮法玻璃

表8-24   石英浮法玻璃（Silica Float Glass）*MAT_JOHNSON_HOLMQUIST_CERAMICS
模型参数

$\rho/(kg/m^3)$	G/GPa	A	B	C	M	N
2530	30.4	0.93	0.088	0.003	0.35	0.77
EPSI	T/GPa	S_{fmax}	HEL/GPa	P_{HEL}/GPa	μ_{HEL}	T_{HEL}/GPa
1.0	0.15	0.5	5.95	2.92		4.5
D_1	D_2	K_1/GPa	K_2/GPa	K_3/GPa	BETA	
0.053	0.85	45.4	−138	290	1.0	

CRONIN D S. Implementation and Validation of the Johnson-Holmquist Ceramic Material Model in LS-Dyna [C]. 4th European LS-DYNA Conference, Ulm, 2003.

SiC 陶瓷

表 8-25　*MAT_JOHNSON_HOLMQUIST_CERAMICS 模型参数

$\rho/(\mathrm{kg/m^3})$	G/GPa	A	B	C	M	N
3163	183	0.96	0.35	0.0	1.0	0.65
EPSI	T/GPa	S_{fmax}	$\mathrm{HEL/GPa}$	$P_{\mathrm{HEL}}/\mathrm{GPa}$	μ_{HEL}	$T_{\mathrm{HEL}}/\mathrm{GPa}$
1.0	0.37	0.8	14.567	5.9		13.0
D_1	D_2	K_1/GPa	K_2/GPa	K_3/GPa	BETA	
0.48	0.48	204.785	0	0	1.0	

CRONIN D S. Implementation and Validation of the Johnson-Holmquist Ceramic Material Model in LS-Dyna [C]. 4th European LS-DYNA Conference, Ulm, 2003.

表 8-26　AUTODYN 软件中的 Johnson-Holmquist(JH1)模型参数

状态方程：polynomial	
密度	$3.215\mathrm{g/cm^3}$
体积模量 A_1	2.20E8kPa
参数 A_2	3.61E8kPa
参数 T_1	2.20E8kPa
强度模型：Johnson-Holmquist, segmented (JH1)	
剪切模量	1.93E8kPa
Hugoniot 弹性极限	1.17E7kPa
未损伤强度系数 S_1	7.10E6kPa
未损伤强度系数 P_1	2.50E6kPa
未损伤强度系数 S_2	1.22E7kPa
未损伤强度系数 P_2	1.00E7kPa
应变率系数 C	0.009
最大断裂强度 $S_{\mathrm{max}}^{\mathrm{f}}$	1.30E6kPa
失效强度系数 α	0.4
失效模型：Johnson-Holmquist, segmented (JH1)	
净水拉伸极限 T	-7.50E5kPa
损伤系数 $\varepsilon_{\mathrm{max}}^f$	0.8
损伤系数 P_3	9.975E7kPa
膨胀因子 β	1
拉伸失效	Hydro

QUAN X, CLEGG R A, COWLER M S, et al. Numerical simulation of long rods impacting silicon carbide targets using JH-1 model [J]. International Journal of Impact Engineering, 2006, 33: 634-644.

表 8-27   *MAT_JOHNSON_HOLMQUIST_JH1 模型参数

描述	符号	单位	取值
密度	ρ	kg/m^3	3215
体积模量	K	GPa	220
剪切模量	G	GPa	193
弹性模量	E	GPa	449
拉伸强度	T	GPa	0.75
未损伤强度系数	S_1	GPa	7.1
未损伤强度系数	P_1	GPa	2.5
未损伤强度系数	S_2	GPa	12.2
未损伤强度系数	P_2	GPa	10.0
应变率系数	C	—	0.0
最大断裂强度	S_{max}^f	GPa	1.3
失效强度系数	α	—	0.40
压力系数	K_1	GPa	220
压力系数	K_2	GPa	361
膨胀因子	β	—	1.0
损伤系数	φ	1/GPa	0.012
	ε_{max}^f	—	1.2

LUNDBERG P, RENSTRÖM R, LUNDBERG B. Impact of conical tungsten projectiles on flat silicon carbide targets: Transition from interface defeat to penetration [J]. International Journal of Impact Engineering, 2006, 32: 1842-1856.

WC

表 8-28   Johnson-Cook 模型参数

ρ/(kg/m^3)	A/MPa	B/MPa	n	C	m	T_r/K	T_m/K
17580	1070	165	0.11	0.0028	1.0	300	1723

BUCHAR J, ROLC S, PECHACEK J. Numerical Simulation of the Long Rod Interaction with Flying Plate [C]. 21st International Symposium of Ballistics, Adelaide, Australia, 2004.

第9章 生物材料

在 LS-DYNA 中，可用于动物的材料模型有：

*MAT_091：*MAT_SOFT_TISSUE

*MAT_092：*MAT_SOFT_TISSUE_VISCO

*MAT_128：*MAT_HEART_TISSUE

*MAT_129：*MAT_LUNG_TISSUE

*MAT_156：*MAT_MUSCLE

*MAT_164：*MAT_BRAIN_LINEAR_VISCOELASTIC

*MAT_176：*MAT_QUASILINEAR_VISCOELASTIC

*MAT_266：*MAT_TISSUE_DISPERSED

*MAT_S15：*MAT_SPRING_MUSCLE 等。

可用于植物的材料模型有：

*MAT_002：*MAT_OPTIONTROPIC_ELASTIC

*MAT_034：*MAT_FABRIC

*MAT_143：*MAT_WOOD 等。

可用于纸张的材料模型有：

*MAT_274：*MAT_PAPER

*MAT_279：*MAT_COHESIVE_PAPER 等。

桉木

通过 Hopkinson 压杆实验研究了干、湿桉木在较高应变率下的应力-应变曲线、力学性能及破坏机制，并同准静态压缩实验的结果进行了比较。

表 9-1　干桉木准静态和动态力学性能

载荷	子弹速度 /(m/s)	应变率 /s^{-1}	屈服强度/MPa
动态	9.85	6.26E2	76.12
	11.36	1.04E3	77.13
	13.51	1.47E3	78.15
	15.38	1.63E3	79.28
准静态	—	1.1E-4	60.67

表 9-2　湿桉木准静态和动态力学性能

载荷	子弹速度/(m/s)	应变率/s⁻¹	屈服强度/MPa
动态	9.26	1.01E3	70.13
	12.82	1.68E3	75.06
	13.89	1.90E3	76.74
	16.13	2.23E3	77.26
准静态	—	1.1E-4	33.67

窦金龙, 等. 干、湿木材的动态力学性能及破坏机制研究 [J]. 固体力学学报, 2008, 29(4): 348-353.

白色脂肪组织

表 9-3　*MAT_OGDEN_RUBBER 模型参数（单位制 m-kg-s）

ρ/(kg/m³)	PR	N	NV	G	SIGF		
920	0.4999983	0	6	0.0	0.0		
MU1	MU2	MU3	MU4	MU5	MU6	MU7	MU8
30	0.0	0.0	0.0	0.0	0.0	0.0	0.0
ALPHA1	ALPHA2	ALPHA3	ALPHA4	ALPHA5	ALPHA6	ALPHA7	ALPHA8
20.0	0.0	0.0	0.0	0.0	0.0	0.0	0.0
GI	BETAI						
3E3	310						

表 9-4　*MAT_SOFT_TISSUE_VISCO 模型参数（单位制 m-kg-s）

ρ/(kg/m³)	C_1	C_2	C_3	C_4	C_5	
920.0	100	100	0.0	0.0	0.0	
XK	XLAM	FANG	XLAM0			
5.0E8	10.0	0.0	0.0			
AOPT	AX	AY	AZ	BX	BY	BZ
2.0	0.0	1.0	0.0	0.0	0.0	1.0
LA1	LA2	LA3	MACF			
0.0	0.0	0.0	1			
S_1	S_2	S_3	S_4	S_5	S_6	
10	0.0	0.0	0.0	0.0	0.0	
T_1	T_2	T_3	T_4	T_5	T_6	
0.00322	0.0	0.0	0.0	0.0	0.0	

表 9-5 *MAT_SIMPLIFIED_RUBBER/FOAM 模型参数（单位制 m-kg-s）

$\rho/(kg/m^3)$	KM/Pa	MU	G	SIGF	REF	PRTEN	
920.0	5.0E8	0.0	0.0	0.0	0.0	0.0	
SGL	SW	ST	LC/TBID	TENSION	RTYPE	AVGOPT	PR/BETA
1.0	1.0	1.0	5000	1.0	1.0	0.0	0.0

表 9-6 *MAT_VISCOELASTIC 模型参数

$\rho/(kg/m^3)$	BULK/Pa	G0/Pa	GI/Pa	BETA
1200	2.2960E+6	3.5060E+5	1.1690E+5	100.0

KRISTOFER ENGELBREKTSSON. Evaluation of material models in LS-DYNA for impact simulation of white adipose tissue [D]. Göteborg, Sweden: CHALMERS UNIVERSITY OF TECHNOLOGY, 2011.

车用木橡胶减振器

利用分离式霍普金森压杆对车用木橡胶减振器试样进行动态压缩实验，获得应变率为 $1250s^{-1}$、$1500s^{-1}$、$1750s^{-1}$ 时木橡胶减振器的波形曲线。最后利用实验数据及 Origin 软件确定车用木橡胶减振器 Johnson-Cook 型本构方程的参数。

$$\sigma = (21 + 0.329\varepsilon^{1.16}) \times (1 + 0.148\ln\dot{\varepsilon}^*)$$

齐英杰, 孙奇, 马岩. 车用木橡胶减振器动态力学性能及 Johnson-Cook 型本构方程 [J]. 林业科学, 2015, 51(12): 149-155.

端粒巴沙木芯

表 9-7 端粒巴沙木芯（end-grain balsa wood core）*MAT_143 和*MAT_002 材料模型参数

密度 $\rho/(kg/mm^3)$	湿度(%)	平行法向模量 EL/GPa	垂直法向模量 ET/GPa	平行剪切模量 GLT/GPa	垂直剪切模量 GLR/GPa	平行最大泊松比 ν
1.55E-7	1.2E1	5.30	0.20	0.166	0.085	0.25
平行拉伸强度 XT/GPa	垂直拉伸强度 YT/GPa	平行压缩强度 XC/GPa	垂直压缩强度 YC/GPa	平行剪切强度 SXY/GPa	垂直剪切强度 SYZ/GPa	
0.0135	0.0004	0.0127	0.0023	0.003	0.004	

DEKA L J, VAIDYA U K. LS-DYNA® Impact Simulation of Composite Sandwich Structures with Balsa Wood Core [C]. 10th International LS-DYNA Conference, Detroit, 2008.

枫木

表 9-8 *MAT_WOOD 模型参数

MID	ρ	NPLOT	ITERS	IRATE	GHARD	IFAIL	IVOL
1	6.47E-5	1	0	0	0	0	1
EL	ET	GLT	GTR	PR			
2.28E6	148070	252858	80642	0.476			

（续）

XT	XC	YT	YC	SXY	SYZ		
22513	11227	2163	2107	3341	4677		
GF1‖	GF2‖	BFIT	DMAX‖	GF1⊥	GF2⊥	DFIT	DMAX⊥
430	2000	30	0.9999	430	1500	30	0.99
FLPAR	FLPARC	POWPAR	FLPER	PLPERC	POWPER		
0	0	0	0	0	0		
NPAR	CPAR	NPER	CPER				
0.5	400	0.4	100				
AOPT	MACF	BETA					
2	1	0					
XP	YP	ZP	A_1	A_2	A_3		
			0	0	1		
D_1	D_2	D_3	V_1	V_2	V_3		
1	0	0					

注：原文中单位制为 m-kg-s，但本书作者分析后认为其采用的单位制应该为 lbfs²/in-in-s。

JOSHUA FORTIN-SMITH, et al. A Complementary Experimental and Modeling Approach for the Characterization of Maple and Ash Wood Material Properties for Bat-Ball Impact Modeling in LS-DYNA [C]. 14th International LS-DYNA Conference, Detroit, 2016.

股骨和胫骨

表 9-9　*MAT_COMPOSITE_FAILURE 材料模型参数

参数	股骨	胫骨
密度/(kg/mm³)	1.9E-6	1.849E-6
纵向弹性模量 E_a/MPa	11500	20700
横向弹性模量 E_b/MPa	17000	12200
法向弹性模量 E_c/MPa	11500	12200
泊松比 ν_{ba}	0.23	0.237
泊松比 ν_{ca}	0.23	0.423
泊松比 ν_{cb}	0.43	0.423
剪切模量 G_{ab}/MPa	3280	5200
剪切模量 G_{bc}/MPa	3280	5200
剪切模量 G_{ca}/MPa	3600	5200

CHIARA SILVESTRI, DOUG HEATH, MALCOLM H RAY. An LS-DYNA Model for the Investigation of the Human Knee Joint Response to Axial Tibial Loadings [C]. 11th International LS-DYNA Conference, Detroit, 2010.

黄松木

*MAT_143 中有内嵌的 Yellow Pine（黄松）材料参数。

LS-DYNA KEYWORD USER'S MANUAL [Z]. LSTC, 2017.

肋骨

表 9-10 皮质骨（致密骨）和骨小梁采用弹塑性模型

肋骨序号		弹性模量/GPa	切线模量/GPa	屈服应力/MPa	失效应变(%)
1	皮质骨	11.03	1.645	98.98	2.635
2		12.38	9.38	82.36	1.367
全部	骨小梁	0.04	0.001	1.8	2.00

KEEGAN YATES, COSTIN UNTAROIU. Subject-Specific Modeling of Human Ribs: Finite Element Simulations of Rib Bending Tests, Mesh Sensitivity, Model Prediction with Data Derived From Coupon Tests [C]. 15th International LS-DYNA Conference, Detroit, 2018.

冷杉木

*MAT_143 中有内嵌的 Douglas fir 材料参数。

LS-DYNA KEYWORD USER'S MANUAL [Z]. LSTC, 2017.

颅骨、颅骨皮质和颅骨海绵

表 9-11 线弹性材料模型参数

头部组织	密度 ρ/(kg/mm^3)	弹性模量 E/GPa	体积模量 K/GPa	剪切模量 G/GPa	泊松比 ν
颅骨	1.2E-6	4	3.33	1.53	0.30
颅骨皮质	2.2E-6	10	5.94	4.099	0.22
颅骨海绵	0.99E-6	1.293	0.77	0.53	0.22

RAHUL MAKWANA, et al. Comparison of the Brain Response to Blast Exposure Between a Human Head Model and a Blast Headform Model Using Finite Element methods [C]. 13th International LS-DYNA Conference, Dearborn, 2014.

颅骨和脑

表 9-12 颅骨和脑的材料参数

材料属性	颅骨	脑
材料模型	*Mat_Elastic	*Mat_Elastic_Fluid
密度/(kg/m^3)	2140	1002
体积模量 K(GPa)		2.18
弹性模量 E(MPa)	13790	
泊松比	0.25	

PEARCE C, YOUNG O G, COWLAM L, et al. The Pressure Response in the Brain During Short Duration Impacts [C]. 9th European LS-DYNA Conference, Manchester, 2013.

木材

表 9-13　动态力学特性参数

木材种类	密度/(kg/m³)	拉伸强度/MPa	拉伸强度⊥/MPa	压缩强度/MPa	压缩强度⊥/MPa	弯曲模量/MPa	弹性模量/MPa	硬度/(J/cm²)
云杉	440	84	1.5	30	4.1	60	9100	4.9
松木	530	102	2.9	54	7.5	98	11750	6.9
橡木	700	108	3.3	42	11.5	116	11600	7.4
榉木	720	130	3.5	46	7.9	104	13100	7.8
桦木	730	134	6.9	50	10.8	134	16100	6.6

表 9-14　$\sigma = \sigma_B + \alpha\dot{\varepsilon}$ 强度模型参数

木材种类	σ_B / MPa	α / MPas
云杉	74.34	0.0271
松木	78.37	0.0406
橡木	86.72	0.0464
榉木	78.00	0.0657
桦木	113.00	0.0321

BUCHAR J. Model of the Wood Response to the High Velocity of Loading [C]. 19th International Symposium of Ballistics, Interlaken, Switzerland, 2001.

木桩

表 9-15　*MAT_WOOD 材料模型参数

ρ/(kg/m³)	E/MPa	屈服应力/MPa	ν
673.1	平行：1.135×10^4 竖直：247	平行：40（拉伸） 13（压缩） 竖直：0.96（拉伸） 2.57（压缩）	0.16

MENG YUNZHU, UNTAROIU COSTIN. Development and Validation of a Finite Element Model of an Energy-absorbing Guardrail End Terminal [C]. 15th International LS-DYNA Conference, Detroit, 2018.

脑

表 9-16　*MAT_BRAIN_LINEAR_VISCOELASTIC 模型参数

ρ/(kg/mm³)	体积模量 K/GPa	剪切模量/kPa		衰减常数 β/ms⁻¹
		短时剪切模量 G_0	长时剪切模量 G_∞	
11e-7	0.5	2000	1000	0.7

HAMID M S, SHAH MINOO. Mild Traumatic Brain Injury-Mitigating Football Helmet Design Evaluation [C]. 13th International LS-DYNA Conference, Dearborn, 2014.

鸟

鸟用 90%冰和 10%水替代。

表 9-17 *MAT_NULL 模型参数（单位制 kg-m- s）

ρ/(kg/m³)	PC/Pa	MU	TEROD	CEROD
900.0	−1.0E−6	0.0	1.2	0.8

表 9-18 *EOS_TABULATED 状态方程参数

EOSID	GAMA	E_0	V_0	
1	0.0	0.0	0.0	
EV1	EV2	EV3	EV4	EV5
0.00000E+00	−1.18300E−01	−1.38000E−01	−1.54800E−01	−1.69800E−01
EV6	EV7	EV8	EV9	EV10
−1.83200E−01	−1.95500E−01	−2.17200E−01	0.00000E+00	0.00000E+00
C_1	C_2	C_3	C_4	C_5
0.00000E+00	5.00000E+07	1.00000E+08	1.50000E+08	2.00000E+08
C_6	C_7	C_8	C_9	C_{10}
2.50000E+08	3.00000E+08	4.00000E+08	0.00000E+00	0.00000E+00
T_1	T_2	T_3	T_4	T_5
0.00000E+00	0.00000E+00	0.00000E+00	0.00000E+00	0.00000E+00
T_6	T_7	T_8	T_9	T_{10}
0.00000E+00	0.00000E+00	0.00000E+00	0.00000E+00	0.00000E+00

LSTC

表 9-19 *MAT_ELASTIC_PLASTIC_HYDRO 模型参数（单位制 m-kg-s）（一）

ρ/(kg/m³)	G/Pa	SIGY/Pa	EH/Pa
934	1E6	2E4	1E3

表 9-20 *EOS_LINEAR_POLYNOMIAL 状态方程参数

C_0/Pa	C_1/Pa	C_2/Pa	C_3/Pa	C_4	C_5	C_6	E_0/Pa	V_0
0.0	0.0	0.0	2.93E10	0.0	0.0	0.0	0.0	0.0

HORMANN M. Horizontal Tailplane Subjected to Impact Loading [C]. 8th International LS-DYNA Conference, Detroit, 2004.

表 9-21 *MAT_ELASTIC_PLASTIC_HYDRO 模型参数（单位制 m-kg-s）（二）

ρ/(kg/m³)	G/Pa	SIGY/Pa	EH/Pa
950	2E9	2E4	1E3

表 9-22　*EOS_LINEAR_POLYNOMIAL 状态方程参数

C_0/Pa	C_1/Pa	C_2/Pa	C_3/Pa	C_4	C_5	C_6	E_0/Pa	V_0
0.0	2.06E9	6.19E9	1.03E10	0.0	0.0	0.0	0.0	0.0

M-A LAVOIE, A GAKWAYA, M NEJAD ENSAN. Application of the SPH Method for Simulation of Aerospace Structures under Impact Loading [C]. 10th International LS-DYNA Conference, Detroit, 2008.

表 9-23　*MAT_ELASTIC_PLASTIC_HYDRO 材料模型参数

密度/(kg/m³)	剪切模量/GPa	屈服应力/MPa
950	2	0.02

表 9-24　*EOS_LINEAR_POLYNOMIAL 材料模型参数（三）

系数	0%孔隙度/(MPa/ksi)	10%孔隙度/(MPa/ksi)	15%孔隙度/(MPa/ksi)
C_1	2060/300	28/4.06	6.9/1
C_2	6160/900	−85/−12.3	−3180/−200
C_3	10300/1500	35000/5076	31000/4500

注：鸟体根据分别带有 0%、10%、15%孔隙度的水的状态方程定义而成。

M SELEZNEVA, K BEHDINAN, C POON, et al. Modeling Bird Impact on a Rotating Fan: The Influence of Bird Parameters [C]. 11th International LS-DYNA Conference, Detroit, 2010.

表 9-25　*MAT_ELASTIC_PLASTIC_HYDRO 材料模型参数（四）

ρ/(kg/m³)	剪切模量/GPa	屈服应力/MPa	塑性硬化模量/MPa
970	2.07	0.02	0.001

RADE VIGNJEVIC, MICHAŁ ORŁOWSKI, TOM DE VUYST, et al. A parametric study of bird strike on engine blades [J]. International Journal of Impact Engineering, 2013, 60 : 44-57.

人体股骨和骨盆

表 9-26　线弹性模型参数

	E/MPa	ν
皮质骨	13700	0.3
松质骨	7930	0.3

MARTINEZ S, et al. A Variable Finite Element Model of the Overall Human Masticatory System for Evaluation of Stress Distributions During Biting and Bruxism [C]. 10th European LS-DYNA Conference, Würzburg, 2015.

表 9-27　动态力学特性参数

类型	参数	屈服应力/MPa
股骨	面内剪切	60
	横向剪切	60
	轴向压缩	130
	横向压缩	190
	法向压缩	130
	轴向拉伸	50
	横向拉伸	50
	法向拉伸	50
	$\rho/(kg/m^3)$	1220
	E/GPa	17
骨盆		157

CHIARA SILVESTRI, MARIO MONGIARDINI, MALCOLM H RAY. Improvements and Validation of an Existing LS-DYNA Model of the Knee-Thigh-Hip of a 50th Percentile Male Including Muscles and Ligaments [C]. 7th European LS-DYNA Conference, Salzburg, 2009.

人体头部组织

表 9-28　人体头部组织材料特性

组织	$\rho/(kg/m^3)$	E/MPa	ν
头皮	1000	16.7	0.42
颅骨	2100	15000	0.23
硬脑膜、大脑镰和小脑幕	1130	31.5	0.45
软脑膜	1130	11.5	0.45

表 9-29　大脑的超黏弹性材料模型参数

C_{10}/Pa	C_{01}/Pa	G_1/kPa	G_2/kPa	β_1/s^{-1}	β_2/s^{-1}	K/GPa
3102.5	3447.2	40.744	23.285	125	6.6667	2.19

KARAMI, GHODRAT. Blast and the Consequences on Traumatic Brain Injury-Multiscale Mechanical Modeling of Brain [R]. ADA548703, 2011.

M SOTUDEH CHAFI, V DIRISALA, G KARAMI, M ZIEJEWSKI. A finite element method parametric study of the dynamic response of the human brain with different cerebrospinal fluid constitutive properties, Proceedings of IMechE Part H [J]. Journal of Engineering in Medicine, 2009, 223: 1003-1019.

表 9-30 颅骨动态力学特性参数

ρ/(g/cm^3)	剪切模量/MPa	体积模量/MPa	弹性模量/MPa	屈服应力/MPa	塑性失效应变(%)	失效应力/MPa
1.21	3276	4762	8000	95	1.6	77.5

表 9-31 脑脊液*MAT_ELASTIC_FLUID 材料模型参数

ρ/(g/cm^3)	体积模量/MPa	截止压力/MPa
0.9998	1960	-1.0E-5

表 9-32 白质黏弹性材料模型参数

ρ/(g/cm^3)	体积模量/MPa	短时剪切模量 G_0/kPa	长时剪切模量 G_∞/kPa	衰减系数 β/s^{-1}
1.04	2371	41.0	7.8	40

表 9-33 灰质黏弹性材料模型参数

ρ/(g/cm^3)	体积模量/MPa	短时剪切模量 G_0/kPa	长时剪切模量 G_∞/kPa	衰减系数 β/s^{-1}
1.04	2371	34.0	6.4	40

Atacan Yucesoy, et al. Developing a Numerical Model for Human Brain under Blast Loading [C]. 15th International LS-DYNA Conference, Detroit, 2018.

表 9-34 脑和脑干的*MAT_BRAIN_LINEAR_VISCOELASTIC 黏弹性材料模型参数

ρ/(kg/m^3)	体积模量 K/MPa	短时剪切模量 G_0/kPa	长时剪切模量 G_∞/kPa	衰减常数 β/ms^{-1}
1040	1125	49	16.2	0.145

表 9-35 颅骨层的*MAT_LAMINATED_COMPOSITE_FABRIC 模型参数

参数	公式	皮层质骨	板障骨
E/MPa	–	12000	1000
ν	–	0.21	0.05
ρ/(kg/m^3)	–	1900	1500
极限拉伸应力 S_{ut}/MPa	–	100	32.4
极限压缩应力 S_{uc}/MPa	–	100	32.4
极限剪切应力 τ_u/MPa	取 S_{ut} 和 S_{uc} 中的较小值	100	32.4
厚度/mm	–	2	3
剪切模量 G/MPa	$E/2(1+\nu)$	4959	476
极限拉伸应变 ε_{ut}	S_{ut}/E	0.0083	0.0324
极限压缩应变 ε_{uc}	S_{uc}/E	0.0083	0.0324
极限剪切应变 γ_u	τ_u/G	0.0202	0.068

表9-36 其他组织的线弹性材料模型参数

器官组织	$\rho/(kg/m^3)$	E/MPa	ν
面骨	2500	5000	0.23
镰	1140	31.5	0.45
幕骨	1140	31.5	0.45
脑脊髓液	1040	0.012	0.49
头皮	1000	16.7	0.42

MAZDAK GHAJARI. Development of numerical models for the investigation of motorcyclists accidents [C]. 7th European LS-DYNA Conference, Salzburg, 2009.

表9-37 *MAT_BRAIN_LINEAR_VISCOELASTIC 模型参数

头部组织	$\rho/(kg/mm^3)$	E/MPa	K/GPa	剪切模量/kPa 短时剪切模量 G_0	剪切模量/kPa 长时剪切模量 G_∞	衰减常数 β/ms^{-1}
脑	9.7E-7	82.5	1	25.5	0.22	0.45
灰质	10.6E-7	10	2.19	10.0	2.5	0.1
白质	10.6E-7	12.5	2.19	12.5	2.5	0.1
脑干	10.6E-7	22.5	2.19	22.5	4.5	0.1
脑室	10.6E-7	1	2.19	1.0	0.01	0.1

RAHUL MAKWANA, et al. Comparison of the Brain Response to Blast Exposure Between a Human Head Model and a Blast Headform Model Using Finite Element methods [C]. 13th International LS-DYNA Conference, Dearborn, 2014.

表9-38 早期研究采用的材料参数

参数	颅骨	脑脊液	脑
密度/(kg/m³)	1300	1000	1060
体积模量 K/GPa		2.5	2.19
弹性模量 E/MPa	15000	15	
泊松比	0.22	0.499	
短时剪切模量 G_0/Pa			12500
长时剪切模量 G_∞/Pa			2500
衰减常数 β/s^{-1}			80

文章中，神经组织采用线性黏弹性模型（*MAT_006）；脑脊液采用弹性流体模型，碰撞点附近的头皮采用*MAT_57材料模型。

表 9-39 不同器官的材料模型参数

结构	材料模型	材料参数
灰质、白质、小脑、脑干	黏弹性模型	$G_\infty = 170\text{kPa}$，$G_0 = 530\text{kPa}$，$\beta = 35\text{s}^{-1}$，$B = 2.19\text{GPa}$，$\rho = 1080\text{kg/m}^3$
颅骨、椎骨	弹性模型	$E = 6.50\text{GPa}$，$\nu = 0.22$，$\rho = 1700\text{kg/m}^3$
椎间盘	弹性模型	$E = 8.00\text{E}-3\text{GPa}$，$\nu = 0.38$，$\rho = 1140\text{kg/m}^3$
脑脊液、脑室	弹性流体模型	$E = 2.19\text{GPa}$，$\rho = 1006\text{kg/m}^3$
头皮、肉	弹性模型	$E = 1.67\text{E}-2\text{GPa}$，$\nu = 0.42$，$\rho = 1200\text{kg/m}^3$
碰撞点附近的头皮	*MAT_57 中自定义应力-应变曲线	$\rho = 1200\text{kg/m}^3$

K BAECK, J GOFFIN, J VANDER SLOTEN. The use of different CSF representations in a numerical head model and their effect on the results of FE head impact analyses [C]. 8th European LS-DYNA Conference, Strasburg, 2011.

人体组织

表 9-40 骨结构的线弹性模型和脏器、纵膈、皮肤肌肉的黏弹性材料模型参数

	G_0/kPa	G_∞/kPa	K/GPa	β	E/GPa	ν	$\rho_0/(\text{kg/m}^3)$
心脏	67	65	0.744	0.1			1000
肺脏	67	65	0.744	0.1			600
肝脏	67	65	0.744	0.1			1060
胃脏	67	65	0.744	0.1			1050
胸骨					9.5	0.25	1250
软骨					0.0025	0.4	1070
肋骨					9.5	0.2	1080
脊柱					0.355	0.26	1330
纵膈	200	195	1.03	0.1			600
皮肤/肌肉	200	195	2.9	0.1			1200

陈菁，等. 战斗部生物毁伤效应有限元仿真研究：第十二届全国战斗部与毁伤技术学术交流会论文集 [C]，广州，2011. 735-742.

松木

表 9-41 动态力学特性参数

$\rho/(\text{kg/m}^3)$	E/GPa	ν	σ_S/GPa
460	11.68	0.31	0.29

江雅莉，等. 陶瓷预制破片侵彻特性研究 [J]. 弹箭与制导学报, 2009, 29(5): 115-118.

胸和肺

表 9-42 胸的材料参数（单位制 m-kg-s）

组织	LS-DYNA 关键字卡片		
肋软骨	*MAT_ELASTIC		
	RO	*E*	*PR*
	1281	4.9E6	0.400
肋骨	RO	*E*	*PR*
	1561	7.9E9	0.379
胸骨	RO	*E*	*PR*
	1354	3.5E9	0.387
心脏 肋间肌 肉/肌肉	*MAT_SIMPLIFIED_RUBBER/FOAM		
	RO	*K*	*C*	LC/TBID
	1050	2.2E9	0.5035	1

表 9-43 肺的两种材料模型参数（单位制 m-kg-s）

序号	LS-DYNA 关键字卡片								
第1套参数	*MAT_LUNG_TISSUE								
	RO	*K*	*C*	DELTA	ALPHA	BETA	C_1	C_2	NT
	200	1E5	0.5035	2.5E-4	0.183	-0.291	0.004825	2.71	6
第2套参数	*MAT_LUNG_TISSUE								
	RO	*K*	*C*	DELTA	ALPHA	BETA	C_1	C_2	NT
	118	1.18E5	0.5035	7.02E-5	0.08227	-2.46	0.006535	2.876	6

NESTOR N, NSIAMPA C, ROBBE, A. Papy. Development of a thorax finite element model for thoracic injury assessment [C]. 8th European LS-DYNA Conference, Strasburg, 2011.

血液

表 9-44 *MAT_NULL 模型参数（单位制 kg-mm-ms）

ρ/(kg/mm^3)	PC/GPa	MU
1.06E-6	0.0	4.0E-9

表 9-45 *EOS_GRUNEISEN 状态方程参数（用水替代）

C/(mm/ms)	S_1	S_2	S_3	GAMA0	*A*	E_0/GPa	V_0
1483.0	1.794	0.0	0.0	0.4934	0.0	2.163E-5	0.0

M S HAMID. Numerical Simulation Transcatheter Aortic Valve Implantation and Mechanics of Valve Function [C]. 15th International LS-DYNA Conference, Detroit, 2018.

硬纸板

表 9-46　硬纸板（Cardboard）*MAT_PIECEWISE_LIEAR_PLASTICITY 模型参数

参数	描述	取值	单位
ρ	密度	6.89E-7	kg/mm³
E	弹性模量	12.26	
PR	泊松比	0.38	
SIGY	屈服强度	6.9E-3	kg/(mm·ms²)
ETAN	切线模量	1.226E-2	kg/(mm·ms²)
FAIL	失效应变	0.9%	

MATTHEW A BARSOTTI, JOHN M H PURYEAR, DAVID J. STEVENS. Modeling Mine Blast with SPH [C]. 12th International LS-DYNA Conference, Detroit, 2012.

云杉

试件原料含水率为 12.72%，密度为 413kg/m³。云杉顺纹抗压弹性模量约为 11330MPa；横纹径向抗压弹性模量约为 532MPa；横纹弦向抗压弹性模量约为 351MPa。

钟卫洲，等. 加载方向对云杉木材缓冲吸能影响数值分析 [C]. 第十届全国冲击动力学学术会议论文集，2011.

云杉木

表 9-47　动态力学特性参数

E/GPa			G/GPa			ν			F_S
E_L	E_R	E_T	G_{LR}	G_{RT}	G_{TL}	ν_{LR}	ν_{RT}	ν_{TL}	
9.56	1.04	0.487	0.75	0.039	0.72	0.029	0.039	0.25	5%

BUCHAR J, VOLDRICH J. NUMERICAL SIMULATION OF THE WOOD RESPONSE TO THE HIGH VELOCITY LOADING [C]. 3th European LS-DYNA Conference, Paris, 2001.

猪脑

表 9-48　*MAT_KELVIN-MAXWELL_VISCOELASTIC 材料模型参数

	ρ/(kg/m³)	体积模量/MPa	短时剪切模量/MPa	长时剪切模量/MPa	时间常数/s⁻¹
灰质	1040	2190	0.007	0.002	0.01
白质	1050	2190	0.0104	0.0038	0.01
脑室	1040	2190	0.00075	0.002	0.01

YATES KEEGAN, UNTAROIU C. Identifying Traumatic Brain Injury (TBI) Thresholds Using Animal and Human Finite Element Models Based on in-vivo Impact Test Data [C]. 14th International LS-DYNA Conference, Detroit, 2016.

第10章 空气、水和冰

在 LS-DYNA 中，空气可采用的材料模型有：

*MAT_009：*MAT_NULL

*MAT_140：*MAT_VACUUM 等。

其中*MAT_009 需要状态方程。空气常用的状态方程有：

*EOS_001：*EOS_LINEAR_POLYNOMIAL

*EOS_004：*EOS_GRUNEISEN

*EOS_012：*EOS_IDEAL_GAS 等。

水可采用的材料模型有：

*MAT_001：*MAT_ELASTIC_FLUID

*MAT_009：*MAT_NULL

*MAT_090：*MAT_ACOUSTIC 等。

其中*MAT_009 需要状态方程，水常用的状态方程有：

*EOS_001：*EOS_LINEAR_POLYNOMIAL

*EOS_004：*EOS_GRUNEISEN 等。

冰可采用的材料模型有：

*MAT_013：*MAT_ISOTROPIC_ELASTIC_FAILURE

*MAT_024：*MAT_PIECEWISE_LINEAR_PLASTICITY

*MAT_155：*MAT_PLASTICITY_COMPRESSION_TENSION_EOS 等。

其中*MAT_155 需要状态方程，常用的状态方程为*EOS_008：*EOS_TABULATED_COMPACTION。

冰

表 10-1 两种材料模型参数

*MAT_COHESIVE_GENERAL	GIC/(N/m)	GIIC/(N/m)	T/MPa	S/MPa	λ_1	λ_2
	6	30	0.065	0.065	0.1	0.8
*MAT_PIECEWISE_LINEAR_PLASTICITY	ρ/(kg/m³)	E/MPa	泊松比	A/MPa		
	910	6000	0.3	2		

HAMID DAIYAN, BJØRNAR SAND. Numerical Simulation of the Ice-Structure Interaction in LS-DYNA [C]. 8th European LS-DYNA Conference, Strasburg, 2011.

-10℃的冰，采用的单位制为 in（长度）-s（时间）-lbf-s²/in（质量）-psi（应力）-lbf-in（能量）。

表 10-2 *MAT_PLASTICITY_COMPRESSION_TENSION_EOS 模型参数

$\rho/(\text{lbf.s}^2/\text{in}^3)$	E/psi	PR					
8.4E-5	1.35E6	0.33					
LCIDC	LCIDT	LCSRC	LCSRT				
1001	1002	1016	1004				

单晶冰

PC	PT	PCUTC	PCUTT	PCUTF	SCALEP		
1	−1.0	715.5	−62.8	1.	0.0		

聚冰

PC	PT	PCUTC	PCUTT	PCUTF	SCALEP		
1	−1.0	500.0	−62.8	1.	0.0		

弱冰

PC	PT	PCUTC	PCUTT	PCUTF	SCALEP		
1	−1.0	250.0	−62.8	1.	0.0		

*DEFINE_CURVE 定义材料受压时应变率对屈服应力的缩放效应曲线

A_1	A_2	A_3	A_4	A_5	A_6	A_7	A_8
1.0	10.0	100.0	200.0	300.0	400.0	500.0	600.0
O_1	O_2	O_3	O_4	O_5	O_6	O_7	O_8
1.0	1.2566	1.5132	1.59044	1.63562	1.66768	1.69255	1.71287
A_9	A_{10}	A_{11}	A_{12}	A_{13}	A_{14}	A_{15}	
700.0	800.0	900.0	1000.0	1100.0	1500.0	10000.0	
O_9	O_{10}	O_{11}	O_{12}	O_{13}	O_{14}	O_{15}	
1.73005	1.74493	1.75805	1.76979	1.78042	1.81498	2.02639	

表 10-3 *EOS_TABULATED_COMPACTION 状态方程参数

GAMA	E_0	V_0		
0.0	0.0	1.0		
EV1	EV2	EV3	EV4	EV5
0.000	−0.00769230	−0.03125000	−10.00000000	0.0
EV6	EV7	EV8	EV9	EV10
0.0	0.0	0.0	0.0	0.0
C_1	C_2	C_3	C_4	C_5
0.000	10000.000000	10000.000000	10000.000000	0.0
C_6	C_7	C_8	C_9	C_{10}
0.0	0.0	0.0	0.0	0.0
T_1	T_2	T_3	T_4	T_5
270.00000000	270.00000000	270.00000000	270.00000000	0.0
T_6	T_7	T_8	T_9	T_{10}
0.0	0.0	0.0	0.0	0.0

（续）

K_1	K_2	K_3	K_4	K_5
1.3000000E+06	1.3000000E+06	1.3000000E+06	1000.0	0.0
K_6	K_7	K_8	K_9	K_{10}
0.0	0.0	0.0	0.0	0.0

LS-DYNA·Aerospace Working Group Modeling Guidelines Document [D]. LSTC.

KELLY S CARNEY. A High Strain Rate Model with Failure for Ice in LS-DYNA [C]. 9th International LS-DYNA Conference, Detroit, 2006.

表 10-4 冰的材料参数（一）

$\rho/(kg/m^3)$	E/GPa	G/GPa	拉伸强度/MPa	ν	声速/(m/s)
914	8	3	1	0.33	2930

S. CHOCRON, W. GRAY, J. D. WALKER. CTH Simulations of Foam and Ice Impacts into the Space Shuttle Thermal Protection System Tiles [C]. 22nd International Symposium of Ballistics, Vancouver, Canada, 2005.

表 10-5 冰的材料参数（二）

参数	取值
密度	910 kg/m³
弹性模量	5 GPa
泊松比	0.3
冰单元的屈服强度	$\varepsilon^p = 0.25$ ，$\sigma_Y = 2MPa$
冰与冰的摩擦系数	静态摩擦系数 10%，动态摩擦系数 5%
冰与钢的摩擦系数	静态摩擦系数 20%，动态摩擦系数 10%

表 10-6 冰的内聚单元材料参数

参数	垂直内聚单元	水平内聚单元
剪切强度	1 MPa	1.1 MPa
拉伸强度	1 MPa	1.1 MPa
G_{IC}	5200 J/m²	5200 J/m²
G_{IIC}	5200 J/m²	5200 J/m²

DANIEL HILDING, JIMMY FORSBERG, ARNE GÜRTNER, LINKÖPING. Simulation of ice action loads on off shore structures [C]. 8th European LS-DYNA Conference,Strasburg, 2011.

表 10-7 冰的材料参数和失效准则

	$\rho/(kg/m^3)$	E/GPa	ν	拉伸截止应力/MPa	最大主应力准则/MPa
冰样 1	900.0	9.0	0.003	35.0	35.0
冰样 2	900.0	9.0	0.003	15.0	15.0

HYUNWOOK KIM. Simulation of Compressive 'Cone-Shaped' Ice Specimen Experiments using LS-DYNA® [C]. 13th International LS-DYNA Conference, Dearborn, 2014.

冰的弹性模量分布很广，对于静态实验，E 在 0.3～10GPa 之间，而对于动态实验，E 在 6～10GPa 之间。

表 10-8   0℃条件下由实验测得冰的屈服强度参数

C_X/MPa	C_Z/MPa	T_X/MPa	T_Z/MPa
2.544	7.233	1.020	1.103

表 10-9   实验给出在 0℃条件下拉伸和屈服强度参数

C_X/MN·m^{-2}	C_Z/MN·m^{-2}	T_X/MN·m^{-2}	T_Z/MN·m^{-2}
2.544	7.233	1.020	1.103

表中，C_X、C_Z、T_X、T_Z 分别表示在无限定条件下，在 X、Z 轴方向的压缩和拉伸强度。

孙秋华. 冰的力学性能及其与结构相互作用力问题的研究 [D]. 哈尔滨: 哈尔滨工程大学, 2005.

冰雹

表 10-10   冰雹（Hailstone）*MAT_013 材料模型参数

ρ/(kg/m^3)	弹性剪切模量/GPa	屈服强度/MPa	硬化模量/GPa	体积模量/GPa	失效塑性应变	拉伸失效压力/MPa
846	3.46	10.30	6.89	8.99	0.35	−4.00

表 10-11   *MAT_010 材料模型参数

ρ/(kg/m^3)	弹性剪切模量/GPa	屈服强度/MPa	硬化模量/GPa	拉伸失效压力/MPa
846	3.46	10.30	6.89	−4.00

MARCO ANGHILERI, LUIGI-M L CASTELLETTI, FABIO INVERNIZZI, et al. A survey of numerical models for hail impact analysis using explicit finite element codes [J]. International Journal of Impact Engineering, 2005, 31: 929-944.

空气

表 10-12   *MAT_NULL 模型参数（单位制 m-kg-s）（一）

ρ/(kg/m^3)	PC/Pa	MU/N·s·m^{-2}
1.1845	−10.0	1.8444E-5

表 10-13   *EOS_LINEAR_POLYNOMIAL 状态方程参数（单位制 m-kg-s）

C_0/Pa	C_1/Pa	C_2/Pa	C_3/Pa	C_4	C_5	C_6	E_0/Pa	V_0
0.0	0.0	0.0	0.0	0.4	0.4	0.0	2.533125E5	1.0

LSTC

表 10-14   *MAT_NULL 模型参数（单位制 m-kg-s）（二）

ρ/(kg/m^3)	PC/Pa	MU/N·s·m^{-2}
1.184	−1.0	1.7456E-5

表 10-15 *EOS_IDEAL_GAS 状态方程参数（单位制 m-kg-s）

C_{P0}/(J/kg·K^{-1})	C_{V0}/(J/kg·K^{-1})	C_1	C_2	T_0/K	V_0
719.0	1006.0	0.0	0.0	298.15	1.0

LSTC.

表 10-16 *MAT_NULL 模型参数（单位制 m-kg-s）（三）

ρ/(kg/m^3)	PC/Pa	MU/N·s·m^{-2}
1.30	−1.0E−10	2.0E−5

表 10-17 *EOS_POLYNOMIAL 状态方程参数（单位制 m-kg-s）

C_0/Pa	C_1/Pa	C_2/Pa	C_3/Pa	C_4	C_5	C_6	E_0/Pa	V_0
0	0	0	0	0.4	0.4	0	2.5E5	1.0

FRANK MARRS, MIKE HEIGES. Soil Modeling for Mine Blast Simulation [C]. 13th International LS-DYNA Conference, Dearborn, 2014.

表 10-18 *MAT_NULL 模型参数（单位制 m-kg-s）（四）

ρ/(kg/m^3)	PC/Pa	MU/N·s·m^{-2}
1.252	0.0	17.456E−6

表 10-19 *EOS_GRUNEISEN 状态方程参数（单位制 m-kg-s）

C/(m/s)	S_1	S_2	S_3	GAMA0	A	E_0/Pa	V_0
343.7	0.0	0.0	0.0	1.4	0.0	0.0	0.0

LARS OLOVSSON, MHAMED SOULI, IAN DO. LS-DYNA – ALE Capabilities (Arbitrary-Lagrangian-Eulerian) Fluid-Structure Interaction Modeling [R]. LSTC, 2003.

表 10-20 *MAT_NULL 模型参数（五）

ρ/(kg/m^3)	
1.025	

表 10-21 线性多项式状态方程参数

C_0	C_1	C_2	C_3	C_4	C_5	E/kPa
0	0	0	0	0.4	0.4	253

注：空气初始压力为 $C_4 \times 253\text{kPa} = 1.012 \times 10^5 \text{Pa}$。

SALEH M, EDWARDS L. Application of a Soil Model in the Numerical Analysis of Landmine Interaction with Protective Structures [C]. 26th International Symposium on Ballistics, Miami, FL, 2011.

表 10-22 *MAT_VACUUM 模型参数（单位制 m-kg-s）

ρ/(kg/m^3)	
1.18	

表 10-23 *MAT_NULL 模型参数（单位制 m-kg-s）（六）

ρ/(kg/m³)	PC/Pa	MU/N·s·m⁻²
1.18	−1.0	1.7456E−5

表 10-24 *EOS_IDEAL_GAS 状态方程参数（单位制 m-kg-s）

C_{P0}/(J·kg⁻¹·K⁻¹)	C_{V0}/(J·kg⁻¹·K⁻¹)	C_1	C_2	T_0/K	V_0
719.0	1006.0	0.0	0.0	298.0	1.0

OLOVSSON L, SOULI M, DO I. LS-DYNA-ALE Capabilities (Arbitrary-Lagrangian-Eulerian) Fluid-Structure Interaction Modeling [R]. LSTC, 2003.

表 10-25 采用 AUTODYN 和 LS-DYNA 计算输入材料参数

	ρ/(kg/m³)	γ	E_{INT}/kJ·kg⁻¹
AUTODYN	1.225	1.4	206.82(288K)
LS-DYNA	1.290	1.4	193.80(273K)

FIŠEROVÁ D. Numerical Analyses of Buried Mine Explosions with Emphasis on Effect of Soil Properties on Loading [D]. Cranfield University, 2006.

表 10-26 *MAT_NULL 材料模型和*EOS_LINEAR_POLYNOMIAL 状态方程参数

ρ/(kg/m³)	v_d/Pa·s	C_0	C_1	C_2	C_3	C_4	C_5	E/kPa
1.22	1.77E−5	0	0	0	0	0.4	0.4	253

VARAS D, ZAERA R, LÒPEZ-PUENTE J. Numerical modelling of the hydrodynamic ram phenomenon [C]. International Journal of Impact Engineering, 2009, 36: 363-374.

表 10-27 *MAT_NULL 材料模型和*EOS_LINEAR_POLYNOMIAL 状态方程参数（单位制 cm-g-μs）

*MAT_NULL								
ρ	PC	MU	TEROD	CEROD				
1.29E−3	0	0	0	0				
*EOS_LINEAR_POLYNOMIAL								
C_0	C_1	C_2	C_3	C_4	C_5	C_6	E_0	V_0
−1E6	0	0	0	0.4	0.4	0	2.5E−6	1

MULLIN M J, O'TOOLE B J. Simulation of Energy Absorbing Materials in Blast Loaded Structures [C]. 8th International LS-DYNA Conference, Detroit, 2004.

表 10-28 *MAT_NULL 模型参数（单位制 m-kg-s）（七）

ρ/(kg/m³)	1.29

表 10-29　*EOS_IDEAL_GAS 状态方程参数（单位制 m-kg-s）

$C_{P0}/(\text{J/kg·K}^{-1})$	$C_{V0}/(\text{J/kg·K}^{-1})$	C_1	C_2	T_0/K	V_0
717.5	1004.5	0.0	0.0	270.1	1.0

WANG J. Porous Euler–Lagrange Coupling: Application to Parachute Dynamics [C]. 9th International LS–DYNA Conference, Detroit, 2006.

表 10-30　*EOS_LINEAR_POLYNOMIAL 状态方程参数

$\rho/(\text{kg/m}^3)$	γ	C_4	C_5
1.025	1.403	0.403	0.403

OTSUKA M. A Study on Shock Wave Propagation Process in the Smooth Blasting Technique [C]. 8th International LS–DYNA Conference, Detroit, 2004.

表 10-31　*MAT_ACOUSTIC 模型参数（单位制 m-kg-s）

$\rho/(\text{kg/m}^3)$	$C/(\text{m/s})$	BETA
1.205	343.0	0.05

LSTC.

表 10-32　*ICFD_MAT 模型参数

$\rho/(\text{kg/m}^3)$	$\mu/\text{Pa·s}$
1.225	1.78E-5

LE-GARREC M, SEULIN MATTHIEU, LAPOUJADE VINCENT. Airdrop Sequence Simulation using LS–DYNA® ICFD Solver and FSI Coupling [C]. 15th International LS–DYNA Conference, Detroit, 2018.

水

表 10-33　*EOS_GRUNEISEN 状态方程参数

$\rho_0/(\text{kg/m}^3)$	$C/(\text{m/s})$	S_1	gamma	$Cv/\text{J·(kg·K)}^{-1}$	$Cp/\text{J·(kg·K)}^{-1}$
998.0	1647.0	1.921	0.350	4136.0	4184.0

HERTEL E S. The CTH Data Interface for Equation–of–State and Constitutive Model Parameters, Sandia Report [R]. SAND92–1297, 1992.

表 10-34　*MAT_NULL 模型参数（单位制 m-kg-s）（一）

$\rho/(\text{kg/m}^3)$	PC/Pa	MU/N·s·m^{-2}
998.21	−10.0	0.8684E-3

表 10-35　*EOS_GRUNEISEN 状态方程参数（单位制 m-kg-s）

$C/(\text{m/s})$	S_1	S_2	S_3	GAMA0	A	E_0/Pa	V_0
1.647E3	1.921	−0.096	0.0	0.350	0.0	2.895E+5	1.0

注：GAMA0*EIPV0=101325Pa，即初始压力为 1 个标准大气压。

OLOVSSON L, SOULI MHAMED, DO I. LS-DYNA-ALE Capabilities (Arbitrary–Lagrangian–Eulerian) Fluid–Structure Interaction Modeling [R]. LSTC, 2003.

表 10-36 *MAT_NULL 模型参数（单位制 m-kg-s）（二）

$\rho/(kg/m^3)$	1000

表 10-37 *EOS_POLYNOMIAL 状态方程参数（单位制 m-kg-s）

C_0/Pa	C_1/Pa	C_2/Pa	C_3/Pa	C_4	C_5	C_6	E_0/Pa	V_0
0	2.002E9	8.436E9	8.010E9	0.4394	1.3937	0	2.067E5	1.0

LEE S G, et al. Numerical Simulation of 2D Sloshing by using ALE2D Technique of LS-DYNA and CCUP Methods [C]. Proceedings of the Twentieth (2010) International Offshore and Polar Engineering Conference, Beijing, China, 2010, 192-199.

表 10-38 *MAT_NULL 模型参数（单位制 m-kg-s）（三）

$\rho/(kg/m^3)$	PC/Pa	MU/N·s·m^{-2}
998.21	−100.0	0.8684E-3

表 10-39 *EOS_LINEAR_POLYNOMIAL 状态方程参数（单位制 m-kg-s）

C_0/Pa	C_1/Pa	C_2/Pa	C_3/Pa	C_4	C_5	C_6	E_0/Pa	V_0
101325.0	2.25E9	0	0	0	0	0	0	0

注：该状态方程中仅定义了 C_0 和 C_1，故只适用于低压场合。

LSTC.

表 10-40 *MAT_NULL 模型参数（单位制 m-kg-s）（四）

$\rho/(kg/m^3)$	PC/Pa
997.58	−10.0

表 10-41 *EOS_LINEAR_POLYNOMIAL 状态方程参数（单位制 m-kg-s）

C_0/Pa	C_1/Pa	C_2/Pa	C_3/Pa	C_4	C_5	C_6	E_0/Pa	V_0
0	2.02E9	0	0	0	0	0	0	0.999845

SOULI M, et al. Numerical Investigation of Phase Change and Cavitation Effects in Nuclear Power Plant Pipes [C]. 13th International LS-DYNA Conference, Dearborn, 2014.

表 10-42 *MAT_NULL 材料模型和*EOS_Mie_Gruneisen 状态方程参数

$\rho/(kg/m^3)$	$v_d/Pa·s$	$C/(m/s)$	S_1	S_2	S_3	γ_0	a
1000	0.89E-3	1448	1.979	0	0	0.11	3.0

VARAS D, et al. Numerical Modelling of the Fluid Structure Interaction using ALE and SPH: The Hydrodynamic Ram Phenomenon [C]. 11th European LS-DYNA Conference, Salzburg, 2017.

表 10-43 Gruneisen 状态方程参数（一）

$\rho/(kg/m^3)$	$C/(m/s)$	S_1	γ_0
1000	1483	1.75	0.28

ANNE KATHRINE PRYTZ, GARD ODEGARDSTUEN. Warhead Fragmentation Experiments, Simulations and Evaluations [C]. 25th International Symposium on Ballistics, Beijing, China, 2010.

表 10-44　Gruneisen 状态方程参数（二）

ρ /(kg/m^3)	C /(m/s)	S_1	γ_0
1000	1480	1.75	0.28

LU J P, KENNNEDY D L. Modeling of PBXW-115 Using Kinetic CHEETAH and DYNA Codes [R]. 2003, DSTO-TR-1496.

表 10-45　Polynomial 状态方程参数（一）

A_1 / Pa	A_2 / Pa	A_3 / Pa	T_1 / Pa	T_2 / Pa	B_0	B_1
2.2E9	9.54E9	1.457E10	2.2E9	0	0.28	0.28

PAZIENZA G. Numerical Simulation of Free Field Underwater Explosion of an Aluminised Plastic Bonded Explosive [C]. Workshop on Simulation of Undex Phenomena, Scotland, UK, 1997.

表 10-46　Tilloston 状态方程参数

ρ /(kg/m^3)	a	b	E_0 /(J/kg)	A /Pa	B /Pa
998	0.7	0.15	7.0E6	2.18E9	13.25E9

IVANOV B A, DENIEM D, NEUKUM G. Implementation of Dynamic Strength Models into 2D Hydrocodes: Applications for Atmospheric Breakup and Impact Cratering [J]. International Journal of Impact Engineering, 1997, 20(1): 411-430.

表 10-47　Polynomial 状态方程参数（二）

ρ /(kg/m^3)	A_1 / Pa	A_2 / Pa	A_3 / Pa	空化压力/Pa
1000	2.18E9	6.69E9	1.15E10	0

袁建红，朱锡，张振华. 水下爆炸载荷数值模拟方法 [J]. 舰船科学技术, 2011, 33(9): 18-23.

表 10-48　Gruneisen 状态方程参数（三）

ρ /(kg/m^3)	C /(m/s)	S_1	γ_0
1000	1490	1.79	1.65

OTSUKA M. A Study on Shock Wave Propagation Process in the Smooth Blasting Technique [C]. 8th International LS-DYNA Conference, Detroit, 2004.

表 10-49　Gruneisen 状态方程参数（四）

ρ /(kg/m^3)	C /(m/s)	S_1	γ_0	α	E_0 / Pa	V_0
1000	1484	1.979	0.11	3.0	3.072E5	1

BOYD R, ROYLES R, EL-DEEB M. Simulation and Validation of UNDEX Phenomena Relating to Axisymmetric Structures [C]. 6th International LS-DYNA Conference, Detroit, 2000.

表 10-50   *MAT_ACOUSTIC 模型参数（单位制 cm-gm-μs）

$\rho/(g/cm^3)$	$C/(cm/\mu s)$	BETA
1.0	0.14	0.1

LSTC.

表 10-51   Gruneisen 状态方程参数（五）

$\rho/(kg/m^3)$	$v_d/Pa \cdot s$	$C/(m/s)$	S_1	γ_0	α
1000	0.89E-3	1448	1.979	0.11	3.0

VARAS D, ZAERA R, LÒPEZ-PUENTE J. Numerical modelling of the hydrodynamic ram phenomenon [C]. International Journal of Impact Engineering, 2009, 36: 363-374.

表 10-52   *MAT_ELASTIC_FLUID 材料模型参数（单位制为 lb-in-s）

ρ	体积模量	张量黏性常数
9.59E-5	3.3E5	0.05

MELIS M E, BUI K. Characterization of Water Impact Splashdown Event of Space Shuttle Solid Rocket Booster Using LS-DYNA [C]. 7th International LS-DYNA Conference, Detroit, 2002.

表 10-53   Gruneisen 状态方程参数（六）

$\rho/(kg/m^3)$	$C/(m/s)$	S_1	γ_0
1000	1650	1.92	0.1

LU J P. SIMULATION OF AQUARIUM TESTS FOR PBXW-115(AUST): Proceedings of the 12th International Detonation Symposium [C], San Diego, California, 2002.

第11章 地 质 材 料

地质材料有土壤、岩石、混凝土等，其显著特点是：拉伸脆性、高压缩性、具有和压力有关的屈服面。LS-DYNA 软件中适用于地质材料的模型有：

*MAT_005：*MAT_SOIL_AND_FOAM

*MAT_014：*MAT_SOIL_AND_FOAM_FAILURE

*MAT_016：*MAT_PSEUDO_TENSOR

*MAT_025：*MAT_GEOLOGIC_CAP_MODEL

*MAT_072：*MAT_CONCRETE_DAMAGE

*MAT_072R3：*MAT_CONCRETE_DAMAGE_REL3

*MAT_078：*MAT_SOIL_CONCRETE

*MAT_079：*MAT_HYSTERETIC_SOIL

*MAT_080：*MAT_RAMBERG-OSGOOD

*MAT_084：*MAT_WINFRITH_CONCRETE

*MAT_096：*MAT_BRITTLE_DAMAGE

*MAT_111：*MAT_JOHNSON_HOLMQUIST_CONCRETE

*MAT_126：*MAT_MODIFIED_HONEYCOMB

*MAT_145：*MAT_SCHWER_MURRAY_CAP_MODEL

*MAT_147：*MAT_FHWA_SOIL

*MAT_147_N：*MAT_FHWA_SOIL_NEBRASKA

*MAT_159：*MAT_CSCM

*MAT_172：*MAT_CONCRETE_EC2

*MAT_173：*MAT_MOHR_COULOMB

*MAT_174：*MAT_RC_BEAM

*MAT_192：*MAT_SOIL_BRICK

*MAT_193：*MAT_DRUCKER_PRAGER

*MAT_198：*MAT_JOINTED_ROCK

*MAT_230：*MAT_PML_ELASTIC

*MAT_232：*MAT_BIOT_HYSTERETIC

*MAT_237：*MAT_PML_HYSTERETIC

*MAT_245：*MAT_PML_OPTIONTROPIC_ELASTIC

*MAT_271：*MAT_POWDER

*MAT_272：*MAT_RHT

*MAT_273：*MAT_CONCRETE_DAMAGE_PLASTIC_MODEL 等。

其中*MAT_016、*MAT_072、*MAT_072R3、*MAT_084、*MAT_096 模型中带有加强的钢筋。

草原土

表 11-1　草原土（prairie soil）*MAT_FHWA_SOIL 材料模型参数

ρ /(kg/m³)	NPLOT	SPGRAV	RHOWAT/(kg/m³)	VN	GAMMAR
1480	3	2.65	1000	0.0	NA
INTRMX	K/MPa	G/MPa	PHIMAX/rad	AHYP/kPa	COH/kPa
5	80	45	0.1619	35	114
ECCEN	AN	ET	MCONT	PWD1	PWKSK
0.7	NA	NA	0.1	NA	NA
PWD2	PHIRES	DINT	VDFM	DAMLEV	EPSMAX
NA	NA	5E-4	5	1	0.05

SALEH M, EDWARDS L. Application of a Soil Model in the Numerical Analysis of Landmine Interaction with Protective Structures [C]. 26th International Symposium on Ballistics, Miami, FL, 2011.

大理岩

为了较为准确地获得大理岩的相关参数取值，以静力学实验、声波测试实验和 SHPB 冲击实验为基础，LS-DYNA 数值模拟为手段，通过正交实验的方法对 RHT 模型参数进行优化确定，并将参数优化前、后的模拟曲线分别与 SHPB 冲击大理岩的实验曲线进行对比。结果表明：以上参数经过正交模拟实验优化确定后，缩小了模拟曲线与 SHPB 冲击实验曲线的对比误差，得到了适用于大理岩的 RHT 模型参数。

表 11-2　*MAT_RHT 模型参数

ρ_0 /(g/cm³)	p_{el} /GPa	A_1 /GPa	B_0	T_2 /GPa	$\dot{\varepsilon}_0^c$ /10^{-8}ms⁻¹	$\dot{\varepsilon}^t$ /10^{22}ms⁻¹
2.7	0.016	45.39	0.9	0	3.0	3.0
B	A	f_t^*	ξ	A_f	N	f_c /GPa
0.0105	1.6	0.1	0.5	1.6	3.0	0.048
β_c	A_2 /GPa	B_1	G /GPa	$\dot{\varepsilon}_0^t$ /10^{-9}ms⁻¹	D_2	g_t^*
0.02439	40.851	0.9	8.0	3.0	1	0.7
n	Q_0	D_1	n_f	a_0	β_t	A_3 /GPa
0.61	0.6805	0.04	0.61	1.078	0.02941	4.198
T_1 /GPa	$\dot{\varepsilon}^c$ /10^{22}ms⁻¹	f_s^*	g_c^*	ε_p^m	p_{comp}	
45.39	3.0	0.18	0.53	0.01	0.6	

李洪超，等. 大理岩 RHT 模型参数确定研究 [J]. 北京理工大学学报, 2017, 37(8): 801-806.

冻土

采用分离式霍普金森压杆(SHPB)，对-17℃冻土进行了应变率约 350s⁻¹、600s⁻¹、800s⁻¹、1000s⁻¹ 和 1200s⁻¹ 的单轴冲击实验。获得了其相应应变率下的应力-应变关系。发现其没有明显的屈服现象，具有显著的应变率效应，其峰值应力与最终应变均随加载应变率增大而增大，并且具有一定的线性关系。引入含损伤的 Johnson-Cook 本构模型，描述-17℃冻土的应力-应变关系，发现在 $600\sim1200\text{s}^{-1}$ 的加载应变率范围内，该模型具有较好的适用性。

冻土的改进型 Johnson-Cook 本构模型为：

$$\sigma = (7 + 145\varepsilon^{0.5})(1 + 0.012\ln\dot{\varepsilon}^*)(1 - D)$$

采用应变的累积来定义材料的损伤：

$$D(\varepsilon) = \sum \frac{\Delta\varepsilon}{\varepsilon_{\text{f}}}$$

式中，$\Delta\varepsilon$ 为材料的应变增量，ε_{f} 为材料最终应变。

张海东, 朱志武, 康国政, 等. 基于 Johnson-Cook 模型的冻土动态本构关系 [J]. 四川大学学报: 工程科学版, 2012, 44(增刊 2): 19-22.

冻土的改进型 Johnson-Cook 本构模型为：

$$\sigma = (12 + 160\varepsilon^{0.5})(1 + 0.02\ln\dot{\varepsilon}^*)(1 - 0.9T^*)(1 - D)$$

$$T^* = (T - T_{\text{r}})(T_{\text{m}} - T_{\text{r}})$$

式中，$T_{\text{r}} = 245\text{K}$，$T_{\text{m}} = 273\text{K}$，参考应变率 $\dot{\varepsilon}_0 = 1\text{s}^{-1}$。

采用应变的累积来定义材料的损伤：

$$D(\varepsilon) = \sum \frac{\Delta\varepsilon}{\varepsilon_{\text{f}}}$$

式中，$\Delta\varepsilon$ 为材料的应变增量，ε_{f} 为材料最终应变。

张海东. 冻土冲击动态实验及其本构模型 [D]. 成都: 西南交通大学, 2013.

方镁石

表 11-3　SHOCK 状态方程参数

ρ /(g/cm^3)	C_1 /(cm/μs)	S_1	Gruneisen 系数
3.585	6.597	1.369	1.42

注：C_1 可能应为 0.6597cm/μs。

Selected Hugoniots [R]. Los Alamos Scientific Laboratory, LA-4167-MS, 1969-05-01.

钢筋混凝土

表 11-4　*MAT_WINFRITH_CONCRETE 模型参数（单位制 N-mm-ms-MPa）

ρ	TM	PR	UCS	UTS	FE	ASIZE
2.30E-3	29053.0	0.2	34.48	4.0	0.041	4.763
E	YS	EH	UELONG	RATE	CONM	
205.0E3	500.0	4.783E3	0.14	1.0	−3.0	

SCHWER L E. Modeling Rebar: The Forgotten Sister in Reinforced Concrete Modeling [C]. 13th International LS-DYNA Conference, Dearborn, 2014.

　　*MAT_CONCRETE_EC2 模型具有热敏感性，如果模型中没有定义温度，则其温度为 20℃。FRACR=0 时表示不含钢筋的混凝土，FRACR=1 时表示钢筋，0<FRACR<1 时表示钢筋混凝土模型中钢筋的含量。另外，采用*INTEGRATION_SHELL 或 *PART_COMPOSITE 来定义截面属性。定义两个混凝土和钢筋材料 PART，材料类型均为 MAT_CONCRETE_EC2。

一个 FRACR=0 表示为混凝土，另一个 FRACR=1 表示为钢筋，每个积分点根据需要可定义为混凝土或钢筋。

表 11-5　*MAT_CONCRETE_EC2 模型相关参数（单位制 mm-ton-s-MPa）

*MAT_CONCRETE_EC2 模型参数（定义混凝土）								
MID	ρ	FC	FT	YMREINF	PRREINF	SUREINF	FRACRX	FRACY
1	2.57E-9	30.0	4.0	200000.0	0.3	350.0	0.0	0.0

*MAT_CONCRETE_EC2 模型参数（定义钢筋）								
MID	ρ	FC	FT	YMREINF	PRREINF	SUREINF	FRACRX	FRACY
2	2.57E-9	30.0	4.0	200000.0	0.3	350.0	1.0	1.0

*SECTION_SHELL						
SECID	ELFORM	SHRF	NIP	PROPT	QR/IRID	$T_1 \sim T_4$
1	2	0.0	8	0.0	−1.0	120.0

*INTEGRATION_SHELL	
IRID	NIP
1	8
S	WF	PID
0.9	0.1	2
0.8	1.0E-3	3
0.6	0.199	2
0.2	0.2	2
−0.2	0.2	2
−0.6	0.199	2
−0.8	1.0E-3	3
−0.9	0.1	2

钢筋混凝土*PART		
PID	SECID	MID
1	1	1

伪混凝土*PART		
PID	SECID	MID
2	1	1

伪钢筋*PART		
PID	SECID	MID
3	1	2

http: //ftp. lstc. com.

表 11-6 *MAT_PLASTIC_KINEMATIC 材料模型参数

$\rho/(kg/m^3)$	E/GPa	ν	σ_0/MPa	E_t/MPa	C/s^{-1}	P
2500	36	0.2	35	0.378E3	99.3	1.94

李铮, 金福青, 蔡中民. 混凝土板自振特性及动力响应 [C]. 中国土木工程学会防护工程分会第九次学术年会论文集. 长春, 2004: 415-420.

表 11-7 *MAT_JOHNSON_HOLMQUIST_CERAMICS 模型参数

$\rho/(kg/m^3)$	G/GPa	σ_i^{max}/MPa	σ_f^{max}/MPa	A	B	C
2400	16.7	40	6	1.65	1.65	0.0415
K_1/GPa	K_2/GPa	K_3/GPa	σ_{HEL}/MPa	D_1	D_2	$\bar{\varepsilon}_{f,min}^{pl}$
35.2	39.58	9.04	36.18	0.04	1.0	0.01
$\bar{\varepsilon}_{f,max}^{pl}$	N	M	$\dot{\varepsilon}_0/s^{-1}$	σ_T/MPa	P_{HEL}/MPa	β
2.0	0.65	0.65	1.0	4.0	17.053	1.0

吴艳青, 等. 含装药弹体高速侵彻混凝土靶体的热-力耦合数值分析 [C]. 2012 年含能材料与钝感弹药技术学术讨论会, 2012, 497-507.

表 11-8 *MAT_PSEUDO_TENSOR 模型参数

$\rho/(kg/m^3)$	G/Pa	ν	失效最大主应力/Pa	内聚力
2400	1.71E9	0.2	4.0E7	−6894.7598
钢筋占比	钢筋的弹性模量/Pa	钢筋的泊松比	钢筋的初始屈服应力/Pa	切线模量/塑性硬化模量/Pa
8%	2.18E11	0.28	5.1E8	2.9E8

MRITYUNJAYA R YELI, et al. Simulation of Explosions in Train and Bridge Applications [C]. 3rd ANSA & μETA International Conference, Halkidiki, Greece, 2009.

钢纤维混凝土

表 11-9 *MAT_JOHNSON_HOLMQUIST_CONCRETE 模型参数

靶体	$\rho/(kg/m^3)$	f_c/MPa	p_{crush}/MPa	u_{crush}	p_{lock}/GPa	u_{lock}	G/GPa	ε_{min}	S_{max}
B_2	2452	56.0	23.0	7.4E-4	1.05	0.068	27.9	0.015	12.5
B_3	2551	71.7	30.0	8.8E-4	1.15	0.07	33.2	0.02	10.5

纪冲, 龙源, 万文乾. 动能弹丸侵彻 SFRC 材料的显式动力有限元分析 [J]. 弹箭与制导学报, 2005, 25(3): 45-48.

高强纤维混凝土

表 11-10   高强纤维混凝土（Ultra-High Performance Fibre Reinforced Concrete，简称 UHPFRC）Johnson-Holmsquist Concrete 模型参数

$\rho/(kg/m^3)$	G/MPa	强度常数							
		A	B	N	C	f_c/MPa	f_t/MPa	S_{max}	$\dot{\varepsilon}^*/s^{-1}$
2550	33200	0.79	1.60	0.61	0.007	156	8.4	12.5	1.0

损伤常数		
D_1	D_2	$\varepsilon_p^f + u_p^f$
0.05	1.0	0.01

状态方程常数						
P_{crush}/MPa	μ_{crush}	K_1/GPa	K_2/GPa	K_3/GPa	P_{lock}/MPa	μ_{lock}
19	0.0001	8.5	17.1	20.8	850	0.1

R. YU, P. SPIESZ, H. J. H. BROUWERS. Numerical simulation of Ultra-High Performance Fibre Reinforced Concrete (UHPFRC) under high velocity impact of deformable projectile [C]. 15th International Symposium on effects of munitions with structures, Potsdam, Germany, 2013.

各类岩石

表 11-11   各类岩石动态力学特性参数

岩石种类	$\rho/(g/cm^3)$	强度/MPa
软页岩（黏土页岩、粘结不好的粉砂质、砂质页岩）	2.3	1.4～14
凝灰岩（无熔结）	1.9	1.4～21
砂岩（大颗粒、粘结差）	2.0	7～21
砂岩（细、中颗粒）	2.1	14～50
砂岩（很细到中颗粒，粘结良好，大块）	2.3	40～110
页岩（坚硬，坚韧）	2.3	14～80
石灰岩（粗糙、疏松的）	2.3	40～85
石灰岩（细密的大块）	2.6	70～140
玄武岩（多孔、玻璃状）	2.6	55～100
玄武岩（大块）	2.9	>140
石英岩	2.6	>140
花岗岩（粗颗粒、蚀变）	2.6	55～110
花岗岩（细到中颗粒）	2.6	100～190
白云岩	2.5	70～140

BERNARD R S. Empirical analysis of projectile penetration in rock[R]. U. S. Army Waterways Experiment Station, Vicksburg, Misc. Paper S-77-16 AD-A 047 989, 1977.

花岗岩

表 11-12　AUTODYN 软件中的 JH-2 模型参数

ρ_0 /(kg/m³)	E/GPa	v	体积模量 K_1/GPa	剪切模量 G/GPa
2657	80	0.29	55.6	30
Hugoniot 弹性极限 HEL/GPa	HEL 强度 σ_{HEL}/GPa	HEL 压力 P_{HEL}/GPa	HEL 体积应变 μ_{HEL}	拉伸强度 T/GPa
4.5	2.66	2.73	0.045	0.15
归一化的拉伸强度 T^*	未损伤强度系数 A	未损伤强度指数 N	应变率系数 C	断裂强度系数 B
0.055	1.01	0.83	0.005	0.68
断裂强度指数 M	最大断裂强度 σ^*_{fmax}	压力系数 K_2/GPa	压力系数 K_3/GPa	损伤系数 D_1
0.76	0.2	−23	2980	0.005
体积膨胀系数 β	损伤指数 D_2	拉伸失效应力 T_f/GPa	断裂能 G_f/(J/m²)	
1.0	0.7	0.15	70	

AI H A, AHRENS T J. Simulation of dynamic response of granite: A numerical approach of shock-induced damage beneath impact craters [J]. International Journal of Impact Engineering, 2006, 33: 1-10.

表 11-13　*MAT_JOHNSON_HOLMQUIST_CONCRETE 模型参数

ρ/(kg/mm³)	G/GPa	K_1/GPa	K_2/GPa	K_3/GPa	A	B
2.7E-6	21.1	45.8	0	0	1.0	1.0
C	M	N	EPSI/ms⁻¹	T/GPa	SFMAX	HEL/GPa
0.0087	0.88	0.82	2.59E-8	0.054	0.25	9.2
PHEL/GPa	D_1	D_2				
5.2	0.09	0.3				

QASIM H. SHAH, ADIB HAMDANI. The damage of unconfined granite edge due to the impact of varying stiffness projectiles [J]. International Journal of Impact Engineering, 2013, 59: 11-17.

TUOMAS G. Water powered percussive rock drilling: process analysis, modeling and numerical simulation [D]. Luleå University of Technology, 2004.

表 11-14　根据实测数据拟合的*MAT_JOHNSON_HOLMQUIST_CONCRETE 模型参数

密度 ρ_0 /(kg/m³)	剪切模量 G/Pa	单轴抗压强度 P_C/Pa	静水拉伸强度 T/Pa	应变率参数 C
2620	23.0E9	108.0E6	7.40E6	0.0050
极限面参数 A	极限面参数 B	极限面参数 N	极限面参数 S_{max}	参考应变率 /s⁻¹
0.17	2.40	0.75	12	1.0

（续）

损伤参数 ε_f^{min}	损伤参数 D_1	损伤参数 D_2	开裂压力 P_C/Pa	开裂体应变 U_C
0.01	0.04	1.0	36.0E6	0.001
压实压力 P_L/Pa	压实体应变 U_L	高压系数 K_1/Pa	高压系数 K_2/Pa	高压系数 K_3/Pa
1500E6	0.02	79E9	−304E9	4697E9

熊益波, 彭璐, 王万鹏. 爆炸冲击荷载下地下钢管道-混凝土-围岩结构损伤效应数值模拟: 第十一届全国冲击动力学学术会议论文集 [C]. 西安, 2013.

表 11-15 动态力学特性参数

ρ/(kg/m^3)	E/GPa	ν	抗压强度/MPa	抗拉强度/MPa
2660	66.0	0.15	154	3.6

江增荣, 等. 攻坚弹对典型岩石介质侵彻效应研究: 第十五届全国战斗部与毁伤技术学术交流会论文集 [C]. 重庆, 2015. 668-670.

红砂岩

在 34 个 RHT 模型参数中, 19 个参数可以通过实验、理论研究等手段获得, 但还剩 15 个参数较难确定。为了较为准确地获得相关参数, 利用 LS-DYNA 对石灰岩进行单轴、三轴压缩模拟计算, 通过对比 RHT 模型的弹性、线性强化以及损伤软化段的曲线对 15 个参数的敏感性进行研究, 并以红砂岩为例, 利用 SHPB 冲击红砂岩获得应力-应变曲线, 并通过静力学、声波测试等实验获得红砂岩相关物理参数, 以 LS-DYNA 模拟 SHPB 冲击实验作为手段, 通过正交实验的方法得到了红砂岩的 RHT 模型参数。为了验证所确定参数的正确性, 将 LS-DYNA 模拟 SHPB 冲击红砂岩的曲线与 SHPB 冲击实验曲线进行了对比, 取得了令人满意的效果。

表 11-16 *MAT_RHT 材料模型参数

f_c/GPa	a_0	ρ_0/(g/cm^3)	A_1/GPa	A_2/GPa	A_3/GPa	β_c
0.086	1.12	2.06	15.84	26.61	16.26	0.014
β_t	B_0	B_1	T_1/GPa	T_2/GPa	G/GPa	p_{el}/GPa
0.019	1.68	1.68	15.84	0	10.5	0.0287
$\dot{\varepsilon}_0^c$/10^{-8}ms^{-1}	$\dot{\varepsilon}_0^t$/10^{-9}ms^{-1}	$\dot{\varepsilon}^c$/10^{22}ms^{-1}	$\dot{\varepsilon}^t$/10^{22}ms^{-1}	D_2	B	g_t^*
3.0	3.0	3.0	3.0	1	0.0105	0.7
N	Q_0	f_s^*	A_f	n_f	f_t^*	g_c^*
5.8	0.54	0.45	1.63	0.59	0.1	0.3
ξ	p_{comp}	A	ε_p^m	D_1	n	
0.3	0.55	1.6	0.01	0.053	0.56	

李洪超, 等. 岩石 RHT 模型主要参数敏感性及确定方法研究 [J]. 北京理工大学学报, 2018, 38(8): 779-785.

红陶和灰泥

表 11-17 **EUROPLEXUS** 软件中的脆性弹性模型参数和 **Rankine** 拉伸应变失效准则

	密度/(kg/m³)	弹性模量/Pa	拉伸强度/Pa	拉伸失效应变	泊松比
Terracotta（红陶）	2000	7E9	1.15E6	1.6E-4	0.12
Mortar（灰泥）	1600	3.4E9	0.84E6	2.8E-4	0.12

LARCHER M, PERONI M, SOLOMOS G, et al. Dynamic Increase Factor of Masonry Materials: Experimental Investigations [C]. 15th International Symposium on effects of munitions with structures, Potsdam, Germany, 2013.

聚丙烯纤维混凝土

表 11-18 ***MAT_JOHNSON_HOLMQUIST_CONCRETE** 模型参数（单位制 **cm-g-μs**）

MID	ρ	G	A	B	C	N	FC
14	2.44	0.176	0.79	1.6	0.007	0.61	0.0008
T	EPS0	EFMIN	SFMAX	PC	UC	PL	UL
0.00005	1.0	0.01	7.0	2.667E-4	1.34E-3	0.0105	0.10
D_1	D_2	K_1	K_2	K_3			
0.058	1.0	0.174	0.388	0.298			

方秦，等. 高掺量聚丙烯纤维混凝土抗侵彻性能的试验与数值分析: 第十届全国爆炸与安全技术会议论文集 [C]. 昆明, 2011, 79-85.

黄土

表 11-19 ***MAT_DRUCKER_PRAGER** 模型参数（单位制 **m-kg-s**）

ρ/(kg/m³)	E	ν	内聚力	内摩擦角
1500	1.748E9	0.271	1.05E5	22.8°

赵凯. 分层防护层对爆炸波的衰减和弥散作用研究 [D]. 合肥: 中国科学技术大学, 2007.

混凝土

表 11-20 ***MAT_JOHNSON_HOLMQUIST_CONCRETE** 模型参数（单位制 **cm-g-μs**）（一）

MID	ρ	G	A	B	C	N	FC
14	2.44	0.1486	0.79	1.6	0.007	0.61	0.00048
T	EPS0	EFMIN	SFMAX	PC	UC	PL	UL
0.00004	1.0	0.01	7.0	0.00016	0.001	0.008	0.10
D_1	D_2	K_1	K_2	K_3	FS		
0.04	1.0	0.85	-1.71	2.08	0.8		

HOLMQUIST T J, JOHNSON G R. A computational constitutive model for concrete subjected to large strains, high strain rates, and high pressures [C]. The 14th International Symposium on Ballistics, Quebec: 1993: 591-600.

表 11-21　*MAT_RHT 材料模型参数（单位制 mm-ms-kg-GPa）

Variable	MID	ρ	SHEAR	ONEMPA	EPSF	B_0	B_1	T_1
Type	A8	F	F	F	F	F	F	F
Default	NONE	2.314E-6	16.7	-3	2.0	1.22	1.22	35.27
Variable	A	N	FC	FS*	FT*	Q_0	B	T_2
Type	F	F	F	F	F	F	F	F
Default	1.6	.61	.035	0.18	0.1	0.6805	0.0105	0.0
Variable	E0C	E0T	EC	ET	BETAC	BETAT	PTF	
Type	F	F	F	F	F	F	F	
Default	3.E-8	3.E-9	3.E22	3.E22	0.032	0.036	0.001	
Variable	GC*	GT*	XI	D_1	D_2	EPM	AF	NF
Type	F	F	F	F	F	F	F	F
Default	0.53	0.70	0.5	0.04	1.0	0.01	1.6	0.61
Variable	GAMMA	A_1	A_2	A_3	PEL	PCO	NP	ALPH0
Type	F	F	F	F	F	F	F	F
Default	0.0	35.27	39.58	9.04	0.0233	6.0	3.0	1.1884

本书作者注：原文中 ONEMPA 为 1.E-3，本书作者修改为-3。

THOMAS BORRVALL, LINKÖPING. THE RHT CONCRETE MODEL IN LS-DYNA [C]. 8th European LS-DYNA Conference, Strasburg, 2011.

单轴抗压强度为 41MPa（6ksi），骨料尺寸为 9.7mm，外界无拉力存在时裂纹宽度为 0.127mm。

表 11-22　*MAT_WINFRITH_CONCRETE 模型参数（单位制 MPa-mm-msec）

ρ	TM	PR	UCS	UTS	FE	ASIZE	RATE	CONM
2.40E-3	33536.79	0.18	41.36	2.068	0.127	9.779	1.0	-3.0

SCHWER L. The Winfrith Concrete Model : Beauty or Beast ? Insights into the Winfrith Concrete Model [C]. 8th European LS-DYNA Conference, Strasburg, 2011.

表 11-23　AUTODYN 软件中的 P-a 状态方程和 RHT 材料模型参数

混凝土强度/MPa	26	40	47	55
状态方程	P-a			
孔隙密度/(g/cm³)	2.30	2.32	2.34	2.35
孔隙声速/(m/s)	2892	2935	2957	2981
初始压缩时压力/MPa	17.3	26.6	31.3	36.6
孔隙压实时压力/GPa	6	6	6	6
压缩指数	3	3	3	3

（续）

强度模型	RHT			
剪切模量/GPa	16.2	17.0	17.3	17.7
单轴抗压强度 f_c/MPa	26	40	47	55
拉压强度比(f_t/f_c)	0.1	0.1	0.1	0.1
剪压强度比(f_s/f_c)	0.18	0.18	0.18	0.18
初始失效面参数 A	1.6	1.6	1.6	1.6
初始失效面指数 N	0.61	0.61	0.61	0.61
拉压子午比(Q)	0.68	0.68	0.68	0.68
脆韧转换	0.01	0.01	0.01	0.01
拉伸屈服面参数/f_t	0.7	0.7	0.7	0.7
压缩屈服面参数/f_c	0.53	0.53	0.53	0.53
断裂强度常数 B	1.6	1.6	1.6	1.6
断裂强度指数 M	0.61	0.61	0.61	0.61
压缩应变率指数 δ	0.034	0.031	0.029	0.028
拉伸应变率指数 α	0.038	0.035	0.033	0.032

ELSHENAWY T, LI Q M. Influences of target strength and confinement on the penetration depth of an oil well perforator [J]. International Journal of Impact Engineering, 2013, 54: 130-137.

这是一种单轴抗压强度为 153MPa、劈裂拉伸强度 9.1MPa、弹性模量 58GPa、断裂能 162N/m 的高强度混凝土。在设置*MAT_CONCRETE_DAMAGE 材料参数时，不同的网格尺寸，材料参数有所差异。采用*MAT_ADD_EROSION 添加剪切应变失效参数。

表 11-24　*MAT_CONCRETE_DAMAGE 模型参数（网格尺寸 5mm，单位制 m-kg-s）

MID	ρ	PR					
1	2770	0.16					
SIGF	A_0	A_1	A_2				
8.0E6	50.643E6	0.465	0.657E-9				
A0Y	A1Y	A2Y	A1F	A2F	B_1	B_2	B_3
22.789E6	1.033	1.46E-9	0.465	0.657E-9	1.0	1.0	0.023
λ	λ_2	λ_3	λ_4	λ_5			
0.0	0.02E-3	2.8E-3	41.0E-3				
η_1	η_2	η_3	η_4				
0.0	1.0	0.15	0.0				

表 11-25 *MAT_CONCRETE_DAMAGE 模型参数（网格尺寸 7.5mm，单位制 m-kg-s）

MID	ρ	PR					
1	2770	0.16					
SIGF	A_0	A_1	A_2				
8.0E6	50.643E6	0.465	0.657E-9				
A0Y	A1Y	A2Y	A1F	A2F	B_1	B_2	B_3
22.789E6	1.033	1.46E-9	0.465	0.657E-9	0.682	6.46	0.035
λ	λ_2	λ_3	λ_4	λ_5			
0.0	1.5E-4	9.0E-4	35.0E-4				
η_1	η_2	η_3	η_4				
0.0	1.0	0.2	0.0				

表 11-26 *MAT_ADD_EROSION 失效模型参数

MID	EXCL			
1	1234			
MNPRES	SIGP1	SIGVM	MXEPS	EPSSH
1234	1234	1234	1234	0.9

UNOSSON M. Numerical simulations of penetration and perforation of high performance concrete with 75mm steel projectile [R]. FOA, FOA-R-00, 01634-311-SE, 2000.

表 11-27 *MAT_SOIL_AND_FOAM 模型参数（英制单位 in-s-lbf）

MID	ρ	G	KUN	A_0	A_1	A_2	PC
1	2.16920-4	7.88E5	6.0E6	2.439E6	6025.0	−0.0519	−300.0
EPS1	EPS2	EPS3	EPS4	EPS5	EPS6	EPS7	EPS8
0.000	0.0200	0.0377	0.0418	0.0513	0.100	0.5000	0.0
P_1	P_2	P_3	P_4	P_5	P_6	P_7	P_8
0.0000	21000.0	34800.0	45000.0	58000.0	1.25E5	9.445E5	0.0

www.dynasupport.com.

表 11-28 *MAT_PSEUDO_TENSOR 模型参数（英制单位 in-s-lbf）

MID	ρ	PR	SIGF	A_0	ER	PRR	SIGY	ETAN
2	2.247E-4	0.22	5000	−1	3.0E7	0.2	6.0E4	4.031E6

www.dynasupport.com.

表 11-29　***MAT_PSEUDO_TENSOR** 模型参数（英制单位 in-s-lbf）

MID	ρ	PR					
2	2.247E-4	0.22					
SIGF	A_0	A_1	A_2	A0F	A1F	B_1	PER
500.	1.25E3	0.333	6.667E-5	500.	1.5	1.25	0.77
ER	PRR	SIGY	ETAN				
3.0E7	0.2	6.0E4	4.031E6				
X_1	X_2	X_3	X_4	X_5	X_6	X_7	X_8
0.0	8.62E-6	2.15E-5	3.14E-5	3.95E-4	5.17E-4	6.38E-4	7.98E-4
X_9	X_{10}	X_{11}	X_{12}	X_{13}	X_{14}	X_{15}	X_{16}
9.67E-4	1.41E-3	1.97E-3	2.59E-3	3.27E-3	4.00E-3	4.79E-3	0.909
YS1	YS2	YS3	YS4	YS5	YS6	YS7	YS8
0.309	0.543	0.840	0.975	1.00	0.790	0.630	0.469
YS9	YS10	YS11	YS12	YS13	YS14	YS15	YS16
0.383	0.247	0.173	0.136	0.114	8.6E-2	5.6E-2	0.0

表 11-30　***EOS_TABULATED_COMPACTION** 状态方程参数（英制单位 in-s-lbf）

MID	GAMA	E_0	V_0	
3	0.0	0.0	1.0	
EV1	EV2	EV3	EV4	EV5
0.0	−4.00000019E−3	−5.49999997E−3	−1.360000018E−2	−2.019999921E−2
EV6	EV7	EV8	EV9	EV10
−3.559999913E−2	−4.289999977E−2	−5.189999938E−2	−6.190000102E−2	−7.530000061E−2
C_1	C_2	C_3	C_4	C_5
0.0	7250.00000	9425.00000	14065.0000	18415.0000
C_6	C_7	C_8	C_9	C_{10}
26100.0000	31900.0000	34800.000	44950.0000	58000.0000
T_1	T_2	T_3	T_4	T_5
0.0	0.0	0.0	0.0	0.0
T_6	T_7	T_8	T_9	T_{10}
0.0	0.0	0.0	0.0	0.0
K_1	K_2	K_3	K_4	K_5
2550000.0	2550000.0	2550000.0	2550000.0	3340000.0
K_6	K_7	K_8	K_9	K_{10}
4280000.00	5220000.0	6210000.0	7500000.0	7500000.0

www.dynasupport.com.

*MAT_84 和*MAT_85 这两个 Winfrith 混凝土模型只有前者考虑了应变率效应。其中的钢筋则用*MAT_WINFRITH_CONCRETE_REINFORCEMENT 来定义。要生成裂纹数据，需要在 LS-DYNA 命令行上输入："q=crf"。crf 是生成的裂纹数据文件。

LS-PrePost 能够在变形网格上显示裂纹，具体操作为：运行 LS-PrePost，然后从菜单中选择 File > Open > Crack，打开裂纹数据文件。

表 11-31　*MAT_WINFRITH_CONCRETE 模型参数（模型一，单位制 kg-m-s-Pa）

*MAT_WINFRITH_CONCRETE							
MID	ρ	TM	*PR*	UCS	UTS	FE	ASIZE
1	2.4E3	38.0E9	0.17	21.0E6	1.7E6	45.0E-6	1.2E-3
E	YS	EH	UELONG	RATE			
200.0E9	420.0E6	209.0E6	9.15	1.0			

*MAT_WINFRITH_CONCRETE_REINFORCEMENT							
EID1	EID2	INC	XR	YR	ZR		
0	0	3	1.52E-3	3.75E-2	3.75E-2		

表 11-32　*MAT_WINFRITH_CONCRETE 模型参数（模型二，单位制 kg-m-s-Pa）

*MAT_WINFRITH_CONCRETE							
MID	ρ	TM	PR	UCS	UTS	FE	ASIZE
1	2500	3.8E10	0.17	3.300E7	0.231E7	0.11E3	10.0E-3
E	YS	EH	UELONG	RATE			
2.000E11	4.530E8	209.0E6	7.60E8	1.50E-1			

*MAT_WINFRITH_CONCRETE_REINFORCEMENT						
EID1	EID2	INC	XR	YR	ZR	
0	1	3	0.645	0.049	0.049	
0	2	3	0.645	0.049	0.049	
0	1	3	0.855	0.0	0.0	
0	2	3	0.855	0.032	0.030	
0	3	3	0.855	0.028	0.054	
0	3	3	0.015	0.026	0.164	
0	3	1	0.800	0.032	0.028	
0	3	1	0.985	0.032	0.028	
0	4	3	0.855	0.054	0.041	
0	4	3	0.015	0.164	0.026	
0	4	2	0.800	0.032	0.028	
0	4	2	0.985	0.032	0.028	

表 11-33　***MAT_WINFRITH_CONCRETE** 模型参数（模型三，单位制 **ton-mm-s-MPa**）

*MAT_WINFRITH_CONCRETE							
MID	RO	TM	*PR*	UCS	UTS	FE	ASIZE
1	2.37E-9	39000.0	0.19	70.0	4.50	0.096	8.0

http: //ftp. lstc. com.

*MAT_CONCRETE_DAMAGE_REL3 考虑了应变率效应，但必须与*MAT_ADD_EROSION 配合使用，否则网格畸变过大无法计算下去。

表 11-34　***MAT_CONCRETE_DAMAGE_REL3** 模型参数（单位制 **g-mm-ms-MPa**）

*MAT_CONCRETE_DAMAGE_REL3									
MID	ρ	A_0	RSIZE	UCF	LCRATE				
72	2.3E-3	−45.4	3.94E-2	145	723				
*DEFINE_CURVE 定义的曲线 723									
A_1	A_2	A_3	A_4	A_5	A_6	A_7	A_8	A_9	A_{10}
−30	−0.3	−0.1	−0.03	−0.01	−0.003	−0.001	−E-4	−1E-5	−1E-6
O_1	O_2	O_3	O_4	O_5	O_6	O_7	O_8	O_9	O_{10}
9.7	9.7	6.72	4.5	3.12	2.09	1.45	1.36	1.28	1.2
A_{11}	A_{12}	A_{13}	A_{14}	A_{15}	A_{16}	A_{17}	A_{18}	A_{19}	A_{20}
−1E-7	−1E-8	0	3E-8	1E-7	1E-6	1E-5	1E-4	1E-3	3E-3
O_{11}	O_{12}	O_{13}	O_{14}	O_{15}	O_{16}	O_{17}	O_{18}	O_{19}	O_{20}
1.13	1.06	1.	1.	1.03	1.08	1.14	1.2	1.26	1.29
A_{21}	A_{22}	A_{23}	A_{24}	A_{25}					
1E-2	3E-2	0.1	0.3	30.					
O_{21}	O_{22}	O_{23}	O_{24}	O_{25}					
1.33	1.36	2.04	2.94	2.94					

LS-DYNA 运行上述模型后，将自动生成如下模型参数：

表 11-35　***MAT_Concrete_Damage_Rel3** 模型参数（单位制 **mm-kg-ms-GPa**）

MATID	ρ	PR					
72	2.300E-06	1.900E-01					
ft	A_0	A_1	A_2	B_1	OMEGA	A_1F	
2.011E-1	1.342E-2	4.463E-1	1.780	1.600	5.0E-1	4.417E-1	
sLambda	NOUT	EDROP	RSIZE	UCF	LCRate	LocWidth	NPTS
1.000E+02	2.000E+00	1.000E+00	1.000E+00	1.000E+00	0.000E+00	1.000E+00	1.300E+01

（续）

Lambda01	Lambda02	Lambda03	Lambda04	Lambda05	Lambda06	Lambda07	Lambda08
0.000E+00	8.000E−06	2.400E−05	4.000E−05	5.600E−05	7.200E−05	8.800E−05	3.200E−04
Lambda09	Lambda10	Lambda11	Lambda12	Lambda13	B_3	A_0Y	A_1Y
5.200E−04	5.700E−04	1.000E+00	1.000E+01	1.000E+10	1.150E+00	1.013E−02	6.250E−01
Eta01	Eta02	Eta03	Eta04	Eta05	Eta06	Eta07	Eta08
0.000E+00	8.500E−01	9.700E−01	9.900E−01	1.000E+00	9.900E−01	9.700E−01	5.000E−01
Eta09	Eta10	Eta11	Eta012	Eta13	B_2	A2F	A2Y
1.000E−01	0.000E+00	0.000E+00	0.000E+00	0.000E+00	1.350E+00	2.606E+00	5.672E+00

表 11-36　**EOS_Tabulated_Compaction** 状态方程参数（单位制 **mm-kg-ms-GPa**）

EOSID	Gamma	E_0	Vol0	
72	0.000E+00	0.000E+00	1.000E+00	
VolStrain01	VolStrain02	VolStrain03	VolStrain04	VolStrain05
0.00000000E+00	−1.50000001E−03	−4.30000015E−03	−1.00999996E−02	−3.05000003E−02
VolStrain06	VolStrain07	VolStrain08	VolStrain09	VolStrain10
−5.13000004E−02	−7.25999996E−02	−9.43000019E−02	−1.73999995E−01	−2.08000004E−01
Pressure01	Pressure02	Pressure03	Pressure04	Pressure05
0.00000000E+00	9.79447460E+00	2.13519554E+01	3.42806625E+01	6.51332550E+01
Pressure06	Pressure07	Pressure08	Pressure09	Pressure10
9.82385788E+01	1.39375366E+02	2.13225723E+02	1.24487769E+03	1.90404578E+03
Multipliers of Gamma*E				
.000000000E+00	.000000000E+00	.000000000E+00		
.000000000E+00	.000000000E+00	.000000000E+00		
BulkUnld01	BulkUnld02	BulkUnld03	BulkUnld04	BulkUnld05
6.52964941E+03	6.52964941E+03	6.62106494E+03	6.95407715E+03	8.27306543E+03
BulkUnld06	BulkUnld07	BulkUnld08	BulkUnld09	BulkUnld10
9.59858496E+03	1.09175742E+04	1.19166104E+04	2.68107402E+04	3.26482461E+04

http://ftp.lstc.com.

表 11-37　**MAT_BRITTLE_DAMAGE** 模型参数（单位制 **in-s-lbf**）

MID	ρ	E	PR	TLIMIT	SLIMIT	FTOUGH	SRETEN
1	2.247E−4	3.15E6	0.2	449.6	2103	0.872	0.03
VISC	FRA_RF	E_RF	YS_RF	EH_RF	FS_RF	SIGY	
0	0	0	0	0	0	4206	

http://ftp.lstc.com.

表 11-38　*MAT_CSCM 模型参数（单位制 in-s-lbf）

MID	ρ	NPLOT	INCRE	IRATE	ERODE	RECOVER	IRETRACT
159	2.07-04	0	0.0	1	1.1	0.0	0
PRED							
0.0							
G	K	ALPHA	THETA	LAMDA	BETA	NH	CH
1.624E6	1.779E6	2.062E3	2.903E-1	1.524E3	1.330E-4	0.0000	0.000
ALPHA1	THETA1	LAMDA1	BETA1	ALPHA2	THETA2	LAMDA2	BETA2
0.74730	8.285E-6	0.170	4.995E-4	0.66	9.982E-6	1.600E-01	4.995E-4
R	X_0	W	D_1	D_2			
5.00	1.301E4	0.050	1.724E-6	1.66E-11			
B	GFC	D	GFT	GFS	PWRC	PWRT	PMOD
1.000E2	30.8	0.1	0.308	0.308	5.0	1.0	0.0
ETA0C	NC	ETA0T	NT	OVERC	OVERT	SRATE	REPOW
9.997E-05	0.780	0.0000607	0.480	3004.0	3004.0	1.00	1.0

http://ftp.lstc.com.

表 11-39　*MAT_SOIL_AND_FOAM 模型参数（单位制 g-mm-ms）

MID	ρ	G	KUN	A_0	A_1	A_2
1	2.12E-3	10554	16305	8.8566	1.7856	0.090
EPS1	EPS2	EPS3	EPS4			
0	0.0003658	0.0010974	0.001829			
P_1	P_2	P_3	P_4			
0	4.94	16.8692	28.7984			

表 11-40　*MAT_CONCRETE_DAMAGE_REL3 模型参数
（单轴抗压强度 33.33MPa 的混凝土，单位制 g-mm-ms）

MATID	ρ	PR					
1	2.12E-3	0.19					
f_t	A_0	A_1	A_2	B_1	OMEGA	A1F	
3.115	9.855	0.4463	2.424E-3	1.6	0.5	0.4417	
sLambda	NOUT	EDROP	RSIZE	UCF	LCRate	LocWidth	NPTS
0	2.0	1.0	3.972E-2	145.0	0	60.0	13.0
Lambda01	Lambda02	Lambda03	Lambda04	Lambda05	Lambda06	Lambda07	Lambda08
0.0	8.0E-6	2.4E-5	4.0E-5	5.6E-5	7.2E-5	8.8E-5	3.2E-4

（续）

Lambda09	Lambda10	Lambda11	Lambda12	Lambda13	B_3	A0Y	A1Y
5.2E-4	5.7E-4	1.0	10.0	1.0E10	1.15	7.441	0.625
Eta01	Eta02	Eta03	Eta04	Eta05	Eta06	Eta07	Eta08
0.0	0.85	0.97	0.99	1.0	0.99	0.97	0.5
Eta09	Eta10	Eta11	Eta012	Eta13	B_2	A2F	A2Y
0.1	0.0	0.0	0.0	0.0	1.35	3.548E-3	7.723E-3

表 11-41　***EOS_Tabulated_Compaction 状态方程参数（单位制 g-mm-ms）**

EOSID	Gamma	E_0	Vol0	
8	0.0	0.0	1.0	
VolStrain01	VolStrain02	VolStrain03	VolStrain04	VolStrain05
0.0	−1.5E-3	−4.3E-3	−1.01E-2	−3.05E-2
VolStrain06	VolStrain07	VolStrain08	VolStrain09	VolStrain10
−5.13E-2	−7.26E-2	−9.43E-2	−0.174	−0.208
Pressure01	Pressure02	Pressure03	Pressure04	Pressure05
0.0	22.042049	48.05167	77.147171	146.579636
Pressure06	Pressure07	Pressure08	Pressure09	Pressure10
221.081757	313.658356	479.855438	2801.544434	4284.974121
Multipliers of Gamma*E				
.000000000E+00	.000000000E+00	.000000000E+00		
.000000000E+00	.000000000E+00	.000000000E+00		
BulkUnld01	BulkUnld02	BulkUnld03	BulkUnld04	BulkUnld05
14690.0	14690.0	14690.0	15650.0	18620.0
BulkUnld06	BulkUnld07	BulkUnld08	BulkUnld09	BulkUnld10
21600.0,	24570.0	26820.0	60340.0	73470.0

TAN S H, et al. Verification of Concrete Material Models for MM-ALE Simulations [C]. 13th International LS-DYNA Conference, Dearborn, 2014.

　　*MAT_WINFRITH_CONCRETE 混凝土模型可以显示裂纹，但需要在输入文件里添加 ***DATABASE_BINERY_D3CRACK** 关键字，运行 k 文件时在命令行里输入 "q=dyncrack"，dyncrack 就是裂纹文件。

　　在 WINFRITH 混凝土模型中，初始切线模量 T_m 可用 $T_m = 57000\sqrt{f_c'}$ 来估计，f_c' 是混凝土的无约束抗压强度。单轴拉伸强度 Uts 可用 Uts $= 7\sqrt{f_c'}$ 来估计。

表 11-42 ***MAT_WINFRITH_CONCRETE** 模型参数（单位制 mm-ton-s）

MID	ρ	T_m	PR	UCS	Uts	f_e	ASIZE
102	2.32E-9	24665.48	0.19	27.143	3.028	0.07043	12.7
E	YS	EH	uelong	RATE	CONM		
0	0	0	0	0	-4		
EPS1	EPS2	EPS3	EPS4	EPS5	EPS6	EPS7	EPS8
0	0	0	0	0	0	0	0
P_1	P_2	P_3	P_4	P_5	P_6	P_7	P_8
0	0	0	0	0	0	0	0

AKRAM ABU-ODEH. Modeling and Simulation of Bogie Impacts on Concrete Bridge Rails using LS-DYNA [C]. 10th International LS-DYNA Conference, Detroit, 2008.

表 11-43 ***MAT_CSCM_COMCRETE** 材料模型参数（单位制 mm-ton-s）

MID	ρ	NPLOT	PRED	f_{pc}	DAGG	UNITS
1	2.32E-9	1	0	27.144	25.4	2

AKRAM ABU-ODEH. Modeling and Simulation of Bogie Impacts on Concrete Bridge Rails using LS-DYNA[C]. 10th International LS-DYNA Conference, Detroit, 2008.

表 11-44 ***MAT_CONCRETE_EC2** 材料模型参数（单位制 ton-mm-s-MPa）

MID	ρ	FC	FT	TYPEC	UNITC	ECUTEN	ESOFT
1	2.277E-9	100.8	29.85	3	1.0	0.0025	12000
MU	TAUMXC	AGGSZ	UNITL	AOPT	ET36	PRT36	ECUT36
0.4	1.161	19.00	1.00	0.00	3.068E4	0.16	0.003

表 11-45 ***MAT_WINFRITH_CONCRETE** 材料模型参数（单位制 ton-mm-s-MPa）

MID	ρ	TM	PR	UCS	UTS	FE	ASIZE	RATE	CONM
1	2.277E-9	3.068E4	0.16	42.00	3.77	0.08654	19.00	0.0	-4.0

BOJANOWSKI C, BALCERZAK M. Response of a Large Span Stay Cable Bridge to Blast Loading [C]. 13th International LS-DYNA Conference, Dearborn, 2014.

表 11-46 混凝土砌块动态力学特性参数

$\rho/(\text{lb} \cdot \text{s}^2/\text{in}^4)$	抗压强度 FC/psi	弹性模量/(约 1000×FC，psi)	泊松比
0.0002247	2000	2E6	0.15～0.20
剪切模量 G/psi	拉伸强度/(约 0.1×FC，psi)	剪切强度/psi	
833333	200-250	100	

表 11-47　混凝土砌块*MAT_SOIL_AND_FOAM 模型参数（单位制 in-s-lbf-psi）

MID	ρ	G	KUN	A_0	A_1	A_2	PC
1	2.22470-4	7.88000+5	6.00000+6	13333.3	0.0	0.0	-200.0
EPS1	EPS2	EPS3	EPS4	EPS5	EPS6	EPS7	EPS8
0.0	-0.02	-0.0377	-0.0418	-0.0513	-0.100	-0.50	0.0
P_1	P_2	P_3	P_4	P_5	P_6	P_7	P_8
0.0	21000.0	34800.0	45000.0	58000.0	1.25E5	9.445E5	0.0

表 11-48　混凝土砌块*MAT_BRITTLE_DAMAGE（单位制 in-s-lbf-psi）

MID	ρ	E	PR	TLIMIT	SLIMIT	FTOUGH	SRETEN
1	2.2247E-4	2.0E6	0.15	200.0	100.0	0.8	0.03
VISC	FRA_RF	E_RF	YS_RF	EH_RF	FS_RF	SIGY	
104.0	0	0	0	0	0	0	

表 11-49　混凝土砌块*MAT_PSEUDO_TENSOR 模型参数（单位制 in-s-lbf-psi）

MID	ρ	G	PR	SIGF	A_0
2	2.247E-4	833333.0	0.2	2000.0	-1

表 11-50　混凝土砌块*MAT_WINFRITH_CONCRETE（单位制 in-s-lbf-psi）

MID	ρ	T_{m}	PR	UCS	UTS	FE	ASIZE
1	2.2247E-4	3000000.0	0.20	2000.0	200.0	0.15	0.0625
E	YS	EH	UELONG	RATE	CONM		
30.0E6	60000.0	4E.+7	0.003	1.0	-1		
EPS1	EPS2	EPS3	EPS4	EPS5	EPS6	EPS7	EPS8
0.0	-0.02	-0.0377	-0.0418	-0.0513	-0.1	-0.50	0.0
P_1	P_2	P_3	P_4	P_5	P_6	P_7	P_8
0.0	21000.0	34800.0	45000.0	58000.0	1.25E5	9.445E5	0.0

DAVIDSON J S, MORADI L, DINAN R J. Selection of a Material Model for Simulating Concrete Masonry Walls Subjected to Blast [R]. Air Force Research Laboratory, AFRL-ML-TY-TR-2006-4521, 2004.

　　基于混凝土*MAT_JOHNSON_HOLMQUIST_CONCRETE 动态本构模型，分析了该模型方程及参数获得方法，以混凝土材料的基本力学参数确定了*MAT_JOHNSON_HOLMQUIST_CONCRETE 模型中各参数值。

表 11-51　*MAT_JOHNSON_HOLMQUIST_CONCRETE 模型参数

$\rho/(\mathrm{kg/m^3})$	G/GPa	A	B	N	C	f_c'/MPa
2292	13.84	0.35	0.85	0.61	0.01	45.4
T/MPa	$\varepsilon_{f,\min}$	SMAX	$P_{\mathrm{crush}}/\mathrm{MPa}$	u_{crush}	$P_{\mathrm{lock}}/\mathrm{MPa}$	u_{lock}
4.18	0.01	7	15.13	8.2E-4	1000	0.17
D_1	D_2	K_1/MPa	K_2/MPa	K_3/MPa	f_s	$\dot{\varepsilon}_0$
0.04	1.0	8.5E4	−1.7E5	2.08E5	0.004	1E-6

贾彬，等. 混凝土 SHPB 试验数值模拟研究 [J]. 固体力学学报, 2010, 31: 216-222.

表 11-52　AUTODYN 与 LS-DYNA 软件中混凝土 p-α 状态方程参数对照表（单位制 mm-mg-ms）

混凝土 RHT p-α 状态方程输入参数					
参数	描述	单位	AUTODYN Conc-35	IRIS 实验拟合值	LS-DYNA 对应参数
ρ	参考密度	g/cm³	2.75	2.75	RO*ALPHA
ρ_{porous}	孔隙密度	g/cm³	2.314	2.298	ρ
c_e	空隙声速	m/s	2.92E+3	2.25E+3	缺失
p_{el}	空隙压缩时压力	kPa	2.33E+4	4.61E+4	PEL
p_s	空隙压实时压力	kPa	6.00E+6	6.00E+6	PCO
n	孔隙度指数	–	3.0	3.0	NP
Solid EOS	Solid EOS 类型	–	Polynomial	Polynomial	无此选项
A_1	雨贡纽系数	kPa	3.527E+7	3.527E+7	A_1
A_2	雨贡纽系数	kPa	3.958E+7	3.958E+7	A_2
A_3	雨贡纽系数	kPa	9.04E+6	9.04E+6	A_3
B_0	状态方程参数	–	1.22	1.22	B_0
B_1	状态方程参数	–	1.22	1.22	B_1
T_1	状态方程参数	kPa	3.527E+7	3.527E+7	T_1
T_2	状态方程参数	kPa	0.0	0.0	T_2
T_{ref}	参考温度	K	300	300	缺失
C_v	比热容	J/kg·K	6.54E+2	6.54E+2	缺失
K	导热系数	W/m·K	0.0	0.0	缺失
Curve	压缩曲线类型	–	alpha plastic	alpha plastic	无此选项

表 11-53 AUTODYN 与 LS-DYNA 软件中混凝土 RHT 强度模型参数对照表（单位制 mm-mg-ms）

参数	描述	单位	AUTODYN Conc-35	IRIS 实验拟合值	LS-DYNA 对应参数
			混凝土 RHT 强度模型输入参数		
G	剪切模量	GPa	16.7	11.7	SHEAR
f_c	单轴抗压强度	MPa	35.0	69.1	FC
f_t/f_c	拉压强度比	–	0.10	0.06	FT*
f_s/f_c	剪压强度比	–	0.18	0.18	FS*
B_{fail}	失效面参数	–	1.6	1.82	A
n_{fail}	失效面指数	–	0.61	0.79	N
$Q_{2.0}$	拉压子午比	–	0.6805	0.6805	Q_0
BQ	罗德角相关系数	–	1.05E-2	1.05E-2	B
ratio	剪切模量缩减系数	–	2.0	2.0	1/XI
tensrat	拉伸屈服面参数	–	0.7	0.7	GT*
comprat	压缩屈服面参数	–	0.53	0.53	GC*
B_{fric}	残余应力强度参数	–	1.6	1.82	AF
n_{fric}	残余应力强度指数	–	0.6	0.79	NF
α_{sr}	压缩应变率指数	–	3.2E-2	1.76E-2	BETAC
δ_{sr}	拉伸应变率指数	–	3.6E-2	2.24E-2	BETAT
CAP	弹性面上采用盖帽模型		是	是	无此选项

表 11-54 AUTODYN 与 LS-DYNA 软件中混凝土 RHT 失效模型参数对照表（单位制 mm-mg-ms）

参数	描述	单位	AUTODYN Conc-35	IRIS 实验拟合值	LS-DYNA 对应参数
			混凝土 RHT 失效模型输入参数		
D_1	损伤常数	–	0.04	0.04	D_1
D_2	损伤指数	–	1.0	1.0	D_2
$\varepsilon_{f,min}$	最小失效应变	–	0.01	0.01	EPM
Tensile Failure	拉伸失效准则	–	Hydro·pmin	Hydro·pmin	无此选项
G_{res}	残余/弹性剪切模量	–	0.13	0.13	缺失
Erosion	失效应变	%	200	200	EPSF

HECKÖTTER C, SIEVERS J. Comparison of the RHT Concrete Material Model in LS-DYNA and ANSYS AUTODYN [C]. 11th European LS-DYNA Conference, Salzburg, 2017.

RIEDEL, W BETON. unter dynamischen Lasten. Meso-und makromechanische Modelle undihre Parameter [J], Fraunhofer IRB Verlag, 2004.

BORRVALL T, RIEDEL W. The RHT Concrete Model in LS-DYNA [C], 8th European LS-DYNA Users Conference, Strasbourg, 2011.

Nuclear Energy Agency (NEA). Improving Robustness Assessment Methodologies for Structures Impacted by Missiles (IRIS_2012) [R], Final Report NEA/CSNI/R(2014)5, 2014.

表 11-55　***MAT_ELASTIC_PERI** 材料模型参数

ρ/(kg/m^3)	E/GPa	断裂能量释放率 G/(J/m^2)
2400	29	31.1

HU, B. REN, WU C T, GUO Y, et al. 3D Discontinuous Galerkin Finite Element Method with the Bond-Based Peridynamics Model for Dynamic Brittle Failure Analysis [C]. 11th European LS-DYNA Conference, Salzburg, 2017.

表 11-56　单轴抗压强度 **32MPa** 的混凝土***MAT_SOIL_AND_FOAM** 模型参数（单位制 **mm-ms-MPa**）

ρ	G	BULK	A_0	A_1	A_2	PC	VCR	REF	LCID
2.12E-3	11157.167	74381.228	26.268058	16.816316	1.189408	-1.01	0	0	0
EPS1	EPS2	EPS3	EPS4	EPS5	EPS6	EPS7	EPS8	EPS9	EPS10
0.0	0.0573	0.0948	0.1116	0.1287	0.1455	0.1626	0.1776	0.1890	0.2118
P_1	P_2	P_3	P_4	P_5	P_6	P_7	P_8	P_9	P_{10}
0.0	250	500	1000	1500	2000	2500	3000	3500	4500

表 11-57　单轴抗压强度 **32MPa** 的混凝土***MAT_ELASTIC_PLASTIC_HYDRO_SPALL** 模型和 ***EOS_TABULATED_COMPACTION** 状态方程（单位制 **mm-ms-MPa**）

*MAT_ELASTIC_PLASTIC_HYDRO_SPALL 模型参数									
ρ	G	SIG0	EH	PC	FS	CHARL	A_1	A_2	SPALL
2.30E-3	11.58E3	9.46	0.0	-1.0	–	–	2.24	-0.012	3.0
EPS1	EPS2	EPS3	EPS4	EPS5	EPS6	EPS7	EPS8	EPS9	EPS10
–	–	–	–	–	–	–	–	–	–
EPS11	EPS12	EPS13	EPS14	EPS15	EPS16				
ES1	ES2	ES3	ES4	ES5	ES6	ES7	ES8	ES9	ES10
–	–	–	–	–	–	–	–	–	–
ES11	ES12	ES13	ES14	ES15	ES16				
–	–	–	–	–	–				
*EOS_TABULATED_COMPACTION 状态方程参数									
EPS1	EPS2	EPS3	EPS4		EPS5	EPS6	EPS7	EPS8	EPS9	EPS10

（续）

0.0	−1.5E-3	−4.3E-3	−1.01E-2	3.05E-2	5.13E-2	7.26E-2	9.43E-2	1.74E-1	2.08E-1
P_1	P_2	P_3	P_4	P_5	P_6	P_7	P_8	P_9	P_{10}
0.0	22.32	48.65	78.10	148.39	223.81	317.53	485.78	2836.16	4337.91
T_1	T_2	T_3	T_4	T_5	T_6	T_7	T_8	T_9	T_{10}
−	−	−	−	−	−	−	−	−	−
Kun1	Kun2	Kun3	Kun4	Kun5	Kun6	Kun7	Kun8	Kun9	Kun10
1.49E4	1.49E4	1.51E4	1.58E4	1.88E4	2.19E4	2.49E4	2.71E4	6.11E4	7.44E4

JIING KOON POON, et al. Simulating Dynamic Loads on Concrete Components using the MM-ALE (Eulerian) Solver [C]. 11th European LS-DYNA Conference, Salzburg, 2017.

混凝土单轴抗压强度为 48MPa，为了更好地模拟混凝土的开坑及崩落，在*MAT_JOHNSON_HOLMQUIST_CONCRETE 模型基础上采用*MAT_ADD_EROSION 引入 Tuler-Butcher 拉应力损伤累积准则。

$$\int_0^t [\max(\sigma_1 - \sigma_0)]^2 \, \mathrm{d}t \geqslant K_f$$

表 11-58　*MAT_JOHNSON_HOLMQUIST_CONCRETE 模型参数

RO	G	A	B	C	N	f_c	T
2.4	0.1486	0.79	1.60	0.007	0.610	4.8E-4	1.0E-4
ε_0	ε_{min}^f	S_{max}	p_{crush}	u_{crush}	p_{lock}	u_{lock}	D_1
1.0E-6	0.010	7.00	1.6E-4	0.001	0.008	0.1	0.04
D_2	K_2	K_2	K_3	$_0$	K_f		
1.0	0.85	−1.71	2.08	4.0E-5	1.6E-6		

曹结东，等. 聚能射流形成及侵彻混凝土靶的三维数值模拟 [C]. 战斗部与毁伤效率委员会第十届学术年会论文集，绵阳，2007. 281-284.

混凝土组分（骨料、砂浆和二者之间的过渡层）HJC 材料模型参数。

表 11-59　砂浆*MAT_JOHNSON_HOLMQUIST_CONCRETE 模型参数

$\rho/(kg/m^3)$	G/GPa	A	B	N	C	f_c'/MPa
2200	12	0.8	1.8	0.65	0.1	50
f_t/MPa	BFMIN	SMAX	P_{crush}/MPa	u_{crush}	P_{lock}/MPa	u_{lock}
3	0.003	4	16.7	0.001	200	0.01
D_1	D_2	K_1/MPa	K_2/MPa	K_3/MPa	f_s	MXEPS
0.06	1.0	8.5E4	−1.71E5	2.08E5	0	0.1

表 11-60　过渡层 *MAT_JOHNSON_HOLMQUIST_CONCRETE 模型参数

$\rho/(\mathrm{kg/m^3})$	G/GPa	A	B	N	C	$f_\mathrm{c}'/\mathrm{MPa}$
1800	8.5	0.8	1.8	0.65	0.1	35
$f_\mathrm{t}/\mathrm{MPa}$	BFMIN	SMAX	$P_\mathrm{crush}/\mathrm{MPa}$	u_crush	$P_\mathrm{lock}/\mathrm{MPa}$	u_lock
2.5	0.002	4	11.7	0.001	275	0.01
D_1	D_2	K_1/MPa	K_2/MPa	K_3/MPa	f_s	MXEPS
0.06	1.0	8.5E4	−1.71E5	2.08E5	0	0.05

表 11-61　骨料 *MAT_JOHNSON_HOLMQUIST_CONCRETE 模型参数

$\rho/(\mathrm{kg/m^3})$	G/GPa	A	B	N	C	$f_\mathrm{c}'/\mathrm{MPa}$
2660	21.5	0.9	2	0.65	0.1	160
$f_\mathrm{t}/\mathrm{MPa}$	BFMIN	SMAX	$P_\mathrm{crush}/\mathrm{MPa}$	u_crush	$P_\mathrm{lock}/\mathrm{MPa}$	u_lock
10	0.01	4	53	0.0012	800	0.01
D_1	D_2	K_1/MPa	K_2/MPa	K_3/MPa	f_s	MXEPS
0.08	1.0	1.4E4	−20E5	25E5	0	0.1

吕太洪. 基于 SHPB 的混凝土及钢筋混凝土冲击压缩力学行为研究 [D]. 合肥: 中国科学技术大学, 2018.

表 11-62　*MAT_JOHNSON_HOLMQUIST_CONCRETE 材料模型参数

$\rho/(\mathrm{kg/m^3})$	G/GPa	A	B	N	C	HEL/MPa
2400	16.7	1.65	1.65	0.65	0.65	45.225
$P_\mathrm{HEL}/\mathrm{MPa}$	C	$\dot{\varepsilon}_0/\mathrm{s}^{-1}$	拉伸强度/MPa	FS	$\sigma_\mathrm{i}^\mathrm{max}/\mathrm{MPa}$	$\sigma_\mathrm{f}^\mathrm{max}/\mathrm{MPa}$
21.32	0.0145	1.0	5	0.315	50	8
$\bar{\varepsilon}_\mathrm{f,max}^\mathrm{pl}$	$\bar{\varepsilon}_\mathrm{f,min}^\mathrm{pl}$	D_1	D_2	β	IDamage	K_1/GPa
1.5	0.01	0.04	1.0	1.0	0	35.2
K_2/GPa	K_3/GPa					
39.58	9.04					

张新明, 等. 含装药弹体侵彻混凝土靶的热力耦合数值模拟 [C]. 第十三届全国战斗部与毁伤技术学术交流会论文集, 黄山, 2013, 527-534.

表 11-63　*MAT_JOHNSON_HOLMQUIST_CONCRETE 模型参数（单位制 cm-g-μs）（二）

MID	ρ	G	A	B	C	N	FC
14	2.25	0.164	0.75	1.65	0.007	0.76	0.00043
T	EPS0	EFMIN	SFMAX	PC	UC	PL	UL
0.000024	1.0	0.01	11.7	0.000136	0.00058	0.0105	0.10
D_1	D_2	K_1	K_2	K_3	FS		
0.03	1.0	1.74	0.388	0.298	0.8		

JOHNSON G R, BEISSEL S R, HOLMQUIST T J, et al. Computed radial stresses in a concrete target penetrated by a steel projectile [C]. 5th Structures under Shock and Impact. Aristotle University of Thessaloniki, Greece: Computational Mechanics Publications, 1998.

表 11-64 ***MAT_JOHNSON_HOLMQUIST_CONCRETE 模型参数（单位制 cm-g-μs）（三）**

MID	ρ	G	A	B	C	N	FC
14	2.35	0.1486	0.30	2.00	0.007	0.75	0.00072
T	EPS0	EFMIN	SFMAX	PC	UC	PL	UL
0.00004	1.0	0.01	11	0.00162	0.009	0.0095	0.10
D_1	D_2	K_1	K_2	K_3	FS		
0.04	1.0	0.62	−0.4	0.26	0.8		

熊益波，等. 混凝土 Johnson_Holmquist 模型极限面参数确定 [J]. 兵工学报, 2010, 31(6): 746-751.

表 11-65 ***MAT_SOIL_CONCRETE 模型参数（单位制 m-kg-s）**

*MAT_SOIL_CONCRETE								
MID	ρ	G	K	LCPV	LCYP	LCFP	LCRP	PC
1	2589.5	14.725E9	16.736E9	1	2	3	4	−2.4E6

*DEFINE_CURVE 定义曲线 1		
A_1	A_2	A_3
0	0.01	0.22
O_1	O_2	O_3
0	2.6E7	1.25E8

*DEFINE_CURVE 定义曲线 2							
A_1	A_2	A_3	A_4	A_5	A_6	A_7	A_8
0.0	2.0E8	4.0E8	6.0E8	8.0E8	1.0E9	1.2E9	1.6E9
O_1	O_2	O_3	O_4	O_5	O_6	O_7	O_8
1E8	1E8	6.2E8	8.5E8	1.138E8	1.238E8	1.39E8	1.4E8

*DEFINE_CURVE 定义曲线 3				
A_1	A_2	A_3	A_4	A_5
0.00	1.5E7	1.0E8	1.0E9	1.0E10
O_1	O_2	O_3	O_4	O_5
0.003	0.006	0.04	0.49	4.9

*DEFINE_CURVE 定义曲线 4				
A_1	A_2	A_3	A_4	A_5
0.00	1.5E7	1.0E8	1.0E9	1.0E10
O_1	O_2	O_3	O_4	O_5
0.0031	0.0061	0.05	0.5	5

许卫群. 冲击载荷作用下结构的动力响应分析 [D]. 武汉: 武汉理工大学, 2004.

表 11-66 ***MAT_GEOLOGIC_CAP_MODEL** 模型参数（单位制 **in-lb-s**）

$\rho/(\text{lbfs}^2/\text{in}^4)$	BULK/ksi	G/ksi	ALPHA/ksi	THETA	GAMMA/ksi	BETA/ksi^{-1}
2.226E-7	2100	1700	0.7	0.1	0.2	1.473
R	D/ksi^{-1}	W	X_0/ksi	FTYPE	TOFF	
10.8	0.00154	0.884	18	1	−0.3	

ANSYS LS-DYNA User's Guide [R]. ANSYS, 2008.

角岩

表 11-67 ***MAT_PLASTIC_KINEMATIC** 模型参数

$\rho/(\text{g}/\text{cm}^3)$	E/GPa	v	σ_0/MPa	$E_{\tan}$/GPa
2.7	68.69	0.228	75	40
抗压强度 σ_c/MPa	抗拉强度 σ_{st}/MPa	C/s^{-1}	P	
150	5.6	2.63	3.96	

夏祥，等. 岩体爆生裂纹的数值模拟 [J]. 岩土力学, 2006, 27(11): 1987-1991.

硫

表 11-68 SHOCK 状态方程参数

$\rho/(\text{g}/\text{cm}^3)$	$C_1/(\text{cm}/\text{μs})$	S_1	Gruneisen 系数
2.02	0.3223	0.959	0.0

Selected Hugoniots [R]. Los Alamos Scientific Laboratory, LA-4167-MS, 1969-05-01.

氯化钠

表 11-69 SHOCK 状态方程参数

$\rho/(\text{g}/\text{cm}^3)$	$C_1/(\text{cm}/\text{μs})$	S_1	Gruneisen 系数
2.165	3.528	1.343	1.6

注：C_1 可能应为 0.3528cm/μs。

Selected Hugoniots [R]. Los Alamos Scientific Laboratory, LA-4167-MS, 1969-05-01.

泡沫混凝土

表 11-70 泡沫混凝土***Mat_Crushable_foam** 模型参数

$\rho/(\text{kg}/\text{m}^3)$	E/GPa	v	σ_C/MPa	DAMP
720	0.27	0.18	6.0	0.2

表 11-71 泡沫混凝土屈服应力-体积应变关系

体积应变	0.0	3.2	7.0	15.0
屈服应力/MPa	0.0	0.02	0.45	0.55

董永香，冯顺山. 爆炸波在多层介质中的传播特性数值分析: 2005 年弹药战斗部学术交流会论文集 [C]. 珠海, 2005, 201-205.

散砂

表 11-72　强度模型和 Gruneisen 状态方程参数

$\rho /(\text{g}/\text{cm}^3)$	$C_0/(\text{km}/\text{s})$	Hugoniot 斜率 s	Grüneisen 系数 Γ	$C_V/\text{J}\cdot\text{kg}^{-1}\cdot\text{K}^{-1}$	Y/MPa	ν
1.57	0.243	2.348	0.9	86	0.1	0.32

BORG J P, MORRISSEY M P, PERICH C A, et al. In situ velocity and stress characterization of a projectile penetrating a sand target: Experimental measurements and continuum simulations [J]. International Journal of Impact Engineering, 2013, 51: 23-35.

三维编织增强混凝土

试件的纤维体积率分别为：0%(SC0)、5%(SC05)。

表 11-73　准静态单轴压缩实验数据

编号	钢纤维体积率	抗压强度/MPa	抗拉强度/MPa	$\rho /(\text{kg}/\text{m}^3)$	E/GPa	ν
SC0	0	38.8	61.3	2309	29.7	0.215
SC05	5%	143.6	137.5	2555	32.9	0.196

表 11-74　*MAT_JOHNSON_HOLMQUIST_CONCRETE 模型参数（模型一，单位制 m-kg-s）

MID	ρ	G	A	B	C	N	FC
11	2309	1.24E10	0.79	1.6	0.007	0.61	61.3E6
T	EPS0	EFMIN	SFMAX	PC	UC	PL	UL
4.85E6	1.0	0.01	7	2.04E7	0.0012	8.29E8	0.1607
D_1	D_2	K_1	K_2	K_3	FS		
0.0407	1.0	8.5E10	−1.71E11	2.08E11	0.8		

表 11-75　*MAT_JOHNSON_HOLMQUIST_CONCRETE 模型参数（模型二，单位制 m-kg-s）

MID	ρ	G	A	B	C	N	FC
11	2555	1.26E10	0.79	1.6	0.007	0.61	137.5E6
T	EPS0	EFMIN	SFMAX	PC	UC	PL	UL
7.27E6	1.0	0.01	8.5	4.58E7	0.0027	9.95E8	0.167
D_1	D_2	K_1	K_2	K_3	FS		
0.0455	1.0	8.5E10	−1.71E11	2.08E11	0.8		

程宇, 陈国平. 三维编织增强混凝土动态压缩试验仿真 [J]. 江苏航空, 2010, (增刊): 112-114.

沙

表 11-76 美国水道实验站所给出的 McComick 牧场沙的
*MAT_GEOLOGIC_CAP_MODEL 模型参数（单位制 m-kg-s）

$\rho/(\text{kg}/\text{m}^3)$	K	G	α	θ	γ	β	R	D	W
1800	3.0E9	6.0E8	6.4708E6	0.0	6.4708E6	4.14E-9	3.0	800	0.26

美国水道实验站.

砂砾

表 11-77 砂砾（gravel）***MAT_SOIL_CONCRETE** 模型参数

ρ=2100kg/m³	
K=115.0 MPa	v=0.25
体积应变	压力/MPa
$\varepsilon_{v1}= 0$	p_1=0
$\varepsilon_{v2}= -0.0004$	p_2=0.0481
$\varepsilon_{v3}= -0.0388$	p_3=4.6251
$\varepsilon_{v4}= -0.1132$	p_4=15.0281
$\varepsilon_{v5}= -0.1768$	p_5=29.1991
$\varepsilon_{v6}= -0.2478$	p_6=59.2231
$\varepsilon_{v7}= -0.2961$	p_7=98.1461
$\varepsilon_{v8}= -0.3523$	p_8=179.4911
$\varepsilon_{v9}= -0.3955$	p_9=289.4911
$\varepsilon_{v10}= -0.4349$	p_{10}=450.2461

WU W, THOMSON R. A study of the interaction between a guardrail post and soil during quasi-static and dynamic loading [J]. International Journal of Impact Engineering, 2007, 34: 883-898.

沙壤土

表 11-78 沙壤土（sandy loam）的***MAT_SOIL_AND_FOAM** 材料模型参数（单位制 mm-s-ton）

参数	描述	取值
ρ	密度	1.2550E-009t/mm³
G	剪切模量	1.7240MPa
K	卸载体积模量	5.5160MPa

（续）

参数	描述	取值
A_0	屈服函数常数	0
A_1	屈服函数常数	0
A_2	屈服函数常数	0.8702
PC	拉伸断裂截止压力（<0）	0
VCR	体积压碎选项	0 (on)
REF	采用参考几何初始化压力	0 (off)
EPS1 ...	体积应变（自然对数）	如图 11-1 所示
P_1 ...	对应于体积应变的压力	如图 11-1 所示

KULAK R F, BOJANOWSKI CEZARY. Modeling of Cone Penetration Test Using SPH and MM-ALE Approaches [C]. 8th European LS-DYNA Conference, Strasbourg, 2011.

沙土

动力有限元程序 LS-DYNA 常采用土壤泡沫模型（***Mat_soil_and_foam**）来模拟砂土等多孔介质材料的大变形行为。该模型使用 10 对数据对压缩状态方程进行多段线性逼近，取对数应变为：

$$\ln(V_0/V) = \ln(\rho/\rho_0) = -\ln(1-\theta)$$

式中，V 为体积；ρ 为密度。下标"0"表示初始状态，无下标表示当前状态，取压为正。

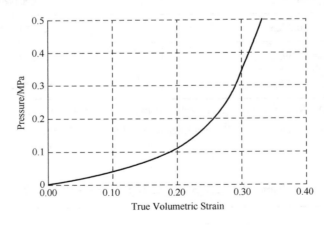

图 11-1　Sandy Loam 的三轴静水压数据

根据该文实验结果，取干砂应力-应变曲线的实测值，推荐在 LS-DYNA 程序中使用如下表所列的 10 对数据。

表 11-79　推荐 LS-DYNA 程序计算所用干细砂状态方程数据

$\ln/(V_0/V)$	0.00	0.11	0.17	0.22	0.26	0.29	0.36	0.41	0.46	0.51
压力/MPa	0.0	26.7	46.8	66.9	93.6	120.2	233.3	368.5	669.2	1100.0

若实际工程中细砂有一定含水率,则可在表 11-79 基础上用下式对计算参数调整取值。不同含水率细砂的准一维应变压缩本构关系可写成统一形式为:

$$P = 1.887 f_1[\exp(15.93 f_2) - 1]$$

式中,f_1、f_2 为含水率 w 的函数,分别为:

$$f_1 = 1 - 26.641w + 258.70w^2 - 857.923w^3$$

$$f_2 = 1 + 1.259w + 6.269w^2 + 67.916w^3$$

熊益波,王春明,赵康. 高应力准一维应变下细砂本构关系实验测定 [J]. 岩土力学, 2010, 31(增刊 1): 216-231.

石灰岩

根据 RHT 本构模型的参数敏感性排序,结合理论推导、文献参考和实验结果共同确定了基于石灰岩体的 RHT 本构模型的参数值。

表 11-80　RHT 材料模型参数

参数	描述	取值
$\rho_0/(\mathrm{g/cm^3})$	初始密度	2.44
$p_{\mathrm{crush}}/\mathrm{GPa}$	空隙开始压碎时的压力	6.9
$p_{\mathrm{lock}}/\mathrm{MPa}$	压实时的压力	600
n	压缩指数	3
$\rho_s/(\mathrm{g/cm^3})$	压实时的密度	2.84
A_1/GPa	压缩体积模量	22.5
A_2/GPa	状态方程参数(体积压缩)	20.25
A_3/GPa	状态方程参数(体积压缩)	2.1
B_0	状态方程参数	0.9
B_1	状态方程参数	0.9
T_1/GPa	状态方程参数(体积膨胀)	22.5
T_2/GPa	状态方程参数(体积膨胀)	0
A	失效面参数	1.92
N	失效面指数	0.76
$Q_{2.0}$	拉-压子午比参数	0.685
B_Q	脆性-韧性转化系数	0.0105

（续）

参数	描述	取值
f_s/f_c	剪压强度比	0.2
COMPRAT($f_{c,el}/f_c$)	单轴压缩弹性极限/单轴抗压强度	0.53
TENSRAT($f_{t,el}/f_t$)	单轴拉伸弹性极限/单轴抗拉强度	0.7
PREFACT($G_{elastic}/G_{elastir-plastic}$)	弹性剪切模量/弹塑性剪切模量比值	2
B	残余应力强度参数	1.6
M	残余应力强度指数	0.61
D_0	初始损伤值	0.44
D_1	损伤参数	0.04
D_2	损伤指数	1
$\varepsilon_{f,min}$	最小失效应变	0.01
SHRATD($G_{resichual}/G_{elastic}$)	残余剪切模量缩减系数	0.13

王宇涛. 基于 RHT 本构的岩体爆破破碎模型研究 [D]. 北京: 中国矿业大学, 2015.

表 11-81   石灰岩现场岩体基本物理力学性质

$\rho/(g/cm^3)$	E/MPa	v	抗压强度/MPa	抗拉强度/MPa
2.75	78000	0.32	85.1	2.8

何翔，等. 现场岩体侵彻试验研究及侵彻深度经验公式的提出: 第四届深部岩体力学与工程灾害控制学术研讨会暨中国矿业大学（北京）百年校庆学术会议论文集 [C]. 北京, 2009, 319-322.

湿沙

表 11-82   湿沙（Wet sand）*MAT_SOIL_AND_FOAM 模型参数

G	11.8MPa	A_2	0.6
BULK	107.5MPa	PC	0 MPa
A_0	0	VCR	0
A_1	0		
EPS1	0	P_1	0 kPa
EPS2	−0.006	P_2	79.2 kPa
EPS3	−0.009	P_3	194.4 kPa
EPS4	−0.012	P_4	329.2 kPa
EPS5	−0.015	P_5	548.5 kPa
EPS6	−0.018	P_6	740.5 kPa
EPS7	−0.021	P_7	1024.5 kPa
EPS8	−0.024	P_8	1284.7 kPa
EPS9	−0.027	P_9	1562.2 kPa
EPS10	−0.030	P_{10}	1925.2 kPa

PALMER T, HONKEN B, CHOU C. Rollover Simulations for Vehicles using Deformable Road Surfaces [C]. 12th International LS-DYNA Conference, Detroit, 2012.

石英

表 11-83 SHOCK 状态方程参数

ρ/(g/cm³)	C_1(cm/μs)	S_1	Gruneisen 系数
2.204	0.7940	1.695	0.9

Selected Hugoniots [R]. Los Alamos Scientific Laboratory, LA-4167-MS, 1969-05-01.

石英砂

表 11-84 强度模型和状态方程参数

ρ/(g/cm³)	零应力时冲击波速度 C_0/(km/s)	Hugoniot 斜率 s	Grüneisen 系数 Γ	C_V/J·kg⁻¹·K⁻¹	Y/MPa	v
2.56	5.969	1.315	0.9	750	48	0.17

BORG J P, MORRISSEY M P, PERICH C A, et al. In situ velocity and stress characterization of a projectile penetrating a sand target: Experimental measurements and continuum simulations [J]. International Journal of Impact Engineering, 2013, 51: 23-35.

松软土

表 11-85 *MAT_SOIL_AND_FOAM 模型参数

参数	描述	取值
ρ	密度/(lb·s²/in⁴)	1.36E-4
G	剪切模量/psi	267
K	卸载体积模量/psi	10000
A_0	屈服函数常数/psi²	0
A_1	屈服函数常数/psi	0
A_2	屈服函数常数	0.3
PC	拉伸断裂的截止压力/psi	0
VCR	体积压碎选项	0.0
REF	采用参考几何初始化压力	0.0

EDWIN L FASANELLA, KAREN E JACKSON, SOTIRIS KELLAS. Soft Soil Impact Testing and Simulation of Aerospace Structures [C]. 10th International LS-DYNA Conference, Detroit, 2008.

青石石灰岩

表 11-86 动态力学特性参数

ρ/(kg/m³)	E/GPa	v	抗压强度/MPa	抗拉强度/MPa
2610	52.8	0.22	95	2.8

江增荣,等. 攻坚弹对典型岩石介质侵彻效应研究 [C]. 第十五届全国战斗部与毁伤技术学术交流会论文集, 重庆, 2015. 668-670.

土

表 11-87　AUTODYN 软件中土（Soil）的材料强度模型和状态方程参数 1

状态方程：Linear		强度模型：Drucker Prager	
参考密度 ρ	2.2g/cm³	体积模量 K	2.2E5kPa
剪切模量 G	1.5E5kPa		
压力 1	−1.149E3kPa	屈服应力 1	0kPa
压力 2	6.88 E3kPa	屈服应力 2	6.2E3kPa
压力 3	1.0E10kPa	屈服应力 3	6.2E3kPa
净水拉伸极限 p_{min}	−100kPa		

表 11-88　AUTODYN 软件中土（Soil）的材料强度模型和状态方程参数 2

状态方程：Linear		强度模型：Drucker Prager	
参考密度 ρ	2.2g/cm³	体积模量 K	3.52E5kPa
剪切模量 G	2.4E5kPa		
压力 1	−1.149E3kPa	屈服应力 1	0kPa
压力 2	6.88 E3kPa	屈服应力 2	6.2E3kPa
压力 3	1.0E10kPa	屈服应力 3	6.2E3kPa
净水拉伸极限 p_{min}	−100 kPa		

表 11-89　AUTODYN 软件中土（Soil）的材料强度模型和状态方程参数 3

状态方程：Shock		强度模型：Drucker Prager	
参考密度 ρ	2.2g/cm³	Gruneisen 系数 Γ	0.11
声速 Co	1614m/s	S	1.5
剪切模量 G	2.4E5kPa		
压力 1	−1.149E3kPa	屈服应力 1	0kPa
压力 2	6.88 E3kPa	屈服应力 2	6.2E3kPa
压力 3	1.0E10kPa	屈服应力 3	6.2E3kPa
净水拉伸极限 p_{min}	−100kPa		

表 11-90　AUTODYN 软件中土（Soil）的材料强度模型和状态方程参数 4

状态方程：Shock Compaction				强度模型：MO granular			
参考密度 ρ=2.641 g/cm³							
压力/kPa	密度/(g/cm³)	声速/(m/s)	密度/(g/cm³)	压力/kPa	强度/kPa	密度/(g/cm³)	剪切模量/kPa
0.000	1.674	2.652E2	1.674	0.000	0.00E0	1.674	7.69E4
4.577E3	1.739	8.521E2	1.745	3.40E3	4.23E3	1.746	8.69E5
1.498E4	1.874	1.722E3	2.086	3.49E4	4.47E4	2.086	4.03E6
2.915E4	1.997	1.875E3	2.147	1.01E5	1.24E5	2.147	4.91E6
5.917E4	2.144	2.265E3	2.300	1.85E5	2.26E5	2.300	7.77E6

（续）

状态方程：Shock Compaction				强度模型：MO granular			
参考密度 ρ=2.641 g/cm³							
压力/kPa	密度/(g/cm³)	声速/(m/s)	密度/(g/cm³)	压力/kPa	强度/kPa	密度/(g/cm³)	剪切模量/kPa
9.809E4	2.250	2.956E3	2.572	5.00E5	2.26E5	2.572	1.48E7
1.794E5	2.380	3.112E3	2.598			2.598	1.66E7
2.894E5	2.485	4.600E3	2.635	净水拉伸极限		2.635	3.67E7
4.502E5	2.585	4.634E3	2.641	p_{min} = -100kPa		2.641	3.73E7
6.507E5	2.671	4.634E3	2.800			2.800	3.73E7

BIBIANA M LUCCIONI, RICARDO D AMBROSINI. Evaluating the Effect of Underground Explosions on Structures [J]. Mecánica Computacional 2008, XXVII: 1999-2019.

表 11-91　***MAT_SOIL_AND_FOAM** 材料模型参数（单位制 mm-s-ton）

参数	描述	取值
ρ	密度	2.35E-9
G	剪切模量	34.474
K	卸载体积模量	15.024
A_0	屈服函数常数	0
A_1	屈服函数常数	0
A_2	屈服函数常数	0.602
PC	拉伸断裂的截止压力(<0)	0
VCR	体积压碎选项	0.0(on)
REF	采用参考几何初始化压力	0.0(on)
$EPS1\ldots$	体积应变值（自然对数值）	如图 11-2 所示
$P_1\ldots$	对应于体积应变的压力	如图 11-2 所示

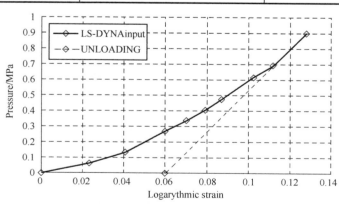

图 11-2　土壤材料的静水压缩数据

CEZARY BOJANOWSKI, RONALD F KULAK. Comparison of Lagrangian, SPH and MM-ALE Approaches for Modeling Large Deformations in Soil [C]. 11th International LS-DYNA Conference, Detroit, 2010.

表 11-92 *MAT_SOIL_AND_FOAM 模型参数（英制单位 in-s-lbf-psi）

MID	ρ	G	KUN	A_0	A_1	A_2	PC
1	1.589E-4	6.17E5	1.11E6	0.0	0.0	8.5E-2	-1.0
EPS1	EPS2	EPS3	EPS4	EPS5			
0.000	-5.600E-2	-0.100	-0.151	-0.192			
P_1	P_2	P_3	P_4	P_5			
0.0	2.000E3	3.200E3	6.240E3	1.06E4			

LSTC.

内华达的 Antelope Lake Soil，非常坚硬的粉质黏土和细沙，偶尔有砂砾。

表 11-93 *MAT_SOIL_AND_FOAM 模型参数（单位制 mm-ton-s）

MID	ρ	G	KUN	A_0	A_1	A_2	PC	
1	1.8740E-9	358.54999	1523.8199	0.158	0.124	0.024	-0.15	
EPS1	EPS2	EPS3	EPS4	EPS5	EPS6	EPS7	EPS8	EPS9
0.0	-0.073	-0.134	-0.191	-0.263	-0.313	-0.333	-0.39	-0.46
P_1	P_2	P_3	P_4	P_5	P_6	P_7	P_8	P_9
0.0	0.3	1.2	2.5	4.99	9.03	15.03	40.0	70.0

LSTC.

表 11-94 四种材料模型参数（单位制为 mm-ms-g-MPa）

*MAT_005		*MAT_010		*MAT_025		*MAT_079	
参数	取值	参数	取值	参数	取值	参数	取值
ρ	1.64E-3	ρ	1.64E-3	ρ	1.64E-3	ρ	1.64E-3
G	136	G	136	Bulk	15000	k_0	68.6
k_{un}	4700	PC	-0.51	G	5289	p_0	-0.0138
A_2	0.3736	A_1	1.0578	Theta	0.20375	b	0.39
				R	2.3	A_2	0.373
				D	1.6E-3		
				W	0.49		
				X_0	46.5		

RONALD F KULAK, LEN SCHWER. Effect of Soil Material Models on SPH Simulations for Soil-Structure Interaction [C]. 12th International LS-DYNA Conference, Detroit, 2012.

表 11-95 *MAT_SOIL_AND_FOAM 材料模型参数

参数	描述	取值	单位
ρ	密度	1.37E-6	kg/mm^3
G	剪切模量	3.6E-6	kg/mm-ms^2
A_0	屈服函数常数	2.53E-8	
PC	截止压力	-3.447E-5	kg/mm-ms^2
VCR	体积压碎选项	1.0	

土壤的压力-体积应变曲线如图 11-3 所示。

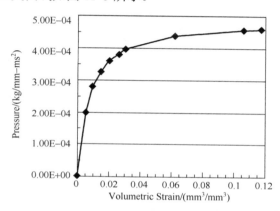

图 11-3 土壤的压力-体积应变曲线

MATTHEW A BARSOTTI, JOHN M H PURYEAR, DAVID J STEVENS. Modeling Mine Blast with SPH [C]. 12th International LS-DYNA Conference, Detroit, 2012.

表 11-96 *MAT_DRUCKER_PRAGER 模型参数

ρ/(kg/m^3)	v	剪切模量/MPa	摩擦角/radians	内聚值/MPa
2100	0.3	35	0.581	0.069

CHOON KEAT ANG, et al. Test and Numerical Simulation of Fixed Bollard and Removable Bollard Subjected to Vehicle Impact [C]. 14th International LS-DYNA Conference Detroit, 2016.

表 11-97 *MAT_SOIL_AND_FOAM 模型参数（单位制 cm-g-μs）

MID	ρ	G	KUN	A_0	A_1	A_2	PC		
2	1.8	6.385E-4	3.00E-1	3.4E-13	7.033E-7	0.3	-6.90E-8		
EPS1	EPS2	EPS3	EPS4	EPS5	EPS6	EPS7	EPS8	EPS9	EPS10
0	-1.04E-1	-1.61E-1	-1.92E-1	-2.24E-1	-2.46E-1	-2.71E-1	-2.83E-1	-2.9E-1	-4.0E-1
P_1	P_2	P_3	P_4	P_5	P_6	P_7	P_8	P_9	
0	2.0E-4	4.0E-4	6.0E-4	1.2E-3	2.0E-3	4.0E-3	6.0E-3	8.0E-3	4.1E-2

玄武岩

表 11-98　Tilloston 状态方程参数

$\rho/(kg/m^3)$	a	b	$E_0/(J/kg)$	A/Pa	B/Pa
2800	0.5	1.5	4.87E8	7.1E10	7.5E10

B A IVANOV, D DENIEM, G NEUKUM. Implementation of Dynamic Strength Models into 2D Hydrocodes: Applications for Atmospheric Breakup and Impact Cratering [J]. International Journal of Impact Engineering, 1997, 20: 411-430.

硬土

表 11-99　*MAT_FHWA_SOIL 模型参数（单位制 mm-kg-ms）

MID	ρ	NPLOT	SPGRAV	RHOWAT	VN	GAMMAR	INTRMX
1	2.350E-6	3	2.79	1.0E-6	1.1	0.0	10
K	G	PHIMAX	AHYP	COH	ECCEN	AN	ET
0.00325	0.0013	1.1	1.0E-7	6.2E-6	0.7	0.0	0.0
MCONT	PWD1	PWKSK	PWD2	PHIRES	DINT	VDFM	DAMLEV
0.034	0.0	0.0E-05	0.0	0.001	1.0E-5	6.0E-08	0.99
EPSMAX							
0.8							

BRETT A LEWIS. Manual for LS-DYNA Soil Material Model 147 [D]. FHWA-HRT-04-095, 2004.

砖、灰泥、土坯

表 11-100　*MAT_JOHNSON_HOLMQUIST_CONCRETE 材料模型参数

参数	单位	Grade SW Brick（砖）	Type S Mortar（灰泥）	Type N Mortar（灰泥）	Adobe（土坯）
初始密度 ρ_0	kg/m³	1986	1604	1554	1599
颗粒密度 ρ_{grain}	kg/m³	2250	2510	2510	2510
声速 C_S	cm/s	2.56E+05	2.52E+05	2.04E+05	1.4425E+05
内聚强度系数 A		0.63646	0.66	0.652778	0.435255
压力硬化系数 B		1.568	1.335	1.079	1.27
压力硬化指数 N		0.8264	0.845	0.835	0.857
应变率系数 C		0.0054	0.0018	0.0023	0.0023
压缩强度 f_c'	GPa	0.075	0.0123	0.00485	0.003118
拉伸强度 T	GPa	0.006	0.0018	0.0008375	0.000112
最大强度 SMAX		17.33	80.24	213	139.7

（续）

参数	单位	Grade SW Brick（砖）	Type S Mortar（灰泥）	Type N Mortar（灰泥）	Adobe（土坯）
剪切模量 G	GPa	5.18	1.15	0.51	0.209
体积模量 K	GPa	5.3	1.7	0.71	0.318
损伤常数 D_1		0.01413	0.006629	0.0102632	0.017758
损伤常数 D_2		1.0	1.0	1.0	1.0
最小断裂应变 EFMIN		0.01	0.01	0.01	0.01
压溃临界压力 P_{crush}	GPa	0.03519	0.0138	0.05833	0.00096
压溃临界体应变 u_{crush}		0.00664	0.0075	0.2	0.03
压力常数 K_1	GPa	63	0.3	12.436	0.45
压力常数 K_2	GPa	−79	−2	−49.03	−3.9879
压力常数 K_3	GPa	56	19	69.424	19.766
锁定压力 P_{lock}	GPa	0.773	0.1096	0.23167	0.022607
锁定体积应变 u_{lock}		0.132931	0.15	0.33	0.09

MEYER, C S. Development of Geomaterial Parameters for Numerical Simulations Using the Holmquist−Johnson−Cook Constitutive Model for Concrete [R]. ADA544735, 2011.

砖和灰泥

表 11-101　砖的*MAT_SOIL_AND_FOAM 模型参数（单位制 m-kg-s）

MID	ρ	G	BULK	A_0	A_1	A_2	PC
1	2400	2.2E10	1.8E11	5.5548E13	2.1124E7	2.008	−7.10E6
VCR	REF						
0	0						
ESP1	ESP2	ESP3	ESP4	ESP5			
0	−1.14E-4	−2.44E-4	−4.00E-4	−1.1E-3			
P_1	P_2	P_3	P_4	P_5			
0	3.95E6	9.88E6	1.60E7	5.00E7			

表 11-102　灰泥*MAT_SOIL_AND_FOAM 模型参数（单位制 m-kg-s）

MID	ρ	G	BULK	A_0	A_1	A_2	PC
1	2400	1.84E8	1.33E9	4.154E11	1.83E6	2.008	−8.0E5
VCR	REF						
0	0						

（续）

ESP1	ESP2	ESP3	ESP4				
0	−8.97E−3	−1.4E−2	−2.26E−2				
P_1	P_2	P_3	P_4				
0	3.95E6	6.14E6	9.880E6				

表 11-103　砌块材料参数

E/Pa			剪切模量/Pa			v		
E_{xx}	E_{yy}	E_{zz}	G_{xy}	G_{yz}	G_{zx}	xy	yz	zx
7.49E9	4.82E10	6.82E9	7.35E9	3.24E8	1.28E9	0.250	0.269	0.205
压缩强度/Pa			拉伸强度/Pa			剪切强度/Pa		
X	Y	Z	X	Y	Z	X	Y	Z
−7.88E6	−7.39E6	−1.57E7	8.50E5	1.84E6	2.78E5	1.28E6	1.56E6	0.788E6

YU S. Numerical Simulation of Strengthened Unreinforced Masonry (URM) Walls by New Retrofitting Technologies for Blast Loading [D]. The University of Adelaide, 2008.

第12章 含能材料

在 LS-DYNA 中，可用于含能材料爆轰计算的材料模型和状态方程有：

*MAT_008（*MAT_HIGH_EXPLOSIVE_BURN）和*EOS_002（*EOS_JWL），模拟含能材料的爆轰。

*MAT_008（*MAT_HIGH_EXPLOSIVE_BURN 和*EOS_014（*EOS_JWLB），模拟含能材料的过压爆轰。

*MAT_010（*MAT_ELASTIC_PLASTIC_HYDRO 和*EOS_007：*EOS_IGNITION_AND_GROWTH_OF_REACTION_IN_HE），主要用于冲击起爆计算。

*MAT_010（*MAT_ELASTIC_PLASTIC_HYDRO）和*EOS_010（*EOS_PROPELLANT_DEFLAGRATION），主要用于冲击起爆计算。

LSTC 也采用微粒法*PARTICLE_BLAST 设置炸药爆轰产物参数。

也有人尝试采用其他类型状态方程如*EOS_LINEAR_POLYNOMIAL 或*INITIAL_EOS_ALE，赋予爆轰气体的能量和体积与炸药相等。这种方法计算出的炸药附近冲击波压力严重偏低，中远场则与实际情况较为符合。

10#-159 炸药

表 12-1　JWL 状态方程参数

$\rho/(\mathrm{g/cm^3})$	P_{CJ}/GPa	$V_D/(\mathrm{m/s})$	A/GPa	B/GPa	C	R_1	R_2	ω
1.86	36.8	8862	934.77	12.723	0.95153	4.6	1.1	0.37

华劲松，等. 爆轰波对碰下金属圆管的运动特性研究：第七届全国爆炸力学学术会议论文集 [C]. 昆明，2003.

8701 炸药

表 12-2　JWL 状态方程参数（一）

$\rho/(\mathrm{g/cm^3})$	P_{CJ}/GPa	$V_D/(\mathrm{m/s})$	A/GPa	B/GPa	R_1	R_2	ω	E_0/GPa
1.68	37	8800	852.4	18.02	4.55	1.3	0.38	8.5

WU J, LIU J, DU Y. Experimental and numerical study on the flight and penetration properties of explosively-formed projectile [J]. International Journal of Impact Engineering, 2007, 34: 1147-1162.

表 12-3　JWL 状态方程参数（二）

$\rho/(\mathrm{g/cm^3})$	P_{CJ}/GPa	$V_D/(\mathrm{m/s})$	A/GPa	B/GPa	R_1	R_2	ω	E_0/GPa
1.68	30.4	8425	852.4	18.02	4.6	1.3	0.38	10.2

许世昌，何勇，何源. 双层药型罩有效材料分布的数值模拟 [C]. 智能弹药技术发展学术研讨会论文集，吉林敦化，2014，425-429.

表 12-4 *MAT_HIGH_EXPLOSIVE_BURN 模型参数（单位制 cm-g-μs）（一）

R_0	D	P_{CJ}
1.70	0.8315	0.295

表 12-5 *EOS_JWL 状态方程参数（单位制 cm-g-μs）

A	B	R_1	R_2	OMEGA	E_0	V_0
8.545	0.20493	4.6	1.35	0.25	0.085	1.0

周翔. 爆炸成形弹丸战斗部的相关技术研究 [D]. 南京: 解放军理工大学.

表 12-6 *MAT_HIGH_EXPLOSIVE_BURN 模型参数（单位制 cm-g-μs）（二）

R_0	D	P_{CJ}
1.72	0.8425	0.2995

表 12-7 *EOS_JWL 状态方程参数（单位制 cm-g-μs）

A	B	R_1	R_2	OMEGA	E_0	V_0
5.817	0.06815	4.10	1.0	0.35	0.09	1.0

付建平，等. 杆式射流在大炸高下的侵彻性能研究: 第十三届全国战斗部与毁伤技术学术交流会论文集 [C]. 黄山: 2013, 862-866.

表 12-8 JWL 状态方程参数（三）

$\rho/(\mathrm{g/cm^3})$	P_{CJ}/GPa	$V_D/(\mathrm{m/s})$	A/GPa	B/GPa	R_1	R_2	ω	E_0/GPa
1.667	28	8220	1140	23.9	5.7	1.65	0.6	10.1

郁锐, 宁心. 短炸高子弹破甲威力数值模拟和试验研究: 第十一届全国战斗部与毁伤技术学术交流会论文集 [C]. 宜昌: 2009. 189-192.

表 12-9 JWL 状态方程参数（四）

$\rho/(\mathrm{g/cm^3})$	P_{CJ}/GPa	$V_D/(\mathrm{m/s})$	A/GPa	B/GPa	R_1	R_2	ω	E_0/GPa
1.688	29.6	8300	852	18.0	4.6	1.3	0.34	9.3

张志彪, 张连生, 黄风雷. 内部爆炸加载下变壁厚壳体膨胀破裂数值模拟: 第十一届全国冲击动力学学术会议文集 [C]. 西安: 2013.

表 12-10 JWL 状态方程参数（五）

$\rho/(\mathrm{g/cm^3})$	P_{CJ}/GPa	$V_D/(\mathrm{m/s})$	A/GPa	B/GPa	R_1	R_2	ω	E_0/GPa
1.72	30.4	8425	852.4	18.02	4.6	1.3	0.38	10.2

时党勇，等. 倾斜尾翼爆炸成型弹丸的数值模拟和外弹道计算: 第十届全国爆炸与安全技术会议论文集 [C]. 昆明: 2011, 286-292.

表 12-11 JWL 状态方程参数（六）

$\rho/(g/cm^3)$	P_{CJ}/GPa	$V_D/(m/s)$	A/GPa	B/GPa	R_1	R_2	ω	E_0/GPa
1.700	34	8390	581.4	6.801	4.1	1.0	0.35	9.0

郭俊，等. 端盖对 FAE 燃料抛撒影响的数值模拟 [J]. 四川兵工学报, 2013, 34(6): 65-67.

Al/PTFE

成分：ω(PTFE)74%, ω(Al)26%。

表 12-12 *MAT_JOHNSON_COOK 材料模型参数

$\rho/(kg/m^3)$	A/MPa	B/MPa	n	C	m	T_{ref}/K	T_{melt}/K
2270	8.044	250.6	1.8	0.4	1	294	500

表 12-13 Gruneisen 状态方程参数

$C_0/(m/s)$	S	Γ_0
1450	2.26	0.9

RAFTENBERG M N, MOCK W, KIRBY G C. Modeling the impact deformation of rods of a pressed PTFE/Al composite mixture [J]. International Journal of Impact Engineering, 2008, 35: 1735-1744.

成分：ω(PTFE)55%, ω(Al)45%。

表 12-14 JWL 状态方程参数

$\rho/(kg/m^3)$	$C/(m/s)$	$D/(m/s)$	E_0/GPa	A/GPa	B/GPa	R_1	R_2	ω
1946	2330	1390	0.09	496.79	−3.61	7.0	2.0	0.079

SUNHEE YOO. Modeling Solid State Detonation and Reactive Materials [C]. Proceedings of the 14th International Detonation Symposium, Coeur d'Alene, Idaho, 2010.

表 12-15 *MAT_ELASTIC_PLASTIC_HYDRO 模型参数（单位制 cm-g-μs）

MID	ρ	G	SIGY
3	2.391	0.002089	1.1600E-4

表 12-16 *EOS_IGNITION_AND_GROWTH_OF_REACTION_IN_HE 状态方程参数（单位制 cm-g-μs）

EOSID	A	B	XP1	XP2	FRER	G	R_1
3	4.7355E5	30.6203	50.466801	4.92737	1.7271	4.5754E-6	2.293712
R_2	R_3	R_5	R_6	FMXIG	FREQ	GROW1	EM
2.009256	7.7099E-5	45.292294	51.54538	0.0	11224.0	5.4521E9	16.735001
AR1	ES1	CVP	CVR	EETAL	CCRIT	ENQ	TMP0
0.0	1.0029	1.457E-5	9.93E-6	28.399	1.00E-6	0.0135	
GROW2	AR2	ES2	EN	FMXGR	FMNGR		
8.5990E+13	6.3067E-5	1.0002	26.962999				

STEPHEN D ROSENCRANTZ. Characterization and Modeling Methodology of Polytetrafluoroethylene Based Reactive Materials for the Development of Parametric Models [D]. University of Washington, 1998.

成分：ω(PTFE)73.5%，ω(Al)26.5%。

采用 Johnson-Cook（JC）和 Modified Johnson-Cook（MJC）模型，其中 Modified Johnson-Cook 模型形式如下：

$$\sigma = (A + B\varepsilon_p^n)\left(\frac{\dot{\varepsilon}}{\dot{\varepsilon}_0}\right)^{\lambda}(1 - T^{*m})$$

表 12-17 Johnson-Cook 和 Modified Johnson-Cook 模型参数

参数	单位	295K≤T≤329 K		295K≤T≤351 K	
		JC	MJC	JC	MJC
A	MPa	22.71	22.71	22.71	22.71
B	MPa	160	160.1	160	160
N	–	1.8	1.8	1.8	1.8
C	–	0.0339	–	0.0339	–
λ	–	–	0.0324	–	0.0324
$(\mathrm{d}\varepsilon/\mathrm{d}t)_0$	s^{-1}	1	1	1	1
m	–	1	1	0.707	0.707
T_m	K	417	417	541	541
T_r	K	295	295	295	295
ρ	kg/m^3	2290	2290	2290	2290
C_v	J/kg·K	1161	1161	1161	1161

注：T_m 只是自由拟合参数，不是材料的熔化温度。

DANIEL T CASEM. Mechanical Response of an Al-PTFE Composite to Uniaxial Compression Over a Range of Strain Rates and Temperatures [R]. ADA487468, Army Research Laboratory, 2008.

利用 SHPB 实验系统对 PTFE/Al 含能材料进行了动态力学性能研究，拟合了 Johnson-Cook 模型参数。

$$\sigma = [48 + 64.1 \times (\overline{\varepsilon}^p)^{0.574}]\left[1 + \left(\frac{\dot{\varepsilon}^p}{1361}\right)^{\frac{1}{1.7}}\right][1 - (T^*)^{0.226}]$$

武强. 含能材料防护结构超高速撞击特性研究 [D]. 北京：北京理工大学，2016.

ANFO

表 12-18 JWL 状态方程参数

$\rho/(\mathrm{kg/m^3})$	$D_\mathrm{CJ}/(\mathrm{m/s})$	$P_\mathrm{CJ}/\mathrm{GPa}$	A/GPa	B/GPa	R_1	R_2	E_0/GPa	ω
931	4160	5.15	49.46	1.891	3.907	1.118	2.484	0.3333

DAVIS L L, HILL L G. ANFO Cylinder Tests [C]. CP620, Shock Compression of Condensed Matter‐2001.

AP

表 12-19　爆炸产物 JWL 状态方程和未反应炸药 Gruneisen 状态方程参数

$\rho/(g/cm^3)$	$A/Mbar$	$B/Mbar$	R_1	R_2	ω	E_0/GPa	$C/(m/s)$	S	Γ
1.95	3.50	0.0300	4.0	1.0	0.3	7.0	2200	1.96	0.9

GUIRGUIS R, BERNECKER R. Relation Between Sensitivity, Detonability, and Non-ideal Behavior: Proceedings of the 11st International Detonation [C]. Snowmass, CA, 1998.

B3108

化学组成：活性黏结剂 30%，HMX51%，Al19%。

表 12-20　JWL 状态方程参数

$\rho/(g/cm^3)$	$V_D/(m/s)$	A/GPa	C/GPa	R_1	R_2	ω
1.827	7830	902.6	2.35	4.97	0.77	0.29

PAZIENZA G. Numerical Simulation of Free Field Underwater Explosion of an Aluminised Plastic Bonded Explosive [C]. Workshop on Simulation of Undex Phenomena, Scotland, UK, 1997.

BH-1

表 12-21　BH-1 炸药热学和化学参数

$\rho/(kg/m^3)$	导热系数 k $/W \cdot (m \cdot K)^{-1}$	C $/J \cdot kg^{-1} \cdot K^{-1}$	反应热 Q $/MJ \cdot kg^{-1}$	指前因子 A $/s^{-1}$	活化能 E_a $/MJ \cdot mol^{-1}$
1840	0.50	1760	4.135	3.0×10^{12}	0.14

表 12-22　BH-1 炸药力学参数

T/K	E/GPa	v	α/K^{-1}	σ_Y/MPa	E_p/MPa
293	2.6	0.23	4.9×10^{-5}	58	670
323	1.92	0.24	5.1×10^{-5}	43	497
348	1.4	0.32	5.7×10^{-5}	30	386

张韩宇，等. 弹体装药摩擦点火数值模拟研究：第十三届全国战斗部与毁伤技术学术交流会论文集 [C]. 黄山，2013, 1245-1252.

C-1

这是一种国产 CL-20 基压装混合炸药，组分质量比 CL-20/钝感黏结剂=94.5/5.5。

表 12-23　JWL 状态方程参数

$\rho/(g/cm^3)$	$D_{CJ}/(m/s)$	P_{CJ}/GPa	A/GPa	B/GPa	R_1	R_2	E_0/GPa	ω
1.932	9061	39	1827.6	61.35	5.88	1.8	11.5	0.3

南宇翔，等. 一种 CL-20 基压装混合炸药 JWL 状态方程参数研究 [J]. 含能材料，2015, 23(6): 516-521.

C-4

表 12-24　*MAT_HIGH_EXPLOSIVE_BURN 模型和*EOS_JWL 状态方程参数（单位制 cm-g-μs）

*MAT_HIGH_EXPLOSIVE_BURN			
ρ	D	P_{CJ}	BETA
1.601	0.8193	0.28	0

*EOS_JWL						
A	B	R_1	R_2	OMEG	E_0	V_0
6.0977	0.1295	4.5	1.4	0.25	0.09	1

MICHAEL J MULLIN, BRENDAN J O'TOOLE. Simulation of Energy Absorbing Materials in Blast Loaded Structures [C]. 8th International LS-DYNA Conference, Detroit, 2004.

表 12-25　*MAT_HIGH_EXPLOSIVE_BURN 模型和*EOS_JWL 状态方程参数（单位制 cm-g-μs）

*MAT_HIGH_EXPLOSIVE_BURN	
ρ	D
1.601	0.8190

*EOS_JWL						
A	B	R_1	R_2	OMEG	E_0	V_0
5.974	0.139	4.5	1.5	0.32	0.087	1

表 12-26　炸药微粒爆炸方法材料参数（一）

$D/(m/s)$	γ	$\rho/(kg/m^3)$	$E/(J/m^3)$	covol
8190	1.32	1601	8.7E9	0.6

TENG HAILONG. Coupling of Particle Blast Method (PBM) with Discrete Element Method for buried mine blast simulation [C]. 14th International LS-DYNA Conference, Detroit, 2016.

表 12-27　炸药微粒爆炸方法材料参数（二）

$D/(m/s)$	γ	$\rho/(kg/m^3)$	$E/(J/m^3)$	covol
8193	1.32	1601	9.0E9	0.6

LS-DYNA KEYWORD USER'S MANUAL [Z]. LSTC, 2017.

表 12-28　点火增长模型参数

$\rho_0 = 1.601 g/cm^3$		
未反应炸药的 JWL 状态方程参数	反应产物的 JWL 状态方程参数	反应率方程参数
$A = 300$Mbar	$A = 6.0977$Mbar	$a = 0.0367$ $b = 0.667$
$B = -0.031998$Mbar	$B = 0.1295$Mbar	$c = 0.667$ $d = 0.333$
$R_1 = 11.3$	$R_1 = 4.5$	$e = 0.667$ $g = 0.667$

（续）

未反应炸药的 JWL 状态方程参数	反应产物的 JWL 状态方程参数	反应率方程参数
$R_2 = 1.13$	$R_2 = 1.4$	$I = 4.0E6\mu s^{-1}$ $x = 7.0$
$\omega = 0.8938$	$\omega = 0.25$	$y = 2.0$ $z = 3.0$
$C_v = 2.487E-5Mbar/K$	$C_v = 1.0E-5Mbar/K$	$F_{igmax} = 0.022$ $F_{G1max} = 1.0$ $F_{G2min} = 0.0$
$T_0 = 298K$	$E_0 = 0.09Mbar$	$G_1 = 140Mbar^{-2} \cdot \mu s^{-1}$
剪切模量=0.0354Mbar		$G_2 = 0.0Mbar^{-2} \cdot \mu s^{-1}$
屈服强度=0.002 Mbar		

URTIEW P A. Shock Initiation Experiments and Modeling of Composition B, C-4, and ANFO: Proceedings of the 13rd International Detonation Symposium [C]. Portland, OH, 2006.

Cast Composition B

表 12-29　点火增长模型参数（一）

未反应炸药的 JWL 状态方程参数	反应产物的 JWL 状态方程参数
A=485 Mbar	A=5.242Mbar
B=-0.039084 Mbar	B=0.07678 Mbar
R_1=11.3	R_1=4.2
R_2=1.13	R_2=1.1
ω=0.8938	ω=0.5
C_v=2.487×10⁻⁵Mbar/K	C_v=1.0×10⁻⁵Mbar/K
T_0= 298K	C-J 能量/单位体积 E_0=0.085 Mbar
剪切模量=0.0354Mbar	
屈服强度=0.002Mbar	
ρ_0=1.717g/cm³	
反应率方程参数	
a=0.0367	x=7.0
b=0.667	y=2.0
c=0.667	z=3.0
d=0.333	F_{igmax}=0.022
e=0.222	F_{G1max}=0.7
g=1.0	F_{G2min}=0.0
I=4.0×10⁶μs⁻¹	G_1=140Mbar⁻²·μs⁻¹
	G_2=1000Mbar⁻²·μs⁻¹

URTIEW PAUL A. Shock Initiation Experiments and Modeling of Composition B, C-4, and ANFO [C]. Proceedings of the 13rd International Detonation Symposium, Portland, OH, 2006.

表 12-30 点火增长模型参数（二）

未反应炸药的 JWL 状态方程参数	反应产物的 JWL 状态方程参数
$A=1479$ Mbar	$A=5.308$Mbar
$B=-0.05261$ Mbar	$B=0.0783$Mbar
$R_{1u}=12$	$R_1=4.5$
$R_{2u}=12$	$R_2=1.2$
$\omega_u=0.912$	$\omega=0.34$
$C_v=2.487\times10^{-5}$Mbar/K $T_o=298$K	$C_v=1.0\times10^{-5}$Mbar/K C-J 能量/单位体积 $E_{og}=0.081$Mbar
剪切模量$=0.035$Mbar	C-J 爆速 $U_D=7.576$mm/μs
屈服强度$=0.002$Mbar	C-J 压力 $P_{CJ}=0.265$Mbar
$\rho_0=1.63$g/cm^3	反应区宽度 $W_{reac}=2.5$
$c_0=0.7$	$\Delta F_{max}=0.1$
C-J 能量/单位体积 $E_{0,u}=-0.00504$Mbar	

<table>
<tr><td colspan="2" align="center">反应率方程参数</td></tr>
<tr><td>$a=0.0367$</td><td>$x=7.0$</td></tr>
<tr><td>$b=0.667$</td><td>$y=2.0$</td></tr>
<tr><td>$c=0.667$</td><td>$z=3.0$</td></tr>
<tr><td>$d=0.333$</td><td>$F_{igmax}=0.022$</td></tr>
<tr><td>$e=0.222$</td><td>$F_{G1max}=0.7$</td></tr>
<tr><td>$g=1.0$</td><td>$F_{G2min}=0.0$</td></tr>
<tr><td>$I=4.0\times10^6$μs^{-1}</td><td>$G_1=140$Mbar$^{-2}\cdot$μs^{-1}</td></tr>
<tr><td>拉伸时的最大相对体积$=1.1$</td><td>$G_2=1000$Mbar$^{-3}\cdot$μs^{-1}</td></tr>
</table>

BALAGANSKY IGOR A. Study of Energy Focusing Phenomenon in Explosion Systems, Which Include High Modulus Elastic Elements [C]. Proceedings of the 14th International Detonation Symposium, Coeur d'Alene, Idaho, 2010.

CH₃NO₂（硝基甲烷）

CH_3NO_2（硝基甲烷）

表 12-31 High-Explosive-Burn 模型和 JWL 状态方程参数

$\rho/(g/cm^3)$	$D_{CJ}/(cm/\mu s)$	P_{CJ}/GPa	$A/10^2 GPa$	$B/10^2 GPa$
1.3	0.6269	11.5	2.092	0.05689
R_1	R_2	ω	$E_0/10^2 GPa$	
4.4	1.2	0.3	0.05	

本书作者注：原文中 P_{CJ} 为 1150GPa，此处修改为 11.5GPa。

徐皇兵. 外爆加载下分层金属管膨胀破裂过程研究 [D]. 四川绵阳: 中国工程物理研究院, 2004.

Comp A-3

表 12-32　JWL 状态方程参数

$\rho/(g/cm^3)$	$D_{CJ}/(m/s)$	P_{CJ}/GPa	A/GPa	B/GPa	R_1	R_2	E_0/GPa	ω
1.65	8300	30.0	611.3	10.65	4.4	1.2	8.9	0.32

DOBRATZ B M, CRAWFORD P C. LLNL Explosives Handbook [R]. UCRL-52997 Rev.2, January 1985.

Comp B

表 12-33　JWL 状态方程参数

$\rho/(g/cm^3)$	P_{CJ}/GPa	$V_D/(m/s)$	A/GPa	B/GPa	R_1	R_2	ω	E_0/GPa
1.717	29.5	7980	524.2	7.678	4.2	1.1	0.34	8.5

CRAIG M T, ESTELLA M M. Reactive Flow Modeling of the Interaction of TATB Detonation Waves with inert Materials [C]. Proceedings of the 12th International Detonation Symposium, San Diego, California, 2002.

表 12-34　Johnson-Cook 模型参数

$\rho/(kg/m^3)$	E/GPa	v	$C_P/J \cdot kg^{-1} \cdot K^{-1}$	A/MPa	B	C	n	m
1680	4.1	0.38	1150	0	3504	0.0623	1.012	1.025

李凯，等. 基于 J-C 本构模型的 Comp. B 炸药落锤冲击数值模拟 [J]. 力学与实践, 2011, 33(1): 21-24.

CYCLOTOL

表 12-35　JWL 状态方程参数

$\rho/(g/cm^3)$	$D_{CJ}/(m/s)$	P_{CJ}/GPa	A/GPa	B/GPa	R_1	R_2	E_0/GPa	ω
1.754	8250	32.0	603.41	9.9236	4.3	1.1	9.2	0.35

DOBRATZ B M, CRAWFORD P C. LLNL Explosives Handbook [R]. UCRL-52997 Rev.2, January 1985.

Detasheet

表 12-36　JWL 状态方程参数

$\rho/(g/cm^3)$	P_{CJ}/GPa	$D/(m/s)$	$A/Mbar$	$B/Mbar$	R_1	R_2	ω
1.7	37	7000	8.261	0.1724	4.55	1.32	0.38

T A EL-SHENAWY, A M RIAD, M M ISMAIL. Penetration and Initiation of Explosive Reactive Armors by Shaped Charge Jet [C]. 36th International Annual Conference of ICT, Karlsruhe, Germany, 2005.

Detasheet C

表 12-37　JWL 状态方程参数

$\rho/(g/cm^3)$	E_0/GPa	$D/(m/s)$	$A/Mbar$	$B/Mbar$	R_1	R_2	ω
1.4858	4.19	7000	3.49	0.04524	6.07	1.78	0.3

万军, 张振宇, 王志兵. 低密度缓冲层对动能杆爆炸驱动影响的数值模拟研究 [J]. 北京理工大学学报, 2003, 23(增刊): 230–234.

L A SCHWALBE, C A WINGATE, J H STOFLETH, et al. Experiment and Computational Studies of Rod–Deployment Mechanisms [C]. 16th international symposium on ballistics, September, 1996.

钝化 HMX

表 12-38　JWL 状态方程参数

$\rho/(g/cm^3)$	$D_{CJ}/(m/s)$	P_{CJ}/GPa	A/GPa	B/GPa	R_1	R_2	E_0/GPa	ω
1.783	8730	33.5	943.34	8.8053	4.7	0.9	10.2	0.35

DOBRATZ B M, CRAWFORD P C. LLNL Explosives Handbook [R]. UCRL–52997 Rev.2, January 1985.

钝化 RDX

钝化 RDX 炸药组成与 PBX9407 炸药相似，文献作者采用 PBX9407 炸药状态方程参数替代。

表 12-39　JWL 状态方程参数

$\rho/(g/cm^3)$	$D_{CJ}/(m/s)$	P_{CJ}/GPa	A/GPa	B/GPa	R_1	R_2	E_0/GPa	ω
1.60	7910	26.5	573.2	14.64	4.6	1.4	8.6	0.32

陈进，等. 冲击波在有机玻璃中衰减规律研究: 第十二届全国战斗部与毁伤技术学术交流会论文集, 广州 [C]. 2011.183–188.

D 炸药

表 12-40　JWL 状态方程参数

$\rho/(g/cm^3)$	$D_{CJ}/(m/s)$	P_{CJ}/GPa	A/GPa	B/GPa	R_1	R_2	E_0/GPa	ω
1.42	6500	16.0	300.7	3.94	4.3	1.2	5.4	0.35

DOBRATZ B M, CRAWFORD P C. LLNL Explosives Handbook [R]. UCRL–52997 Rev.2, January 1985.

EDC-1

表 12-41　JWL 状态方程参数

$\rho/(g/cm^3)$	P_{CJ}/GPa	$D/(m/s)$	$A/Mbar$	$B/Mbar$
1.795	34.25	8716	9.036	0.09033
R_1	R_2	ω	E_0/GPa	V_0
4.647	0.8717	0.275	10.5	1

BOYD R, ROYLES R, EL-DEEB M. Simulation and Validation of UNDEX Phenomena Relating to Axisymmetric Structures [C]. 6th International LS-DYNA Conference, Detroit, 2000.

EDC35

表 12-42　JWL 状态方程参数

$\rho/(g/cm^3)$	P_{CJ}/GPa	$D/(m/s)$	$A/Mbar$	$B/Mbar$
1.904	31.9	7810	4.7103	0.023178
R_1	R_2	ω	$E_0/Mbar$	
3.8218	1.0	0.3	0.04	

D C SWIFT, B D LAMBOURN. A Review of Developments in the W-B-L Detonation Model [C]. Proceedings of the 10th International Detonation Symposium, Boston, Massachusetts, 1993.

表 12-43　298K 下 EDC35 的点火增长模型参数

$\rho_0 = 1.900g/cm^3$

未反应炸药的 JWL 状态方程参数	反应产物的 JWL 状态方程参数	反应率方程参数
$A =632.07Mbar$	$A =13.6177Mbar$	$I=4.0E6\mu s^{-1}$ $b = 0.667$
$B =-0.04472Mbar$	$B = 0.7199Mbar$	$a = 0.214$ $x=7.0$
$R_1=11.3$	$R_1=6.2$	$G_1=1100Mbar^{-2}\cdot\mu s^{-1}$ $c = 0.667$
$R_2=1.13$	$R_2=2.2$	$d = 1.0$ $y = 2.0$
$\omega = 0.8938$	$\omega = 0.50$	$G_2= 30Mbar^{-1}\cdot\mu s^{-1}$ $e =0.667$
$C_v=2.487E6Pa/K$	$C_v=1.0e6Pa/K$	$g =0.667$ $z =1.0$
$T_0 =298K$	$E_0= 0.069Mbar$	$F_{igmax}=0.025$ $F_{G1max}=0.8$ $F_{G2min}=0.8$
剪切模量=0.0354Mbar		
屈服强度=0.002Mbar		

CRAIG M TARVER, ESTELLA M MCGUIRE. Reactive Flow Modeling of the Interaction of TATB Detonation Waves with Inert Materials [C]. Proceedings of the 12th International Detonation Symposium, San Diego, California, 2002.

EDC37

表 12-44　点火增长模型参数

未反应炸药的 JWL 状态方程参数	反应产物的 JWL 状态方程参数
$A=69.69Mbar$	$A=8.524 Mbar$
$B=-1.727Mbar$	$B=0.1802Mbar$
$R_1=7.8$	$R_1=4.6$

（续）

未反应炸药的 JWL 状态方程参数	反应产物的 JWL 状态方程参数
R_2=3.9	R_2=1.3
ω_u=2.148789E-5	ω=3.8E-6
C_v=2.505E-5Mbar/K	C_v=1.0E-5Mbar/K
E_0 =0.00205Mbar	E_0=0.102Mbar
ρ_0=1.842g/cm^3	

反应率方程参数

a=0.03	x=20.0
b=0.667	y=2.0
c=0.667	z=2.0
d=0.333	F_{igmax}=0.3
e=0.333	F_{G1max}=0.5
g=1.0	F_{G2min}=0.0
I=3.0E10μs^{-1}	G_1=90Mbar$^{-y}\cdot$μs^{-1}
	G_2=200Mbar$^{-z}\cdot$μs^{-1}

NICHOLAS J WHITWORTH. Some Issues Regarding the Hydrocode Implementation of the Crest Reactive Burn Model [C]. 13rd International Detonation Symposium, Northfolk, VA, USA, 2006.

表 12-45　JWL 状态方程参数

P_{CJ} / GPa	D_{CJ} /(m/s)	ρ /(g/cm^3)	E_0 / GPa	A / GPa
38.8	8819	1.841	7.19557	664.20212
B / GPa	C / GPa	R_1	R_2	ω
22.82927	1.88156	4.25	1.825	0.25

PAUL W MERCHANT. A WBL-Consistent JWL Equation of State for the HMX-Based Explosive EDC37 From Cylinder Tests [C]. Proceedings of the 12th International Detonation Symposium, San Diego, California, 2002.

Estane（聚氨基甲酸乙酯弹性纤维）

表 12-46　强度模型和 GRUNEISEN 状态方程参数

ρ /(g/cm^3)	G / GPa	σ_0 / GPa	C /(m/s)	s	γ_0	κ / W$\cdot$m$^{-1}\cdot$K^{-1}	C_P / J$\cdot$kg$^{-1}\cdot$K^{-1}
1.1	0.27	0.01	2350	1.7	1.0	0.226	1155

刘群，等. PBX 炸药细观结构冲击点火数值模拟分析 [C]. 第十届全国冲击动力学学术会议论文集，2011.

FEFO

表 12-47　JWL 状态方程参数

$\rho/(g/cm^3)$	$D_{CJ}/(m/s)$	P_{CJ}/GPa	A/GPa	B/GPa	R_1	R_2	E_0/GPa	ω
1.59	7500	25.0	382.4	6.635	4.1	1.2	8.0	0.38

DOBRATZ B M, CRAWFORD P C. LLNL Explosives Handbook [R]. UCRL-52997 Rev.2, January 1985.

FOX12

　　分别通过 Cheetah 2.0 中的 BKWC 数据库和实验（爆速和圆柱狭缝实验）拟合得到密度为 1.666g/cm³ 的 FOX12 炸药 JWL 状态方程参数。

表 12-48　JWL 状态方程参数

	$D_{CJ}/(m/s)$	P_{CJ}/GPa	E_0/GPa	A/GPa	B/GPa	R_1	R_2	ω
Cheetah 2.0 BKWC	7835	22.46	6.796	1061	7.048	5.178	1.064	0.385
实验拟合	7996	26.11	6.8	666.26	8.1308	4.55	1.46	0.385

HENRIC ÖSTMARK, ANDREAS HELTE, TORGNY CARLSSON. N-Guanylurea-Dinitramide (FOX-12)- A New Extremely Insensitive Energetic Material for Explosives Applications [C]. Proceedings of the 13rd International Detonation Symposium, Portland, OH, 2006.

FOX12/TNT(50/50 wt%)

　　分别通过 Cheetah 2.0 中的 BKWC 数据库和实验（爆速和圆柱狭缝实验），拟合得到密度为 1.652g/cm³ 的 FOX12/TNT 50/50wt% 炸药 JWL 状态方程参数。

表 12-49　JWL 状态方程参数

	$D_{CJ}/(m/s)$	P_{CJ}/GPa	E_0/GPa	A/GPa	B/GPa	R_1	R_2	ω
Cheetah 2.0 BKWC	7335	20.95	7.443	719.2	6.550	4.91	1.09	0.34
实验拟合	7120	22.11	7.4	402.5	5.376	4.2	1.8	0.34

HENRIC ÖSTMARK, ANDREAS HELTE. Extremely Low Sensitivity Melt Castable Explosives Based On FOX12 [C]. Proceedings of the 14th International Detonation Symposium, Coeur d'Alene, Idaho, 2010.

FOX12/TNT/AlH2(42.5/42.5/15wt%)

　　分别通过 Cheetah 2.0 中的 BKWC 数据库（假定铝粉的反应度分别为 0%、20%、100%）和实验（爆速和圆柱狭缝实验），拟合得到密度为 1.795g/cm³ 的 FOX12/TNT/AlH242.5/42.5/15wt% 炸药 JWL 状态方程参数。

表 12-50　JWL 状态方程参数

	$D_{CJ}/(m/s)$	P_{CJ}/GPa	E_0/GPa	A/GPa	B/GPa	R_1	R_2	ω
Cheetah 0% Al	7451	20.99	7.131	1228	6.01	5.38	1.11	0.28

（续）

	D_{CJ}/(m/s)	P_{CJ}/GPa	E_0/GPa	A/GPa	B/GPa	R_1	R_2	ω
Cheetah 20% Al	7431	21.43	7.965	1165	7.15	5.36	1.08	0.25
Cheetah 100% Al	7158	22.49	10.80	709.5	8.513	4.94	1.04	0.27
实验拟合	7160	23.47	10.00	493.5	1.811	4.30	1.70	0.27

HENRIC ÖSTMARK, ANDREAS HELTE. Extremely Low Sensitivity Melt Castable Explosives Based On FOX12 [C]. Proceedings of the 14th International Detonation Symposium, Coeur d'Alene, Idaho, 2010.

FOX7

含有 1.5%蜡。

表 12-51　JWL 状态方程参数

ρ/(g/cm^3)	P_{CJ}/GPa	E_0/GPa	A/GPa	B/GPa	R_1	R_2	ω
1.756	27.9	8.663	998.578	8.778	4.928	1.119	0.401

SVANTE KARLSSON. DETONATION AND SENSITIVITY PROPERTIES OF FOX-7 AND FORMULATIONS CONTAINING FOX-7 [C]. Proceedings of the 12rd International Detonation Symposium, San Diego, California, 2002.

H-6

表 12-52　JWL 状态方程参数

ρ/(g/cm^3)	D_{CJ}/(m/s)	P_{CJ}/GPa	A/GPa	B/GPa	R_1	R_2	E_0/GPa	ω
1.76	7470	24.0	758.07	8.513	4.9	1.1	10.3	0.20

DOBRATZ B M, CRAWFORD P C. LLNL Explosives Handbook [R]. UCRL-52997 Rev.2, January 1985.

Hexogen

表 12-53　JWL 状态方程参数

ρ/(g/cm^3)	P_{CJ}/GPa	D/(m/s)	A/Mbar	B/Mbar	R_1	R_2	ω
1.8	28	8190	6.0977	0.1295	4.5	1.5	0.25

T A EL-SHENAWY, A M RIAD, M M ISMAIL. Penetration and Initiation of Explosive Reactive Armors by Shaped Charge Jet [C]. 36th International Annual Conference of ICT, Karlsruhe, Germany, 2005.

JH-2

表 12-54　JWL 状态方程参数

ρ/(g/cm^3)	P_{CJ}/GPa	V_D/(m/s)	A/GPa	B/GPa	R_1	R_2	ω	E_0/GPa
1.695	29.5	8425	854.5	2.0493	4.6	1.35	0.25	8.5

杨宝良, 罗健, 侯云辉. 准球形 EFP 成形及侵彻的数值模拟和试验研究: 第十一届全国战斗部与毁伤技术学术交流会论文集 [C]. 宜昌, 2009, 210-214.

JH14

文献作者应用高速摄影狭缝扫描阴影成像技术获得水下一维正冲击波和二维滑移爆轰波光测底片，对实验数据进行分析、处理，结合数值计算，最终确定出 JH14 炸药爆轰产物的 JWL 状态方程参数。

表 12-55　JWL 状态方程参数

$\rho/(kg/m^3)$	$D_{CJ}/(m/s)$	P_{CJ}/GPa	E_0/GPa	A/GPa	B/GPa	R_1	R_2	ω
1670	8186	30.4	9.5468	618.4	6.9	4.3	0.87	0.38

杨凯，等. 由水下爆炸试验确定炸药爆轰参数的研究: 第十二届全国战斗部与毁伤技术学术交流会论文集 [C]. 广州, 2011, 1032-1035.

JHLD-1

表 12-56　强度模型参数

E/GPa	v	σ_s/MPa
1.08	0.35	16.2

张涛，郭晓红，肖洋.侵彻弹装药动态力学分析: 第十二届全国战斗部与毁伤技术学术交流会论文集 [C]. 广州, 2011, 966-969.

HMX

表 12-57　JWL 状态方程参数（一）

$\rho/(g/cm^3)$	$D_{CJ}/(m/s)$	P_{CJ}/GPa	A/GPa	B/GPa	R_1	R_2	E_0/GPa	ω
1.891	9110	42.0	778.28	7.0714	4.2	1.0	10.5	0.30

DOBRATZ B M, CRAWFORD P C. LLNL Explosives Handbook [R]. UCRL-52997 Rev.2, January 1985.

表 12-58　HMX 的力学参数和 Gruneisen 状态方程参数（一）

$\rho/(g/cm^3)$	G/GPa	σ_0/GPa	$C/(m/s)$	s	Γ_0	T_{m0}/K	$C_P/(J \cdot kg^{-1} \cdot K^{-1})$
1.900	10.0	0.37	2650	2.38	1.1	520	1031

表 12-59　爆炸产物 JWL 状态方程参数（一）

A/GPa	B/GPa	R_1	R_2	ω
3806.51	129.48	7.7	2.4	0.33

LINHBAO TRAN. Reactive gas phase compression due to shock-induced cavity collapse in energetic materials [C]. Proceedings of the 13rd International Detonation Symposium, Portland, OH, 2006.

表 12-60　JWL 状态方程参数（二）

*MAT_HIGH_EXPLOSIVE_BURN						
$P/(kg/m^3)$	$D/(m/s)$	P_{CJ}/GPa	BETA			
1900	9110	42	1			

（续）

*EOS_JWL						
A/GPa	B/GPa	R_1	R_2	OMEG	E_0/GPa	V_0
1214.8430	22.18767	5.16	1.41	0.33	10.5	1.0

S ROLC. Numerical and Experimental Study of the Defeating the RPG-7 [C]. 24th International Symposium of Ballistics, New Orleans, Louisiana, 2008.

表 12-61   β 相固态 HMX 的力学参数和线性多项式状态方程参数

C_0/MBar	C_1/MBar	C_2/MBar	C_3/MBar	C_4	C_5	C_6
0	0.135	0.822	0	0.933	0.933	0
ρ/(g/cm³)	k/W·m⁻¹·K⁻¹	C_P/J·kg⁻¹·K⁻¹	G/MPa	σ_0/GPa		
1.865	0.456	1190	4.2	2.1		

表 12-62   δ 相固态 HMX 的力学参数和线性多项式状态方程参数

C_0/MBar	C_1/MBar	C_2/MBar	C_3/MBar	C_4	C_5	C_6
0	0.135	0.811	0	1.052	1.052	0
ρ/(g/cm³)	k/W·m⁻¹·K⁻¹	C_P/J·kg⁻¹·K⁻¹	G/MPa	σ_0/GPa		
1.767	0.456	1190	4.2	2.1		

表 12-63   爆炸产物材料参数

ρ/(g/cm³)	k/W·m⁻¹·K⁻¹	C_P/J·kg⁻¹·K⁻¹	Gamma 定律系数 γ
1.865	0.1034	1422	1.283

JACK J YOH. Recent Advances in Thermal Explosion Modeling of HMX-based Explosives [C]. Proceedings of the 13rd International Detonation Symposium, Portland, OH, 2006.

表 12-64   爆炸产物 JWL 状态方程和未反应炸药 Gruneisen 状态方程参数

ρ/(g/cm³)	A/Mbar	B/Mbar	R_1	R_2	ω	E_0/GPa	C/(m/s)	S	Γ
1.89	7.783	0.0707	4.2	1.0	0.3	10.5	3070	1.79	0.7

R GUIRGUIS, R BERNECKER. Relation Between Sensitivity, Detonability, and Non-ideal Behavior [C]. Proceedings of the 11st International Detonation Snowmass, CA, 1998.

表 12-65   爆炸产物 JWL 状态方程参数（二）

A/Mbar	B/Mbar	R_1	R_2	ω
107	2.34	9.34	4.11	0.89

ALBERT L NICHOLS, III. Improving the Material Response for Slow Heat of Energetic Materials [C]. Proceedings of the 14th International Detonation Symposium, Coeur d'Alene, Idaho, 2010.

表 12-66　Gruneisen 状态方程参数（一）

$\rho_0 /(\mathrm{kg/m^3})$	$C_0 /(\mathrm{m/s})$	S	Γ
1891	2901	2.058	1.1

表 12-67　Steinberg-Guinan 材料模型参数

G_0 /MPa	S_0^y /MPa	f	T_{m0} /K	γ_0
2700	48.3	0.45	558	1.1

P A CONLEY, D J BENSON. An Estimate of Solid Viscosition in HMX [C]. Proceedings of the 11th International Detonation Snowmass, CA, 1998.

表 12-68　Gruneisen 状态方程参数（二）

$\rho_0 /(\mathrm{kg/m^3})$	v	σ_0 /MPa	σ_f /MPa	$C_0 (\mathrm{m/s})$	S	Γ	$C_V /\mathrm{J\cdot kg^{-1}\cdot K^{-1}}$
1900	0.25	100	−2000	2740	2.600	1.1	1450

M R BAER, M E KIPP, F VAN SWOL. Micromechanical Modeling of Heterogeneous Energetic Materials [C]. Proceedings of the 11st International Detonation Snowmass, CA, 1998.

表 12-69　Gruneisen 状态方程参数（三）

$\rho_0 /(\mathrm{kg/m^3})$	$C_0 /(\mathrm{m/s})$	S	Γ	$C_V /\mathrm{J\cdot kg^{-1}\cdot K^{-1}}$
1900	2740	2.600	1	1350

GERARD BAUDIN, FABIEN PETITPAS, RICHARD SAUREL. Thermal non equilibrium modeling of the detonation waves in highly heterogeneous condensed HE: a multiphase approach for metalized high explosives [C]. Proceedings of the 14th International Detonation Symposium, Coeur d'Alene, Idaho, 2010.

表 12-70　HMX 的力学参数和 Gruneisen 状态方程参数（二）

$\rho /(\mathrm{g/cm^3})$	G /GPa	σ_0 /GPa	$C /(\mathrm{m/s})$	s	Γ_0	$\kappa /\mathrm{W\cdot m^{-1}\cdot K^{-1}}$	$C_p /\mathrm{J\cdot kg^{-1}\cdot K^{-1}}$
1.900	2.7	0.10	2901	2.058	1.1	0.37	1100

刘群，等. PBX 炸药细观结构冲击点火数值模拟分析 [C]. 第十届全国冲击动力学学术会议论文集，2011.

表 12-71　HMX 的力学参数和 Mie-Gruneisen 状态方程参数

$\rho_{S0} /(\mathrm{kg/m^3})$	$C_{VS} /\mathrm{J\cdot kg^{-1}\cdot K^{-1}}$	G /GPa	Y /GPa	s	Γ_0	$C_0 /\mathrm{m\cdot s^{-1}}$	$k /\mathrm{W\cdot m^{-1}\cdot K^{-1}}$	T_m^0 /K
1900	1500	10	0.37	2.38	1.1	2650	0.502	552

张新明，等. 低速冲击 HMX 颗粒床的细观数值模拟 [C]. 第十三届全国战斗部与毁伤技术学术交流会论文集，黄山，2013，1198-1205.

表 12-72 Gruneisen 状态方程参数（三）

$C_V / \mathrm{J \cdot kg^{-1} \cdot K^{-1}}$	$\rho /(\mathrm{kg/m^3})$	$C_0 (\mathrm{m/s})$	s
1559	1900	2565	2.38

WU YAN-QING, HUANG FENG-LEI. Thermal Mechanical Anisotropic Constitutive Model and Numerical Simulations for Shocked -HMX Single Crystals [C]. The International Symposium on Shock & Impact Dynamics, 2011.

表 12-73 HMX 的强度模型参数

$C_V /(\mathrm{J \cdot kg^{-1} \cdot K^{-1}})$	$\rho /(\mathrm{kg/m^3})$	T_m / K	E / GPa	σ_S / MPa
1500	1900	2565	520	0.37

ZHANG XIN-MING, WU YAN-QING, HUANG FENG-LEI. Multiscale analysis of particle size dependent steady compaction waves in porous materials [C]. The International Symposium on Shock & Impact Dynamics, 2011.

HNB

表 12-74 HNB（Hexanitrobenzene）炸药 JWL 状态方程参数

$\rho /(\mathrm{g/cm^3})$	$D /(\mathrm{m/s})$	E_0 / GPa	A / GPa	B / GPa	C / GPa	R_1	R_2	ω
1.965	9340	13.2	1047.883	7.9824	1.39612	4.472	0.85	0.28

M VAN THIEL, F H REE, L C HASELMAN, JR. The Significance of Interaction Protentials of Water with Other Molecules in the EOS of High Explosive Products [C]. Proceedings of the 10th International Detonation Symposium, Boston, Massachusetts, 1993.

JOB9003

这是一种国产炸药。

表 12-75 JWL 状态方程参数

A / GPa	B / GPa	R_1	R_2	ω
842.04	21.81	4.60	1.35	0.25

黄西成, 陈裕泽. 多层球壳内爆运动数值模拟 [C]. 第七届全国爆炸力学学术会议论文集, 云南昆明, 2003.

HTPB

表 12-76 Gruneisen 状态方程参数

$\rho_0 /(\mathrm{kg/m^3})$	$C_0 /(\mathrm{m/s})$	s	Γ	$C_V / \mathrm{J \cdot kg^{-1} \cdot K^{-1}}$
980	1444	2.144	1	1000

GERARD BAUDIN, FABIEN PETITPAS, RICHARD SAUREL. Thermal non equilibrium modeling of the detonation waves in highly heterogeneous condensed HE: a multiphase approach for metalized high explosives [C]. Proceedings of the 14th International Detonation Symposium, Coeur d'Alene, Idaho, 2010.

活性破片

表 12-77　J-C 模型和 Gruneisen 状态方程参数

$\rho/(kg/m^3)$	$C_0/(m/s)$	s	Γ_0	G/MPa	T_r/K	T_m/K
2270	1450	2.26	0.9	666	294	500

A/MPa	B/MPa	n	C	m	$\dot{\varepsilon}_0/s^{-1}$	
33.7	1.05	1.8	0.4	1.05	1	

本书作者注：从密度看，活性破片材料可能是 Al/PTFE。

郝茂森，刘增辉，李之明. 活性破片战斗部爆炸驱动影响因素数值模拟研究 [C]. 第十三届全国战斗部与毁伤技术学术交流会论文集，黄山, 2013, 313-316.

LX-04

表 12-78　点火增长模型参数（一）

	$\rho_0 = 1.868g/cm^3$	
未反应炸药的 JWL 状态方程参数	反应产物的 JWL 状态方程参数	反应率方程参数
$A = 7320.0Mbar$	$A = 13.3239Mbar$	$a = 0.0$ $b = 0.667$
$B = -0.052654Mbar$	$B = 0.740218Mbar$	$c = 2.0$ $d = 2.0$
$R_1 = 14.1$	$R_1 = 5.9$	$e = 0.333$ $g = 1.0$
$R_2 = 1.41$	$R_2 = 2.1$	$I = 1000\mu s^{-1}$ $x = 4.0$
$\omega = 0.8867$	$\omega = 0.45$	$y = 1.0$ $z = 2.0$
$C_v = 2.7806E-5Mbar/K$	$C_v = 1.0E-5Mbar/K$	$F_{igmax} = 0.01$ $F_{G1max} = 1.0$ $F_{G2min} = 0.01$
$T_0 = 298K$	$E_0 = 0.095Mbar$	$G_1 = 130Mbar^{-2}\cdot\mu s^{-1}$
剪切模量=0.0352Mbar		$G_2 = 400Mbar^{-1}\cdot\mu s^{-1}$
屈服强度=0.00065Mbar		

KEVIN S VANDERSALL. Experimental and Modeling Studies of Crush, Puncture, and Perforation Scenarios in the Steven Impact test [C]. Proceedings of the 12rd International Detonation Symposium, San Diego, California, 2002.

成分为：w(HMX)85%，w(Viton A)15%。

表 12-79　JWL 状态方程参数

$\rho/(g/cm^3)$	P_{CJ}/GPa	$V_D/(m/s)$	A/GPa	B/GPa	R_1	R_2	ω	E_0/GPa
1.868	34	8470	1332.39	74.0218	5.9	2.1	0.45	9.5

PAUL A URTIEW. Shock Initiation Experiments and Modeling of Composition B, C-4, and ANFO [C]. Proceedings of the 13rd International Detonation Symposium, Portland, OH, 2006.

表 12-80　点火增长模型参数（二）

$$\rho_0 = 1.868g/cm^3$$

未反应炸药的 JWL 状态方程参数	反应产物的 JWL 状态方程参数	反应率方程参数
$A = 9522.0$Mbar	$A = 15.3516$Mbar	$a = 0.0794$ $b = 0.667$
$B = -0.09544$Mbar	$B = 0.6004$Mbar	$c = 0.667$ $d = 0.667$
$R_1 = 14.1$	$R_1 = 5.1$	$e = 0.333$ $g = 1.0$
$R_2 = 1.41$	$R_2 = 2.1$	$I = 2.0E4\mu s^{-1}$ $x = 4.0$
$\omega = 0.8867$	$\omega = 0.45$	$y = 2.0$ $z = 3.0$
$C_v = 2.7806E-5$Mbar/K	$C_v = 1.0E-5$Mbar/K	$F_{igmax} = 0.02$ $F_{G1max} = 0.5$ $F_{G2min} = 0.5$
$T_0 = 298$K	$E_0 = 0.095$Mbar	$G_1 = 220$Mbar$^{-2} \cdot \mu s^{-1}$
剪切模量=0.0474Mbar		$G_2 = 320$Mbar$^{-1} \cdot \mu s^{-1}$
屈服强度=0.002 Mbar		

KEVIN S VANDERSALL. Low Amplitude Single and Multiple Shock Initiation Experiments and Modeling of LX-04 [C]. Proceedings of the 13rd International Detonation Symposium, Portland, OH, 2006.

LX-04-01

表 12-81　170℃下 LX-04-01 的点火增长模型参数

$$\rho_0 = 1.77g/cm^3$$

未反应炸药的 JWL 状态方程参数	反应产物的 JWL 状态方程参数	反应率方程参数
$A = 6046$Mbar	$A = 13.64355$Mbar	$I = 7.43E11\mu s^{-1}$ $F_{igmax} = 0.3$
$B = -0.0633711$Mbar	$B = 0.718081$Mbar	$a = 0.0$ $b = 0.667$
$R_1 = 14.1$	$R_1 = 5.9$	$x = 20.0$
$R_2 = 1.41$	$R_2 = 2.1$	$G_1 = 130$Mbar$^{-2} \cdot \mu s^{-1}$ $F_{G1max} = 0.5$
$\omega = 0.8867$	$\omega = 0.45$	$c = 0.667$ $d = 0.333$
$C_v = 2.7806 \times 10^{-5}$Mbar/K	$C_v = 1.0 \times 10^{-5}$Mbar/K	$y = 2.0$
$T_0 = 443$K	$E_0 = 0.095$Mbar	$G_2 = 400$Mbar$^{-2} \cdot \mu s^{-1}$ $F_{G2min} = 0.5$
剪切模量=0.0474Mbar		$e = 0.333$ $g = 1.0$
屈服强度=0.002Mbar		$z = 2.0$

J W FORBES, C M TARVER, P A URTIEW, et al. The Effects of Confinement and Temperature on the Shock Sensitivity of Solid Explosives [C]. Proceedings of the 11st International Detonation Snowmass, CA, 1998.

LX-10

成分：w(HMX)94.5%，w(Viton A)5.5%黏结剂。

表 12-82　点火增长模型参数（一）

$\rho_0 = 1.865 g / cm^3$

未反应炸药的 JWL 状态方程参数	反应产物的 JWL 状态方程参数	反应率方程参数
$A = 9522$Mbar	$A = 8.807$Mbar	$I = 1000 \mu s^{-1}$ $F_{igmax} = 0.3$
$B = -0.05944$Mbar	$B = 0.1836$Mbar	$a = 0.0$ $b = 0.667$
$R_1 = 14.1$	$R_1 = 4.62$	$x = 4.0$
$R_2 = 1.41$	$R_2 = 1.32$	$G_1 = 120 Mbar^{-2} \cdot \mu s^{-1}$ $F_{G1max} = 0.5$
$\omega = 0.8867$	$\omega = 0.38$	$c = 0.667$ $d = 0.333$
$C_v = 2.7806 \times 10^{-5}$Mbar/K	$C_v = 1.0 \times 10^{-5}$Mbar/K	$y = 2.0$
$T_0 = 298$K	$E_0 = 0.104$Mbar	$G_2 = 400 Mbar^{-2} \cdot \mu s^{-1}$ $F_{G2min} = 0.5$
剪切模量=0.05Mbar	$D = 8.82$ km/s	$e = 0.333$ $g = 1.0$
屈服强度=0.0003Mbar	$P_{CJ} = 0.375$Mbar	$z = 2.0$

STEVEN K CHIDESTER, CRAIG M. Tarver, Raul G. Garza. Low Amplitude Impact Testing and Analysis of Pristine and Aged Solid High Explosives [C]. Proceedings of the 11st International Detonation Snowmass, CA, 1998.

表 12-83　点火增长模型参数（二）

$\rho_0 = 1.862 g / cm^3$

未反应炸药的 JWL 状态方程参数	反应产物的 JWL 状态方程参数	反应率方程参数
$A = 9522$Mbar	$A = 8.807$Mbar	$I = 2.0 \times 10^4 \mu s^{-1}$ $F_{igmax} = 0.2$
$B = -0.05944$Mbar	$B = 0.1836$Mbar	$a = 0.0819$ $b = 0.667$
$R_1 = 14.1$	$R_1 = 4.62$	$x = 4.0$
$R_2 = 1.41$	$R_2 = 1.32$	$G_1 = 350 Mbar^{-2} \cdot \mu s^{-1}$ $F_{G1max} = 0.5$
$\omega = 0.8867$	$\omega = 0.38$	$c = 0.667$ $d = 0.667$
$C_v = 2.7806 \times 10^{-5}$Mbar/K	$C_v = 1.0 \times 10^{-5}$Mbar/K	$y = 2.0$
$T_0 = 298$K	$E_0 = 0.104$Mbar	$G_2 = 320 Mbar^{-2} \cdot \mu s^{-1}$ $F_{G2min} = 0.5$
剪切模量=0.05Mbar	$D = 8.82$ km/s	$e = 0.333$ $g = 1.0$
屈服强度=0.002Mbar	$P_{CJ} = 0.375$Mbar	$z = 3.0$

CRAIG M TARVER, CHADD M MAY. Short Pulse Shock Initiation Experiments and Modeling on LX16, LX10, and Ultrafine TATB [C]. Proceedings of the 14th International Detonation Symposium, Coeur d' Alene, Idaho, 2010.

LX-16

成分：w(PETN)96%，w(PPC461)4%。

表 12-84　JWL 状态方程参数

$\rho/(g/cm^3)$	P_{CJ}/GPa	$V_D/(m/s)$	A/GPa	B/GPa	R_1	R_2	ω	E_0/GPa
1.7	30.507	7963	516.784	24.491	4.5	1.5	0.29	9.86

CRAIG M TARVER, ESTELLA M MCGUIRE. REACTIVE FLOW MODELING OF THE INTERACTION OF TATB DETONATION WAVES WITH INERT MATERIALS [C]. Proceedings of the 12nd International Detonation Symposium, San Diego, California, 2002.

成分为：w(PETN)96%，w(PPC461)4%。

表 12-85　点火增长模型参数

$\rho_0 = 1.70g/cm^3$		
未反应炸药的 JWL 状态方程参数	反应产物的 JWL 状态方程参数	反应率方程参数
$A = 202.8Mbar$	$A = 5.16784Mbar$	$I = 1.6 \times 10^4 \mu s^{-1}$ $F_{igmax}=0.04$
$B = -0.03752Mbar$	$B = 0.24491Mbar$	$a = 0.0$ $b = 0.667$
$R_1 = 10.0$	$R_1 = 4.5$	$x = 9.0$
$R_2 = 1.0$	$R_2 = 1.5$	$G_1 = 4Mbar^{-1} \cdot \mu s^{-1}$ $F_{G1max}=0.1$
$\omega = 0.5688$	$\omega = 0.29$	$c = 0.667$ $d = 0.04$
$C_v = 2.7115 \times 10^{-5}Mbar/K$	$C_v = 1.0 \times 10^{-5}Mbar/K$	$y = 1.0$
$T_0 = 298K$	$E_0 = 0.0986Mbar$	$G_2 = 8000Mbar^{-1} \cdot \mu s^{-1}$ $F_{G2min}=0.04$
剪切模量=0.04Mbar	$D = 8.03 km/s$	$e = 0.667$ $g = 0.667$
屈服强度=0.002Mbar	$P_{CJ} = 0.30Mbar$	$z = 2.0$

CRAIG M TARVER. Shock Initiation of the PETN-based Explosive LX-16 [C]. Proceedings of the 13rd International Detonation Symposium, Portland, OH, 2006.

LX-17

表 12-86　25℃下 LX-17 的点火增长模型参数（一）

$\rho_0 = 1.85g/cm^3$		
未反应炸药的 JWL 状态方程参数	反应产物的 JWL 状态方程参数	反应率方程参数
$A = 244.8Mbar$	$A = 13.454Mbar$	$I = 10000 \mu s^{-1}$ $F_{igmax}=0.02$
$B = -0.045366Mbar$	$B = 0.6727Mbar$	$a = 0.2$ $b = 0.667$

（续）

$\rho_0 = 1.85g/cm^3$		
未反应炸药的 JWL 状态方程参数	反应产物的 JWL 状态方程参数	反应率方程参数
R_1=11.3	R_1=6.2	x=7.0
R_2=1.13	R_2=2.2	G_1=100Mbar$^{-2}\cdot\mu$s^{-1} F_{G1max}=0.5
$\omega = 0.8938$	$\omega = 0.5$	$c = 0.667$ $d = 0.667$
C_v=2.487×10^{-5}Mbar/K	C_v=1.0×10^{-5}Mbar/K	$y = 2.0$
T_0 =523K	E_0= 0.067Mbar	G_2= 400Mbar$^{-3}\cdot\mu$s^{-1} F_{G2min}=0.5
剪切模量=0.03Mbar		e =0.333 g =1.0
屈服强度=0.002Mbar		z =3.0

J W FORBES, C M TARVER, P A URTIEW, et al. The Effects of Confinement and Temperature on the Shock Sensitivity of Solid Explosives [C]. Proceedings of the 11st International Detonation Snowmass, CA, 1998.

表 12-87 25℃下 LX-17 的点火增长模型参数（二）

$\rho_0 = 1.905g/cm^3$		
未反应炸药的 JWL 状态方程参数	反应产物的 JWL 状态方程参数	反应率方程参数
A =632.07Mbar	A =14.8105Mbar	I =4.0E6μs^{-1} b = 0.667
B =−0.04472Mbar	B = 0.6379Mbar	a = 0.22 x=7.0
R_1=11.3	R_1=6.2	G_1=1100Mbar$^{-2}\cdot\mu$s^{-1} c = 0.667
R_2=1.13	R_2=2.2	d = 1.0 y = 2.0
$\omega = 0.8938$	$\omega = 0.50$	G_2= 30Mbar$^{-1}\cdot\mu$s^{-1} e =0.667
C_v=2.487E6Pa/K	C_v=1.0E6Pa/K	g =0.667 z =1.0
T_0 =298K	E_0= 0.069Mbar	F_{igmax}=0.02 F_{G1max}=0.8 F_{G2min}=0.8
剪切模量=0.0354Mbar		
屈服强度=0.002Mbar		

CRAIG M TARVER, ESTELLA M MCGUIRE. REACTIVE FLOW MODELING OF THE INTERACTION OF TATB DETONATION WAVES WITH INERT MATERIALS [C]. Proceedings of the 12nd International Detonation Symposium, San Diego, California, 2002.

表 12-88　点火增长模型参数

$\rho_0 = 1.905 g/cm^3$		
未反应炸药的 JWL 状态方程参数	反应产物的 JWL 状态方程参数	反应率方程参数
A =778.1Mbar	A =14.8105Mbar	I =4.0E12s^{-1} b = 0.667
B =-0.05031Mbar	B = 0.6379Mbar	a = 0.22 x=7.0
R_1=11.3	R_1=6.2	G_1=4500E6Mbar$^{-3}\cdot s^{-1}$ c = 0.667
R_2=1.13	R_2=2.2	d = 1.0 y = 3.0
ω = 0.8938	ω = 0.50	G_2= 30E6Mbar$^{-1}\cdot s^{-1}$ e =0.667
C_v=2.487E6Pa/K	C_v=1.0E6Pa/K	g =0.667 z =1.0
T_0 =298K	E_0= 0.069Mbar	F_{igmax}=0.02 F_{G1max}=0.8 F_{G2min}=0.8

G DEOLIVEIRA. Detonation Diffraction, Dead Zones, and the Ignition-and-Growth Model [C]. Proceedings of the 13rd International Detonation Symposium, Portland, OH, 2006.

LX-19

成分：w(CL-20) 95.8%，w(Estane binder)4.2.%。

表 12-89　JWL 状态方程参数

$\rho/(g/cm^3)$	$V_D/(m/s)$	A/GPa	B/GPa	R_1	R_2	ω	E_0/GPa
1.920	9104	1596.65	177.410	6.5	2.7	0.55	11.33

M J MURPHY, D BAUM, R L SIMPSON, et al. Demonstration of enhanced warhead performance with more powerful explosives [C]. 17th International symposium on ballistics, Midrand, South Africa, 1998: 23-27.

某 HMX 基 PBX 炸药

表 12-90　*MAT_PLASTIC_KINEMATIC 模型参数

$\rho/(kg/m^3)$	E/MPa	v	σ_0/MPa	E_t/MPa
1850	1.01E4	0.3	45	0.6

张丘, 黄交虎. 炸药切削数值模拟研究 [J]. 含能材料, 2009, 17(5): 583-587.

某 PBX 炸药

表 12-91　PBX 药柱在不同温度下的拉伸强度及模量

温度/℃	拉伸强度/MPa	拉伸模量/GPa
20	6.62	11.61
35	6.12	11.79
45	5.74	10.64

（续）

温度/℃	拉伸强度/MPa	拉伸模量/GPa
55	4.65	7.53
60	3.43	5.33

表 12-92　PBX 药柱热力学材料参数

$\rho/(kg/m^3)$	v	$\kappa/W \cdot m^{-1} \cdot K^{-1}$	$C/J \cdot kg^{-1} \cdot K^{-1}$	α/K^{-1}
1845	0.3	0.302	1020	5.48×10^{-5}

兰琼，等. PBX 药柱温升过程中的性能变化研究 [J]. 含能材料, 2008, 16(6): 693-697.

某三种 PBX 炸药

开展三种 PBX 炸药的间接拉伸（动态巴西）实验，初步建立了描述三种炸药动态拉伸行为的修正 J-C 模型。

表 12-93　三种 PBX 炸药修正的 J-C 模型参数

炸药	A/GPa	B/GPa	n	C
PBX1	11.37	11.64	1.007	1.813
PBX2	6.47	6.99	1.021	1.829
PBX3	0.50	0.883	1.153	1.861

注：参考应变率 $\dot{\varepsilon}_0 = 1$。

傅华, 李俊玲, 谭多望. PBX 炸药本构关系的实验研究 [J]. 爆炸与冲击, 2012, 32(3): 231-236.

NM

表 12-94　NM（Nitromethane）炸药爆炸产物的 JWL 状态方程参数

$\rho/(g/cm^3)$	$D_{CJ}(m/s)$	P_{CJ}/GPa	A/GPa	B/GPa	R_1	R_2	E_0/GPa	ω
1.128	6280	12.5	209.25	5.689	4.4	1.2	5.1	0.30

DOBRATZ B M, CRAWFORD P C. LLNL Explosives Handbook [R]. UCRL-52997 Rev.2, January 1985.

表 12-95　Gruneisen 状态方程参数（一）

$\rho_0/(g/cm^3)$	$C/(m/s)$	S	Γ	$C_V/kJ \cdot kg^{-1} \cdot K^{-1}$
1.128	1647	1.637	0.6805	1.7334

ROBERT C RIPLEY. Detonation Interaction with Metal Particles in Explosives [C]. Proceedings of the 13rd International Detonation Symposium, Portland, OH, 2006.

表 12-96　Gruneisen 状态方程参数（二）

$\rho_0/(kg/m^3)$	$C_0/(m/s)$	S	Γ	$C_V/J \cdot kg^{-1} \cdot K^{-1}$
1128	1647	1.637	0.6805	1733.4

表 12-97　JWL 状态方程参数

A/GPa	B/GPa	R_1	R_2	E_0/GPa	ω
227.2	4.934	4.617	1.073	1.223	0.379

ROBERT C RIPLEY. Detonation Interaction with Metal Particles in Explosives [C]. Proceedings of the 13rd International Detonation Symposium, Portland, OH, 2006.

表 12-98　Gruneisen 状态方程参数（三）

$\rho_0/(\text{kg/m}^3)$	$C_0/(\text{m/s})$	S	$\varGamma$	$C_V/\text{J}\cdot\text{kg}^{-1}\cdot\text{K}^{-1}$
1134	1650	1.64	1.19	1221

GERARD BAUDIN, FABIEN PETITPAS, RICHARD SAUREL. Thermal non equilibrium modeling of the detonation waves in highly heterogeneous condensed HE: a multiphase approach for metalized high explosives [C]. Proceedings of the 14th International Detonation Symposium, Coeur d'Alene, Idaho, 2010.

Octol

表 12-99　JWL 状态方程参数

$\rho/(\text{kg/m}^3)$	$V_D/(\text{m/s})$	P_{CJ}/GPa	A/GPa	B/GPa	R_1	R_2	E_0/GPa	ω
1821	8480	34.2	748.6	13.38	4.5	1.2	9.6	0.38

SRIDHAR PAPPU. Hydrocode and Microstructural Analysis of Explosively Formed Penetrators [D]. EL PASO, USA: University of Texas, 2000.

PAX 系列炸药

表 12-100　*EOS_JWLB 状态方程参数

	PAX-3	PAX-29	PAX-30	PAX-42
$\rho/(\text{g/cm}^3)$	1.866	1.999	1.885	1.8265
E_0/Mbar	0.082047	0.14716	0.13568	0.13109
$D/(\text{cm/}\mu\text{s})$	0.8049	0.8784	0.8342	0.8137
P/Mbar	0.2939	0.2599	0.2419	0.2339
A_1/Mbar	399.991	400.407	406.224	400.717
A_2/Mbar	10.3055	82.630	135.309	16.5445
A_3/Mbar	2.8756	1.5507	1.5312	1.45169
A_4/Mbar	0.0321197	0.006126	0.006772	0.006103
R_1	13.5562	20.9887	26.9788	13.6945
R_2	7.70458	9.6288	10.6592	8.67402
R_3	3.37987	2.42441	2.52342	2.5320
R_4	0.920167	0.328128	0.335585	0.33570
C/Mbar	0.007651	0.014626	0.013561	0.014057

（续）

	PAX-3	PAX-29	PAX-30	PAX-42
ω	0.280167	0.24286	0.234742	0.242371
$A\lambda 1$	60.7701	60.6372	72.6781	73.0820
$A\lambda 2$	11.2185	6.12950	5.64752	5.45602
$B\lambda 1$	6.99635	3.24383	2.87280	2.72707
$B\lambda 2$	−7.26845	−3.48268	−3.10754	−2.85672
$R\lambda 1$	26.7932	24.2892	27.8109	27.4611
$R\lambda 2$	1.99336	1.68684	1.71375	1.74770

表 12-101 *EOS_JWL 状态方程参数

	LX14	PAX-2A	PAX-29	PAX-30	PAX-42
$\rho /(\text{g}/\text{cm}^3)$	1.819	1.770	1.999	1.885	1.827
E_0 / Mbar	0.10213	0.09953	0.14714	0.135755	0.12994
$D / (\text{cm}/\mu\text{s})$	0.8630	0.8391	0.8784	0.8342	0.8137
P / Mbar	0.3349	0.3124	0.2599	0.2419	0.2339
A_1 / Mbar	26.1406	27.0134	8.58373	7.19151	13.8484
A_2 / Mbar	0.763619	0.762675	0.168261	0.097112	0.145102
R_1	6.93245	7.22237	4.7726	4.59098	5.74864
R_2	1.94159	1.95979	1.03613	0.84089	0.99404
C / Mbar	0.010994	0.010919	0.014556	0.013492	0.015193
ω	0.384193	0.375812	0.242252	0.233665	0.253095

E L BAKER. Combined Effects Aluminized Explosives [C]. 24th International Symposium of Ballistics, New Orleans, Louisiana, 2008.

PBX9010

表 12-102 爆炸产物的 JWL 状态方程参数

$\rho /(\text{g}/\text{cm}^3)$	$D_{CJ}/(\text{m}/\text{s})$	P_{CJ}/GPa	A/GPa	B/GPa	R_1	R_2	E_0/GPa	ω
1.787	8390	34	581.45	6.801	4.1	1.0	9.0	0.35

DOBRATZ B M, CRAWFORD P C. LLNL Explosives Handbook [R]. UCRL-52997 Rev.2, January 1985.

PBX9011

表 12-103 爆炸产物的 JWL 状态方程参数

$\rho /(\text{g}/\text{cm}^3)$	$D_{CJ}/(\text{m}/\text{s})$	P_{CJ}/GPa	A/GPa	B/GPa	R_1	R_2	E_0/GPa	ω
1.777	8500	34	634.7	7.998	4.2	1.0	8.9	0.30

DOBRATZ B M, CRAWFORD P C. LLNL Explosives Handbook [R]. UCRL-52997 Rev.2, January 1985.

PBX9404-3

表 12-104　爆炸产物的 JWL 状态方程参数

$\rho/(g/cm^3)$	$D_{CJ}/(m/s)$	P_{CJ}/GPa	A/GPa	B/GPa	R_1	R_2	E_0/GPa	ω
1.84	8800	37	852.4	18.02	4.6	1.3	10.2	0.38

DOBRATZ B M, CRAWFORD P C. LLNL Explosives Handbook [R]. UCRL-52997 Rev.2, January 1985.

PBX9407

成分：94% RDX，6% Exon 461。

表 12-105　JWL 状态方程参数

$\rho/(g/cm^3)$	P_{CJ}/GPa	$V_D/(m/s)$	A/GPa	B/GPa	R_1	R_2	ω	E_0/GPa
1.6	26.5	7910	573.187	14.639	4.6	1.4	0.32	8.6

CRAIG M TARVER, ESTELLA M MCGUIRE. REACTIVE FLOW MODELING OF THE INTERACTION OF TATB DETONATION WAVES WITH INERT MATERIALS [C]. Proceedings of the 12nd International Detonation Symposium, San Diego, California, 2002.

PBX9501

成分：95% HMX，2.5% Estane，2.5% BDNPA/F。

表 12-106　JWL 状态方程参数（一）

$\rho/(g/cm^3)$	P_{CJ}/GPa	$V_D/(m/s)$	A/GPa	B/GPa	R_1	R_2	ω	E_0/GPa
1.835	34	8800	1668.9	59.69	5.9	2.1	0.45	10.2

MARK L GARCIA, CRAIG M TARVER.Three-Dimensional Ignition and Growth Reactive Flow Modeling of Prism Failure Tests on PBX 9502 [C]. Proceedings of the 13th International Detonation Symposium, Portland, OH, 2006.

表 12-107　爆炸产物的 JWL 状态方程参数

$\rho/(g/cm^3)$	$D_{CJ}/(m/s)$	P_{CJ}/GPa	A/GPa	B/GPa	R_1	R_2	E_0/GPa	ω
1.84	8800	37	852.4	18.02	4.55	1.3	10.2	0.38

DOBRATZ B M, CRAWFORD P C. LLNL Explosives Handbook [R]. UCRL-52997 Rev.2, January 1985.

表 12-108　JWL 状态方程参数（二）

$\rho/(g/cm^3)$	P_{CJ}/GPa	$V_D/(m/s)$	A/GPa	B/GPa	R_1	R_2	ω	E_0/GPa
1.84	34	8800	854.45	20.493	4.6	1.35	0.25	5.543

W H LEE, J W PAINTER. Material void-opening computation using particle method [J]. International Journal of Impact Engineering, 1999, 22: 1-22.

表 12-109 Gruneisen 状态方程参数

$\rho_0 /(\mathrm{kg/m^3})$	K/GPa	v	S	$\varGamma$
1860	2.57	0.36	2.26	1.5

J K DIENES, J D KERSHNER. Multiple-Shock Initiation via Statistical Crack Mechanics [C]. Proceedings of the 11st International Detonation Snowmass, CA, 1998.

PBX9501 体积模量 1111MPa，剪切模量 370MPa，热膨胀系数 12.6E-5K^{-1}。

敬仕明，李明，龙新平. PBX 有效弹性性能研究进展 [J]. 含能材料, 2009, 17(1): 119-123.

PBX9502

表 12-110 爆炸产物的 JWL 状态方程参数

$\rho /(\mathrm{g/cm^3})$	$D_{CJ}/(\mathrm{m/s})$	P_{CJ}/GPa	A/GPa	B/GPa	R_1	R_2	E_0/GPa	ω
1.895	7710	30.2	460.3	9.544	4.0	1.7	7.07	0.48

DOBRATZ B M, CRAWFORD P C. LLNL Explosives Handbook [R]. UCRL-52997 Rev.2, January 1985.

表 12-111 298K 下 PBX9502 的点火增长模型参数

$\rho_0 = 1.895\mathrm{g/cm^3}$		
未反应炸药的 JWL 状态方程参数	反应产物的 JWL 状态方程参数	反应率方程参数
A =632.07Mbar	A =13.6177Mbar	I =4.0E6μs^{-1} b = 0.667
B =-0.04472Mbar	B = 0.7199Mbar	a = 0.214 x=7.0
R_1=11.3	R_1=6.2	G_1=1100Mbar$^{-2}\cdot$μs^{-1} c = 0.667
R_2=1.13	R_2=2.2	d = 1.0 y = 2.0
ω = 0.8938	ω = 0.50	G_2= 30Mbar$^{-1}\cdot$μs^{-1} e =0.667
C_v=2.487E6Pa/K	C_v=1.0E6Pa/K	g =0.667 z =1.0
T_0 =298K	E_0= 0.069Mbar	F_{igmax}=0.025 F_{G1max}=0.8 F_{G2min}=0.8
剪切模量=0.0354 Mbar		
屈服强度=0.002 Mbar		

CRAIG M TARVER, ESTELLA M MCGUIRE. REACTIVE FLOW MODELING OF THE INTERACTION OF TATB DETONATION WAVES WITH INERT MATERIALS [C]. Proceedings of the 12nd International Detonation Symposium, San Diego, California, 2002.

成分：95%TATB，5% Kel-F 黏结剂。

表 12-112　点火增长模型参数

密度 $\rho_0 = 1.895 g / cm^3$

未反应炸药的 JWL 状态方程参数	反应产物的 JWL 状态方程参数	反应率方程参数
$A = 778.1 Mbar$	$A = 13.6177 Mbar$	$I = 4.0 \times 10^6 ms^{-1}$ $F_{igmax} = 0.025$
$B = -0.05031 Mbar$	$B = 0.7199 Mbar$	$a = 0.214$ $b = 0.667$
$R_1 = 11.3$	$R_1 = 6.2$	$x = 7.0$
$R_2 = 1.13$	$R_2 = 2.2$	$G_1 = 4613 Mbar^{-1} \cdot ms^{-1}$ $F_{G1max} = 0.8$
$\omega = 0.8938$	$\omega = 0.5$	$c = 0.667$ $d = 1.0$
$C_v = 2.487 \times 10^{-5} Mbar/K$	$C_v = 1.0 \times 10^{-5} Mbar/K$	$y = 3.0$
$T_0 = 298K$	$E_0 = 0.069 Mbar$	$G_2 = 30 Mbar^{-1} \cdot ms^{-1}$ $F_{G2min} = 0.8$
剪切模量 $= 0.0354 Mbar$		$e = 0.667$ $g = 0.667$
屈服强度 $= 0.002 Mbar$		$z = 1.0$

MARK L GARCIA, CRAIG M TARVER. Three-Dimensional Ignition and Growth Reactive Flow Modeling of Prism Failure Tests on PBX 9502 [C]. Proceedings of the 13rd International Detonation Symposium, Portland, OH, 2006.

表 12-113　带损伤的 **PBX 9502** 点火增长模型参数

密度 $\rho_0 = 1.84 g / cm^3$

未反应炸药的 JWL 状态方程参数	反应产物的 JWL 状态方程参数	反应率方程参数
$A = 632.07 Mbar$	$A = 13.6177 Mbar$	$I = 4.4 \times 10^6 \mu s^{-1}$ $F_{igmax} = 0.5$
$B = -0.04472 Mbar$	$B = 0.7199 Mbar$	$a = 0.214$ $b = 0.667$
$R_1 = 11.3$	$R_1 = 6.2$	$x = 7.0$
$R_2 = 1.13$	$R_2 = 2.2$	$G_1 = 0.6 Mbar^{-1} \cdot \mu s^{-1}$ $F_{G1max} = 0.8$
$\omega = 0.8938$	$\omega = 0.5$	$c = 0.667$ $d = 0.111$
$C_v = 2.487 \times 10^{-5} Mbar/K$	$C_v = 1.0 \times 10^{-5} Mbar/K$	$y = 1.0$
$T_0 = 298K$	$E_0 = 0.069 Mbar$	$G_2 = 400 Mbar^{-3} \cdot \mu s^{-1}$ $F_{G2min} = 0.8$
剪切模量 $= 0.0354 Mbar$		$e = 0.333$ $g = 1.0$
屈服强度 $= 0.002 Mbar$		$z = 3.0$

表 12-114　不带损伤的 **PBX 9502** 点火增长模型参数

密度 $\rho_0 = 1.84 g / cm^3$

未反应炸药的 JWL 状态方程参数	反应产物的 JWL 状态方程参数	反应率方程参数
$A = 778.1 Mbar$	$A = 15.057 Mbar$	$I = 4.0 \times 10^6 \mu s^{-1}$ $F_{igmax} = 0.025$

（续）

密度 $\rho_0 = 1.84g/cm^3$		
未反应炸药的 JWL 状态方程参数	反应产物的 JWL 状态方程参数	反应率方程参数
$B = -0.05031 \text{Mbar}$	$B = 0.6108 \text{Mbar}$	$a = 0.214$ $b = 0.667$
$R_1 = 11.3$	$R_1 = 6.2$	$x = 7.0$
$R_2 = 1.13$	$R_2 = 2.2$	$G_1 = 4613 \text{Mbar}^{-3} \cdot \mu s^{-1}$ $F_{G1max} = 0.8$
$\omega = 0.8938$	$\omega = 0.5$	$c = 0.667$ $d = 1.0$
$C_v = 2.487 \times 10^{-5} \text{Mbar/K}$	$C_v = 1.0 \times 10^{-5} \text{Mbar/K}$	$y = 3.0$
$T_0 = 298 \text{K}$	$E_0 = 0.069 \text{Mbar}$	$G_2 = 30 \text{Mbar}^{-1} \cdot \mu s^{-1}$ $F_{G2min} = 0.8$
剪切模量=0.0354 Mbar	$D = 7.716 \text{ km/s}$	$e = 0.667$ $g = 0.667$
屈服强度=0.002 Mbar	$P_{CJ} = 0.270 \text{Mbar}$	$z = 1.0$

STEVEN K CHIDESTER. Shock Initiation and Detonation Wave Propagation in Damaged TATB Based Solid Explosives [C]. Proceedings of the 14th International Detonation Symposium, Coeur d'Alene, Idaho, 2010.

PBXC-19

表 12-115 JWL 状态方程参数

$\rho/(g/cm^3)$	$V_D/(m/s)$	A/GPa	B/GPa	R_1	R_2	ω	E_0/GPa
1.896	9083	2644.40	26.793	6.13	1.5	0.50	11.50

SIMPSON R L, URTIEW P A, ORNELLAS D L, et al. CL-20 performance exceeds that of HMX and its sensitivity is moderate [J]. Propellants Explosives Pyrotechnics, 1997, 22: 249-255.

PBXC03

PBXC03 炸药是一种以 HMX 为主、含少量 TATB 的塑性粘结炸药，其典型装药密度为 $1.849g/cm^3$，爆速 8712m/s。傅华等测试并得到 PBXC03 炸药的冲击 Hugoniot 关系为：

$$D = (2.49 \pm 0.23) + (2.48 \pm 0.33)u \qquad (4900m/s \leqslant u \leqslant 7800m/s)$$

根据上述关系可以得到 PBXC03 未反应炸药的 JWL 状态方程参数。

表 12-116 JWL 状态方程参数

A/Mbar	B/Mbar	R_1	R_2	ω	C_v
272137.59	-0.738544	19.87	1.987	1.99	1.6932E-4

段卓平，等. 未反应炸药 JWL 状态方程参数确定方法研究 [C]. 第十届全国爆炸与安全技术会议论文集，昆明，2011，73-78.

PBXN-109

表 12-117　点火增长模型参数

未反应炸药状态方程和本构模型参数			
$\rho/(g/cm^3)$	A/GPa	B/GPa	R_1
1.66	8.817E5	-3.55	15.0
R_2	$R_3 = \omega * C_v/(GPa/K)$	σ_0/MPa	G/MPa
1.41	1.94E-3	0.69	1.4

反应产物状态方程和 CJ 参数				
A/GPa	B/GPa	R_1	R_2	$C_v/(GPa/K)$
1341.3	32.7	6	2	1.0E-3
$R_4 = \omega * C_v/(GPa/K)$	E_0/GPa	$D_{CJ}/(m/s)$	P_{CJ}/GPa	
2.0E-4	10.2	7600	22.0	

反应率方程参数							
$I/\mu s^{-1}$	b	a	x	$G_1/GPa^{-y}\cdot\mu s^{-1}$	c	d	y
4.55E4	0.6667	0.02	8.0	0.045	0.2222	0.6667	2.0
e	f	z	F_{mixg}	$G_2/GPa^{-z}\cdot\mu s^{-1}$	F_{mxGr}	F_{mnGr}	
0.333	1.0	3.0	0.22	4.0E-4	0.5	0	

LU J P. Simulation of Sympathetic Reaction Tests for PBXN-109 [C]. 13rd International Detonation Symposium, Northfolk, VA, USA, 2006.

PBXN-11

表 12-118　JWL 状态方程参数

$\rho/(g/cm^3)$	P_{CJ}/GPa	$V_D/(m/s)$	A/GPa	B/GPa	R_1	R_2	ω	E_0/GPa
1.794	34	8440	652.6801	9.6778	4.3	1.1	0.35	9.8

ANNE KATHRINE PRYTZ, GARD ODEGARDSTUEN.Warhead Fragmentation Experiments, Simulations and Evaluations [C]. 25th International Symposium on Ballistics, Beijing, China, 2010.

PBXN-110

表 12-119　JWL 状态方程参数

$\rho/(g/cm^3)$	P_{CJ}/GPa	$V_D/(m/s)$	A/GPa	B/GPa	R_1	R_2	ω	E_0/GPa
1.672	27.5	8330	950.4	10.98	5	1.4	0.4	8.7

AYISIT O. The influence of asymmetries in shaped charge performance [C]. International Journal of Impact Engineering, 2008, 35: 1399-1404.

PBXN-111

表 12-120 点火增长模型参数

$\rho_0/(g/cm^3)$	r_1/Mbar	r_2/Mbar	r_5	r_6	r_3/(Mbar/K)	σ_Y/Mbar
1.792	40.66	−1.339	7.2	3.6	2.091E-5	4.54E-2
G/Mbar	a/Mbar	b/Mbar	XP1	XP2	r_4/(Mbar/K)	E_0/(kJ/cc)
2E-3	3.729	0.05412	4.453	1.102	4.884E-6	0.1295
FREQ	FRER	CCRIT	EETAL	GROW1	ES1	AR1
30	0.6667	0	4	4.5	0.6667	0.1111
EM	GROW2	ES2	AR2	EN	F_{mxig}	F_{mxGr}
1	18.05	1	0.1111	2	0.015	0.25
F_{mnGr}						
0						

LU J P, KENNNEDY D L. Modeling of PBXW-115 Using Kinetic CHEETAH and DYNA Codes [R]. 2003, DSTO-TR-1496.

PBXW-115

表 12-121 点火增长模型参数

$\rho_0/(g/cm^3)$	r_1/Mbar	r_2/Mbar	r_5	r_6	r_3/(Mbar/K)	σ_Y/Mbar
1.792	40.66	−1.339	7.2	3.6	2.091E-5	4.54E-2
G/Mbar	a/Mbar	b/Mbar	XP1	XP2	r_4/(Mbar/K)	E_0/(kJ/cc)
2E-3	3.729	0.05412	4.453	1.102	4.884E-6	0.1295
FREQ	FRER	CCRIT	EETAL	GROW1	ES1	AR1
15	0.6667	0	4	1.95	0.6667	0.1111
EM	GROW2	ES2	AR2	EN	F_{mxig}	F_{mxGr}
1	8	1	0.1111	2	0.015	0.25
F_{mnGr}						
0						

LU J P, KENNNEDY D L. Modeling of PBXW-115 Using Kinetic CHEETAH and DYNA Codes [R]. 2003, DSTO-TR-1496.

PE4

表 12-122 JWL 状态方程参数（一）

$\rho/(g/cm^3)$	P_{CJ}/GPa	V_D/(m/s)	A/GPa	B/GPa	R_1	R_2	ω	E_0/GPa
1.59	24.0	7900	774.054	8.677	4.837	1.074	0.284	9.381

LU J P. SIMULATION OF AQUARIUM TESTS FOR PBXW-115(AUST) [C]. Proceedings of the 12nd International Detonation Symposium, San Diego, California, 2002.

表 12-123　JWL 状态方程参数（二）

$\rho/(g/cm^3)$	P_{CJ}/GPa	$V_D/(m/s)$	A/GPa	B/GPa	R_1	R_2	ω	E_0/GPa
1.6	28.0	8193	609.8	12.98	4.5	1.4	0.25	9.0

TAMER ELSHENAWY, Q M LI. Influences of target strength and confinement on the penetration depth of an oil well perforator [J]. International Journal of Impact Engineering, 2013, 54: 130-137.

PENT

表 12-124　JWL 状态方程参数（一）

*MAT_HIGH_EXPLOSIVE_BURN					
$\rho/(kg/m^3)$	$D/(m/s)$	P_{CJ}/GPa	BETA		
1770	8300	33.5	1		

*EOS_JWL					
A/GPa	B/GPa	R_1	R_2	OMEG	E_0/GPa	V_0
617	16.926	4.4	1.2	0.25	10.1	1.0

DOBRATZ B M, CRAWFORD P C. LLNL explosives handbook, properties of chemical explosive simulations [R]. California : University of California, 1981.

表 12-125　不带有后燃烧效应的 JWL 状态方程参数

*MAT_HIGH_EXPLOSIVE_BURN					
$\rho/(kg/m^3)$	$D/(m/s)$	P_{CJ}/GPa	BETA		
1770	8300	33.5	1		

*EOS_JWL					
A/GPa	B/GPa	R_1	R_2	OMEG	E_0/GPa	V_0
617	16.926	4.4	1.2	0.25	10.1	1.0

表 12-126　带有后燃烧效应的 JWL 状态方程参数

*MAT_HIGH_EXPLOSIVE_BURN					
$\rho/(kg/m^3)$	$D/(m/s)$	P_{CJ}/GPa	BETA		
1770	8300	33.5	1		

*EOS_JWL					
A/GPa	B/GPa	R_1	R_2	OMEG	E_0/GPa	V_0
617	16.926	4.4	1.2	0.25	10.1	1.0
OPT	QT/GPa	T_1/ms	T_2/ms			
2.0	3.41	0.2	2.5			

LEN SCHWER, SAMUEL RIGBY. Secondary Shocks and Afterburning: Some Observations using Afterburning [C]. 11st European LS-DYNA Conference, Austria: Salzburg, 2017.

表 12-127　JWL 状态方程参数（二）

*MAT_HIGH_EXPLOSIVE_BURN						
$\rho/(kg/m^3)$	$D/(m/s)$	P_{CJ}/GPa	BETA			
1700	7450	22	1			
*EOS_JWL						
A/GPa	B/GPa	R_1	R_2	OMEG	E_0/GPa	V_0
625.3	23.290	5.25	1.6	0.28	8.56	1.0

S ROLC. Numerical and Experimental Study of the Defeating the RPG-7 [C]. 24th International Symposium of Ballistics, New Orleans, Louisiana, 2008.

PETN

表 12-128　JWL 状态方程参数

$\rho/(g/cm^3)$	P_{CJ}/GPa	$V_D/(m/s)$	A/GPa	B/GPa	R_1	R_2	ω	E_0/GPa
1.77	33.5	8300	617	16.926	4.4	1.2	0.25	7

表 12-129　JWL 状态方程及后燃烧参数

$\rho/(g/cm^3)$	P_{CJ}/GPa	$V_D/(m/s)$	A/GPa	B/GPa	R_1	R_2
1.77	33.5	8300	617	16.926	4.4	1.2
ω	E_0/GPa	OPT	QT/GPa	T_1/ms	T_2/ms	
0.25	10.1	2.0	3.41	0.2	2.5	

B M DOBRATZ. LLNL Explosives Handbook, Properties of Chemical Explosives and. Explosive Simulants [R], DE85-015961, UCRL-52997, UC-45, 1981.

LEN SCHWER, SAMUEL RIGBY. Reflected Secondary Shocks and Afterburning: Some Observations [C]. 11st European LS-DYNA Conference, Salzburg, 2017.

PETN(85%/15%)

表 12-130　JWL 状态方程参数

$\rho/(g/cm^3)$	P_{CJ}/GPa	$V_D/(m/s)$	A/GPa	B/GPa	R_1	R_2	ω	E_0/GPa
1.48	20.5	7200	373.8	3.647	4.2	1.1	0.3	7

BENJAMIN RIISGAARD. Finite element analysis of Polymer reinforced CRC columns under close-in detonation [C]. 6th European LS-DYNA Conference, Gothenburg, 2007.

Pentolite

表 12-131　JWL 状态方程参数（一）

$\rho/(g/cm^3)$	$D_{CJ}/(m/s)$	P_{CJ}/GPa	A/GPa	B/GPa	R_1	R_2	E_0/GPa	ω
1.70	7530	25.5	540.94	9.3726	4.5	1.1	8.1	0.35

DOBRATZ B M, CRAWFORD P C. LLNL Explosives Handbook [R]. UCRL-52997 Rev.2, January 1985.

成分为：50%PETN，50% TNT。

表 12-132　JWL 状态方程参数（二）

$\rho/(g/cm^3)$	P_{CJ}/GPa	$V_D/(m/s)$	A/GPa	B/GPa	R_1	R_2	ω	E_0/GPa
1.56	20.5	7090	540.94	9.3726	4.5	1.1	0.35	4.2

PAUL A URTIEW. Shock Initiation Experiments and Modeling of Composition B, C-4, and ANFO [C]. Proceedings of the 13rd International Detonation Symposium, Portland, OH, 2006.

表 12-133　JWL 状态方程参数（三）

$\rho/(kg/m^3)$	$D_{CJ}/(m/s)$	P_{CJ}/GPa	E_0/GPa	A/GPa
1650	7480	23.22	8.0	531.77

B/GPa	R_1	R_2	ω
8.933	4.6	1.05	0.33

LU J P. Simulation of Sympathetic Reaction Tests for PBXN-109 [C]. 13rd International Detonation Symposium, Northfolk, VA, USA, 2006.

RDX

表 12-134　JWL 状态方程参数

*MAT_HIGH_EXPLOSIVE_BURN						
$\rho/(kg/m^3)$	$D/(m/s)$	P_{CJ}/GPa	BETA			
1820	8300	30	1			

*EOS_JWL						
A/GPa	B/GPa	R_1	R_2	OMEG	E_0/GPa	V_0
908.471	19.10836	4.92	1.41	0.31	10	1.0

S ROLC. Numerical and Experimental Study of the Defeating the RPG-7 [C]. 24th International Symposium of Ballistics, New Orleans, Louisiana, 2008.

表 12-135　Gruneisen 状态方程参数

$\rho_0/(kg/m^3)$	$C_0/(m/s)$	S	Γ	$C_V/J \cdot kg^{-1} \cdot K^{-1}$
1820	2870	1.610	1	1475

GERARD BAUDIN, FABIEN PETITPAS, RICHARD SAUREL. Thermal non equilibrium modeling of the detonation waves in highly heterogeneous condensed HE: a multiphase approach for metalized high explosives [C]. Proceedings of the 14th International Detonation Symposium, Coeur d'Alene, Idaho, 2010.

表 12-136　RDX 炸药的主要热物性参数

密度/ (kg/m³)	比热容/ (J/kg·K)	导热系数/ (J/mKs)	反应热/ (J/kg)	指前因/ s^{-1}	活化能/ (J/mol)	普适气体常数/ (J/mol·K)
1640	1130	0.213	2.101×10^5	2.101×10^{18}	202730	8.314

张亚坤，等. 不同热烤温度下以 RDX 为基的高能炸药响应特性 [C]. 第十三届全国战斗部与毁伤技术学术交流会论文集, 黄山, 2013, 1193-1197.

RDX/HTPB(85%/15%)

表 12-137　Gruneisen 状态方程参数

ρ_0 /(kg/m³)	C_0 /(m/s)	S	Γ	C_V /J·kg⁻¹·K⁻¹
1414	2488	1.83	1	1404

GERARD BAUDIN, FABIEN PETITPAS, RICHARD SAUREL. Thermal non equilibrium modeling of the detonation waves in highly heterogeneous condensed HE: a multiphase approach for metalized high explosives [C]. Proceedings of the 14th International Detonation Symposium, Coeur d'Alene, Idaho, 2010.

RDX/HTPB(88.33%/11.67%)

表 12-138　Gruneisen 状态方程参数

ρ_0 /(kg/m³)	C_0 /(m/s)	S	Γ	C_V /J·kg⁻¹·K⁻¹
1550	2554	1.79	1	1420

GERARD BAUDIN, FABIEN PETITPAS, RICHARD SAUREL. Thermal non equilibrium modeling of the detonation waves in highly heterogeneous condensed HE: a multiphase approach for metalized high explosives [C]. Proceedings of the 14th International Detonation Symposium, Coeur d'Alene, Idaho, 2010.

RDX/HTPB(90%/10%)

表 12-139　Gruneisen 状态方程参数

ρ_0 /(kg/m³)	C_0 /(m/s)	S	Γ	C_V /J·kg⁻¹·K⁻¹
1649	2591	1.768	1	1428

GERARD BAUDIN, FABIEN PETITPAS, RICHARD SAUREL. Thermal non equilibrium modeling of the detonation waves in highly heterogeneous condensed HE: a multiphase approach for metalized high explosives [C]. Proceedings of the 14th International Detonation Symposium, Coeur d'Alene, Idaho, 2010.

RDX/HTPB(94%/6%)

表 12-140　Gruneisen 状态方程参数

ρ_0 /(kg/m³)	C_0 /(m/s)	S	Γ	C_V /J·kg⁻¹·K⁻¹
1627	2870	1.61	1	1447

GERARD BAUDIN, FABIEN PETITPAS, RICHARD SAUREL. Thermal non equilibrium modeling of the detonation waves in highly heterogeneous condensed HE: a multiphase approach for metalized high explosives [C]. Proceedings of the 14th International Detonation Symposium, Coeur d'Alene, Idaho, 2010.

RDX/TNT(60%/40%)熔铸炸药

表 12-141 RDX/TNT 60/40 熔铸炸药的主要热物性参数

导热系数 $\kappa / W \cdot m^{-1} \cdot K^{-1}$	密度 $\rho /(kg/m^3)$		比热容 $C/kJ \cdot kg^{-1} \cdot K^{-1}$	相变潜热 $H/kJ \cdot kg^{-1}$	固相率/℃		黏度 μ/Pas
	25℃	90℃			1	0	
0.26	1710	1640	1.181	37.5	75.5	82	1.5×10^{-2}

梁国祥, 等. 熔铸装药过程缩孔缩松的预测及工艺优化 [C]. 第十三届全国战斗部与毁伤技术学术交流会论文集, 黄山, 2013, 1148-1152.

RM-4、PTFE-Al-W、ZA PTFE

表 12-142 Zerilli-Armstrong 模型参数

参数	RM-4	PTFE-Al-W	ZA PTFE
β_0 / K^{-1}	0.011672	0.020100	0.020100
β_1 / K^{-1}	0.000139	0.000264	0.000264
α_0 / K^{-1}	0.000000	0.004780	0.004780
α_1 / K^{-1}	0.000000	0.000050	0.000050
ω_a	−3.000	−2000	−3.600
ω_b	−0.500	−0.625	−0.625
ω_p / MPa^{-1}	0.000	−0.031	−0.040
B_{pa} / MPa	550	4016	4016
B_{pb} / MPa^{-1}	0.000	0.020	0.020
B_{pn}	0.000	0.714	0.714
B_{0pa} / MPa	25.0	72.4	72.4
B_{0pb} / MPa^{-1}	0.000	0.022	0.022
B_{0pn}	0.000	0.500	0.500

本书作者注：原文中 PTFE-Al-W 材料参数引自 Cai J., 而实际上 Cai J.的文章中只列出了 PTFE 的材料参数。

表 12-143 Cai J.给出的 PTFE 的 Zerilli-Armstrong 模型参数

β_0 / K^{-1}	β_1 / K^{-1}	α_0 / K^{-1}	α_1 / K^{-1}	ω_a	ω_b	ω_p / MPa^{-1}
0.020100	0.000264	0.004780	0.0000502	−2000	−0.625	−0.031

（续）

B_{pa} / MPa	B_{pb} / MPa^{-1}	B_{pn}	B_{0pa} / MPa	B_{0pb} / MPa^{-1}	B_{0pn}	
4016	0.020	0.714	72.4	0.022	0.500	

DANIEL T CASEM. Mechanical Response of an Al/PTFE Composite to Uniaxial Compression Over a Range of Strain Rates and Temperatures [R]. Army Research Laboratory, 2008.

CAI J. High-strain, high-strain-rate flow and failure in PTFE/Al/W granular composites [J]. Materials Science and Engineering, A 472, 2008, 308 - 315.

ROB

ROB 炸药组分为 80%HMX 和 20%DNAN。

表 12-144　JWL 状态方程参数

*MAT_HIGH_EXPLOSIVE_BURN						
$\rho/(kg/m^3)$	$D/(m/s)$	P_{CJ}/GPa				
1793	8436	31.23				
*EOS_JWL						
A/GPa	B/GPa	R_1	R_2	OMEG	E_0/GPa	V_0
434.76	18.66	4.14	1.4	0.38	12.33	1.0

张伟, 张向荣, 周霖. PBX-9501 炸药对爆炸成型弹丸的影响 [C]. 第十五届全国战斗部与毁伤技术学术交流会论文集, 重庆, 2015.953-958.

ROTL-905

采用 50mm 圆筒实验数据计算了含铝炸药 ROTL-905（以 HMX 为基的含铝炸药，铝粉含量为 13%）JWL 状态方程参数。

表 12-145　JWL 状态方程参数

V_D /(m/s)	A / GPa	B / GPa	C / GPa	R_1	R_2	ω
8136	638.7	8.636	1.306	4.36	1.324	0.323

卢校军, 等. 两种含铝炸药作功能力与 JWL 状态方程研究 [J]. 含能材料, 2005, 13(3): 144-147.

乳化炸药

表 12-146　High-Explosive-Burn 模型和 JWL 状态方程参数

$\rho/(g/cm^3)$	D_{CJ} / (cm / μs)	P_{CJ} / GPa	$A/10^2$ GPa	B / GPa
1.1	0.45	9.7	2.144	0.182
R_1	R_2	ω	$E_0/10^2$ GPa	
4.2	0.9	0.15	0.04192	

史维升. 不耦合装药条件下岩石爆破的理论研究和数值模拟 [D]. 湖北武汉: 武汉科技大学, 2004.

RX-03-BB

表 12-147　JWL 状态方程参数

$\rho/(\mathrm{g/cm^3})$	$D_{CJ}/(\mathrm{m/s})$	P_{CJ}/GPa	A/GPa	B/GPa	R_1	R_2	E_0/GPa	ω
1.90	7600	29.0	520.6	5.326	4.1	1.2	6.9	0.35

DOBRATZ B M, CRAWFORD P C. LLNL Explosives Handbook [R]. UCRL-52997 Rev.2, January 1985.

RX-03-GO

成分：w(TATB) 92.5%，w(Cytop A)7.5 %。

表 12-148　点火增长模型参数

材料参数	
剪切模量=0.0354Mbar	屈服强度=0.002Mbar
$T_0 = 298\mathrm{K}$	ρ_0=1.91 g/cm^3 (25℃)
反应率方程参数	
a=0.22	x=7.0
b=0.667	y=1.0
c=0.667	z=3.0
d=0.111	F_{igmax}=0.5
e=0.333	F_{G1max}=0.5
g=1.000	F_{G2min}=0.0
I=4.4×10^{5}μs^{-1}	G_1=0.6Mbar$^{-1}\cdot$μs^{-1}
—	G_2=400Mbar$^{-3}\cdot$μs^{-1}

KEVIN S. Shock Initiation Experiments and Modeling on the TATB-Based Explosive RX-03-GO [C]. Proceedings of the 14th International Detonation Symposium, Coeur d'Alene, Idaho, 2010.

SEP

表 12-149　JWL 状态方程参数

$\rho/(\mathrm{kg/m^3})$	P_{CJ}/GPa	A/GPa	B/GPa	R_1	R_2	ω
1310	15.9	365	2.31	4.3	1.1	0.28

HIROFUMI IYAMA. Numerical Simulation of Aluminum Alloy Forming Using Underwater Shock Wave [C]. 8th International LS-DYNA Conference, Detroit, 2004.

SX-2

成分：RDX/Polyisobutylene/DOS/PTFE，质量比为：88.20：8.20：2.20：1.40。

表 12-150　JWL 状态方程参数

$\rho_0/(\mathrm{kg/m^3})$	A/Mbar	B/Mbar	C	E_0/Mbar	R_1
1610	6.725194	0.097109	0.010513	0.091	4.6

（续）

R_2	ω	计算 D/(m/s)	实验 D/(m/s)	计算 P_{CJ}/GPa	实验 P_{CJ}/GPa
1.2	0.25	8081	8160	27.7	27.2

HERMENZO D JONES, PAUL K GUSTAVSON, FRANK J. Zerilli.Analytic Equation of State for SX-2 [C]. Proceedings of the 11st International Detonation Snowmass, CA, 1998.

TATB

表 12-151　**Gruneisen** 状态方程参数（一）

ρ_0/(kg/m^3)	C_0/(m/s)	S	Γ
1847	2340	2.316	1.6

DOBRATZ B, CRAWFORD P. LLNL Explosives Handbook [R]. LLNL Report UCRL-52997 Change 2, 1985.

表 12-152　**Gruneisen** 状态方程参数（二）

ρ_0/(kg/m^3)	C_0/(m/s)	S	Γ
1937	2900	1.68	0.2

DOBRATZ B, CRAWFORD P. LLNL Explosives Handbook [R], LLNL Report UCRL-52997 Change 2, 1985.

TATB（超细）

表 12-153　点火增长模型参数（一）

$$\rho_0 = 1.80 \text{g}/\text{cm}^3$$

未反应炸药的 JWL 状态方程参数	反应产物的 JWL 状态方程参数	反应率方程参数
$A = 444.44$Mbar	$A = 12.05026$Mbar	$I = 4.4 \times 10^5 \mu\text{s}^{-1}$ $F_{igmax} = 0.071$
$B = -0.03753$Mbar	$B = 0.602513$Mbar	$a = 0.25637$ $b = 0.667$
$R_1 = 11.3$	$R_1 = 6.2$	$x = 7.0$
$R_2 = 1.13$	$R_2 = 2.2$	$G_1 = 163$Mbar$^{-2} \cdot \mu\text{s}^{-1}$ $F_{G1max} = 0.5$
$\omega = 0.8938$	$\omega = 0.5$	$c = 0.667$ $d = 0.667$
$C_v = 2.487 \times 10^{-5}$Mbar/K	$C_v = 1.0 \times 10^{-5}$Mbar/K	$y = 2.0$
$T_0 = 298$K	$E_0 = 0.069$Mbar	$G_2 = 400$Mbar$^{-1} \cdot \mu\text{s}^{-1}$ $F_{G2min} = 0.5$
剪切模量=0.03Mbar		$e = 0.333$ $g = 1.0$
屈服强度=0.002Mbar		$z = 3.0$

CRAIG M TARVER. Shock Initiation of the PETN-based Explosive LX-16 [C]. Proceedings of the 13th International Detonation Symposium, Portland, OH, 2006.

表 12-154 点火增长模型参数（二）

未反应炸药的 JWL 状态方程参数	反应产物的 JWL 状态方程参数	反应率方程参数
$A = 632.07\text{Mbar}$	$A = 12.05026\text{Mbar}$	$I = 4.0 \times 10^6 \text{ms}^{-1}$ $F_{igmax} = 0.071$
$B = -0.04472\text{Mbar}$	$B = 0.602513\text{Mbar}$	$a = 0.22$ $b = 0.667$
$R_1 = 11.3$	$R_1 = 6.2$	$x = 7.0$
$R_2 = 1.13$	$R_2 = 2.2$	$G_1 = 2200\text{Mbar}^{-1} \cdot \text{ms}^{-1}$ $F_{G1max} = 1.0$
$\omega = 0.8938$	$\omega = 0.5$	$c = 0.667$ $d = 1.0$
$C_v = 2.487 \times 10^{-5}\text{Mbar/K}$	$C_v = 1.0 \times 10^{-5}\text{Mbar/K}$	$y = 2.0$
$T_0 = 298\text{K}$	$E_0 = 0.069\text{Mbar}$	$G_2 = 60\text{Mbar}^{-1} \cdot \text{ms}^{-1}$ $F_{G2min} = 0.8$
剪切模量=0.03Mbar		$e = 0.667$ $g = 0.667$
屈服强度=0.002 Mbar		$z = 1.0$
$\rho_0 = 1.80 g / \text{cm}^3$		

MARK L GARCIA, CRAIG M. Tarver.Three-Dimensional Ignition and Growth Reactive Flow Modeling of Prism Failure Tests on PBX 9502 [C]. Proceedings of the 13rd International Detonation Symposium, Portland, OH, 2006.

表 12-155 点火增长模型参数（三）

未反应炸药的 JWL 状态方程参数	反应产物的 JWL 状态方程参数	反应率方程参数
$A = 632.07\text{Mbar}$	$A = 12.05026\text{Mbar}$	$I = 1.65 \times 10^8 \text{μs}^{-1}$ $F_{igmax} = 0.3$
$B = -0.04472\text{Mbar}$	$B = 0.602513\text{Mbar}$	$a = 0.24$ $b = 0.667$
$R_1 = 11.3$	$R_1 = 6.2$	$x = 7.0$
$R_2 = 1.13$	$R_2 = 2.2$	$G_1 = 163\text{Mbar}^{-2} \cdot \text{μs}^{-1}$ $F_{G1max} = 0.5$
$\omega = 0.8938$	$\omega = 0.5$	$c = 0.667$ $d = 0.667$
$C_v = 2.487 \times 10^{-5}\text{Mbar/K}$	$C_v = 1.0 \times 10^{-5}\text{Mbar/K}$	$y = 2.0$
$T_0 = 298\text{K}$	$E_0 = 0.069\text{Mbar}$	$G_2 = 400\text{Mbar}^{-3} \cdot \text{μs}^{-1}$ $F_{G2min} = 0.0$
剪切模量=0.03Mbar	$D = 7.48 \text{ km/s}$	$e = 0.333$ $g = 1.0$
屈服强度=0.002Mbar	$P_{CJ} = 0.250\text{Mbar}$	$z = 3.0$

CRAIG M TARVER, CHADD M MAY. Short Pulse Shock Initiation Experiments and Modeling on LX16, LX10, and Ultrafine TATB [C]. Proceedings of the 14th International Detonation Symposium, Coeur d'Alene, Idaho, 2010.

TETRYL

表 12-156 JWL 状态方程参数

$\rho/(g/cm^3)$	$D_{CJ}/(m/s)$	P_{CJ}/GPa	A/GPa	B/GPa	R_1	R_2	E_0/GPa	ω
1.73	7910	28.5	586.83	10.671	4.4	1.2	8.2	0.275

DOBRATZ B M, CRAWFORD P C. LLNL Explosives Handbook [R]. UCRL-52997 Rev.2, January 1985.

TNT

表 12-157 JWL 状态方程参数（一）

$\rho/(kg/m^3)$	E_0/GPa	A/GPa	B/GPa	R_1	R_2	ω
1630	7.0	373.8	3.75	4.15	0.90	0.35

LEE E, FINGER M, COLLINS W. JWL Equation of state coefficients for high explosives, UCID-16189 [R]. Lawrence: Lawrence Livermore Laboratory, 1973.

表 12-158 JWL 状态方程参数（二）

JWL 参数	Lee, et al.(1973)	Dobratz, Crawford(1985)	Souers, Hasselman(1993)	Souers,Wu, Hasselman(1995)
A/GPa	373.75	371.25	524.41	454.86
B/GPa	3.747	3.231	4.90	10.119
R_1	4.15	4.15	4.579	4.5
R_2	0.90	0.95	0.86	1.5
ω	0.35	0.30	0.23	0.25
E_0/GPa	6.0	7.0	7.1	7.8

表 12-159 TNT 后燃烧参数

OPT	QT	T_1	T_2
2.0	$16.3GPa = (10MJ/kg)(1630kg/m^3)$	2.4ms	4.4ms

LEONARD E SCHWER. Jones-Wilkens-Lee (JWL) Equation of State with Afterburning [C]. 14th International LS-DYNA Conference Detroit, 2016.

表 12-160 JWL 状态方程参数（三）

$\rho/(kg/m^3)$	$D_{CJ}/(m/s)$	P_{CJ}/GPa	E_0/GPa	A/GPa
1583	6880	19.4	6.9684	307
B/GPa	R_1	R_2	ω	
3.898	4.485	0.79	0.3	

宋浦, 杨凯, 梁安定, 等. 国内外TNT炸药的JWL状态方程及其能量释放差异分析 [J]. 火炸药学报, 2013, 36(2): 42-45.

表 12-161　JWL 状态方程参数（四）

$\rho/(kg/m^3)$	$D_{CJ}/(m/s)$	P_{CJ}/GPa	E_0/GPa	A/GPa
1658	6930	21	6.0	373.77
B/GPa	R_1	R_2	ω	
3.73471	4.15	0.9	0.35	

BIBIANA M LUCCIONI, RICARDO D. Ambrosini. EVALUATING THE EFFECT OF UNDERGROUND EXPLOSIONS ON STRUCTURES [J]. Mecánica Computacional, 2008, XXVII: 1999-2019.

表 12-162　炸药微粒爆炸方法材料参数（一）

$D/(m/s)$	γ	$\rho/(kg/m^3)$	$E/(J/m^3)$	$cov ol$
6741	1.4	1590	6.2E9	0.3

VENKATESH BABU, et al. Sensitivity of Particle Size in Discrete Element Method to Particle Gas Method (DEM_PGM) Coupling in Underbody Blast Simulations [C]. 14th International LS-DYNA Conference Detroit, 2016.

表 12-163　炸药微粒爆炸方法材料参数（二）

$D/(m/s)$	γ	$\rho/(kg/m^3)$	$E/(J/m^3)$	$cov ol$
6930	1.35	1630	7.0E9	0.6

LS-DYNA KEYWORD USER'S MANUAL [Z]. LSTC, 2017.

表 12-164　*MAT_HIGH_EXPLOSIVE_BURN 模型参数

$\rho/(g/mm^3)$	$D/(mm/ms)$	P_{CJ}/MPa	BETA
1.631E-3	0.67174E4	0.18503E5	0.0

表 12-165　JWLB 状态方程参数

A_1	A_2	A_3	A_4	A_5
490.07E5	56.868E5	0.82426E5	0.00093E5	
R_1	R_2	R_3	R_4	R_5
40.713	9.6754	2.4335	0.15564	
AL1	AL2	AL3	AL4	AL5
0.00	11.468			
BL1	BL2	BL3	BL4	BL5
1098.0	−6.5011			
RL1	RL2	RL3	RL4	RL5
15.614	2.1593			
C	OMEGA	E	V_0	
0.0071E5	0.30270	0.06656E5	1.0	

SCHWER LEN, TENG HAILONG, SOULI MHAMED. LS-DYNA Air Blast Techniques: Comparisons with Experiments for Close-in Charges [C]. 10th European LS-DYNA Conference, Würzburg, 2015.

Viton

表 12-166 固态 Viton 的力学参数和线性多项式状态方程参数

C_0 / MBar	C_1 / MBar	C_2 / MBar	C_3 / MBar	C_4	C_5	C_6
0	0.135	0.822	0	0.933	0.933	0

ρ /(g / cm³)	κ / W·m⁻¹·K⁻¹	C_V / J·kg⁻¹·K⁻¹	G / MPa	σ_0 / GPa		
1.83	0.226	1005	4.2	2.1		

表 12-167 爆炸产物参数

ρ /(g / cm³)	κ / W·m⁻¹·K⁻¹	C_V / J·kg⁻¹·K⁻¹	Gamma 定律系数 γ
1.83	0.4188	1131	1.283

JACK J YOH. Recent Advances in Thermal Explosion Modeling of HMX-based Explosives [C]. Proceedings of the 13rd International Detonation Symposium, Portland, OH, 2006.

X-0219

表 12-168 JWL 状态方程参数

ρ /(g / cm³)	D_{CJ} /(m / s)	P_{CJ} / GPa	A / GPa	B / GPa	R_1	R_2	E_0 / GPa	ω
1.92	7534	26	826.805	8.47934	4.8	1.2	6.8	0.35

DOBRATZ B M, CRAWFORD P C. LLNL Explosives Handbook [R]. UCRL-52997 Rev.2, January 1985.

第13章 有机聚合物和复合材料

在 LS-DYNA 中，可用于塑料/聚合物的材料模型有：

*MAT_001：*MAT_ELASTIC

*MAT_006：*MAT_VISCOELASTIC

*MAT_024：*MAT_PIECEWISE_LINEAR_PLASTICITY

*MAT_081：*MAT_PLASTICITY_WITH_DAMAGE

*MAT_082：*MAT_PLASTICITY_WITH_DAMAGE_ORTHO

*MAT_089：*MAT_PLASTICITY_POLYMER

*MAT_112：*MAT_FINITE_ELASTIC_STRAIN_PLASTICITY

*MAT_123：*MAT_MODIFIED_PIECEWISE_LINEAR_PLASTICITY

*MAT_141：*MAT_RATE_SENSITIVE_POLYMER

此外，下面两种材料模型可用于热塑料：

*MAT_060：*MAT_ELASTIC_WITH_VISCOSITY

*MAT_106：*MAT_ELASTIC_VISCOPLASTIC_THERMAL

在 LS-DYNA 中，可用于复合材料的材料模型有：

*MAT_054-055：*MAT_ENHANCED_COMPOSITE_DAMAGE

*MAT_058：*MAT_LAMINATED_COMPOSITE_FABRIC

*MAT_059：*MAT_COMPOSITE_FAILURE_{OPTION}_MODEL

*MAT_161：*MAT_COMPOSITE_MSC

*MAT_162：*MAT_COMPOSITE_DMG_MSC

*MAT_261：*MAT_LAMINATED_FRACTURE_DAIMLER_PINHO

*MAT_262：*MAT_LAMINATED_FRACTURE_DAIMLER_CAMANHO

在 LS-DYNA 中，可用于橡胶的材料模型有：

*MAT_001：*MAT_ELASTIC

*MAT_006：*MAT_VISCOELASTIC

*MAT_007：*MAT_BLATZ-KO_RUBBER

*MAT_027：*MAT_MOONEY-RIVLIN_RUBBER

*MAT_031：*MAT_FRAZER_NASH_RUBBER_MODEL

*MAT_076：*MAT_GENERAL_VISCOELASTIC

*MAT_077_H：*MAT_HYPERELASTIC_RUBBER

*MAT_077_O：*MAT_OGDEN_RUBBER

*MAT_086：*MAT_ORTHOTROPIC_VISCOELASTIC

*MAT_087：*MAT_CELLULAR_RUBBER

*MAT_127：*MAT_ARRUDA_BOYCE_RUBBER

*MAT_175：*MAT_VISCOELASTIC_THERMAL

*MAT_181：*MAT_SIMPLIFIED_RUBBER

*MAT_183：*MAT_SIMPLIFIED_RUBBER_WITH_DAMAGE

*MAT_218：*MAT_MOONEY-RIVLIN_PHASE_CHANGE

*MAT_267：*MAT_EIGHT_CHAIN_RUBBER

*MAT_269：*MAT_BERGSTROM_BOYCE_RUBBER

*MAT_276：*MAT_CHRONOLOGICAL_VISCOELASTIC

*MAT_277：*MAT_ADHESIVE_CURING_VISCOELASTIC

在 LS-DYNA 中，可用于粘合剂/内聚单元的材料模型有：

*MAT_138：*MAT_COHESIVE_MIXED_MODE

*MAT_169：*MAT_ARUP_ADHESIVE

*MAT_184：*MAT_COHESIVE_ELASTIC

*MAT_185：*MAT_COHESIVE_TH

*MAT_186：*MAT_COHESIVE_GENERAL

*MAT_240：*MAT_COHESIVE_MIXED_MODE_ELASTOPLASTIC_RATE

*MAT_252：*MAT_TOUGHENED_ADHESIVE_POLYMER

*MAT_277：*MAT_ADHESIVE_CURING_VISCOELASTIC

*MAT_279：*MAT_COHESIVE_PAPER

在 LS-DYNA 中，可用于纤维的材料模型有：

*MAT_034：*MAT_FABRIC

*MAT_058：*MAT_LAMINATED_COMPOSITE_FABRIC

*MAT_234：*MAT_VISCOELASTIC_LOOSE_FABRIC

*MAT_235：*MAT_MICROMECHANICS_DRY_FABRIC

*MAT_249：*MAT_REINFORCED_THERMOPLASTIC

在 LS-DYNA 中，可用于泡沫的材料模型有：

*MAT_005：*MAT_SOIL_AND_FOAM

*MAT_014：*MAT_SOIL_AND_FOAM_FAILURE

*MAT_026：*MAT_HONEYCOMB

*MAT_038：*MAT_BLATZ-KO_FOAM

*MAT_053：*MAT_CLOSED_CELL_FOAM

*MAT_057：*MAT_LOW_DENSITY_FOAM

*MAT_061：*MAT_KELVIN-MAXWELL_VISCOELASTIC

*MAT_062：*MAT_VISCOUS_FOAM

*MAT_063：*MAT_CRUSHABLE_FOAM

*MAT_073：*MAT_LOW_DENSITY_VISCOUS_FOAM

*MAT_075：*MAT_BILKHU/DUBOIS_FOAM

*MAT_083：*MAT_FU_CHANG_FOAM

*MAT_126：*MAT_MODIFIED_HONEYCOMB

*MAT_142：*MAT_TRANSVERSELY_ISOTROPIC_CRUSHABLE_FOAM

*MAT_144：*MAT_PITZER_CRUSHABLE_FOAM

*MAT_154：*MAT_DESHPANDE_FLECK_FOAM

*MAT_163：*MAT_MODIFIED_CRUSHABLE_FOAM

*MAT_177：*MAT_HILL_FOAM

*MAT_178：*MAT_VISCOELASTIC_HILL_FOAM

*MAT_179：*MAT_LOW_DENSITY_SYNTHETIC_FOAM

*MAT_180：*MAT_SIMPLIFIED_RUBBER/FOAM

*MAT_181：*MAT_SIMPLIFIED_RUBBER/FOAM

在 LS-DYNA 中，可用于有机玻璃的材料模型有：

*MAT_001：*MAT_ELASTIC

*MAT_019：*MAT_STRAIN_RATE_DEPENDENT_PLASTICITY

*MAT_032：*MAT_LAMINATED_GLASS

*MAT_256：*MAT_AMORPHOUS_SOLIDS_FINITE_STRAIN

ABS 工程塑料

表 13-1 动态力学特性参数

$\rho/(\mathrm{kg/m^3})$	E/kPa	σ_0/kPa
2300	2.28E6	5E4

黄田毅, 洪跃, 金士良. 滤毒罐振动冲击测试过程动态仿真 [J]. 中国制造业信息化, 2010, 39(5): 74-76.

Arruda-Boyce rubber

表 13-2 基本材料参数

密度 $\rho/(\mathrm{g/mm^3})$	体积模量 K/MPa	剪切模量 G/MPa	泊松比	失效应变
0.001	150	3	0.49	1.0

GRACE XIANG GU, et al. Droptower Impact Testing & Modeling of 3D-Printed Biomimetic Hierarchical Composites [C]. 14th International LS-DYNA Conference, Detroit, 2016.

AS4/3501-6 composite

表 13-3 基本材料参数

$\rho/(\mathrm{kg/m^3})$	E_1/GPa	E_2/GPa	E_3/GPa	G_{12}/GPa
1550	138	9.65	9.65	5.24
G_{23}/GPa	G_{31}/GPa	v_{12}	v_{23}	v_{31}
5.24	3.24	0.3	0.3	0.49

NINAN LAL, TSAI J, SUN C T. Use of split Hopkinson pressure bar for testing off-axis composites [J]. International Journal of Impact Engineering, 2001, 25: 291-313.

AS4 Carbon/Epoxy Laminate

表 13-4　基本材料参数

参数	经线	纬线
E_a/psi	1.82E7	1.17E6
E_b/psi	1.17E6	1.82E7
E_c/psi	1.17E6	1.17E6
G_{ab}/psi	5.99E5	5.99E5
G_{bc}/psi	3.51E5	5.99E5
G_{ca}/psi	5.99E5	3.51E5
PR_{ba}	0.0176	0.275
PR_{ca}	0.0176	0.4657
PR_{cb}	0.4657	0.0186
$\rho /(\mathrm{lbf}^2 \cdot \mathrm{in}^{-1}) \cdot \mathrm{in}^{-3}$	1.5E-4	

BHUSHAN S THATTE, GAUTAM S CHANDEKAR, AJIT D KELKAR, et al. Studies on Behavior of Carbon and Fiberglass Epoxy Composite Laminates under Low Velocity Impact Loading using LS-DYNA [C]. 10th International LS-DYNA Conference, Detroit, 2008.

丙烯酸酯

表 13-5　*MAT_PLASTIC_KINEMATIC 模型参数

E/GPa	ν	σ_Y/MPa	E_1/MPa
0.05	0.42	40	17.2

李智, 游敏, 孔凡荣. 基于 ANSYS 的两种胶粘剂劈裂接头数值模拟 [J]. 化学与粘合, 2006, 28(5): 299-301.

Butyl rubber

表 13-6　基本材料参数

$\rho(\mathrm{g/cm}^3)$	G/kPa	ν
1.94	5.94E3	0.45

JAMES L O'DANIEL, THEODOR KRAUTHAMMER KEVIN L KOUDELA, et al. An UNDEX response validation methodology [J]. International Journal of Impact Engineering, 2002, 27: 919 - 937.

Carbon

表 13-7　基本材料参数

$\rho /(\mathrm{kg/m}^3)$	E_1/GPa	E_2/GPa	E_3/GPa	G_{12}/GPa
1400	9.59	9.59	2.14	1.72
G_{23}/GPa	G_{31}/GPa	ν_{12}	ν_{23}	ν_{31}
1.72	1.72	0.2	0.2	0.2

HASSAN MAHFUZ, YUEHUI ZHU, ANWARUL HAQUE. Investigation of high-velocity impact on integral armor using finite element method [J]. International Journal of Impact Engineering, 2000, 24: 203-217.

Carbon/epoxy(AS4-3k/8552)

表 13-8　Carbon/epoxy 平织层压板弹性材料参数

强度相关参数	实验测试值	微观力学计算值	AS4 纤维	8552 树脂
E_{11}/GPa	62.40	59.57	230.0	4.3
E_{22}/GPa	60.95	59.57	15.0	4.3
E_{33}/GPa	9.377	9.193	15.0	4.3
ν_{12}	0.053	0.0612	0.22	0.35
ν_{13}	–	0.3887	0.22	0.35
ν_{23}	–	0.3887	0.25	0.35
G_{12}/GPa	5.378	7.743	29.0	1.593
G_{13}/GPa	5.378	3.070	29.0	1.593
G_{23}/GPa	5.378	3.070	4.9	1.593

表 13-9　Carbon/epoxy 状态方程参数

Mie-Grüneisen 状态方程参数	横向	纵向
ρ_0/(g/cm^3)	1.56	1.56
T_0/K	298	298
C_S/(m/s)	3230	2260
S_1	0.92	2.27
Γ_0	0.85	0.85
C_V /(J·g^{-1}·K^{-1})	1.259	1.259

表 13-10　Carbon/epoxy 平织层压板失效应变

层压失效应变分量	实验静态失效应变	微观力学计算静态失效应变	微观力学预估动态失效应变
$\varepsilon_{11,\text{tens}}^{\text{ULT}}(u\varepsilon)$	11392	11481	57405
$\varepsilon_{11,\text{comp}}^{\text{ULT}}(u\varepsilon)$	13796	13714	68570
$\varepsilon_{22,\text{tens}}^{\text{ULT}}(u\varepsilon)$ $\varepsilon_{22,\text{tens}}^{\text{ULT}}(u\varepsilon)$	10778	11481	57405
$\varepsilon_{22,\text{comp}}^{\text{ULT}}(u\varepsilon)$	10961	13714	68570
$\varepsilon_{33,\text{tens}}^{\text{ULT}}(u\varepsilon)$	–	5809	5809
$\varepsilon_{33,\text{comp}}^{\text{ULT}}(u\varepsilon)$	–	21756	21756
$\gamma_{12}^{\text{ULT}}(u\varepsilon)$	23464	15432	77160
$\gamma_{13}^{\text{ULT}}=\gamma_{23}^{\text{ULT}}(u\varepsilon)$	–	17391	17391

JOSHUA E GORFAIN, CHRISTOPHER T KEY. Damage prediction of rib-stiffened composite structures subjected to ballistic impact [J]. International Journal of Impact Engineering, 2013, 57:159-172.

Carbon/epoxy laminates

表 13-11　基本材料参数

E_{11}/GPa	E_{22}/GPa	E_{33}/GPa	G_{12}/GPa	G_{13}/GPa	G_{23}/GPa	v_{12}
145	9.2	9.2	4.6	5.2	3.0	0.3
v_{13}	v_{23}	σ_{11}/MPa	σ_{22}/MPa	σ_{33}/MPa	τ/MPa	
0.3	0.3	2500	56	56	41	

R K LUO, L, E R GREEN, C J MORRISON. Impact damage analysis of composite plates [J]. International Journal of Impact Engineering, 1999, 22: 435-447.

Carbon/epoxy laminate(Carbon fibre woven laminate)

表 13-12　基本材料参数

弹性属性					
$E_1=E_2$	E_3	v_{12}	$v_{13}=v_{23}$	G_{12}	$G_{13}=G_{23}$
68GPa	10GPa	0.22	0.49	5GPa	4.5GPa
强度属性					
$X_t=Y_t=X_c=Y_c$	Z_c	Z_r	S_{12}	S_{13}	S_{23}
880MPa	340MPa	96MPa	84MPa	120MPa	120MPa
最大应变					
$\varepsilon_1=\varepsilon_2$	ε_3	$\varepsilon_{12}=\varepsilon_{23}=\varepsilon_{13}$			
0.025	0.05	0.1			

采用*CONTACT_AUTOMATIC_SURFACE_TO_SURFACE_TIEBREAK 定义复合材料层间失效，相关参数见下表。

表 13-13　接触设置参数

E_N	E_T	T	S	G_{IC}	G_{IIC}	M
40GPa	30GPa	11MPa	45MPa	$287\text{J}/\text{m}^2$	$1830\text{J}/\text{m}^2$	1.42

D VARAS, et al.Numerical Modelling of the Fluid Structure Interaction using ALE and SPH: The Hydrodynamic Ram Phenomenon [C]. 11st European LS-DYNA Conference, Salzburg, 2017.

Carbon fiber and epoxy resin（T800S/M21 复合材料）

表 13-14　基本材料参数

E_{11}	E_{22},E_{33}	v_{12},v_{23}	v_{13}	G_{12},G_{13}	G_{23}
157GPa	8.5GPa	0.35	0.53	4.2GPa	2.7GPa

MUHAMMAD ILYAS. Simulation of Dynamic Delamination and Mode I Energy Dissipation [C]. 7th European LS-DYNA Conference, Salzburg, 2009.

Carbon fibre reinforced composite

表 13-15　*MAT_054、*MAT_055、*MAT_058、*MAT_059 材料模型参数

材料参数	单向纤维/MPa	布/MPa
弹性模量（a 向）	160000	70000
弹性模量（b 向）	9000	70000
泊松比（ba）	0.01892	0.05
剪切模量（ab）	7620	7630
纵向拉伸强度（a 向）	2100	850
纵向压缩强度（a 向）	1450	800
横向拉伸强度（b 向）	87	850
横向压缩强度（b 向）	180	800
剪切模量（ab 向）	170	113

SIVAKUMARA K KRISHNAMOORTHY, JOHANNES HÖPTNER, GUNDOLF KOPP, et al. Prediction of structural response of FRP composites for conceptual design of vehicles under impact loading [C]. 8th European LS-DYNA Conference, Strasburg, 2011.

Carbon/Vinyl Ester Composites

表 13-16　*MAT_OTHOTROPIC_THERMAL 模型参数

参数	纤维	中间相	基体
E_1, E_2/GPa	21	2.11	3.38
E_3/GPa	241	2.11	3.38
v_{12}, v_{13}	0.2	0.356	0.356
v_{23}	0.25	0.356	0.356
G_{12}/GPa	8.3	0.778	1.246
G_{13}, G_{23}/GPa	21	0.778	1.246
α_1, α_2 /(10^{-6}℃$^{-1}$)	8.5	变量	80
α_3 /(10^{-6}℃$^{-1}$)	0	0	0
ρ /(g/cm^3)	1.78	1.16	1.12

MASE TOM, XU LANHONG, DRZAL LAWRENCE T. Simulation of Cure Volume Shrinkage Stresses on Carbon/Vinyl Ester Composites in Microindentation Testing [C]. 8th International LS-DYNA Conference, Detroit, 2004.

CFRP(HEXCEL IM7/8552)laminates

表 13-17　基本材料参数

E_{11}/GPa	E_{22}/GPa	E_{33}/GPa	v_{12}	v_{23}	v_{31}	G_{12}/GPa	G_{23}/GPa	G_{31}/GPa
78.0	44.0	13.1	0.43	0.25	0.42	23.5	4.50	4.50

W RIEDEL.Vulnerability of Composite Aircraft Components to Fragmenting Warheads - Experimental Analysis, Material Modeling and Numerical Studies [C]. 20th International Symposium of Ballistics, Orlando, 2002.

CFRP(M55 J/XU3508)

表 13-18 AUTODYN 软件中的 ORTHO 材料模型、状态方程及失效参数

状态方程：ortho		强度模型：orthotropic yield		失效模型：orthotropic softening	
参数	取值	参数	取值	参数	取值
参考密度	1.52 g/cm³	A_{11}	1	拉伸失效应力 11	161.20 MPa
弹性模量 11	23.64 GPa	A_{22}	0.1484	拉伸失效应力 22	208.41 MPa
弹性模量 22	49.12 GPa	A_{33}	0.5979	拉伸失效应力 33	208.50 MPa
弹性模量 33	5.98 GPa	A_{12}	−0.0615	最大剪切应力 12	130.10 MPa
泊松比 12	0.054	A_{13}	0	最大剪切应力 23	60.376 MPa
泊松比 23	0.421	A_{23}	−0.0625	最大剪切应力 31	60.376 MPa
泊松比 31	0.0085	A_{44}	2.726	断裂能 11	1E−06 J/m²
剪切模量 12	14.88 GPa	A_{55}	2.726	断裂能 22	1E−06 J/m²
剪切模量 23	2.86 GPa	A_{66}	0.2647	断裂能 33	420 J/m²
剪切模量 31	2.86 GPa	有效应力#1	115.93 MPa	断裂能 12	1360 J/m²
体积模量 A_1	10.22 GPa	有效应力#2	128.64 MPa	断裂能 23	1E−06 J/m²
参数 A_2	6.88 GPa	有效应力#3	141.35 MPa	断裂能 31	1E−06 J/m²
参数 A_3	6.85 GPa	有效应力#4	154.05 MPa		
参数 B_0	1.996	有效应力#5	162.77 MPa		
参数 B_1	1.996	有效应力#6	171.03 MPa		
参数 T_1	20.33 GPa	有效应力#7	178.76 MPa		
参数 T_2	6.88 GPa	有效应力#8	184.99 MPa		
		有效应力#9	191.23 MPa		
		有效应力#10	197.46 MPa		
		有效塑性应变#1	0		
		有效塑性应变#2	2.54E−04		
		有效塑性应变#3	5.09E−04		
		有效塑性应变#4	7.63E−04		
		有效塑性应变#5	0.00102		
		有效塑性应变#6	0.00127		
		有效塑性应变#7	0.00153		
		有效塑性应变#8	0.00178		
		有效塑性应变#9	0.00204		
		有效塑性应变#10	0.00229		

S RYAN, F SCHÄFER, M GUYOTC, et al. Characterizing the transient response of CFRP/Al HC spacecraft structures induced by space debris impact at hypervelocity [C]. International Journal of Impact Engineering, 2008,35: 1756−1763.

CFRP(unidirectional carbon/epoxy composite)

表 13-19　基本材料参数

密度 ρ/(kg/m³)	纵向弹性模量 E_{xx}/GPa	横向弹性模量 E_{yy}/GPa	泊松比 v_{xy}	剪切模量 G_{xy}/GPa
1500	119	9.2	0.28	4.6
纵向压缩强度 X_c/MPa	纵向拉伸强度 X_t/MPa	横向压缩强度 Y_c/MPa	横向拉伸强度 Y_t/MPa	面内剪切强度 S_c/MPa
1350	2005	194	69	80

M YONG, B G FALZON, L IANNUCCI. On the application of genetic algorithms for optimising composites against impact loading [J]. International Journal of Impact Engineering, 2008, 35: 1293-1302.

CFRP 复合材料

表 13-20　基本材料参数

参数	纵向拉伸强度 X_t/GPa	纵向压缩强度 X_c/GPa	纵向弹性模量 E_1/GPa	横向拉伸强度 Y_t/GPa	横向压缩强度 X_c/GPa	横向弹性模量 E_2/GPa	面内剪切模量 G_{12}/GPa	面内剪切强度 S/MPa	泊松比 v_{12}
单向层	2.377	128	120	7.3	0.128	7.2	4.7	104	0.316
织物层	0.756	0.557	69	0.756	0.557	69	4.2	118	0.064

皮爱国,等. 中厚壁 CFRP 圆筒轴向压缩破坏模式试验研究 [C]. 第十届全国冲击动力学学术会议论文集, 2011.

低密度聚氨酯泡沫

表 13-21　*MAT_LOW_DENSITY_FOAM 模型参数（单位制 mm-ms-kg）

MID	ρ	E	LCID	TC	HU
1	2.400E-07	0.25	1	0.04	0.5
A	A	A	A	A	A
0.01	0.02	0.04	0.06	0.08	0.10
O	O	O	O	O	O
3.1249999E-6	6.2499998E-6	7.4999998E-6	9.9999997E-6	1.1500000E-5	1.2500000E-5
A	A	A	A	A	A
0.12	0.14	0.16	0.18000001	0.20	0.22
O	O	O	O	O	O
1.3000000E-5	1.4000000E-5	1.4000000E-5	1.5000000E-5	1.6000000E-5	1.6000000E-5
A	A	A	A	A	A
0.23999999	0.25999999	0.28	0.30000001	0.31999999	0.34
O	O	O	O	O	O

（续）

1.7000000E−5	1.7000000E−5	1.7000000E−5	1.7000000E−5	1.8000001E−5	1.8750001E−5
A	*A*	*A*	*A*	*A*	*A*
0.36000001	0.38	0.40000001	0.41999999	0.44	0.46000001
O	*O*	*O*	*O*	*O*	*O*
1.9499999E−5	2.0250000E−5	2.1000000E−5	2.1750000E−5	2.2500000E−5	2.3250001E−5
A	*A*	*A*	*A*	*A*	*A*
0.47999999	0.5	0.51999998	0.54000002	0.56	0.57999998
O	*O*	*O*	*O*	*O*	*O*
2.4000001E−5	2.4499999E−5	2.4999999E−5	2.5500000E−5	2.6250000E−5	2.9500001E−5
A	*A*	*A*	*A*	*A*	*A*
0.60000002	0.62	0.63999999	0.66000003	0.68000001	0.88999999
O	*O*	*O*	*O*	*O*	*O*
3.2500000E−5	3.5500001E−5	3.8499998E−5	4.3749998E−5	4.9999999E−5	2.5200000E−4

LSTC.

低密度聚氨酯泡沫（闭孔）

表 13-22　不同密度下的动态屈服强度

动态屈服强度 σ_Y	$\rho / (\mathrm{g} / \mathrm{cm}^3)$			
	0.0778	0.171	0.280	0.480
实验值/MPa	0.96±0.03	4.37±0.3	9.87±0.8	30.46±0.7
计算值/MPa	0.96	4.25	10.80	29.91

计算值是通过公式 $\sigma_Y = \sigma_0 (\rho / \rho_0)^A$ 得到的，这里 σ_0、ρ_0、A 分别取为 0.96MPa、0.0778g/cm³ 和 1.89。

林玉亮，等. 低密度聚氨酯泡沫压缩行为实验研究 [J]. 高压物理学报, 2006, 20(1): 88-92.

低密度聚亚氨酯泡沫

表 13-23　Gruneisen 状态方程参数

$\rho /(\mathrm{kg} / \mathrm{m}^3)$	$C_g /(\mathrm{m} / \mathrm{s})$	S_1	γ_0
315	630	0.99	1.07

万军，张振宇，王志兵. 低密度缓冲层对动能杆爆炸驱动影响的数值模拟研究 [J]. 北京理工大学学报, 2003, 23(增刊): 230-234.

STANLEY P MARSH. LASL shock hugoniot data [M]. University of California Press, California.

Dyneema SK-65 纤维

表 13-24   *MAT_ORTHOTROPIC_ELASTIC 材料模型参数

$\rho_0 / (\text{g} / \text{cm}^3)$	E_a/GPa	E_b/GPa	E_c/GPa	$v_{ba}, v_{ca}, v_{cb},$	$G_{ba}, G_{ca}, G_{cb},$	σ_u / GPa
0.97	95	9.5	9.5	0	0.95	3.42

注：极限应力 σ_u 通过*MAT_ADD_EROSION 添加。

S CHOCRON. Modeling of Fabric Impact with High Speed Imaging and Nickel-Chromium Wires Validation [C]. 26th International Symposium on Ballistics, Miami, FL, 2011.

E-Glass/ Epoxy

表 13-25   *MAT_COMPOSITE_DAMAGE 模型参数（单位制 mm-s-ton-N）

MID	ρ	EA	EB	EC	PRBA	PRCA	PRCB
1	2.20E-9	38600.0	8270.0	8270.0	0.0557	0.0557	0.49
GAB	GBC	GCA	KFAIL	AOPT	MACF	A_1	A_2
4140.0	2100.0	4140.0	0.0	2.0	0.0	1.0	0.0
A_3	D_1	D_2	D_3	SC	XT	YT	YC
0.0	1.0	0.0	0.0	72.0	1062.0	31.0	118.0

www.dynaexamples.com.

E-Glass/Epoxy Laminate

表 13-26   基本材料参数

参数	经线	纬线
E_a/psi	5.55E6	1.53E6
E_b/psi	1.53E6	5.55E6
E_c/psi	1.53E6	1.53E6
G_{ab}/psi	5.74E5	5.74E5
G_{bc}/psi	3.55E5	5.74E5
G_{ca}/psi	5.74E5	3.55E5
PR_{ba}	0.0787	0.285
PR_{ca}	0.0787	0.4206
PR_{cb}	0.4206	0.0787
$\rho /(\text{lbf}^2/\text{in})/\text{in}^3$	1.58E-4	

BHUSHAN S THATTE, GAUTAM S CHANDEKAR, AJIT D KELKAR, et al. Studies on Behavior of Carbon and Fiberglass Epoxy Composite Laminates under Low Velocity Impact Loading using LS-DYNA [C]. 10th International LS-DYNA Conference, Detroit, 2008.

E-Glass fiber fabric

表 13-27 *MAT_VISCOELASTIC_LOOSE_FABRIC 材料模型参数

材料属性		纱线特性	
密度 $\rho/(g/cm^3)$	1.65	纱线宽度/mm	1.8
纵向弹性模量 E_{11}/GPa	35	纱线间距/mm	2
横向弹性模量 E_{22}/GPa	8.22	纱线厚度/mm	0.15
面内剪切模量 G_{12}/GPa	4.10	初始纤维角度/(°)	45
面内泊松比 ν_{12}	0.26	锁定角度/(°)	15
		转变角度/(°)	3

ALA TABIEI, RAGURAM MURUGESAN. Thermal Structural Forming & Manufacturing Simulation of Carbon and Glass Fiber Reinforced Plastics Composites [C]. 14th International LS-DYNA Conference Detroit, 2016.

Electronic dictionary 零件材料

表 13-28 基本材料参数（单位制 ton-mm-s）

上部结构				
序号	名称	密度	E	σ_0
1	BTDL	1.2E-9	2350	60
2	TPDL	1.2E-9	2350	60
3	Hinge	1.2E-9	3500	RIGID
4	LCD_BRKT	2.63E-9	50000	250
5	LCD	1.7 E-9	64500	100
6	CA203	4.2 E-9	10000	60
7	Bolts	7 E-9	2E5	RIGID

下部结构				
序号	名称	密度	E	σ_0
1	TPKB	1.1E-9	2350	60
2	BTKB	1.2E-9	2350	60
3	BTDR	1.2E-9	2350	60
4	BATTERY	3.5E-9	2E5	200
5	MB	2.8E-9	1E4	40
6	SPKR	1.4E-9	2E5	RIGID
7	Bolts	7E-9	2E5	RIGID
8	KNOB	1.2E-9	3500	RIGID
9	HOUSING	1.1E-9	2350	60

JU R, HSIAO B. Drop Simulation for Portable Electronic Products [C]. 8th International LS-DYNA Conference, Detroit, 2004.

EPOXY adhesive

表 13-29　AUTODYN 软件中的 von Mises 模型和 Polynomial 状态方程参数

Polynomial 状态方程					
参考密度/(g/cm^3)	体积模量 A_1/kPa	参数 A_2/kPa	参数 A_3/kPa	参数 B_0	参数 B_1
1.186	8.839E+6	1.755E+7	1.516E+7	1.13	1.13
von Mises 强度模型					
剪切模量/kPa	屈服应力/kPa	等效塑性失效应变	参考温度/K		
4.08E+6	4.00E+4	3.0	2.93E+2		

WERNER RIEDEL, NOBUAKI KAWAI, KEN-ICHI KONDO. Numerical assessment for impact strength measurements in concrete materials [C]. International Journal of Impact Engineering, 2009, 36: 283-293.

EPS 泡沫（发泡聚苯乙烯）

表 13-30　*MAT_CRUSHABLE_FOAM 材料模型参数

参数	描述	取值	单位
ρ	密度	2.2×10^{-11}	ton/mm^3
E	弹性模量	78	MPa
PR	泊松比	0	
TSC	拉伸截止应力	0.1	MPa
DAMP	阻尼	0.5	

OGUZHAN MULKOGLU, et al. Drop Test Simulation and Verification of a Dishwasher Mechanical Structure [C]. 10th European LS-DYNA Conference, Würzburg, 2015.

表 13-31　动态力学特性参数

ρ/(kg/m^3)	40	50	60
E/GPa	16	16	24
ν	0.01	0.01	0.01
拉伸强度/MPa	0.21	0.32	0.42

GAETANO CASERTA, LORENZO IANNUCCI, UGO GALVANETTO. Micromechanics analysis applied to the modelling of aluminium honeycomb and EPS foam composites [C]. 7th European LS-DYNA Conference, Salzburg, 2009.

酚醛树脂

表 13-32　*MAT_ELASTIC_PLASTIC_HYDRO 模型和 Gruneisen 状态方程参数

ρ/(kg/m^3)	G/GPa	σ_Y/MPa	Gruneisen 状态方程				
			C_g/(m/s)	S_1	S_2	S_3	γ_0
1196	2.4	50	1933	3.49	-8.2	9.6	0.61

叶小军. 数值模拟分析在选取战斗部缓冲材料时的应用 [J]. 微电子学与计算机, 2009, 26(4): 226-229.

FIBREGLASS

表 13-33　Gruneisen 状态方程参数

σ_0/GPa	G/GPa	$\rho_0/(\mathrm{g/cm^3})$	$C/(\mathrm{m/s})$	S_1	$\varGamma$
0.2	15	1.70	3016	1.005	1.01

LU J P. SIMULATION OF AQUARIUM TESTS FOR PBXW-115(AUST) [C]. Proceedings of the 12th International Detonation Symposium, San Diego, California, 2002.

Foam（汽车保险杠泡沫）

表 13-34　*MAT_CRUSHABLE_FOAM 模型参数（单位制 ton-mm-s）

MID	ρ	E	PR	LCID	TSC	
28	4.8000E-12	6.6280	0.30	7	0.001	

*DEFINE_CURVE 定义曲线 7						
A_1	A_2	A_3	A_4	A_5	A_6	A_7
0.0	0.03	0.077	0.122	0.182	0.23100001	1.0
O_1	O_2	O_3	O_4	O_5	O_6	O_7
400.0	489.250	523.79998779	553.70001221	630.0	700.0	710.0

表 13-35　*MAT_SOIL_AND_FOAM 模型参数（单位制 ton-mm-s）

MID	ρ	G	KUN	A_0	A_1	A_2	PC
29	1.475E-10	688.0	1150.0	0.0	0.0	0.7225	-0.1724
EPS1	EPS2	EPS3	EPS4	EPS5			
0.0	0.01	0.016	0.02	0.03			
P_1	P_2	P_3	P_4	P_5			
0.0	0.955	1.875	2.565	4.709			

LSTC

Foam（汽车头部泡沫材料）

表 13-36　*MAT_LOW_DENSITY_FOAM 模型参数（单位制 kg-mm-ms）

MID	ρ	E	LCID	TC	HU	BETA	DAMP	SHAPE
7	1.0E-6	2.0	1	1.0E20	1.0	0.0	0.1	1.0

*DEFINE_CURVE 定义的曲线 1								
LCID	SIDR	SFA	SFO					
1	0	1.0	0.8					
A_1	A_2	A_3	A_4	A_5	A_6	A_7	A_8	A_9
0.0	0.1101865	0.220373	0.8814922	0.910489	0.920951	0.935897	0.94337	0.950842

（续）

O_1	O_2	O_3	O_4	O_5	O_6	O_7	O_8	O_9
0.0	9.7184493E-5	1.764E-4	2.0E-4	4.9527199E-4	9.48956E-4	0.0020454	0.0026881	0.003482

A_{10}	A_{11}	A_{12}	A_{13}
0.956821	0.965788	0.971766	0.99

O_{10}	O_{11}	O_{12}	O_{13}
0.0042004	0.005259	0.0062041	0.01764

LSTC.

Foam Insulation& Tile

表 13-37　基本材料参数

材料	$\rho/(\mathrm{g/cm^3})$	E/MPa	$\sigma_{\mathrm{crush}}/\mathrm{kPa}$	ν
Foam Insulation	0.03844	8.0	220	0
Tile	0.18	27.0	345	0

WALKER J D. Modeling Foam Insulation Impacts on the Space Shuttle Thermal Tiles [C]. 21st International Symposium of Ballistics, Adelaide, Australia, 2004.

Gelatin（明胶）

表 13-38　*MAT_PLASTIC_KINEMATIC 模型参数

$\rho/(\mathrm{kg/m^3})$	E/kPa	E_t/kPa	σ_0/kPa
1030	850	10	220

表 13-39　Gruneisen 状态方程参数

C_0/GPa	C_1/GPa	C_2/GPa	C_3/GPa
0	2.38	7.14	11.9

WEN Y, XU C, WANG H S, et al. Impact of steel spheres on ballistic gelatin at moderate velocities [J]. International Journal of Impact Engineering, 2013, 62: 142-151.

Glass fiber reinforced composite

表 13-40　*MAT_ENHANCED_COMPOSITE_DAMAGE 模型参数

纤维方向（轴向）弹性模量 E_A/MPa	36000
横向弹性模量 E_B/MPa	11000
泊松比 ν_{ba}	0.3

（续）

纤维方向（轴向）弹性模量 E_A /MPa	36000
剪切模量 G_{ab} /MPa	5000
剪切模量 G_{bc} /MPa	5500
剪切模量 G_{ca} /MPa	5500
ρ /(kg/cm^3)	0.00184
纤维方向（轴向）拉伸失效应力/MPa	1000
纤维方向（轴向）压缩失效应力/MPa	700
横向拉伸失效应力/MPa	80
横向拉伸压缩应力/MPa	180
平面剪切失效应力/MPa	55

表 13-41　层间增强玻璃纤维失效参数

连接面的法向失效应力/MPa	连接面的切向失效应力/MPa
80	55

MATTHIAS HORMANN. Simulation of the Crash Performance of Crash Boxes based on Advanced Thermoplastic Composite [C]. 5th European LS-DYNA Conference, Birmingham, 2005.

Glass fiber reinforced plastics（玻璃钢）

文献作者采用 DYTRAN 软件中的正交各向异性材料模型。采用最大应力失效准则，平面剪切失效应力为 1.2E8Pa；若子层失效，则横向剪切失效；纵向拉伸失效应力：1.3E8Pa；纵向压缩失效应力：7.5E8Pa；横向拉伸失效应力：1.2E8Pa；横向压缩失效应力：9.0E7Pa。

表 13-42　正交各向异性材料模型参数

密度/(kg/m^3)	1700
纵向（或纤维方向）弹性模量/Pa	8.5E9
横向（或基体方向）弹性模量/Pa	1.7E10
泊松比（纵向单轴加载）	0.1
平面剪切模量/Pa	3.0E9

王建刚,等. 球形钨破片侵彻复合靶板的有限元分析 [C]. 战斗部与毁伤效率委员会第十届学术年会论文集, 绵阳, 2007.261-266.

Glue

汽车保险杠与蜂窝材料之间的胶。

表 13-43 *MAT_MODIFIED_HONEYCOMB 模型参数（单位制 kg-mm-ms）

MID	ρ	E	PR	SIGY	VF	MU
2000009	1.0000E-6	0.200000	0.300000	0.200000	0.100000	0.200000
LCA	LCB	LCC	LCS	LCAB	LCBC	LCCA
2000004	2000004	2000004	0	2000005	2000005	2000005
EAAU	EBBU	ECCU	GABU	GBCU	GCAU	AOPT
0.2	0.2	0.2	0.1	0.1	0.1	2.0
XP	YP	ZP	A_1	A_2	A_3	
0.0	0.0	0.0	0.0	0.0	−1.0	
D_1	D_2	D_3	TSEF	SSEF	VREF	
0.0	1.0	0.0	0.95	0.44	0.1	

*DEFINE_CURVE 定义胶的压缩曲线 2000004

A_1	A_2					
0.0	0.999001					
O_1	O_2					
2.5740001E-4	2.5740001E-4					

*DEFINE_CURVE 胶的剪切定义曲线 2000005

A_1	A_2					
0.0	0.999001					
O_1	O_2					
2.2400002E-4	2.2400002E-4					

LSTC.

HDPE（高密度聚乙烯）

表 13-44 Gruneisen 状态方程参数

$\rho_0 / (\text{g} / \text{cm}^3)$	$C / (\text{m} / \text{s})$	S_1	S_2	S_3	Γ	α
0.954	3000	1.44	0.0	0.0	1.0	0.0

PAUL A URTIEW. Shock Initiation Experiments and Modeling of Composition B, C-4, and ANFO [C]. Proceedings of the 13rd International Detonation Symposium, Portland, OH, 2006.

Honeycomb

表 13-45 *MAT_HONEYCOMB 材料模型参数

参数	Honeycomb_245psi	Honeycomb_45psi
$\rho /(\text{kg} / \text{m}^3)$	85	26.2
E / MPa	68950	68950
v	0.33	0.33
σ_Y / MPa	160	160

（续）

参数	Honeycomb_245psi	Honeycomb_45psi
压实时的相对体积	0.031	0.009
E_{aau} / MPa	1020	172
E_{bbu} / MPa	340	57.2
E_{ccu} / MPa	340	57.2
E_{abu} / MPa	434	145
E_{bcu} / MPa	214	75
E_{cau} / MPa	434	145

ABDULLATIF K ZAOUK. DEVELOPMENT AND VALIDATION OF A US SIDE IMPACT MOVEABLE DEFORMABLE BARRIER FE MODEL [C]. 3th European LS-DYNA Conference, Paris, 2001.

Honeycomb（汽车头部蜂窝材料）

表 13-46 ***MAT_MODIFIED_HONEYCOMB** 模型参数（单位制 ton-mm-s）

MID	ρ	E	PR	SIGY	VF	MU
32	1.475E-10	2070.0	0.3	140.0	0.2	0.05
LCA	LCB	LCC	LCS	LCAB	LCBC	LCCA
14	14	14	14			
EAAU	EBBU	ECCU	GABU	GBCU	GCAU	AOPT
20.700001	20.700001	20.700001	2.1	2.1	2.1	0.0
XP	YP	ZP	A_1	A_2	A_3	
0.0	0.0	0.0	0.0	0.0	0.0	
D_1	D_2	D_3	TSEF	SSEF		
0.0	0.0	0.0	0.0	0.0		

*DEFINE_CURVE 定义曲线 14				
A_1	A_2	A_3	A_4	A_5
0.0	0.19000001	0.8	0.81	0.84
O_1	O_2	O_3	O_4	O_5
0.896	0.89600003	0.89700001	140.0	222.80000305

LSTC.

环氧树脂

表 13-47　SHOCK 状态方程参数

密度 ρ /(g/cm^3)	C_1/(cm/μs)	S_1	Gruneisen 系数
1.186	0.273	1.493	1.13

Selected Hugoniots [R]. Los Alamos Scientific Laboratory, LA-4167-MS, 1969-05-01.

表 13-48 Gruneisen 状态方程参数

$\rho /(\mathrm{kg}/\mathrm{m}^3)$	$C /(\mathrm{km}/\mathrm{s})$	S_1	γ_0
1198	0.2678	1.52	1.13

王涛,等. 爆炸变形定向杀伤战斗部对预警机目标的毁伤效能评估 [C]. 第十六届全国战斗部与毁伤技术学术交流会论文集, 北京, 2017.947-955.

表 13-49 基本材料参数(一)

材料	$\rho /(\mathrm{kg}/\mathrm{m}^3)$	E/MPa	强度 σ_b /MPa	膨胀波速 $C_L /(\mathrm{m}/\mathrm{s})$	膨胀波速 $C_T /(\mathrm{m}/\mathrm{s})$
纯环氧树脂	1163	2820	79.69	1806.7	1557
橡胶增韧环氧树脂	1186	3020	71.34	1851.4	1595
双酚增韧环氧树脂	1192	2710	72.63	1705.9	1509

葛东云, 刘元镛, 宁荣昌. 增韧环氧树脂的动态裂纹扩展研究 [J]. 实验力学, 1999, 14(1): 60-68.

表 13-50 基本材料参数(二)

E/GPa	ν	σ_Y /MPa	E_t /MPa
3	0.37	50	50

李智, 游敏, 孔凡荣. 基于 ANSYS 的两种胶粘剂劈裂接头数值模拟 [J]. 化学与粘合, 2006, 28(5): 299-301.

IM7/8552 composite

表 13-51 *MAT_ENHANCED_COMPOSITE_DAMAGE、*MAT_LAMINATED_
COMPOSITE_FABRIC 和*MAT_LAMINATED_FRACTURE_
DAIMLER_CAMANHO 材料模型参数

描述	单位	取值	材料模型
密度ρ	kg/mm³	1.58E-6	全部
纵向弹性模量 EA	MPa	165000	全部
横向弹性模量 EB	MPa	9000	全部
泊松比(次要)PRBA/PRCA		0.0185	全部
泊松比 cbPRCB		0.5	全部
剪切模量 GAB/GCA	MPa	5600	全部
剪切模量 BC,GBC	MPa	2800	全部
纵向(纤维)压缩失效模式下断裂韧度 GXC	N/mm	79.9[①]	*MAT_262
纵向(纤维)拉伸失效模式下断裂韧度 GXT	N/mm	91.6[①]	*MAT_262
横向(纤维)压缩失效模式下断裂韧度 GYC	N/mm	0.76[①]	*MAT_262

（续）

描述	单位	取值	材料模型
横向（纤维）拉伸失效模式下断裂韧度 GYT	N/mm	0.2[②]	*MAT_262
面内剪切失效模式下断裂韧度 GSL	N/mm	0.8[②]	*MAT_262
纵向压缩强度 XC	MPa	1590	全部
纵向拉伸强度 XT	MPa	2560	全部
横向压缩强度 YC	MPa	185	全部
横向拉伸强度 YT	MPa	73	全部
剪切强度 SL	MPa	90	全部
纯横向压缩下断裂角度 FIO	deg.	53	*MAT_262
面内剪切屈服应力 SIGY	MPa	60	*MAT_262
面内剪切塑性切线模量 ETAN	MPa	750	*MAT_262
纵向压缩强度时的应变 E11C	–	0.011	*MAT_058
纵向拉伸强度时的应变 E11T	–	0.01551	*MAT_058
横向压缩强度时的应变 E22C	–	0.032	*MAT_058
横向拉伸强度时的应变 E22T	–	0.0081	*MAT_058
剪切强度时的工程剪切应变 GMS	–	0.05	*MAT_058

① 取自 T300/1034-C 复合材料。
② GYT=G_Ic，GSL=G_IIc。

表 13-52 *MAT_054 非物理参数（预校准值）

DFAIL_	TFAIL	EPS	SOFT	SOFT2	PFL	BETA
–	1E-7	0.55	0.57	无输入	100	0.00
SLIMT1	SLIMC1	SLIMT2	SLIMC2	SLIMS	FRBT	YCFAC
0.01	1.00	0.100	1.00	1.00	0.00	2.00

表 13-53 *MAT_058 非物理参数（预校准值）

TSIZE(s)	ERODS	SOFT	SLIMT1	SLIMC1	SLIMT2	SLIMC2	SLIMS
1E-7	−0.55	0.57	0.01	1.00	0.10	1.00	1.00

表 13-54 *MAT_262 非物理参数（预校准值）

D_F	EPS	SOFT	PFL	GXCO	GXTO	XCO	XTO
1	−0.55	0.57	100	1526	30.7	1272	25.6

ALEKSANDR CHERNIAEV, et al. Modeling the Axial Crush Response of CFRP Tubes using MAT054, MAT058 and MAT262 in LS-DYNA® [C]. 15th International LS-DYNA Conference, Detroit, 2018.

聚氨酯

表 13-55 SHOCK 状态方程参数

密度 ρ/(g/cm^3)	C_1/(cm/μs)	S_1	Gruneisen 系数
1.265	0.2486	1.577	1.55

Selected Hugoniots [R]. Los Alamos Scientific Laboratory, LA-4167-MS, 1 May 1969.

表 13-56 Johnson-Cook 本构模型参数

ρ/(kg/m^3)	G/GPa	A/MPa	B/MPa	n	C	m
1100	2.2	50	0.0	1.0	0.0	0.0

表 13-57 Gruneisen 状态方程参数

K_1/GPa	K_2/GPa	K_3/GPa	Γ_0
6	35	2	0.8

TIMOTHY J HOLMQUIST, DOUGLAS W TEMPLETON, KRISHAN D BISHNOI. Constitutive modeling of aluminum nitride for large strain, high-strain rate, and high-pressure applications [J]. International Journal of Impact Engineering, 2001, 25: 211-231.

　　主要针对 SPS 结构的聚氨酯弹性体芯材在高应变率下的动态力学性能进行实验与分析，利用霍普金森压杆（SPHB）实验装置，通过实验数据分析方法得到聚氨酯弹性体材料在不同应变率下的应力-应变关系，讨论均匀性、试样尺寸等对结果的影响；并基于 Johnson-Cook 本构模型的实验修正，建立了聚氨酯弹性体材料在高应变率下不考虑温度影响的本构模型。

$$\sigma = (0.5 + 7\varepsilon^n)\left(1 + 0.265\ln\frac{\dot{\varepsilon}}{\dot{\varepsilon}_0}\right)$$

式中，$n = 0.9076e - 0.0011\dot{\varepsilon} + 0.134$，$\dot{\varepsilon}$ 为动态应变率，$\dot{\varepsilon} = 2.1 \times 10^{-3}$ 为初始应变率。

　　田阿利, 叶仁传, 沈超明.聚氨酯弹性体动态力学性能实验研究 [C]. 第十一届全国冲击动力学学术会议论文集, 西安, 2013.

表 13-58 基本材料参数

密度 ρ/(g/cm^3)	剪切模量 G/kPa	泊松比 ν
1.1	5.91E7	0.45

JAMES L O'DANIEL, THEODOR KRAUTHAMMER KEVIN L KOUDELA, et al. An UNDEX response validation methodology [J]. International Journal of Impact Engineering, 2002, 27: 919 - 937.

聚氨酯泡沫塑料

表 13-59　应力波加载下泡沫塑料动态性能

材料	应变率/s^{-1}	弹性模量/MPa	屈服强度/MPa
W-0.3	900	200	8.7
L-0.3	900	460	13.5
W-0.5	810	610	25.2
L-0.5	620	667	29.1

注：这里给出的弹性模量只作为参考值；W 和 L 分别表示无填料的普通泡沫塑料及玻璃纤维增强的泡沫塑料，其后的数值表示材料密度。

表 13-60　准静态加载实验确定的材料力学性能

材料	W-0.3	L-0.3	W-0.5	L-0.5
弹性模量/MPa	193	261	391	501
屈服强度/MPa	5.8	6.1	12.6	14.9

卢子兴, 等. 聚氨酯泡沫塑料在应力波加载下的压缩力学性能研究 [J]. 爆炸与冲击, 1995, 15(4): 382-388.

聚苯乙烯

表 13-61　SHOCK 状态方程参数

密度 $\rho/(g/cm^3)$	$C_1/(cm/\mu s)$	S_1	Gruneisen 系数
1.044	0.2746	1.319	1.18

Selected Hugoniots [R]. Los Alamos Scientific Laboratory, LA-4167-MS, 1969-05-01.

聚四氟乙烯

表 13-62　SHOCK 状态方程参数

密度 $\rho/(g/cm^3)$	$C_1/(cm/\mu s)$	S_1	Gruneisen 系数
2.153	0.1841	1.707	0.59

Selected Hugoniots [R]. Los Alamos Scientific Laboratory, LA-4167-MS, 1969-05-01.

表 13-63　Gruneisen 状态方程参数（一）

$\rho/(g/cm^3)$	$C/(m/s)$	S_1	S_2	S_3	γ_0	α
2.150	1680	1.123	3.98	-5.8	0.59	0.0

KEVIN S. Shock Initiation Experiments and Modeling on the TATB-Based Explosive RX-03-GO [C]. Proceedings of the 14th International Detonation Symposium, Coeur d'Alene, Idaho, 2010.

表 13-64　Gruneisen 状态方程参数（二）

$\rho_0 /(\text{g}/\text{cm}^3)$	$C/(\text{m}/\text{s})$	S	Γ
2.204	2081	1.623	1.5

TARIQ D. ASLAM, JOHN B. BDZIL. Numerical and Theoretical Investigations on Detonation Confinement Sandwich Tests [C]. Proceedings of the 13th International Detonation Symposium, Portland, OH, 2006.

表 13-65　Gruneisen 状态方程参数（三）

$\rho_0 /(\text{g}/\text{cm}^3)$	$C/(\text{m}/\text{s})$	S_1	S_2	S_3	Γ	α
2.15	1680	1.123	3.983	−5.797	0.59	0.0

PAUL A URTIEW. Shock Initiation Experiments and Modeling of Composition B, C-4, and ANFO [C]. Proceedings of the 13th International Detonation Symposium, Portland, OH, 2006.

聚碳酸酯

表 13-66　*MAT_POWER_LAW_PLASTICITY 模型参数（单位制 m-kg-s）

ρ	E	PR	K	N	EPSF
1.1902E3	2.3442E9	0.38	1.1470E8	0.192058	3.0157

表 13-67　*MAT_SIMPLIFIED_JOHNSON_COOK 模型参数（单位制 m-kg-s）

ρ	E	PR	A	B	N	C	PSFAIL
1.1902E3	2.3442E9	0.38	4.6520E7	6.2207E7	0.328588	0.0	3.0157

http://www.VarmintAl.com/aengr.htm.

表 13-68　动态力学特性参数

$\rho/(\text{kg}/\text{m}^3)$	泊松比 ν	弹性模量 /MPa	动态屈服应力 /MPa	动态剪切应力 /MPa	极限拉伸应力 /MPa	极限拉伸应变
1200	0.4	2.3	62	86	70	1.2

XIOFAN HOU, WERNER GOLDSMITH. Projectile Perforation of Moving Plates: Experimental Investigation [J]. International J. Impact Engng, 1996, 18(7-8): 859-875.

表 13-69　Johnson-Cook 本构模型参数

$\rho/(\text{kg}/\text{m}^3)$	E/GPa	G/GPa	K/GPa	$C_V/(\text{J}\cdot\text{kg}^{-1}\cdot\text{K}^{-1})$
1220	2.59	0.93	4.2	1300
$C_{\text{Longitudinal}}/(\text{km}/\text{s})$	$C_{\text{Shear}}/(\text{km}/\text{s})$	T_r/K	T_m/K	热功转换系数 β
2.13	0.88	295	562	0.5
A/MPa	B/MPa	n	C	m
80	75	2	0.052001	0.548

表 13-70　Zerilli-Armstrong 本构模型参数

$\rho/(kg/m^3)$	B_0/K^{-1}	B_1/K^{-1}	B_{pa}/MPa	B_{opa}/MPa	$C_V/(J \cdot kg^{-1} \cdot K^{-1})$
1220	0.006715948	0.00009503	550	48	1300

ω_a	ω_b	α_0/K^{-1}	α_1/K^{-1}	热功转换系数 β	
−8	−0.01	0.00655	0.00004	0.5	

DWIVEDI, AJMER, BRADLEY, et al. Mechanical Response of Polycarbonate with Strength Model Fits [R]. ADA566369, 2012.

利用 Taylor 圆柱实验（应变率 $10^3 s^{-1}$）测定了聚碳酸酯弹丸头部与刚性靶表面碰靶过程的应力-时间曲线，拟合了 Cowper-Symonds 过应力模型参数：

$$\sigma_Y^D = \sigma_S\left[1+\left(\frac{\dot{\varepsilon}_p}{D}\right)^{\frac{1}{q}}\right] = 85\left[1+\left(\frac{\dot{\varepsilon}_p}{2800}\right)^{255}\right]$$

胡文军，等. 柱形聚碳酸酯弹丸撞击刚性靶的实验研究 [J]. 实验力学, 2006, 21(2): 157-164.

聚亚氨酯

表 13-71　Gruneisen 状态方程参数（单位制 cm-g-μs）

材料	C_0	s	Γ_0	$\rho/(kg/m^3)$
聚亚氨酯	0.063	0.99	1.07	315

谢秋晨，等. 内衬材料对双聚焦战斗部破片飞散特性的影响 [C]. 第十三届全国战斗部与毁伤技术学术交流会论文集, 黄山, 2013, 284-288.

聚乙烯

表 13-72　SHOCK 状态方程参数

$\rho/(g/cm^3)$	C1/(cm/μs)	S_1	Gruneisen 系数
0.915	0.2901	1.481	1.64

Selected Hugoniots [R]. Los Alamos Scientific Laboratory, LA-4167-MS, 1969-05-01.

聚乙烯（类型 III）

表 13-73　*MAT_POWER_LAW_PLASTICITY 模型参数（单位制 m-kg-s）

ρ	E	PR	K	N	EPSF
1.2179E3	1.0342E9	0.45	5.6616E7	0.351723	2.9908

表 13-74　*MAT_SIMPLIFIED_JOHNSON_COOK 模型参数（单位制 m-kg-s）

ρ	E	PR	A	B	N	C	PSFAIL
1.2179E3	1.0342E9	0.45	6.7663E6	5.1707E7	0.444366	0.0	2.9908

http://www.VarmintAl.com/aengr.htm.

Kapton

表 13-75　Gruneisen 状态方程参数（一）

$\rho_0 /(g/cm^3)$	$C/(m/s)$	S_1	S_2	S_3	Γ	α
1.38	2270	1.56	0.0	0.0	0.76	0.0

CRAIG M TARVER. Shock Initiation of the PETN-based Explosive LX-16 [C]. Proceedings of the 13rd International Detonation Symposium, Portland, OH, 2006.

表 13-76　Gruneisen 状态方程参数（二）

$\rho_0 /(g/cm^3)$	$C/(km/s)$	S_1	γ_0	α
1.414	2.741	1.41	0.76	0.0

CRAIG M TARVER, CHADD M MAY. Short Pulse Shock Initiation Experiments and Modeling on LX16, LX10, and Ultrafine TATB [C]. Proceedings of the 14th International Detonation Symposium, Coeur d' Alene, Idaho, 2010.

Kel-F 800

表 13-77　Gruneisen 状态方程参数

$\rho_0 /(kg/m^3)$	$C_0 /(m/s)$	S	Γ
2017	1745	1.993	1.097

CLEMENTS B, MARIUCESCU L, BROWN, E, et al. Kel-F 800 Experimental Characterization and Model Development [R], Los Alamos National Laboratory Report LA-UR-07-6404, 2007.

Kevlar

单位制：in（长度）-ms（时间）-Mlbf（力）-Mlbf-ms^2/in（质量）-Mpsi（应力）-Mlbf-in（能量）。

表 13-78　*MAT_DRY_FABRIC 模型参数

MID	ρ	EA	EB	GAB1	GAB2	GAB3	GBC
2	7.48E-5	4.68	4.68	6.0E-4	6.0E-3	5.0E-2	0.05
GCA	GAMAB1	GAMAB2	AOPT	V_1	V_2	V_3	EACRF
0.05	0.25	0.35	3	-0.2588	0	0.9659	0.06
EBCRF	EACRP	EBCRP	EASF	EBSF	EUNLF	ECOMF	EAMAX
0.20	0.0070	0.0025	-2.2	-5.6	1.5	0.005	0.0223
EBMAX	SIGPOST	CCE	PCE	CSE	PSE	DFAC	EMAX
0.0201	0.01	0.005	40.0	0.005	40.0	0.3	0.35
EAFAIL	EBFAIL						
0.2	0.2						

LS-DYNA Aerospace Working Group Modeling Guidelines Document [D]. LSTC.

表 13-79　*MAT_COMPOSITE_DAMAGE 模型参数

ρ_0 /(kg/m³)	E_a /GPa	E_b /GPa	E_c /GPa	G_{ab} /GPa	G_{bc} /GPa	G_{ca} /GPa
1850	78	42	42	3.15	1.25	3.15

卢江仁, 等. 轻质复合装甲抗侵彻性能的数值模拟研究 [C]. 第十二届全国战斗部与毁伤技术学术交流会论文集, 广州, 2011.610-613.

Kevlar-129

表 13-80　AUTODYN 软件中的 Ortho 状态方程及失效模型参数

状态方程：Ortho						
参考密度 /(g/cm³)	弹性模量 11/kPa	弹性模量 22/kPa	弹性模量 33/kPa	泊松比 12		
1.65	1.7989E+07	1.7989E+07	1.9480E+06	0.0800		
泊松比 23	泊松比 31	剪切模量 12/kPa	剪切模量 23/kPa	剪切模量 31/kPa		
0.6980	0.0756	1.85701E+06	2.23500E+05	2.23500E+05		
强度模型：Elastic						
剪切模量 /kPa						
1.85701E+06						
失效模型：Stress/Strain						
拉伸失效应变 11	拉伸失效应变 22	拉伸失效应变 33				
0.06	0.06	0.02				
后失效选项：Orthotropic						
残余剪切强度分数	失效模式 11	失效模式 22	失效模式 33	失效模式 12	失效模式 23	失效模式 31
0.20	仅 11	仅 22	仅 33	仅 12 & 33	仅 23 & 33	仅 31 & 33

C Y THAM, V B C TAN, H P LEE. Ballistic impact of a KEVLAR helmet: Experiment and simulations [J]. International Journal of Impact Engineering, 2008, 35: 304-318.

Kevlar-129 fabric/epoxy

表 13-81　*MAT_PIECEWISE_LINEAR_PLASTICITY 材料模型参数

弹性模量 E/psi	泊松比 PRBA	屈服应力 SIGY/psi
340000	0.3	7500

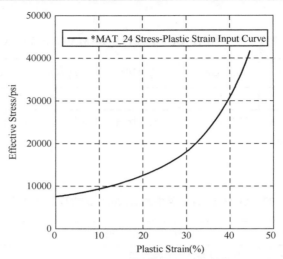

图 13-1　*MAT_24 材料模型输入应力-应变曲线

M SELEZNEVA, K BEHDINAN, C POON, et al. Use of LS-DYNA to Assess the Energy Absorption Performance of a Shell-Based KevlarTM/Epoxy Composite Honeycomb [C]. 11th International LS-DYNA Conference, Detroit, 2010.

Kevlar 129 fabric

表 13-82　基本材料参数

E_1/GPa	E_2/GPa	G_{12}/GPa	G_{23}/GPa	v_{12}	v_{23}
99.1	7.4	2.5	5	0.2	0.2

ALA TABIEI, IVELIN IVANOV. COMPUTATIONAL MICRO-MECHANICAL MODEL OF FLEXIBLE WOVEN FABRIC FOR FINITE ELEMENT IMPACT SIMULATION [C]. 7th International LS-DYNA Conference Detroit, 2002.

Kevlar KM2 Yarns

表 13-83　*MAT_FABRIC 模型参数（单位制 m-kg-s）

*MAT_FABRIC，37%纤维体积占比							
MID	R_o	E_1	E_2	E_3	NU21	NU31	NU32
2	539.0	2.71E+10	2.71E+8	2.71E+8	0.001	0.001	0.001
G_{12}	G_{23}	G_{31}					
2.71+8	2.71E+8	2.71E+8					

*MAT_FABRIC，75%纤维体积占比							
MID	R_o	E_1	E_2	E_3	NU21	NU31	NU32
2	1080.0	5.43E+10	5.43E+8	5.43E+8	0.001	0.001	0.001
G_{12}	G23	G31					
5.43E+8	5.43E+8	5.43E+8					

C-F YEN, B SCOTT, P DEHMER, et al. A Comparison Between Experiment and Numerical Simulation of Fabric Ballistic Impact [C]. 23rd International Symposium of Ballistics, Tarragona, Spain, 2007.

表 13-84　*MAT_FABRIC 材料模型参数（单位制 m-kg-s）

MID	R_0	E_1	E_2	E_3	NU21	NU31	NU32
2	1179.0	7.24E+10	7.24E+8	7.24E+8	0.001	0.001	0.001
G_{12}	G_{23}	G_{31}					
7.24E+8	7.24E+8	7.24E+8					

B R SCOTT, C-F YEN. Analytic Design Trends of Fabric Armor [C]. 22nd International Symposium of Ballistics, Vancouver, Canada, 2005.

表 13-85　*MAT_ORTHOTROPIC_ELASTIC 材料模型参数

密度	最大失效主应力	AOPT	E_{11}	E_{22}	E_{33}
764kg/m³	3.5GPa	0.0	0.62GPa	0.62GPa	0.62GPa
G_{12}	G_{23}	G_{13}	v_{12}	v_{23}	v_{13}
0.126GPa	0.126GPa	0.126GPa	0.0	0.0	0.0

弹丸和 Kevlar 之间的动静摩擦系数为 $u_s = u_k = 0.18$，Kevlar 线之间的动静摩擦系数为 $u_s = 0.23$ 和 $u_k = 0.19$。

M P RAO, M KEEFE, NEWARK, B M POWERS, T A BOGETTI. A Simple Global/Local Approach to Modeling Ballistic Impact onto Woven Fabrics [C]. 10th International LS-DYNA Conference, Detroit, 2008.

Kevlar/乙烯基树脂 3D-OWC

利用 MTS 开展了准静态实验，包括面内经向和纬向的拉伸实验及面内和离面的压缩实验；利用 SHPB 开展了动态实验，包括离面方向的冲击压缩实验，得到材料的应力-应变关系。计算模型中 Kevlar/乙烯基树脂 3D-OWC 采用*MAT_COMPOSITE_DMG_MSC 材料模型，并采用 Hashin 失效准则进行屈服判断。

表 13-86　*MAT_COMPOSITE_DMG_MSC 材料模型参数

ρ	E_1	E_2	E_3	v_{21}	v_{31}	v_{32}	G_{12}	G_{23}	G_{31}
1.29	0.184	0.184	0.102	0.14	0.08	0.08	0.08	0.08	0.047
S_{1T}	S_{1C}	S_{2T}	S_{2C}	S_{3T}	S_{3C}	SFS	S_{12}	S_{23}	S_{31}
4.2E-3	1.6E-3	3.6E-3	1.4E-3	2.0E-3	4.8E-3	2.4E-3	1.8E-3	1.8E-3	1.8E-3

余育苗. 三维正交机织复合材料力学性能研究 [D]. 合肥: 中国科学技术大学, 2008.

KM2 S5705 纤维

表 13-87　*MAT_ORTHOTROPIC_ELASTIC 材料模型参数

$\rho_0 / (g / cm^3)$	E_a/GPa	E_b/GPa	E_c/GPa	v_{ba}, v_{ca}, v_{cb}	G_{ba}, G_{ca}, G_{cb}	σ_u /GPa
1.44	80	8.0	8.0	0	0.8	3.4

注：极限应力 σ_u 通过*MAT_ADD_EROSION 添加。

S CHOCRON.Modeling of Fabric Impact with High Speed Imaging and Nickel-Chromium Wires Validation [C]. 26th International Symposium on Ballistics, Miami, FL, 2011.

LDPE（低密度聚乙烯）

表 13-88　*MAT_PLASTIC_KINEMATIC 材料模型参数

$\rho_0 /(\text{g}/\text{cm}^3)$	E/MPa	σ_s /MPa	ν
0.91	722	14.98	0.4

秦翔宇，黄广炎，冯顺山. 冲击作用下金属-聚合物双层靶板的能量吸收 [C]. 第十四届战斗部与毁伤技术学术交流会，重庆，2013，588-591.

LiF

表 13-89　Gruneisen 状态方程参数

$\rho_0 /(\text{g}/\text{cm}^3)$	$C/(\text{km}/\text{s})$	S_1	γ_0	α
2.638	5.15	1.35	2.0	0.0

CRAIG M TARVER, CHADD M MAY. Short Pulse Shock Initiation Experiments and Modeling on LX16, LX10, and Ultrafine TATB [C]. Proceedings of the 14th International Detonation Symposium, Coeur d'Alene, Idaho, 2010.

表 13-90　AUTODYN 软件中的 SHOCK 状态方程和 Steinberg Guinan 模型参数

状态方程：shock			
密度	2.638 g/cm³	参数 C_1	5150m/s
Gruneisen 系数	1.69	参数 S_1	1.35
强度模型：Steinberg Guinan			
剪切模量	4.90E7kPa	dG/dT	−3.028E4kPa
屈服应力	3.60E5kPa	dG/dY	0.018
最大屈服应力	3.60E5kPa	熔化温度	1480K
dG/dP	2.45		

X QUAN, R A CLEGG, M S COWLER, et al. Numerical simulation of long rods impacting silicon carbide targets using JH-1 model [J]. International Journal of Impact Engineering, 2006, 33: 634-644.

沥青混合料

采用 MTS 810 万能材料试验机通过不同温度和不同应变率下单轴压缩实验确定了沥青和改性沥青混合料的 Johnson-Cook 黏塑性模型参数。

表 13-91　基质沥青混合料 Johnson-Cook 模型参数

A/MPa	B/MPa	n	C	m
7.98	120.18	0.581	0.45	1.54

表 13-92　岩沥青改性沥青混合料 Johnson-Cook 模型参数

A/MPa	B/MPa	n	C	m
11.15	461.26	0.6808	0.41	1.62

何兆益，汪凡，朱磊，等. 基于 Johnson-Cook 黏塑性模型的沥青路面车辙计算 [J]. 重庆交通大学学报：自然科学版，2010，29(1)：49-53.

氯丁橡胶

表 13-93 SHOCK 状态方程参数

$\rho/(g/cm^3)$	$C_1/(cm/\mu s)$	S_1	Gruneisen 系数
1.439	0.2785	1.419	1.39

Selected Hugoniots [R]. Los Alamos Scientific Laboratory, LA-4167-MS, 1 May 1969.

Mylar

表 13-94 Gruneisen 状态方程参数

$\rho_0/(g/cm^3)$	$C/(km/s)$	S_1	γ_0	α
1.38	2.27	1.56	0.76	0.0

CRAIG M TARVER, CHADD M MAY. Short Pulse Shock Initiation Experiments and Modeling on LX16, LX10, and Ultrafine TATB [C]. Proceedings of the 14th International Detonation Symposium, Coeur d' Alene, Idaho, 2010.

Nylon

表 13-95 Shock 状态方程参数

Gruneisen 系数 Γ	参考密度	参数 C_1	参数 S_1	参考温度	比热容	导热系数
0.87	1.140 g/cm^3	2.290E6 mm/s	1.63	300 K	898.7J/(kg·K^{-1})	0.6W/(m·K^{-1})

K LOFT, M C PRICE, M J COLE, et al. Impacts into metals targets at velocities greater than 1 km s-1: A new online resource for the hypervelocity impact community and an illustration of the geometric change of debris cloud impact patterns with impact velocity [J]. International Journal of Impact Engineering, 2013, 56: 47-60.

Nylon 6

表 13-96 *MAT_PLASTIC_KINEMATIC 模型参数

$\rho/(kg/m^3)$	E/GPa	v	σ_0/MPa	E_{tan}/MPa	F_S
1100	4.5	0.375	98	4.5	1.0

H S KIM K-S YEOM, S S KIM, et al. Numerical Simulation for the Front Section Effect of Missile Warhead on the Target Perforation [C]. 22nd International Symposium of Ballistics, Vancouver, Canada, 2005.

表 13-97 *MAT_ELASTIC_PLASTIC_HYDRO 模型和 Gruneisen 状态方程参数

$\rho/(kg/m^3)$	G/GPa	σ_Y/MPa	Gruneisen 状态方程				
			$C_g/(m/s)$	S_1	S_2	S_3	γ_0
1130	2.7	120	2570	1.85	1.07	0	1.07

叶小军. 数值模拟分析在选取战斗部缓冲材料时的应用 [J]. 微电子学与计算机, 2009, 26(4): 226-229.

尼龙

表 13-98 Gruneisen 状态方程参数（单位制 cm-g-μs）

C_0	s	Γ_0	$\rho/(kg/m^3)$
0.229	1.63	0.87	1140

谢秋晨，等. 内衬材料对双聚焦战斗部破片飞散特性的影响 [C]. 第十三届全国战斗部与毁伤技术学术交流会论文集, 安徽黄山, 2013, 284-288.

泡沫塑料

表 13-99 Gruneisen 状态方程参数（单位制 cm-g-μs）

C_0	s	Γ_0	$\rho/(kg/m^3)$
0.2486	1.577	1.55	1265

谢秋晨，等. 内衬材料对双聚焦战斗部破片飞散特性的影响 [C]. 第十三届全国战斗部与毁伤技术学术交流会论文集, 黄山, 2013, 284-288.

表 13-100 动态力学特性参数

$\rho/(kg/m^3)$	弹性模量 E/MPa		拉伸强度/MPa	
	实验值	理论值	实验值	理论值
480	579	491	12.8	13.2
586	667	674	13.5	18.3

卢子兴, 寇长河, 李怀祥. 泡沫塑料拉伸力学性能的研究 [J]. 北京航空航天大学学报, 1998, 24(6): 646-649.

PBO 纤维

表 13-101 *MAT_ORTHOTROPIC_ELASTIC 材料模型参数

$\rho_0/(g/cm^3)$	E_a/GPa	E_b/GPa	E_c/GPa	$v_{ba}, v_{ca}, v_{cb},$	$G_{ba}, G_{ca}, G_{cb},$	σ_u/GPa
1.56	180	18	18	0	1.8	5.8

注：极限应力 σ_u 通过*MAT_ADD_EROSION 添加。

S CHOCRON. Modeling of Fabric Impact with High Speed Imaging and Nickel-Chromium Wires Validation [C]. 26th International Symposium on Ballistics, Miami, FL, 2011.

Perspex

表 13-102 Gruneisen 状态方程参数

$\rho_0/(g/cm^3)$	$C/(m/s)$	S	Γ_0	Γ_1
1.186	2598	1.516	0.0	0.97

NICHOLAS J WHITWORTH. SOME ISSUES REGARDING THE HYDROCODE IMPLEMENTATION OF THE CREST REACTIVE BURN MODEL [C]. 13th International Detonation Symposium, Northfolk, VA, USA, 2006.

Plain weave S2-glass/epoxy laminates

表 13-103　*MAT_COMPOSITE_MSC 材料模型参数

参数	取值
密度 ρ/(kg/mm³)	1.85E-6
拉伸模量 EA,EB,EC/GPa	27.1,27.1,12.0
泊松比 v_{21},v_{31},v_{32}	0.11,0.18,0.18
剪切模量 GAB,GBC,GCA/GPa	2.9,2.14,2.14
面内拉伸强度 SAT,SBT/GPa	0.604
面外拉伸强度 SCT/GPa	0.058
压缩强度 SAC,SBC/GPa	0.291
纤维压碎强度 SFC/GPa	0.85
纤维剪切强度 SFS/GPa	0.3
基体剪切强度 SAB,SBC,SCA/GPa	0.075,0.058,0.058
残余压缩强度缩放因子 SFFC	0.3
摩擦角 PHIC	10
损伤参数 AM1,AM2,AM3,AM4	0.6,0.6,0.5,0.2
应变率参数 C_1	0.1
分层准则缩放因子 S_DELM	1.5
失效应变 E_LIMIT	1.2

L J DEKA, U K VAIDYA. LS-DYNA® Impact Simulation of Composite Sandwich Structures with Balsa Wood Core [C]. 10th International LS-DYNA Conference, Detroit, 2008.

Plain-woven PP/E-glass composite layer

表 13-104　*MAT_COMPOSITE_MSC 材料模型参数

密度/(kg/m³)	ρ	1850
弹性模量/GPa	E_{11}	14
	E_{22}	14
	E_{33}	5.3
剪切模量/GPa	G_{21}	1.8
	G_{31}	0.75
	G_{32}	0.75
泊松比	v_{21}	0.08
	v_{31}	0.14
	v_{32}	0.15

（续）

拉伸强度/GPa	X_T		0.45
	Y_T		0.45
	Z_T		0.15
压缩强度/GPa	X_C		0.25
	Y_C		0.25
基体剪切强度/GPa	S_{12}		0.032
	S_{23}		0.032
	S_{33}		0.032
纤维剪切强度/GPa	S_{FS}		0.3
纤维压碎强度/GPa	S_{FC}		0.5
E_limit			2.5
分层准则缩放因子	S		0.3
摩擦角	φ		20
应变率系数	C		0.024
纤维拉伸损伤参数	AM1		1

L J DEKA, S D BARTUS, U K. Vaidya. Damage Evolution and Energy Absorption of FRP Plates Subjected to Ballistic Impact Using a Numerical Model [C]. 9th International LS-DYNA Conference, Detroit, 2006.

Plastic（汽车头部保险杠塑料）

表 13-105　*MAT_PIECEWISE_LINEAR_PLASTICITY 模型参数（单位制 ton-mm-s）

MID	ρ	E	PR	SIGY	ETAN
25	1.2000E-9	2800.0000	0.300000	45.000000	420.000

LSTC.

Plastic（汽车尾部保险杠塑料）

表 13-106　*MAT_PIECEWISE_LINEAR_PLASTICITY 模型参数（单位制 ton-mm-s）

MID	ρ	E	PR	SIGY	LCSS			
26	1.2000E-9	2800.0000	0.300000	45.000000	12			

*DEFINE_CURVE 定义曲线 12								
A_1	A_2	A_3	A_4	A_5	A_6	A_7	A_8	A_9
0.0	0.039	0.086	0.17399999	0.255	0.329	0.36500001	0.39899999	1.0
O_1	O_2	O_3	O_4	O_5	O_6	O_7	O_8	O_9
80.0	97.0	108.0	121.0	136.0	151.	166.0	192.0	200.0

LSTC.

plexiglas

表 13-107　Gruneisen 状态方程参数

$C /(\mathrm{m/s})$	S	Γ	$C_{\mathrm{V}} /\mathrm{kJ \cdot kg^{-1} \cdot K^{-1}}$
2430	1.5785	1.0	1.4651

ALEXANDER GONOR, IRENE HOOTON. Generalized Steady-State Model of Heterogeneous Detonation with Non-Uniform Particles Heating [C]. Proceedings of the 13rd International Detonation Symposium, Portland, OH, 2006.

PMMA

表 13-108　Gruneisen 状态方程参数（一）

$\rho_0 /(\mathrm{g/cm^3})$	$C /(\mathrm{m/s})$	S	Γ
1.186	2570	1.54	0.85

CRAIG M TARVER, ESTELLA M MCGUIRE. REACTIVE FLOW MODELING OF THE INTERACTION OF TATB DETONATION WAVES WITH INERT MATERIALS [C]. Proceedings of the 12nd International Detonation Symposium, San Diego, California, 2002.

表 13-109　Gruneisen 状态方程参数（二）

$\rho_0 /(\mathrm{g/cm^3})$	$C /(\mathrm{m/s})$	S	Γ
1.186	3763	1.106	1.5

TARIQ D ASLAM, JOHN B BDZIL. Numerical and Theoretical Investigations on Detonation Confinement Sandwich Tests [C]. Proceedings of the 13th International Detonation Symposium, Portland, OH, 2006.

表 13-110　Gruneisen 状态方程参数（三）

$\rho_0 /(\mathrm{kg/m^3})$	$C_0 /(\mathrm{m/s})$	S	Γ	$C_{\mathrm{V}} /\mathrm{J \cdot kg^{-1} \cdot K^{-1}}$
1190	2600	1.52	1	1200

GERARD BAUDIN, FABIEN PETITPAS, RICHARD SAUREL. Thermal non equilibrium modeling of the detonation waves in highly heterogeneous condensed HE: a multiphase approach for metalized high explosives [C]. Proceedings of the 14th International Detonation Symposium, Coeur d'Alene, Idaho, 2010.

表 13-111　Gruneisen 状态方程参数（四）

$\rho_0 /(\mathrm{g/cm^3})$	$C /(\mathrm{m/s})$	S_1	S_2	S_3	Γ	α
1.182	2180	2.088	−1.124	0.0	0.85	0.0

PAUL A URTIEW. Shock Initiation Experiments and Modeling of Composition B, C-4, and ANFO [C]. Proceedings of the 13rd International Detonation Symposium, Portland, OH, 2006.

表 13-112　Gruneisen 状态方程参数（五）

$\rho_0 /(\mathrm{g/cm^{-3}})$	$C /(\mathrm{m/s})$	S_1	S_2	S_3	Γ	α
1.186	2570	1.54	0.0	0.0	0.85	0.0

CRAIG M TARVER. Shock Initiation of the PETN-based Explosive LX-16 [C]. Proceedings of the 13rd International Detonation Symposium, Portland, OH, 2006.

表 13-113　Gruneisen 状态方程参数（六）

$\rho/(\text{kg}/\text{m}^3)$	$C/(\text{km}/\text{s})$	S_1	γ_0
1186	2.598	1.516	0.97

陈进，等. 冲击波在有机玻璃中衰减规律研究 [C]. 第十二届全国战斗部与毁伤技术学术交流会论文集，广州，2011.183-188.

表 13-114　Gruneisen 状态方程参数（七）

$\rho/(\text{kg}/\text{m}^3)$	$C/(\text{km}/\text{s})$	S_1	S_2	S_3	γ_0	A
1190	2.6	1.52	0	0	0.97	0

赵倩，等. 数值模拟 LX-04 大隔板试验 [C]. 第十届全国爆炸与安全技术会议论文集，云南昆明，2011，515-519.

表 13-115　*MAT_DAMAGE_2 材料模型参数

$\rho/(\text{kg}/\text{m}^3)$	E/GPa	ν	σ_s/MPa
1190	3.6	0.4	76

李志强，赵隆茂，刘晓明，等. 微爆索线型切割某战斗机舱盖的研究 [J]. 航空学报，2008, 29(4): 1049-1054.

Polyurea（聚脲）

表 13-116　动态力学特性参数

弹性模量	切线模量	断裂伸长率	断裂应力	最大拉伸强度	密度	泊松比	剪切模量	失效应变
34000psi	3400psi	89%	2011psi	2039psi	90lb/ft³	0.4	11620psi	0.8

表 13-117　*MAT_PIECEWISE_LINEAR_PLASTICITY 模型参数

MID	ρ	E	PR	SIGY	ETAN	FAIL	LCSS
24	0.000135	34000.0	0.40	1400.0	3400.0	0.8	10001

*DEFINE_TABLE 定义四种应变率（对应的曲线），其后紧跟四条曲线，如图 13-2 所示

VALUE1	VALUE2	VALUE3	VALUE4
0.5	5.0	55.0	400.0

*DEFINE_CURVE 定义应力 VS 有效塑性应变曲线 1001（对应应变率 0.5s^{-1}）

A_1	A_2	A_3	A_4	A_5	A_6	...	A
0.002	0.004	0.006	0.008	0.010	0.012	...	1.25
O_1	O_2	O_3	O_4	O_5	O_6	...	O
100	191	274	350	421	488	...	10605

（续）

*DEFINE_CURVE 定义应力 VS 有效塑性应变曲线 1002（对应应变率 5s⁻¹）							
A_1	A_2	A_3	A_4	A_5	A_6	...	A
0.0	0.002	0.004	0.006	0.008	0.010	...	1.13
O_1	O_2	O_3	O_4	O_5	O_6	...	O
0.0	124	235	335	426	511	...	10122

*DEFINE_CURVE 定义应力 VS 有效塑性应变曲线 1003（对应应变率 55s⁻¹）							
A_1	A_2	A_3	A_4	A_5	...	A	A
0.0	0.002	0.004	0.006	0.008	...	0.88	0.92
O_1	O_2	O_3	O_4	O_5	...	O	O
0.0	118	225	325	421	...	6396	6785

*DEFINE_CURVE 定义应力 VS 有效塑性应变曲线 1004（对应应变率 400s⁻¹）						
A_1	A_2	...	A	A	A	A
0.002	0.004	...	0.41	0.44	0.47	0.53
O_1	O_2	...	O	O	O	O
90	183	...	4401	4537	4675	4962

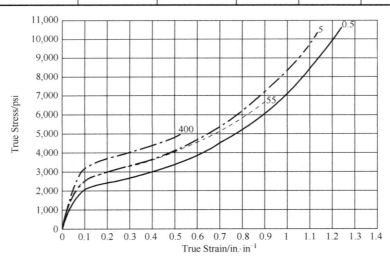

图 13-2　不同应变率下 Polyurea 的真实应力-应变曲线

DINAN, ROBERT J SUDAME, SUSHANT, DAVIDSON, JAMES S. Development of Computational Models and Input Sensitivity Study of Polymer Reinforced Concrete Masonry Walls Subjected to Blast [R]. ADA446367, 2004.

采用 Mooney-Rivlin 模型：

$$\psi = C_{10}(\bar{I}_1 - 3) + C_{01}(\bar{I}_2 - 3) + \frac{1}{d}(J - 1)^2$$

式中，$C_{10} = 875.2 \text{kPa}$，$C_{01} = 6321.3 \text{kPa}$，$d = 4 \times 10^{-7} \text{kPa}^{-1}$。

KATHRYN ACKLAND, CHRISTOPHER ANDERSON, TUAN DUC NGO. Deformation of polyurea-coated steel plates under localised blast loading [J]. International Journal of Impact Engineering, 2013, 51: 13-22.

PVB

表 13-118　PVB（polyvinyl butyryl）的材料参数

密度/(kg/m³)	泊松比	屈服模量/MPa
1100	0.495	11

ZHANG XIHONG, HAO HONG, MA GUOWEI. Laboratory test and numerical simulation of laminated glass window vulnerability to debris impact [J]. International Journal of Impact Engineering, 2013, 55: 49-62.

PVC

表 13-119　*MAT_MODIFIED_PIECEWISE_LINEAR_PLASTICITY 模型参数（单位制 in-lb-s-psi）

*MAT_MODIFIED_PIECEWISE_LINEAR_PLASTICITY									
ρ/(lb/in³)	E/psi	PR	SIGY/psi	ETAN/psi	FAIL	LCSS			
0.03	443478	0.45	1000	50000	0.25	3451			
*DEFINE_TABLE 定义三种不同应变率（s⁻¹），并对应三条曲线									
1.00									
4.00									
45.0									
*DEFINE_CURVE 定义应力 VS 有效应变曲线（对应应变率 1.00s⁻¹）									
A_1	A_2	A_3	A_4	A_5	A_6	A_7	A_8	A_9	A_{10}
0	0.004	0.006	0.008	0.01	0.014	0.018	0.022	0.026	0.03
O_1	O_2	O_3	O_4	O_5	O_6	O_7	O_8	O_9	O_{10}
0	375	520	675	745	900	1050	1200	1325	1400
*DEFINE_CURVE 定义应力 VS 有效应变曲线（对应应变率 4.00s⁻¹）									
A_1	A_2	A_3	A_4	A_5	A_6	A_7	A_8	A_9	A_{10}
0	0.004	0.006	0.008	0.01	0.014	0.018	0.022	0.026	0.03
O_1	O_2	O_3	O_4	O_5	O_6	O_7	O_8	O_9	O_{10}
0	475	675	825	950	1200	1450	1675	1850	1925
*DEFINE_CURVE 定义应力 VS 有效应变曲线（对应应变率 45.00s⁻¹）									
A_1	A_2	A_3	A_4	A_5	A_6	A_7	A_8	A_9	
0	0.004	0.006	0.008	0.01	0.014	0.018	0.022	0.026	
O_1	O_2	O_3	O_4	O_5	O_6	O_7	O_8	O_9	
0	600	950	1175	1475	1775	2100	2400	2650	

ANSYS LS-DYNA User's Guide [R]. ANSYS, 2008.

表 13-120　*MAT_ELASTIC 材料模型参数

$\rho/(kg/m^3)$	E/Pa	PR
1380	2.3E6	0.33

NESTOR N NSIAMPA, C ROBBE, A PAPY. Development of a thorax finite element model for thoracic injury assessment [C]. 8th European LS-DYNA Conference, Strasburg, 2011.

PVC（聚氯乙烯）泡沫

表 13-121　基本材料参数

$E_{11},E_{22},E_{33}/GPa$	v_{12},v_{31},v_{32}	$G_{12},G_{31},G_{32}/GPa$	$\rho/(kg/m^3)$
0.286	0.3	0.11	250

ROMIL TANOV, ALA TABIEI. NEW FORMULATION FOR COMPOSITE SANDWICH SHELL FINITE ELEMENT [C]. 6th International LS-DYNA Conference, Detroit, 2000.

PW S-2 Glass/SC15

表 13-122　*MAT_COMPOSITE_DMG_MSC 模型参数

MID	$\rho/(kg/m^3)$	EA/GPa	EB/GPa	EC/GPa	PRBA	PRCA	PRCB
162	1850.00	27.50	27.50	27.50	0.11	0.18	0.18
GAB/GPa	GBC/GPa	GCA/GPa	AOPT	MACF			
2.90	2.14	2.14	2	1			
XP	YP	ZP	A_1	A_2	A_3		
0	0	0	1	0	0		
V_1	V_2	V_3	D_1	D_2	D_3	BETA	
0	0	0	0	1	0	0	
SAT/MPa	SAC/MPa	SBT/MPa	SBC/MPa	SCT/MPa	SFC/MPa	SFS/MPa	SAB/MPa
600	300	600	300	50	800	250	75
OMGMX	ECRSF	EEXPN	CERATE1	AM1			
0.999	0.001	4.0	0.030	2.00			
AM2	AM3	AM4	CERATE2	CERATE3	CERATE4		
2.00	0.50	0.35	0.000	0.030	0.030		

GAMA, B A, BOGETTI, T A, GILLESPIE JR, J W Impact, Damage and Penetration Modeling of Thick-Section Composites using LS-DYNA MAT 162. Proceedings of the 24th ASC Annual Technical Conference. Newark, Delaware, September 15-17, 2009.

XIAO, J R, GAMA, B A, GILLESPIE JR, J W, Progressive Damage Delamination in Plain Weave S-2 Glass/SC-15 Composites under Quasi-Static Punch-Shear Loading [J]. Composite Structures, 2007(78): 182-196.

气囊纤维

表 13-123　***MAT_FABRIC** 模型参数（单位制 **in-s-psi**）

MID	ρ	EA	EB	EC	PRBA	PRCA	PRCB
3	1.00E-4	2.00E+6	2.00E+6	2.00E+6	0.35	0.35	0.35

GAB	GBC	GCA					
1.53E+6	1.53E+6	1.53E+6					

LSTC.

Rubber（橡胶）

表 13-124　***MAT_BLATZ-KO_RUBBER** 材料模型参数（一）

$\rho/(\text{kg/m}^3)$	G/MPa
1975	24

LSTC.

表 13-125　***MAT_BLATZ-KO_RUBBER** 材料模型参数（二）

$\rho/(\text{kg/m}^3)$	G/MPa
1270	24

LSTC.

橡胶的本构关系通常采用 MOONEY 模型，其应变能为：

$$W = C_1(I_1 - 3) + C_2(I_2 - 3)$$

式中，I_1 和 I_2 分别为第一、第二应变不变量，C_1 和 C_2 为橡胶的材料常数，可取 $C_1 = 7E/48$，$C_2 = E/48$，E 为橡胶材料的初始弹性模量。典型的橡胶弹性模量可取 2～10MPa。

高剑虹，杨晓翔. 橡胶-钢球支座非线性有限元分析 [J]. 机械研究与应用, 2007, 20(6): 18-20.

表 13-126　比热容拟合公式

胶料名称	拟合公式	适用温度范围
胎冠基部胶	$C_p = 1.30067 + 0.00333T$	20℃≤T≤105℃
尼龙冠带层胶	$C_p = 1.42438 + 0.00432T$	20℃≤T≤105℃
胎侧胶护胶	$C_p = 1.16987 + 0.00497T$	20℃≤T≤105℃
三角胶芯胶	$C_p = 1.31709 + 0.00559T$	20℃≤T≤105℃

何燕，崔琪，马连湘. 利用激光法测量橡胶材料的热扩散系数及比热容 [J]. 特种橡胶制品, 2005, 26(6): 48-54.

表 13-127　***MAT_HYPERELASTIC_RUBBER** 模型参数

ρ	PR	C_{10}	C_{01}	C_{11}	C_{20}	C_{02}
1.254	0.4999	-6.038E-7	1.1E-6	-0.1618E-8	2.43E-8	0.111E-6

LSTC.

表 13-128　*MAT_MOONEY-RIVLIN_RUBBER 模型参数（单位制 g-mm-ms）（一）

MID	ρ	PR	A	B
1	1.32000E-3	0.4950000	0.4367550	0.0267990

LSTC.

表 13-129　*MAT_MOONEY-RIVLIN_RUBBER 模型参数（单位制 cm-g-μs）（二）

MID	ρ	PR	A	B	REF
4	1.01	0.499	0.013292	0.00263	0.0

LSTC.

表 13-130　*MAT_FRAZER_NASH_RUBBER_MODEL 模型参数（单位制 kg-mm-ms）

MID	ρ	PR	C_{100}	C_{200}	C_{300}	
1	1.254E-06	0.495	1.0	0.0		
C_{110}	C_{210}	C_{010}	C_{020}	EXIT	EMAX	EMIN
1.0	0.0	1.0	1.0	1.0	0.9	−0.9
SGL	SW	ST	LCID			
1.0	1.0	1.0	2			
*DEFINE_CURVE 定义曲线 2						
A_1	A_2	A_3	A_4	A_5	A_6	A_7
0.0	6.07299991E-3	1.24500003E-2	1.88100003E-2	2.53199991E-2	3.11200004E-2	3.71199995E-2
O_1	O_2	O_3	O_4	O_5	O_6	O_7
0.0	3.59800004E-4	6.25399989E-4	8.85999994E-4	1.24600006E-3	1.71500002E-3	2.40099989E-3
A_8	A_9	A_{10}	A_{11}	A_{12}	A_{13}	A_{14}
4.32099998E-2	4.92900014E-2	5.42900003E-2	5.93000017E-2	6.43299967E-2	6.94399998E-2	7.27799982E-2
O_8	O_9	O_{10}	O_{11}	O_{12}	O_{13}	O_{14}
3.35399993E-3	4.59800009E-3	5.86300017E-3	7.36099994E-3	9.10999998E-3	1.11400001E-2	1.26200002E-2
A_{15}	A_{16}	A_{17}	A_{18}	A_{19}	A_{20}	A_{21}
7.60900006E-2	7.94499964E-2	8.28600004E-2	8.40499997E-2	8.52300003E-2	8.64199996E-2	8.76099989E-2
O_{15}	O_{16}	O_{17}	O_{18}	O_{19}	O_{20}	O_{21}
1.41899996E-2	1.59000009E-2	1.77500006E-2	1.84300002E-2	1.91099998E-2	1.98199991E-2	2.05400009E-2
A_{22}						
1.08700001						
O_{22}						
2.01999998						

www.dynaexamples.com.

表 13-131　*MAT_MOONEY-RIVLIN_RUBBER 模型参数（单位制 in-lb-s-psi）

$\rho/(\text{lb/in}^3)$	PR	A/psi	B/psi
1.8E-3	0.499	80	20

ANSYS LS-DYNA User's Guide [R]. ANSYS, 2008.

表 13-132　*MAT_BLATZ-KO_RUBBER 材料模型参数（三）

$\rho/(\text{kg/m}^3)$	G/Pa
1150	1.04E9

ANSYS LS-DYNA User's Guide [R]. ANSYS, 2008.

Rubber（轮胎用橡胶）

表 13-133　*MAT_PIECEWISE_LINEAR_PLASTICITY 模型参数

$\rho/(\text{kg/mm}^3)$	E/GPa	PR	SIGY/GPa		
4.05980-6	2.461	0.323	0.025		
EPS1	EPS2	EPS3	EPS4	EPS5	EPS6
0.000	0.010	0.029	0.070	0.400	1.000
ES1/GPa	ES2/GPa	ES3/GPa	ES4/GPa	ES5/GPa	ES6/GPa
0.000	0.025	0.030	0.033	0.036	0.030

LSTC.

润滑油

表 13-134　*MAT_NULL 模型参数

$\rho/(\text{g/mm}^3)$	PC/MPa
0.93E-3	−0.1

表 13-135　*EOS_GRUNEISEN 状态方程参数

C/(mm/ms)	S_1
1647	2.48

LSTC.

S2-glass/epoxy

表 13-136　*MAT_COMPOSITE_MSC 材料模型参数

密度/(kg/m³)	ρ	1783
弹性模量/GPa	E_x	24.1
	E_y	24.1
	E_z	10.4

（续）

剪切模量/GPa	G_{xy}	5.9
	G_{yz}	5.9
	G_{zx}	5.9
泊松比	v_{xy}	0.12
	v_{yz}	0.4
	v_{zx}	0.4
拉伸强度/GPa	S_{xT}	0.59
	S_{yT}	0.59
	S_{zT}	0.069
压缩强度/GPa	S_{xC}	0.35
	S_{yC}	0.35
基体剪切强度/GPa	S_{12}	0.0483
	S_{23}	0.0483
	S_{31}	0.0483
纤维剪切强度/GPa	S_{FS}	0.55
纤维压碎强度/GPa	S_{FC}	0.69
S_{xCR}/GPa	S_{yCR}	0.1
S_{yCR}/GPa	S_{xCR}	0.1
摩擦角	φ	20°

RAJAN SRIRAM, UDAY K VAIDYA. Blast Impact on Aluminum Foam Composite Sandwich Panels [C]. 8th International LS-DYNA Conference, Detroit, 2004.

S2-glass/epoxy plain weave layer

表 13-137 *MAT_COMPOSITE_MSC 模型参数

$\rho/(kg/m^3)$	E_x/GPa	E_y/GPa	E_z/GPa	G_{xy}/GPa	G_{yz}/GPa	G_{zx}/GPa	v_{xy}	v_{yz}
1783	24.1	24.1	10.4	5.9	5.9	5.9	0.12	0.4
v_{zx}	S_{xT}/GPa	S_{yT}/GPa	S_{zT}/GPa	S_{xC}/GPa	S_{yC}/GPa	S_{xy}/GPa	S_{yz}/GPa	S_{zx}/GPa
0.4	0.59	0.59	0.069	0.35	0.35	0.0483	0.0483	0.0483
S_{FS}/GPa	S_{FC}/GPa	S_{yCR}/GPa	S_{xCR}/GPa	φ	S	C	m	
0.55	0.69	0.1	0.1	40	1.4	0.1	4	

YEN CHIAN-FONG. Ballistic Impact Modeling of Composite Materials [C]. 7th International LS-DYNA Conference, Detroit, 2002.

S2-glass/epoxy prepreg

表 13-138 动态力学特性参数

参数	符号	UD S2-Glass/epoxy prepreg
密度/(kg/m³)	ρ	2000
泊松比	PRBA (v_{21})	0.0575
	PRCA (v_{31})	0.0575
	PRCB (v_{32})	0.33
弹性模量/GPa	EA (E_1)	54
	EB (E_2)	9.4
	EC (E_3)	9.4
剪切模量/GPa	GAB(G_{12})	5.6
	GBC (G_{23})	5.6
	GCA (G_{31})	5.6
剪切强度/MPa	SC	76
纵向拉伸强度/MPa	XT	1900
横向拉伸强度/MPa	YT	57
横向压缩强度/MPa	YC	285

A SEYED YAGHOUBI, B LIAW. Effect of lay-up orientation on ballistic impact behaviors of GLARE 5 FML beams [J]. International Journal of Impact Engineering, 2013, 54: 138-148.

S2-glass/SC15 Composite laminates

表 13-139 *MAT_COMPOSITE_DMG_MSC 模型参数（单位制 m-kg-s）（一）

MID	ρ	EA	EB	EC	PRBA	PRCA	PRCB
162	1850	27.5	27.5	11.8	0.11	0.18	0.18
GAB	GBC	GCA	AOPT	MACF			
2.90	2.14	2.14	2	1			
XP	YP	ZP	A_1	A_2	A_3		
0	0	0	1	0	0		
V_1	V_2	V_3	D_1	D_2	D_3	BETA	
0	0	0	0	1	0	0	
SAT	SAC	SBT	SBC	SCT	SFC	SFS	SAB
600	300	600	300	50	800	250	75
SBC	SCA	SFFC	AMODEL	PHIC	E_LIMIT	S_DELM	
50	50	0.3	2	10	0.2	1.20	
OMGMX	ECRSH	EEXPN	CERATE1	AM1			
0.999	0.001	4.0	0.000	2.00			

（续）

AM2	AM3	AM4	CERATE2	CERATE3	CERATE4		
2.00	0.50	0.35	0.000	0.000	0.000		

BAZLE A. Progressive Damage Modeling of Plain-Weave Composites using LS-Dyna Composite Damage Model MAT162 [C]. 7th European LS-DYNA Conference, Salzburg, 2009.

表 13-140　*MAT_COMPOSITE_DMG_MSC 模型参数（单位制 m-kg-s）（二）

MID	ρ	EA	EB	EC	PRBA	PRCA	PRCB
162	1850	27.5	27.5	11.8	0.11	0.18	0.18
GAB	GBC	GCA	AOPT	MACF			
2.90	2.14	2.14	2	1			
XP	YP	ZP	A_1	A_2	A_3		
0	0	0	1	0	0		
V_1	V_2	V_3	D_1	D_2	D_3	BETA	
0	0	0	0	1	0	0	
SAT	SAC	SBT	SBC	SCT	SFC	SFS	SAB
604	291	604	291	472	800	500	58
SBC	SCA	SFFC	AMODEL	PHIC	E_LIMIT	S_DELM	
58	58	0.3	2	20	1.3	1.50	
OMGMX	ECRSH	EEXPN	CERATE1	AM1			
0.999	0.1	2.0	0.000	4.00			
AM2	AM3	AM4	CERATE2	CERATE3	CERATE4		
4.00	4.00	4.00	0.000	0.000	0.000		

GILLESPIE JR, JOHN W, YEN, CHIAN-FONG, HAQUE, MD J. et al. Experimental and Numerical Investigations on Damage and Delamination in Thick Plain Weave S-2 Glass Composites Under Quasi-Static Punch Shear Loading [R]. ADA421310, 2004.

S2 glass Twill weave (vinyl ester)

表 13-141　*MAT_COMPOSITE_DAMAGE 材料模型参数

$\rho /(\mathrm{kg/m^3})$	E_1/GPa	E_2/GPa	E_3/GPa	G_{12}/GPa
2530	53.03	50	15.03	20.01
G_{23}/GPa	G_{31}/GPa	v_{12}	v_{23}	v_{31}
15.03	15.03	0.27	0.3	0.3

MAHFUZ HASSAN, ZHU YUEHUI, HAQUE ANWARUL. Investigation of high-velocity impact on integral armor using finite element method [J]. International Journal of Impact Engineering, 2000, 24: 203-217.

S2 plane weave

表 13-142 *MAT_COMPOSITE_DAMAGE 材料模型参数

$\rho/(\text{kg}/\text{m}^3)$	E_1/GPa	E_2/GPa	E_3/GPa	G_{12}/GPa
2530	56	56	15.03	25.05
G_{23}/GPa	G_{31}/GPa	v_{12}	v_{23}	v_{31}
20.01	20.01	0.27	0.3	0.3

MAHFUZ HASSAN, ZHU YUEHUI, HAQUE ANWARUL. Investigation of high-velocity impact on integral armor using finite element method [J]. International Journal of Impact Engineering, 2000, 24: 203-217.

石蜡

表 13-143 SHOCK 状态方程参数

密度 $\rho/(\text{g}/\text{cm}^3)$	$C_1/(\text{cm}/\mu\text{s})$	S_1	Gruneisen 系数
0.918	0.2908	1.56	1.18

Selected Hugoniots [R]. Los Alamos Scientific Laboratory, LA-4167-MS, 1 May 1969.

手机液晶显示屏

表 13-144 基本材料参数

部件	E/MPa	v	$\rho/(\text{ton}/\text{mm}^3)$
LCD glass	77080.3	0.22	2.51E-9
Polarizer	3000	0.37	1.3 E-9
Driver	169799.2	0.066	2.324E-9
Mold	2665.4	0.3	1.31E-9
Light guide	2099.6	0.4	1.01E-9
Adhesive tape	200.1	–	3.0E-10

C LACROIX, GROUPE SAFRAN. Modelisation of screen rupture during a mobile phone free fall [C]. 6th European LS-DYNA Conference, Gothenburg, 2007.

Sintox FA(SFA)

表 13-145 基本材料参数

密度/(kg/m^3)	阻抗/(MPa·m^{-1}·s)	E/GPa	G/GPa
3694	36.5	308	124

I M PICKUP. The effects of stress pulse characteristics on the defeat of armor piercing projectiles [C]. 19th International Symposium of Ballistics, Interlaken, Switzerland, 2001.

soap（肥皂）

表 13-146　*MAT_ELASTIC_PLASTIC_HYDRO 模型和
*EOS_LINEAR_POLYNOMAIL 状态方程参数

$\rho/(\text{kg}/\text{m}^3)$	E/MPa	σ_0/MPa	C_1	C_2	C_3	C_4
1100	0.1	0.22	0	2.38	7.14	11.9

樊壮卿，等. 爆轰驱动颗粒群侵彻肥皂靶终点弹道特性研究 [C]. 第十六届全国战斗部与毁伤技术学术交流会论文集，北京，2017.598-606.

T700S/PR520 composite

表 13-147　*MAT_RATE_SENSITIVE_COMPOSITE_FABRIC 材料模型参数

描述	取值
密度	0.0645 lbs/in^3
纵向弹性模量	6.904E6 lbs/in^2
横向弹性模量	6.092E6 lbs/in^2
泊松比	0.31
面内剪切模量	5.062E6 lbs/in^2
面外剪切模量	2.214E5 lbs/in^2
纵向压缩强度下的应变	0.018
纵向拉伸强度下的应变	0.021
横向压缩强度下的应变	0.012
横向拉伸强度下的应变	0.021
剪切强度下的应变	0.011
横向压缩强度	5.329E4 lbs/in^2
横向拉伸强度	1.418E5 lbs/in^2
纵向压缩强度	4.663E4 lbs/in^2
纵向拉伸强度	1.418E5 lbs/in^2
剪切强度	4.596E4 lbs/in^2

J MICHAEL PEREIRA, et al. Analysis and Testing of a Composite Fuselage Shield for Open Rotor Engine Blade-Out Protection [C]. 14th International LS-DYNA Conference, Detroit, 2016.

T800/3900 composite

表 13-148　基本材料参数

参数	取值（拉伸）	取值（压缩）
方向 1 模量 E_{11}/psi	23.5×10^6	18.7×10^6
方向 2 模量 E_{22}/psi	1.07×10^6	1.12×10^6

（续）

参数	取值（拉伸）	取值（压缩）
方向 3 模量 E_{33} / psi	9.66×10^5	1.04×10^6
面 1-2 剪切模量 G_{12} / psi	5.80×10^5	
面 2-3 剪切模量 G_{23} / psi	3.26×10^5	
面 1-3 剪切模量 G_{13} / psi	3.48×10^5	
泊松比 v_{12}	0.317	0.342
泊松比 v_{23}	0.484	0.728
泊松比 v_{13}	0.655	0.578
泊松比 v_{21}	0.0168	0.0207
泊松比 v_{32}	0.439	0.676
泊松比 v_{31}	0.027	0.032
密度 ρ / (slugs / in^3)	1.457×10^{-4}	

表 13-149 层间内聚单元采用的 *MAT_COHESIVE_MIXED_MODE(*MAT_138)材料模型参数

ρ / (slugs/in^3)	EN/(lb/in)	ET/(lb/in)	GIC/(lb/in)	GIIC/(lb/in)	T/psi	S/psi
8.5×10^{-8}	6.16×10^8	6.16×10^8	4.28	14.50	4000	8000

LOUKHAM SHYAMSUNDER, et al. Using MAT213 for Simulation of High-Speed Impacts of Composite Structures [C]. 15th International LS-DYNA Conference Detroit, 2018.

T800/924 carbon/epoxy laminated composite

表 13-150 基本材料参数

E_{11} / GPa	E_{22} / GPa	G_{12} / GPa	v_{12}	σ_{11} / MPa
168	9.5	5.3	0.3	2700
σ_{22} / MPa	τ_{22} / MPa	τ_{13} / MPa	τ_{23} / MPa	
75	234	85	85	

ZHANG X, DAVIES G A O, HITCHINGS D. Impact damage with compressive preload and post-impact compression of carbon composite plates [J]. International Journal of Impact Engineering, 1999, 22: 485-509.

碳纤维复合材料

表 13-151 基本材料参数

ρ / (kg / m^3)	E_x / GPa	E_y / GPa	E_z / GPa
1700	133	30.65	10.4
G_{XY} / GPa	G_{YZ} / GPa	G_{ZX} / GPa	面内泊松比
22	1.0	4.0	0.29

梁斌，等. 不同壳体材料装药对爆破威力影响分析 [C]. 战斗部与毁伤效率委员会第十届学术年会论文集，绵阳，2007.80-86.

碳纤维束机织布

表 13-152　CDM 累积损伤失效模型参数

密度/(kg/mm³)	1.520E-6
弹性模量 E_x,E_y,E_z/GPa	42.884,42.884,10.304
泊松比 $\nu_{xy},\nu_{xz},\nu_{yz}$	0.2539,0.2539,0.1243
剪切模量 G_{xy},G_{xz},G_{yz}/GPa	17.1,2.53,2.53
平面内拉伸强度 S_{xT},S_{yT}/GPa	2.604,2.285
平面外拉伸强度 S_{zT}/GP	0.0599
压缩强度 S_{xC},S_{yC}/GPa	2.634,2.406
挤压强度 S_{FC}/GPa	0.2506

刘璐璐，等. 复合材料机匣受叶片撞击损伤过程研究 [C]. 第十届全国冲击动力学学术会议论文集, 2011.

TiB₂/Al 复合材料

TiB2 颗粒增强相的体积分数为 55%。

表 13-153　Johnson-Cook 本构模型参数

A/MPa	B/MPa	n	C	m
345.4	628.7	0.73315	0.0128	1.5282

朱德智，陈维平，李元元，等. 铝基复合材料的绝热剪切失效机理分析 [J]. 稀有金属材料与工程, 2011.40(增刊 2): 56-59.

透明合成树脂

表 13-154　Gruneisen 状态方程参数（单位制 cm-g-μs）

C_0	S	Γ_0	ρ/(kg/m³)
0.226	1.816	0.75	1181

谢秋晨，等. 内衬材料对双聚焦战斗部破片飞散特性的影响 [C]. 第十三届全国战斗部与毁伤技术学术交流会论文集, 黄山, 2013, 284-288.

Twintex(TPP60745AF)

这是一种由 E-glass 和 polypropene 组成的编织纤维复合材料。

表 13-155　*MAT_COMPOSITE_DMG_MSC 模型参数

参数	取值
密度 ρ/(g/cm³)	1.500
弹性模量 E_x,E_y/GPa	14,14
厚度方向弹性模量 E_z/GPa	5.3
面内剪切模量 G_{xy}/GPa	1.79
面外剪切模量 G_{xz},G_{yz}/GPa	1.52
泊松比 $\nu_{xy},\nu_{xz},\nu_{yz}$	0.08,0.14,0.15

（续）

参数	取值
拉伸强度 S_{xT},S_{yT}/GPa	0.269,0.269
压缩强度 S_{xC},S_{yC}/GPa	0.178,0.178
厚度方向拉伸强度 S_{TT}/GPa	0.1
压碎强度 S_{crsh}/GPa	0.3
厚度方向剪切强度 S_{xz},S_{YZ}/GPa	0.12
剪切强度 S_{xy}, S_{xz},S_{YZ}/GPa	0.22
库伦摩擦角,Φ	20
分层准则缩放因子 r,S	1.0
应变率相关强度特性系数 C_1	0.024
应变率相关纵向模量系数 C_2	0.0066
应变率相关剪切模量系数 C_3	-0.07
应变率相关横向模量系数 C_4	0.0066

KEVIN BROWN, RICHARD BROOKS. NUMERICAL SIMULATION OF DAMAGE IN THERMOPLASTIC COMPOSITE MATERIALS [C]. 5th European LS-DYNA Conference, Birmingham, 2005.

UD S-2 Glass/SC15

表 13-156 *MAT_COMPOSITE_DMG_MSC 材料模型参数

MID	ρ/ (kg/m³)	E_1/GPa	E_2/GPa	E_3/GPa	v_{21}	v_{31}	v_{32}
162	1850.00	64.00	11.80	11.80	0.0535	0.0535	0.449
G_{12}/GPa	G_{23}/GPa	G_{31}/GPa					
4.30	3.70	4.30					
$S_{1,T}$/MPa	$S_{1,C}$/MPa	$S_{2,T}$/MPa	$S_{2,C}$/MPa	$S_{3,T}$/MPa	S_{FC}/MPa	S_{FS}/MPa	S_{12}/MPa
1380.00	700.00	47.00	137.00	47.00	850.00	250.00	76.00
OMGMX	ECRSH	EEXPN	CERATE1	AM1			
0.999	0.005	2.000	0.030	100.00			
AM2	AM3	AM4	CERATE2	CERATE3	CERATE4		
10.00	1.00	0.10	0.000	0.030	0.030		

BAZLE Z HAQUE, JOHN W GILLESPIE JR. Rate Dependent Progressive Composite Damage Modeling using MAT162 in LS-DYNA® [C]. 13rd International LS-DYNA Conference, Dearborn, 2014.

UMS2526/Krempel BD laminate

各向异性材料参数中的理论值是通过微细观力学模型计算得出的。

表 13-157　各向异性材料模型参数理论值和实验值

参数	理论值	实验值
参考密度/(g/cm³)	1.516	1.563
弹性模量 11/GPa	79.24	72.90
弹性模量 22/GPa	30.25	22.89
弹性模量 33/GPa	8.71	9.07
泊松比 12	0.84	0.77
泊松比 23	0.33	0.55
泊松比 31	0.0071	0.0187
剪切模量 12/GPa	36.32	48.35
剪切模量 23/GPa	2.87	0.558
剪切模量 31/GPa	3.36	0.873

表 13-158　微细观力学模型计算出的各向异性材料模型参数

	参数	取值
Fibre	密度 ρ_f	1.79g/cm³
	纵向拉伸模量 E_{f11}	395GPa
	横向拉伸模量 E_{f22}	13.33GPa
	泊松比 v_{f12}	0.2385
	横向泊松比 v_{f23}	0.2981
	剪切模量 G_{f12}	24.80GPa
	横向剪切模量 G_{f23}	5.80GPa
	纵向拉伸强度 X_{ft}	4560MPa
	纵向压缩强度 X_{fc}	2042MPa
Resin	密度 ρ_m	1.22g/cm³
	拉伸模量 E_m	3.10GPa
	泊松比 v_m	0.375
	剪切模量 G_m	1.127GPa
	拉伸强度 X_{mt}	73.82MPa
	压缩强度 X_{mc}	280.4MPa
	剪切强度 S_{mxy}	86.63MPa
	断裂能 G_{fm}	240J/m²

表 13-159　UMS2526/Krempel BD CFRP laminate 的 polynomial（AUTODYN 软件）状态方程参数

参数	理论值	实验值
体积模量 A_1/GPa	28.24	25.04
参数 A_2/GPa	5.35	0
参数 A_3/GPa	16.97	0
参数 B_0	2.496	1.098
参数 B_1	2.496	1.098
参数 T_1/GPa	28.24	25.04
参数 T_2/GPa	5.35	0

S RYAN, M WICKLEIN, A MOURITZ, et al. Theoretical prediction of dynamic composite material properties for hypervelocity impact simulations [J]. International Journal of Impact Engineering, 2009, 36: 899–912.

Vinyl chloride（氯乙烯）

表 13-160　Gruneisen 状态方程参数

ρ/(kg/m³)	C/(km/s)	S_1	γ_0
1380	0.23	1.47	0.40

MASAHIKO OTSUKA. A Study on Shock Wave Propagation Process in the Smooth Blasting Technique [C]. 8th International LS-DYNA Conference, Detroit, 2004.

woven fabric aramid laminates

表 13-161　*MAT_COMPOSITE_DAMAGE 材料模型参数

密度/(kg/mm³)	弹性模量 E_a/GPa	弹性模量 E_b/GPa	弹性模量 E_c/GPa	泊松比 v_{ba}
1.23×10^{-6}	18.5	18.5	6	0.25
泊松比 v_{bc}	泊松比 v_{ca}	剪切模量 G_{ab}/GPa	剪切模量 G_{bc}/GPa	剪切模量 G_{ca}/GPa
0.33	0.33	0.77	2.72	2.72

SHARMA SUMIT, MAKWANA RAHUL, ZHANG LIYING. Evaluation of Blast Mitigation Capability of Advanced Combat Helmet by Finite Element Modeling [C]. 12nd International LS-DYNA Conference, Detroit, 2012.

woven Kevlar

表 13-162　基本材料参数

$E_{11,22}$/GPa	E_{33}/GPa	G_{12}/GPa	$G_{23,31}$/GPa	v_{21}	$v_{31,32}$	ρ/(g/cm³)
18.5	6.0	0.77	2.715	0.25	0.33	1.23
$S_{11,22}$/MPa	S_{33}/MPa	S_{12}/MPa	$S_{23,31}$/MPa	S_n/MPa	S_s/MPa	
555.0	1200.0	77.0	1086.0	34.5	9.0	

E：弹性模量；G：剪切模量；v：泊松比；S：强度值；1～3：材料主方向；n 和 s：层间法向和剪切方向。

J VAN HOOF. Numerical Head and Composite Helmet Models to Predict Blunt Trauma [C]. 19th International Symposium of Ballistics, Interlaken, Switzerland, 2001.

纤维增强层合板

纤维增强层合板中纤维层、基体层和界面层的厚度分别为 0.3mm、0.2mm 和 0.01mm。其中纤维材料为 S_2 玻璃纤维平纹织物，基体材料为聚脂基体，材料失效采用最大应变失效，取 $\varepsilon_{11} = \varepsilon_{22} = 0.04$，层间连接弹簧单元的刚度及失效应力，根据最大层间应力为 50MPa，法向失效位移 $\delta_n = 0.8\mu m$ 来确定。

表 13-163　基体及纤维层材料参数

S_2 玻璃纤维材料参数					
E_{11}/GPa	E_{22}/GPa	E_{33}/GPa	v_{21}	v_{31}	v_{32}
28.7	28.7	13.7	0.118	0.22	0.188
E_{11}/GPa	G_{23}/GPa	G_{31}/GPa			
12.83	9.75	9.75			
聚脂基体材料参数					
K/GPa	K/GPa	G/GPa	σ_s/GPa	ε_b	σ_{spall}/GPa
1952	3.73	1.732	0.069	0.08	-0.09

梅志远，等. 层合板弹道冲击下应力状态的数值分析 [C]. 第七届全国爆炸力学学术会议论文集，昆明，2003.

硬质聚氨酯泡沫

表 13-164　*MAT_NULL 模型和*EOS_Gruneisen 状态方程参数

$\rho/(kg/m^3)$	Gruneisen 状态方程					
	$C_g/(m/s)$	S_1	S_2	γ_0	E_0/GPa	V_0
320	2540	1.57	0	1.07	0	1

叶小军. 数值模拟分析在选取战斗部缓冲材料时的应用 [J]. 微电子学与计算机，2009, 26(4): 226-229.

Zylon-AS Yarn

表 13-165　基本材料参数

E_{11}/psi	E_{22}/psi	E_{33}/psi	G_{12}/psi	G_{13}/psi	G_{23}/psi	v_{12}	v_{13}	v_{23}	$\bar{\sigma}_{max}/psi$
26E6	26E6	26E6	26E6	26E6	26E6	0.0	0.0	0.0	4.65E5

ZHENG DAIHUA, BINIENDA WIESLAW K, CHENG JINGYUN, et al. Numerical Modeling of Friction Effects on the Ballistic Impact Response of Single-Ply Tri-Axial Braided Fabric [C]. 9th International LS-DYNA Conference, Detroit, 2006.